3ds Max
动画设计与制作案例实战

王晓婷　王中军　刘　奎　主编

清华大学出版社
北　京

内 容 简 介

本书由浅入深、循序渐进地介绍了3ds Max 2020的使用方法和操作技巧。全书共10章，前9章分别介绍了象棋动画设计——初识3ds Max 2020，笔记本设计——三维基本体建模，办公椅设计——二维图形建模，骰子设计——模型的修改与编辑，青铜器材质——材质和贴图，平移动画——摄影机，灯光摇曳动画——灯光，机械臂捡球动画——动画制作，水池喷泉——粒子系统，空间扭曲与后期合成等基础内容，第10章中提供了两个综合案例，可以利用前面的内容进行综合学习，以增强读者或学生就业的实践性。书中有大量的小实例和上机练习，突出了对实际操作技能的培养。

本书内容翔实，结构清晰，语言流畅，实例分析透彻，操作步骤简洁实用，适合广大初学3ds Max的用户使用，也可作为各类高等院校相关专业的教材。

图书在版编目(CIP)数据

3ds Max动画设计与制作案例实战 / 王晓婷，王中军，刘奎主编. —北京：清华大学出版社，2021.9（2024.7重印）

ISBN 978-7-302-58881-8

Ⅰ.①3… Ⅱ.①王… ②王… ③刘… Ⅲ.①三维动画软件 Ⅳ.①TP391.414

中国版本图书馆CIP数据核字（2021）第159738号

责任编辑：李玉茹
封面设计：李　坤
责任校对：周剑云
责任印制：沈　露
出版发行：清华大学出版社

网　　址：https://www.tup.com.cn，https://www.wqxuetang.com
地　　址：北京清华大学学研大厦A座　　**邮　　编：**100084
社 总 机：010-83470000　　**邮　　购：**010-62786544
投稿与读者服务：010-62776969，c-service@tup.tsinghua.edu.cn
质量反馈：010-62772015，zhiliang@tup.tsinghua.edu.cn

印 装 者：三河市铭诚印务有限公司
经　　销：全国新华书店
开　　本：185mm×260mm　　**印　　张：**17.75　　**字　　数：**430千字
版　　次：2021年11月第1版　　**印　　次：**2024年7月第3次印刷
定　　价：79.00元

产品编号：091616-01

前言

随着计算机技术的飞速发展，其应用领域越来越广，三维动画技术也在各个方面得到广泛应用，伴随着的是动画制作软件的层出不穷。3ds Max 是这些动画制作软件中的佼佼者，广泛应用于工业设计、广告、影视、游戏、建筑设计等领域。3ds Max 2020 融合了当今现代化工作流程所需的概念和技术，由此可见，3ds Max 2020 提供了可以帮助艺术家拓展其创作能力的新工作方式。

本书内容

全书共 10 章，分别讲解了象棋动画设计——初识 3ds Max 2020，笔记本设计——三维基本体建模，办公椅设计——二维图形建模，骰子设计——模型的修改与编辑，青铜器材质——材质和贴图，平移动画——摄影机，灯光摇曳动画——灯光，机械臂捡球动画——动画制作，水池喷泉——粒子系统、空间扭曲与后期合成，课程设计等内容。

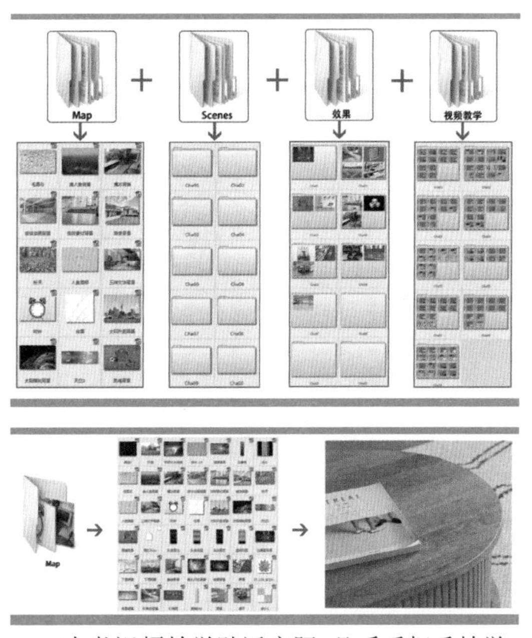

本书视频教学贴近实际，几乎手把手教学。

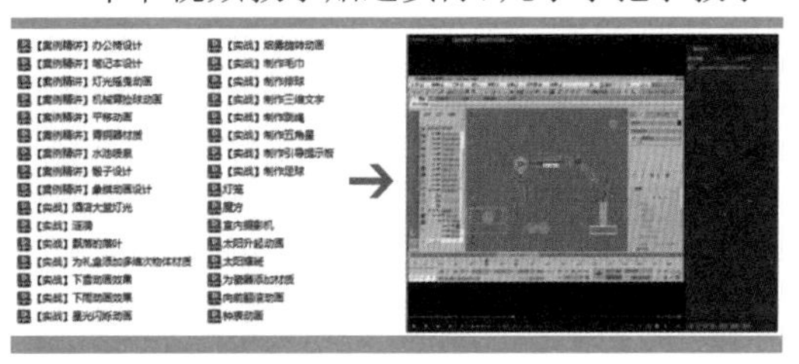

本书特色

本书内容实用，步骤详细，书中以实例与基础知识相结合的形式来讲解 3ds Max 的知识点。这些实例按知识点的应用和难易程度进行安排，从易到难，从入门到提高，循序渐进地介绍各种动画特效的制作。在部分实例操作过程中，还为读者介绍了日常需要注意的技巧、知识链接等知识，使读者能在制作过程中不断思考和总结。

海量的电子学习资源和素材

本书附带大量的学习资料和视频教程，右侧截图给出部分概览。

本书附带所有的素材文件、场景文件、效果文件、多媒体有声视频教学录像，读者在读完本书内容以后，可以调用这些资源进行深入学习。

本书约定

为便于阅读理解，本书的写作风格遵从如下约定。

◎ 本书中出现的中文菜单和命令将用【】括起来，以示区分。此外，为了使语句更简洁易懂，本书中所有的菜单和命令之间以竖线（|）分隔，例如，单击【编辑】菜单，再选择【移动】命令，就用【编辑】|【移动】来表示。

◎ 用加号 (+) 连接的两个或三个键表示组合键，在操作时表示同时按下这两个或三个键。例如，Ctrl+V 是指在按下 Ctrl 键的同时，按下 V 键；Ctrl+Alt+F10 是指在按下 Ctrl 键和 Alt 键的同时，按下 F10 键。

◎ 在没有特殊指定时，单击、双击和拖动是指用鼠标左键单击、双击和拖动，右击是指用鼠标右键单击。

读者对象

◎ 3ds Max 初学者。

◎ 作为大中专院校和社会培训班建模与动画及其相关专业的教材。

◎ 室内设计与动画制作从业人员。

致谢

本书由王晓婷、王中军、刘奎编写。

在创作的过程中，由于时间仓促，错误在所难免，希望广大读者批评指正。

视频教学

配送资源

PPT

编　者

目录

第 01 章　象棋动画设计——初识 3ds Max 2020

第 02 章　笔记本设计——三维基本体建模

第 03 章 办公椅设计——二维图形建模

第 04 章 骰子设计——模型的修改与编辑

第 05 章 青铜器材质——材质和贴图

第 06 章　平移动画——摄影机

第 07 章　灯光摇曳动画——灯光

第 08 章　机械臂捡球动画——动画制作

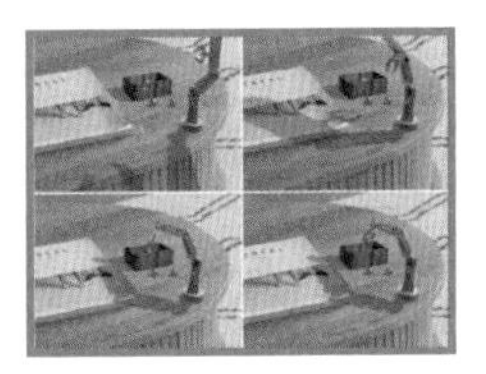

第 09 章　水池喷泉——粒子系统、空间扭曲与后期合成

第10章 课程设计

附 录 3ds Max 2020常用快捷键

参考文献

第 01 章

象棋动画设计——初识 3ds Max 2020

本章导读

在学习 3ds Max 之前，需要熟悉工作环境，并掌握一些基本操作，才能为以后的建模打下坚实的基础。本章主要介绍 3ds Max 2020 的基本操作，其中包括文件的打开与保存、控制和调整视图，以及复制物体等。

案例精讲
象棋动画设计

为了更好地完成本设计案例，现对制作要求及设计内容做如下规划。象棋动画设计效果如图 1-1 所示。

作品名称	象棋动画设计
设计创意	（1）首先为象棋对象命名，为后面的操作奠定基础。 （2）通过【自动关键点】【设置关键点】制作象棋移动动画效果
主要元素	（1）棋盘。 （2）象棋
应用软件	3ds Max 2020
素材	Scenes\Cha01\ 象棋动画设计素材 .max
场景	Scenes \Cha01\【案例精讲】象棋动画设计 .max
视频	视频教学 \Cha01\【案例精讲】象棋动画设计 .mp4
象棋动画设计效果欣赏	图 1-1
备注	

01 打开“象棋动画设计素材 .max”素材文件，在工具栏中单击【选择并移动】按钮，在视图中选择如图 1-2 所示的两个对象。

02 在菜单栏中选择【组】|【组】命令，在弹出的对话框中将【组名】设置为“白王”，如图 1-3 所示。

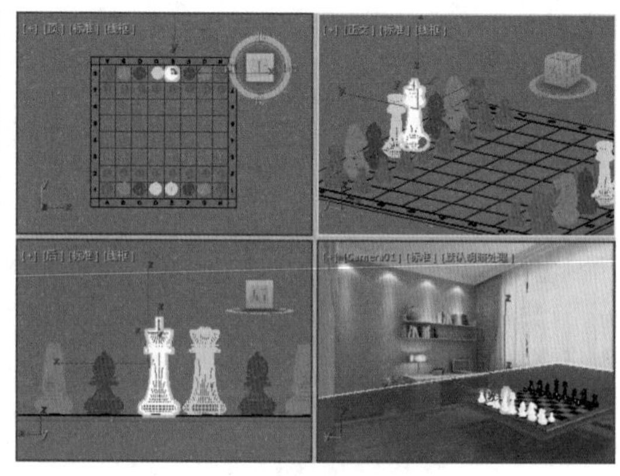

图 1-2

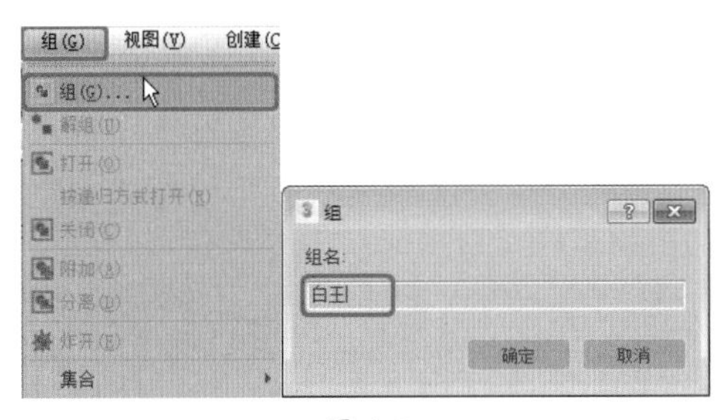

图 1-3

03 设置完成后，单击【确定】按钮，使用同样的方法将黑王进行编组。选择一个白兵，单击【自动关键点】按钮，将时间滑块拖曳至第 20 帧处，在【顶】视图中调整白兵的位置，如图 1-4 所示。

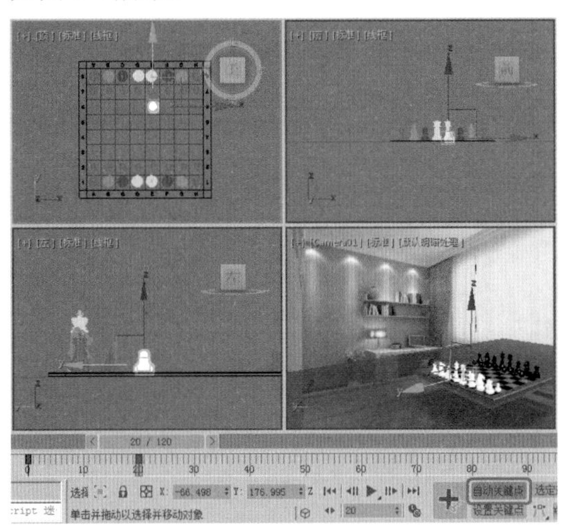

图 1-4

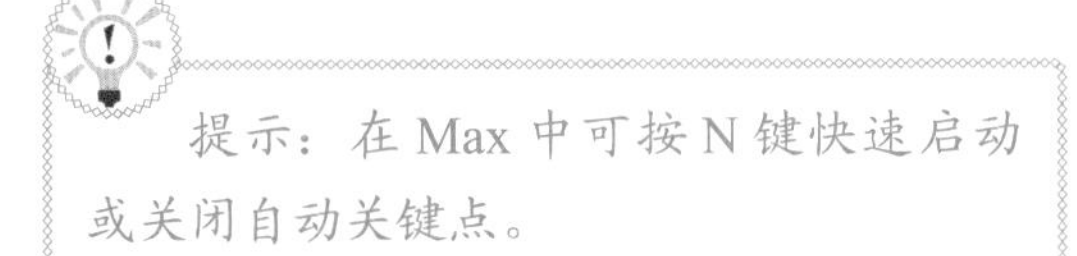

提示：在 Max 中可按 N 键快速启动或关闭自动关键点。

04 选择一个黑兵，在第 20 帧处单击【设置关键点】按钮+，将时间滑块拖曳至第 40 帧处，将黑兵向前推动一段距离，如图 1-5 所示。

05 选择一个白兵，单击【设置关键点】按钮+，将时间滑块拖曳至第 60 帧处，将白兵向前推进一段距离，如图 1-6 所示。

06 选择黑兵，单击【设置关键点】按钮+，将时间滑块拖曳至第 80 帧处，将黑兵拖曳一定距离，如图 1-7 所示。

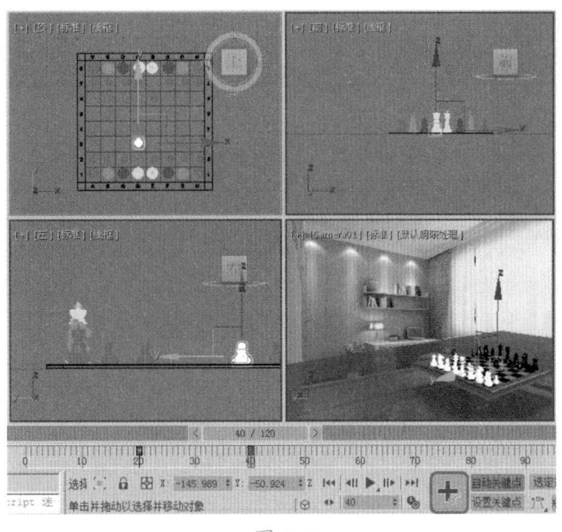

图 1-5

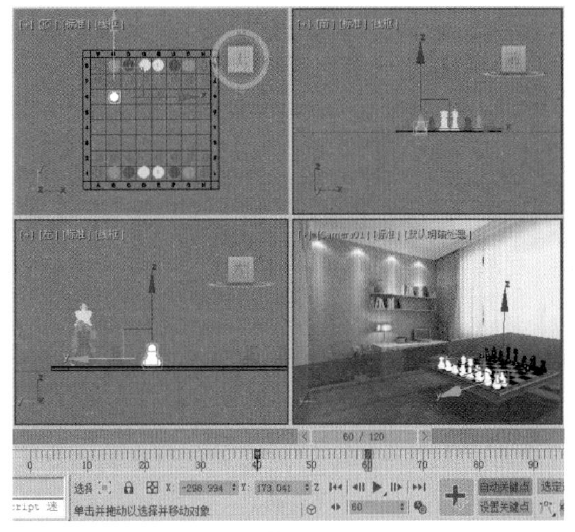

图 1-6

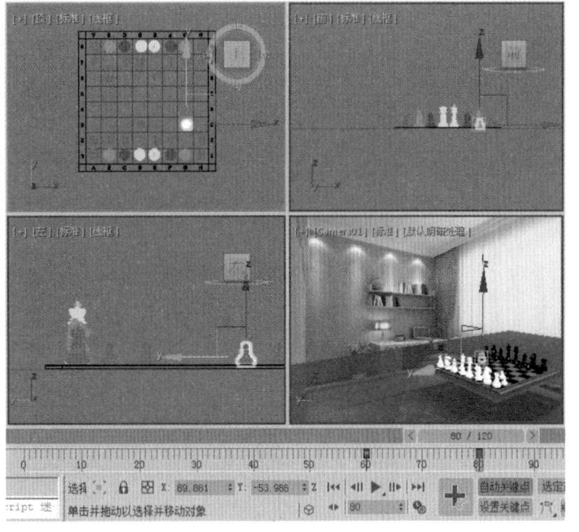

图 1-7

07 选择一个白兵，单击【设置关键点】按钮 + ，将时间滑块拖曳至第 100 帧位置处，调整它的位置，如图 1-8 所示。

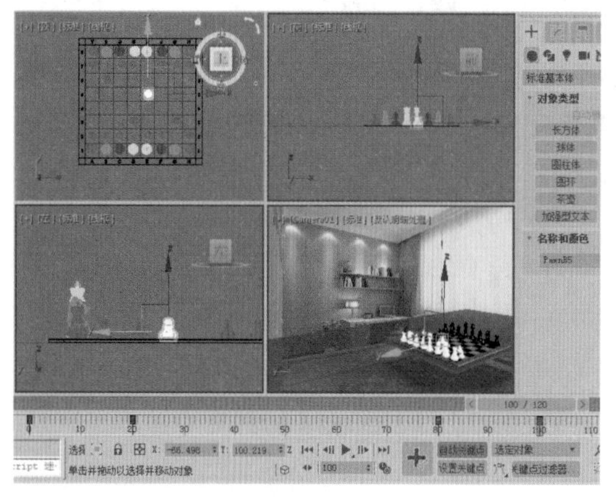

图 1-8

08 选择一个黑兵，单击【设置关键点】按钮 + ，将时间滑块拖曳至第 110 帧处，将其进行移动，如图 1-9 所示。关闭自动关键点，对摄影机视图进行渲染。

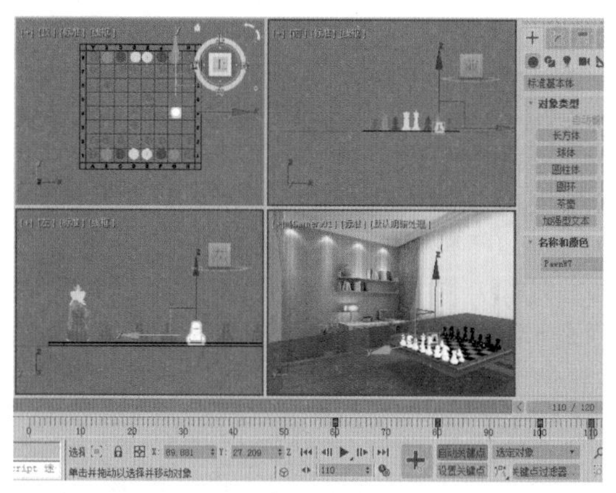

图 1-9

1.1 认识 3ds Max 2020 工作界面

启动 3ds Max 2020，进入该应用程序的工作界面，如图 1-10 所示。3ds Max 2020 的工作界面由标题栏、菜单栏、工具栏、场景资源器、命令面板、视图区、视图控制区、状态栏与提示栏、时间轴、动画控制区等部分组成，该界面集成了 3ds Max 2020 的全部命令和上千个参数，因此在学习 3ds Max 2020 之前，有必要对其进行一个基本的了解。

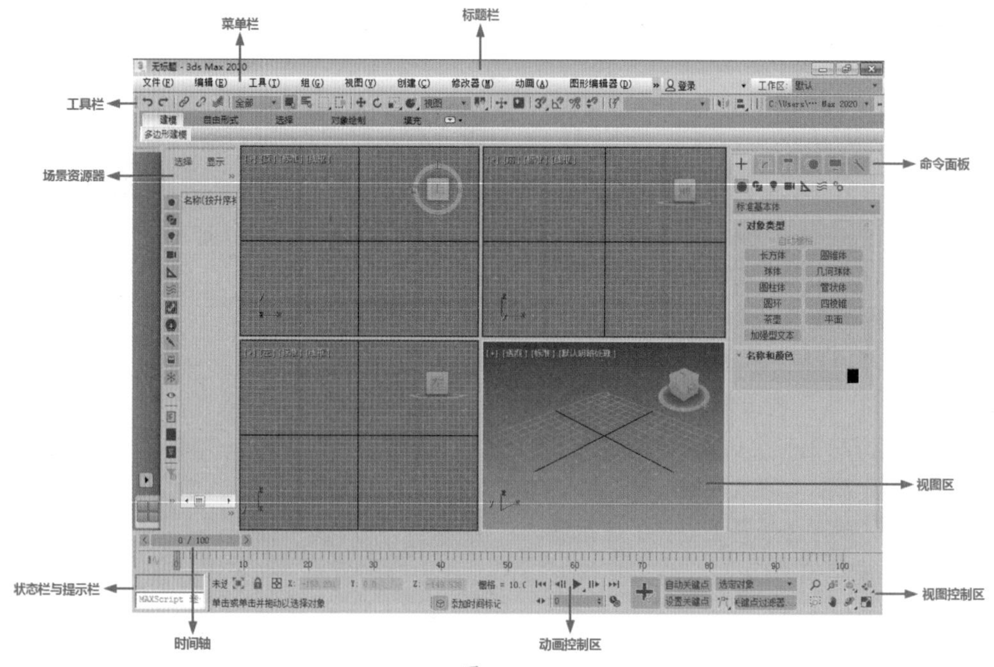

图 1-10

1. 标题栏

标题栏位于 3ds Max 2020 界面的最顶部，其中标题栏最左边是文件名。在标题栏最右边是 3 个基本按钮，分别是【最小化】按钮、【最大化】按钮和【关闭】按钮，如图 1-11 所示。

图 1-11

2. 菜单栏

3ds Max 2020 的菜单栏中有 17 组菜单，这些菜单包含了 3ds Max 2020 的大部分操作命令，如图 1-12 所示。

图 1-12

◎ 文件：主要用于文件的基本操作，其中包括【新建】、【重置】、【打开】等命令。
◎ 编辑：主要用于进行一些基本的编辑操作。例如，【撤销】命令和【重做】命令分别用于撤销和恢复上一次的操作，【克隆】命令和【删除】命令分别用于复制和删除场景中选定的对象。
◎ 工具：主要用于提供各种常用的命令，如对齐、镜像和间隔工具等。这些命令在工具栏中一般都有相应的按钮，主要用于对选定对象进行各种操作。
◎ 组：主要用于对 3ds Max 2020 中的群组进行控制，如将多个对象成组和解除对象成组等。
◎ 视图：主要用于控制视图的显示方式，如是否在视图中显示网格、还原当前激活的视图等。
◎ 创建：主要用于创建基本的物体、灯光、粒子系统等，如长方体、圆柱体、泛光灯。
◎ 修改器：主要用于对选定对象进行调整，如 NURBS 编辑、弯曲、噪波等。
◎ 动画：主要用于启用制作动画的各种控制器，以及实现动画预览功能，如 IK 解算器、变换控制器、生成预览等。
◎ 图形编辑器：主要用于查看和控制对象运动轨迹、添加同步轨迹等。
◎ 渲染：主要用于渲染场景和环境。
◎ Civil View：在该菜单中提供了【初始化 Civil View】命令。
◎ 自定义：主要用于自定义相关的命令，如自定义用户界面、配置系统路径、视图设置等。
◎ 脚本：主要用于提供操作脚本的相关命令，如新建脚本、运行脚本等。

◎ Interactive：主要用于获得 3ds Max Interactive。

◎ 内容：用于启动 3ds Max 资源库。

◎ Arnold：主要用于刷新缓存、灯光等。

◎ 帮助：该菜单提供了丰富的帮助信息，如 3ds Max 2020 的新功能。

3. 工具栏

3ds Max 2020 的工具栏位于菜单栏的下方，由若干个工具按钮组成，包括主工具栏和标签工具栏两部分。其中有一些工具按钮是菜单命令的快捷按钮，可以直接打开某些设置对话框，如【材质编辑器】对话框、【渲染设置】对话框等，如图 1-13 所示。

图 1-13

> 提示：一般在 1024×768 分辨率下，工具栏中的按钮不能全部显示出来，将鼠标指针移至工具栏上，鼠标指针会变为“小手”，这时对工具栏进行拖动即可显示其余的按钮。将鼠标指针在工具按钮上停留几秒，会出现当前按钮的文字提示，有助于了解该按钮的用途。

在 3ds Max 2020 中还有一些工具按钮没有在工具栏中显示，它们会在浮动工具栏中显示。在菜单栏中选择【自定义】|【显示 UI】|【显示浮动工具栏】命令，如图 1-14 所示，即可打开【捕捉】【容器】【动画层】等浮动工具栏。

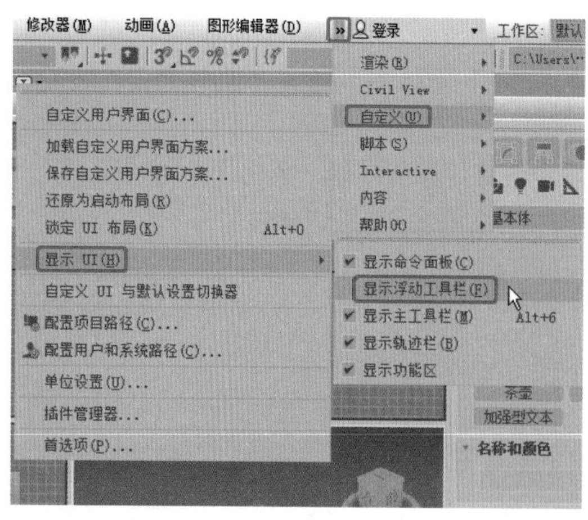

图 1-14

4. 视图区

视图区在 3ds Max 2020 的工作界面中占据主要面积，是进行三维创作的主要工作区域，一般分为【顶】视图、【前】视图、【左】视图和【透视】视图 4 部分，通过这 4 个视图工作窗口可以从不同的角度观察创建的对象。

ViewCube 3D 导航控件提供了视图当前方向的视觉反馈，使用户可以调整视图方向，并且可以在标准视图与等距视图之间进行切换。ViewCube 3D 导航控件如图 1-15 所示。

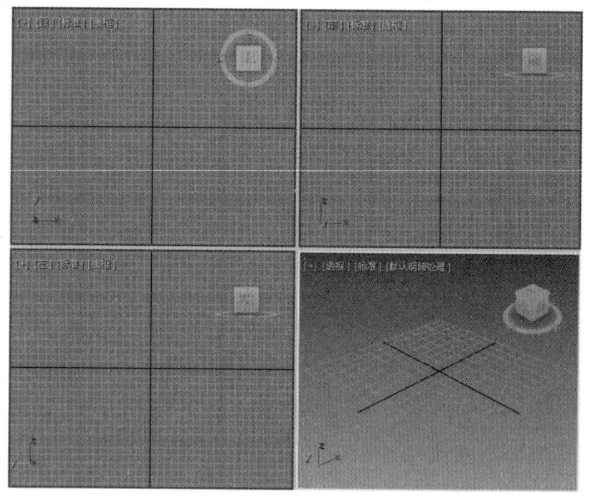

图 1-15

在默认情况下，ViewCube 3D 导航控件会显示在活动视图的右上角，它不会显示在摄影机、灯光、ActiveShade、Schematic 等视图中。如果 ViewCube 3D 导航控件处于非活动状态，则会叠加在场景之上。当 ViewCube 处于非活动状态时，其主要功能是根据模型的北向显示场景方向。

在将鼠标指针置于 ViewCube 3D 导航控件上方时，ViewCube 3D 导航控件会变成活动状态。单击 ViewCube 3D 导航控件的相应位置，可以切换到相应的视图；在 ViewCube 3D 导航控件上按住鼠标左键并拖动鼠标，可以旋转当前视图；右击 ViewCube 3D 导航控件，会弹出一个快捷菜单，如图 1-16 所示，通过该快捷菜单中的命令可以快速切换到相应的视图。

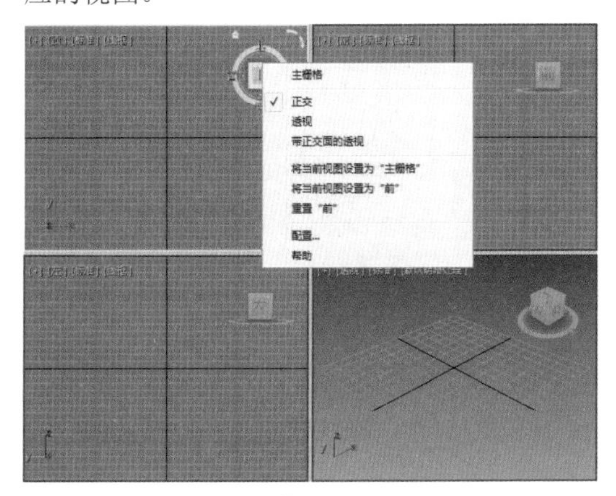

图 1-16

（1）控制 ViewCube 3D 导航控件的显示状态。

ViewCube 3D 导航控件的显示状态分为非活动状态和活动状态。

当 ViewCube 3D 处于非活动状态时，在默认情况下它在视口上方显示为透明，这样不会完全遮住视图中的模型。当 ViewCube 处于活动状态时，它是不透明的，并且可能遮住场景中对象的视图。

当 ViewCube 处于非活动状态时，用户可以控制其不透明度、大小、视口显示和指南针显示。选择【视图】|【视口配置】命令，弹出【视口配置】对话框，切换到 ViewCube 选项卡，这些设置如图 1-17 所示。

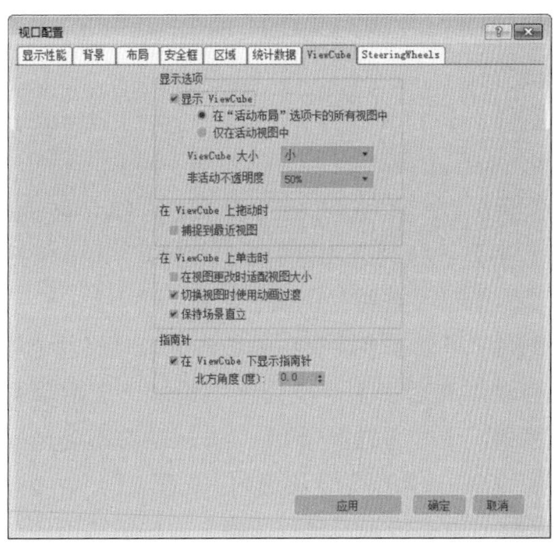

图 1-17

（2）显示或隐藏 ViewCube 3D 导航控件。

下面介绍 4 种显示或隐藏 ViewCube 3D 导航控件的方法。

◎ 按默认的快捷键：Alt+Ctrl+V。

◎ 在【视口配置】对话框的 ViewCube 选项卡中勾选【显示 ViewCube】复选框。

◎ 使用鼠标右键单击【视图】标签，在弹出的快捷菜单中选择【视口配置】选项，打开【视口配置】对话框，然后在 ViewCube 选项卡中进行设置。

◎ 在菜单栏中选择【视图】| ViewCube |【显示 ViewCube】命令，如图 1-18 所示。

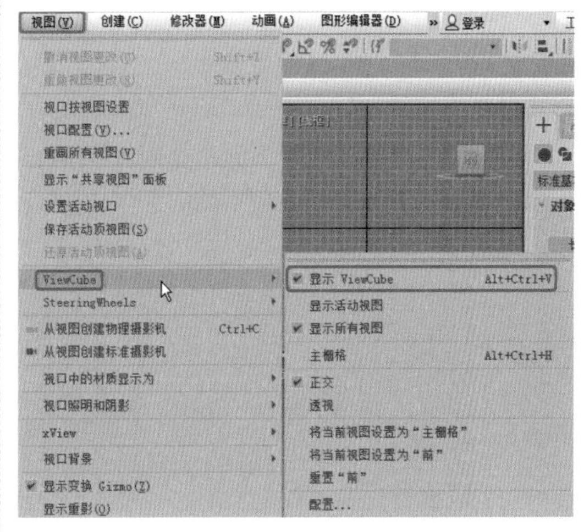

图 1-18

（3）控制 ViewCube 的大小和非活动不透明度。

01 在【视口配置】对话框中切换到 ViewCube 选项卡。

02 在【显示 ViewCube】选项组的【ViewCube 大小】下拉列表中选择一个选项，其中包括【大】、【普通】、【小】和【细小】。

03 也可以在【显示 ViewCube】选项组的【非活动不透明度】下拉列表中选择一个不透明度值，选择范围介于 0%（非活动时不可见）和 100%（始终完全不透明）之间。

04 设置完成后，单击【确定】按钮即可。

（4）使用指南针。

ViewCube 3D 导航控件指南针可以指示场景的北方。用户可以切换 ViewCube 下方的指南针显示，并使用指南针指定其方向。

（5）显示 ViewCube 的指南针。

01 在【视口配置】对话框中切换到 ViewCube 选项卡。

02 在【指南针】选项组中，勾选【在 ViewCube 下显示指南针】复选框，指南针将显示于 ViewCube 下方，并且指示场景中的北向。

03 设置完成后，单击【确定】按钮即可。

5. 命令面板

3ds Max 2020 中有 6 个命令面板，分别为【创建】命令面板、【修改】命令面板、【层次】命令面板、【运动】命令面板、【显示】命令面板和【实用程序】命令面板，这 6 个命令面板可以分别完成不同的工作。在【创建】命令面板中包含 7 个面板，分别为【几何体】、【图形】、【灯光】、【摄影机】、【辅助对象】、【空间扭曲】、【系统】面板，这 7 个面板分别可以创建不同的对象。命令面板如图 1-19 所示。命令面板是 3ds Max 2020 的核心工作区，包括大部分造型和动画命令，为用户提供了丰富的工具及修改命令，分别用于创建对象、修改对象、链接设置和反向运动设置、运动变化控制、显示控制和应用程序的选择，外部插件也位于这里，它是 3ds Max 使用频率较高的工作区域。

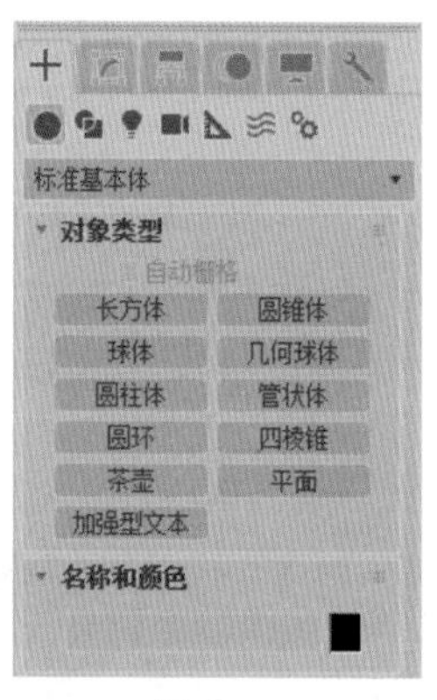

图 1-19

6. 视图控制区

视图控制区位于 3ds Max 2020 工作界面的右下角，其中的控制按钮可以控制视图区中各个视图的显示状态，如视图的缩放、旋转、移动等。另外，视图控制区中的各按钮会因所用视图不同而呈现不同状态。例如，在前视图、透视图、摄影机视图中，视图控制区的显示分别如图 1-20 所示。

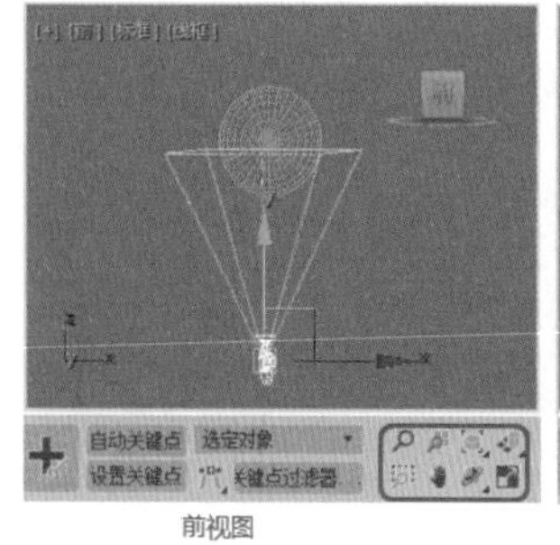

前视图

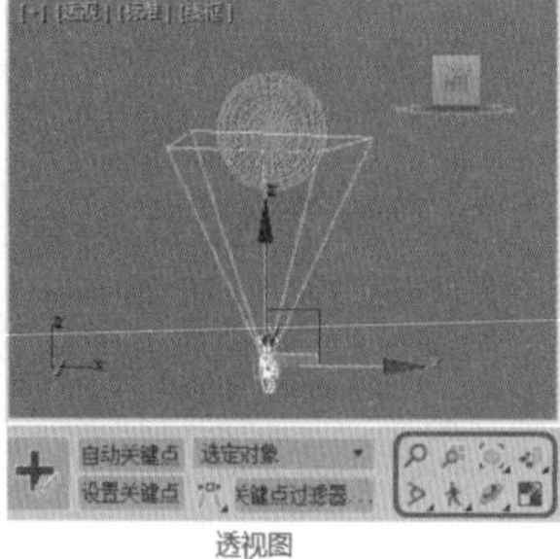

透视图

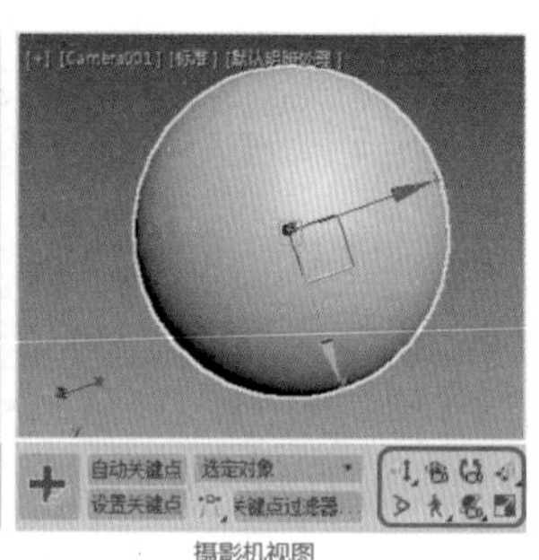

摄影机视图

图 1-20

7. 状态栏与提示栏

状态栏与提示栏位于 3ds Max 工作界面的底部，主要用于显示当前所选择的物体数目、坐标和目前视图的网格单位等信息，如图 1-21 所示。另外，状态栏中的坐标输入区域，通常用于精确调整对象的变换细节。

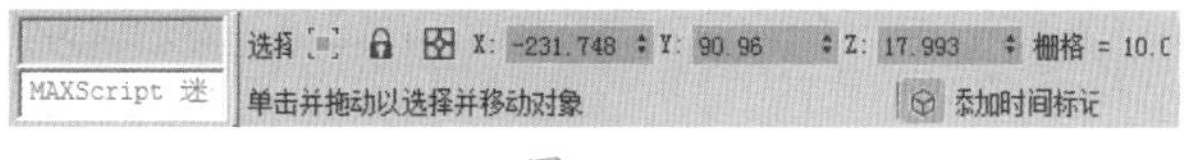

图 1-21

◎ 当前状态：显示当前选择对象的数目和类型。

◎ 提示信息：针对当前选择的工具和程序，提示下一步操作。

◎ 锁定选择：在默认状态下是关闭的，如果启用它，会将当前选择的对象锁定，这样在切换视图或调整工具时，都不会改变当前操作对象。在实际操作时，这是一个使用频率很高的按钮。

◎ 当前坐标：显示当前选中对象的世界坐标，以及对选中对象进行变换操作时的相对坐标。

◎ 栅格尺寸：显示当前栅格中一个方格的边长尺寸，不会因为镜头的推拉导致栅格尺寸的变化。

◎ 时间标记：通过文字符号指定特定的帧标记，使用户能够迅速跳到想去的帧。时间标记可以锁定相互之间的关系，这样在移动一个时间标记时，其他时间标记也会发生相应变化。

8. 动画控制区

动画控制区位于状态栏与视图控制区之间，以及视图区下的时间轴，主要用于对动画时间进行控制，如图 1-22 所示。在动画控制区中可以开启动画制作模式，可以随时对当前的动画场景设置关键帧，并且完成的动画可以在处于激活状态的视图中进行实时播放。

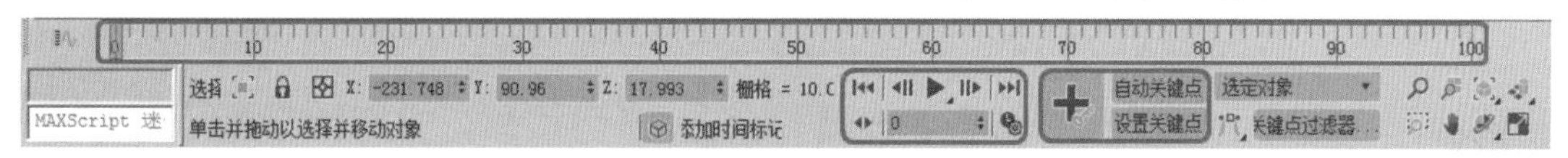

图 1-22

自定义工作界面

用户可以根据自身的习惯自定义 3ds Max 2020 的工作界面，如自定义工具栏、快捷键和用户界面方案等。

1. 自定义工具栏

在工具栏的空白处右击，在弹出的快捷菜单中选择【自定义】命令，如图 1-23 所示，弹出【自定义用户界面】对话框，切换到【工具栏】选项卡，即可对工具栏进行设置，如图 1-24 所示。

2. 自定义快捷键

在【自定义用户界面】对话框中，切换到【键盘】选项卡，在左边的列表框中选择要设置快捷键的命令，然后在右边的【热键】文本框中输入快捷键，单击【指定】按钮，如图 1-25 所示，即可设置快捷键。

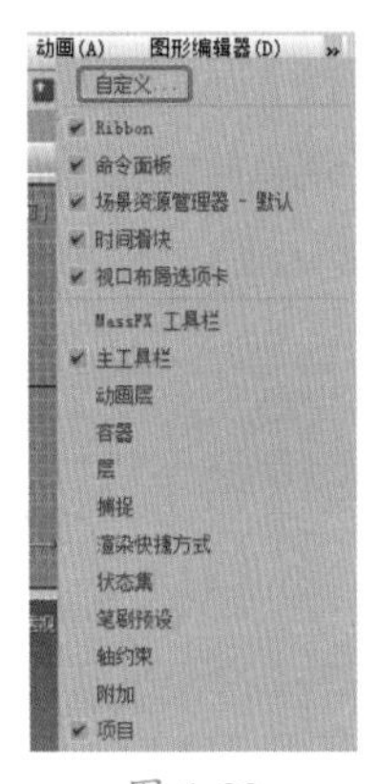

图 1-23

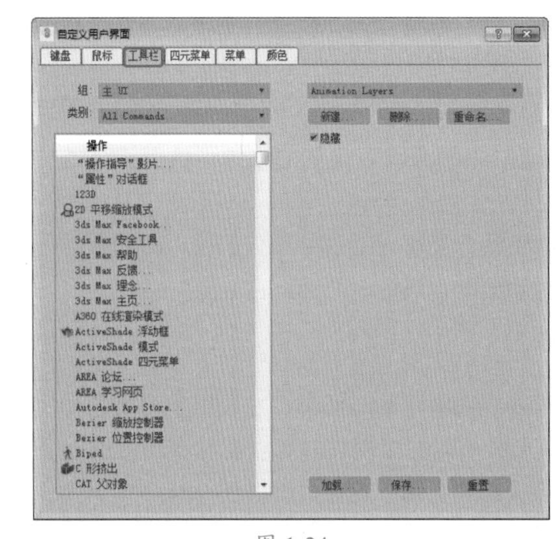

图 1-24

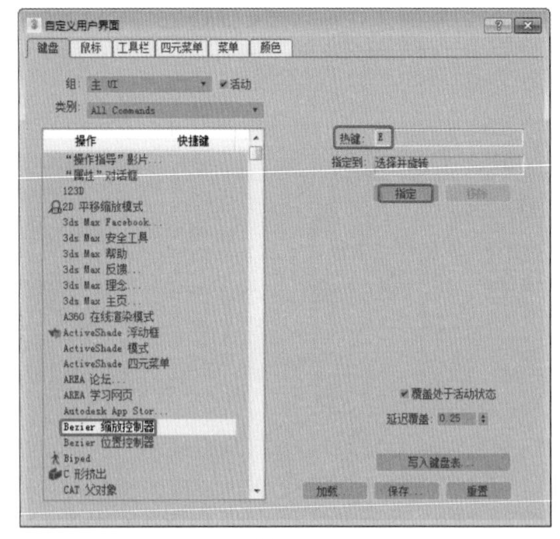

图 1-25

3. 自定义用户界面方案

在菜单栏中选择【自定义】|【加载自定义用户界面方案】命令，弹出【加载自定义用户界面方案】对话框，在该对话框中提供了 3 种用户界面，可以根据自己的喜好进行设置，如图 1-26 所示。

图 1-26

1.3 文件的基本操作

作为 3ds Max 2020 的初级用户，在没有正式掌握软件之前，学习文件的基本操作是非常有必要的。下面介绍 3ds Max 2020 文件的基本操作方法。

1. 建立新文件

01 选择【文件】|【新建】|【新建全部】命令，如图 1-27 所示，或者按 Ctrl+N 组合键。

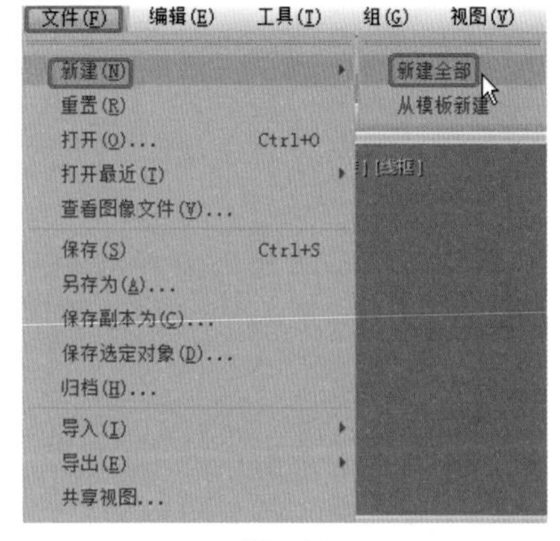

图 1-27

02 新建一个空白场景，如图 1-28 所示。

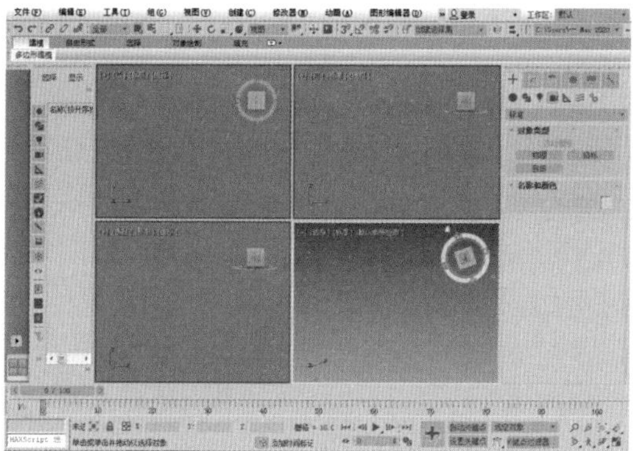

图 1-28

2. 重置场景

01 选择【文件】|【重置】命令，如图 1-29 所示。

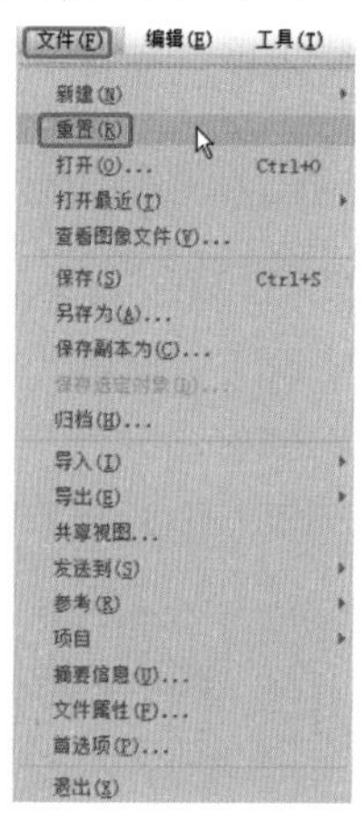

图 1-29

02 弹出 3ds Max 对话框，如图 1-30 所示，单击【确定】按钮，即可重置当前场景。

图 1-30

3. 打开文件

01 选择【文件】|【打开】命令，如图 1-31 所示，或者按 Ctrl+O 组合键。

02 弹出【打开文件】对话框，选择要打开的文件，单击【打开】按钮，如图 1-32 所示，即可打开该文件。

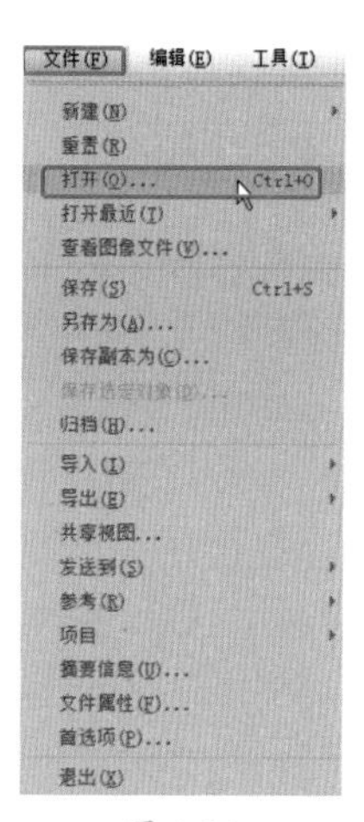

图 1-31

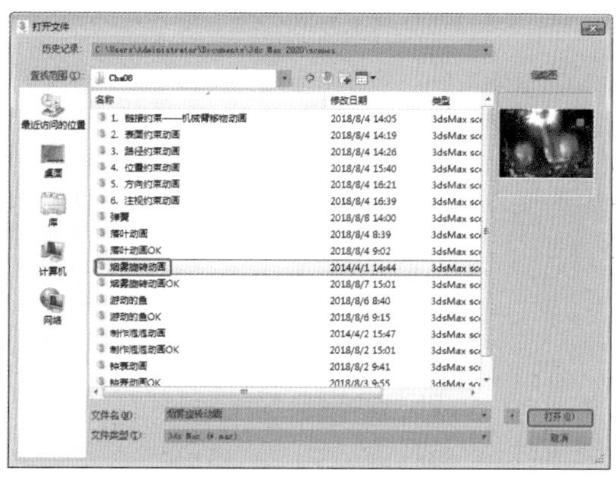

图 1-32

4. 保存文件

01 选择【文件】|【另存为】命令，如图 1-33 所示。

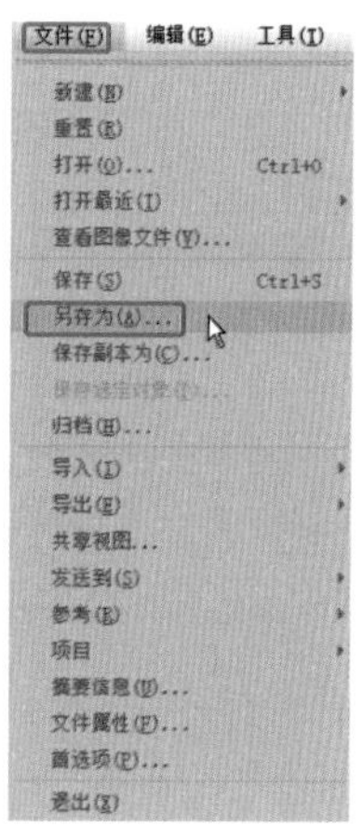

图 1-33

02 弹出【文件另存为】对话框，选择保存路径，在【文件名】下拉列表框中输入“保存路径”，单击【保存】按钮，如图1-34所示，即可将该文件存储于所选路径下。

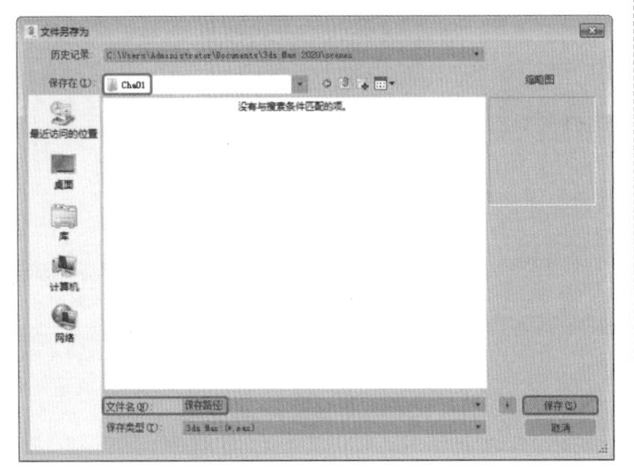

图 1-34

5. 合并文件

01 选择【文件】|【导入】|【合并】命令，如图1-35所示。

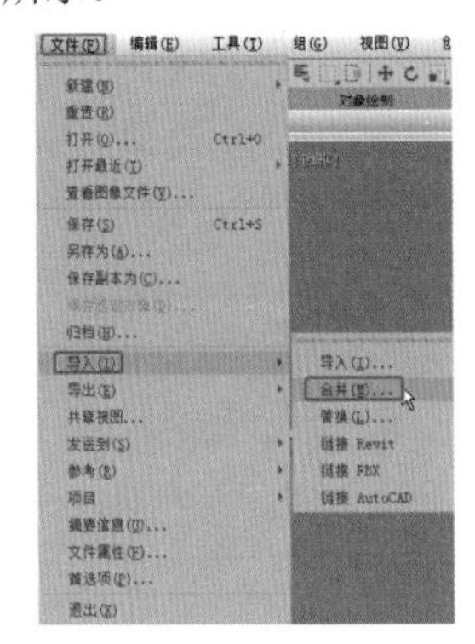

图 1-35

02 弹出【合并文件】对话框，选择要合并的场景文件，单击【打开】按钮，如图1-36所示。

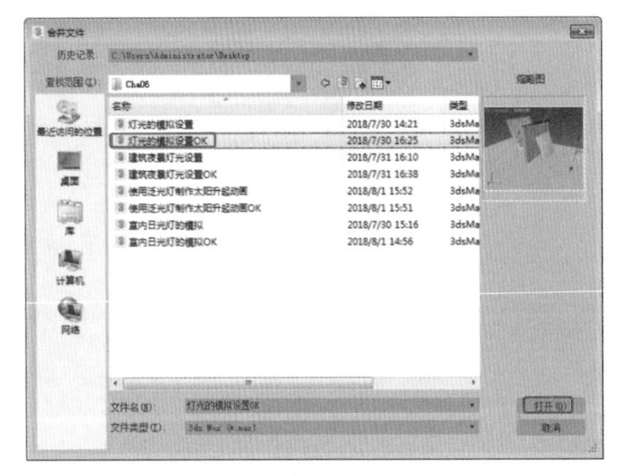

图 1-36

03 弹出【合并】对话框，选择要合并的对象，单击【确定】按钮，如图1-37所示，即可完成合并操作。

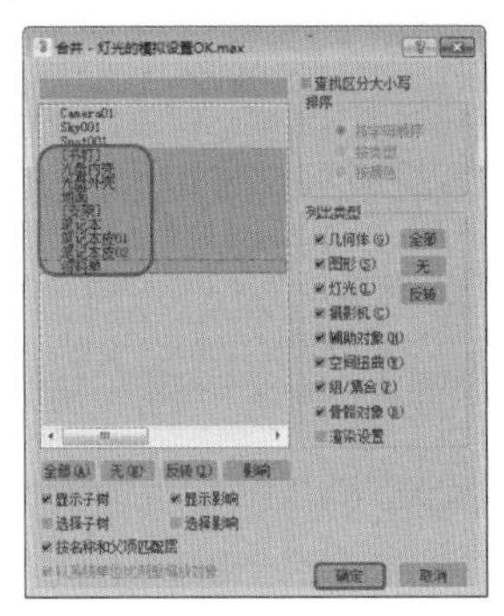

图 1-37

6. 导入、导出文件

在3ds Max 2020中，可以导入的文件格式包括3DS、AI、APE、ASM、CGR、DAE、DEM、DWG、FLT、HTR、IGE、IPT、JT、DLV、OBJ、PRT、SAT、SKP、SHP、SLDPRT、STL、STP、WRL等。

在3ds Max 2020中，可以导出的文件格式包括FBX、3DS、AI、ASE、DAE、DWF、DWG、DXF、FLT、HTR、IGS、SAT、STL、W3D、WIRE、WRL等。

1.4 3ds Max 2020 的基本操作

学习3ds Max，除了需要熟悉工作界面、文件的基本操作外，还需要掌握一些基本操作，才能为以后的建模打下坚实的基础。本章主要介绍3ds Max 2020中的基本操作，包括对象的选择、移动、旋转和缩放物体，改变坐标系统，控制、调整视图，以及复制物体等。

1.4.1 对象的选择

选择对象可以说是3ds Max最基本的操作。无论对场景中的任何物体做何种操作、编辑，首先要做的就是选择该对象。为了方便用户，3ds Max 提供了多种选择对象的方式。

1. 单击选择

单击选择对象就是使用工具栏中的【选择对象】按钮，通过在视图中单击相应的物体来选择对象。一次单击只可以选择一个对象或一组对象。在按住 Ctrl 键的同时，可以单击选择多个对象；在按住 Alt 键的同时，在选择的对象上单击，可以取消选择该对象。

2. 按名称选择

在选择工具中有一个非常好的工具，它就是【按名称选择】，该工具可以通过对象名称进行选择，所以该工具要求对象的名称具有唯一性。这种选择方式快捷准确，通常用于复杂场景中对象的选择。

在工具栏中单击【按名称选择】按钮，也可以按 H 键直接打开【从场景选择】对话框，如图 1-38 所示，在该对话框中选择对象时，按住 Shift 键可以选择多个连续的对象，按住 Ctrl 键可以选择多个非连续对象，选择完成后单击【确定】按钮，即可在场景中选择相应的对象。

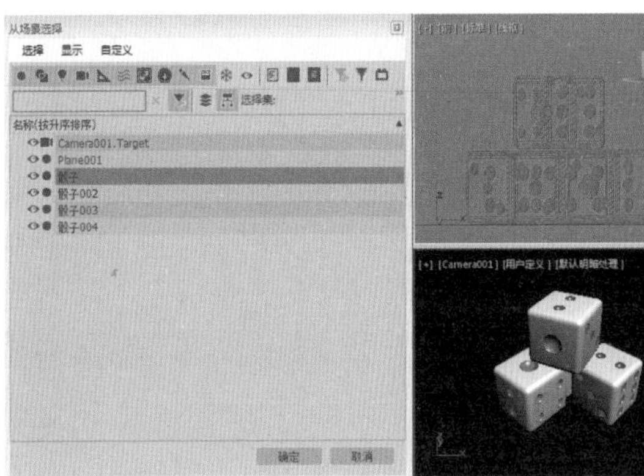

图 1-38

3. 工具选择

在 3ds Max 中，选择工具有单选工具、组合选择工具。

单选工具为【选择对象】工具。

组合选择工具包括：【选择并移动】工具、【选择并旋转】工具、【选择并均匀缩放】工具、【选择并链接】工具、【断开当前选择链接】工具等。

4. 区域选择

在 3ds Max 2020 中提供了 5 种区域选择工具：【矩形选择区域】工具、【圆形选择区域】工具、【围栏选择区域】工具、【套索选择区域】工具和【绘制选择区域】工具。其中，【套索选择区域】工具用来创建不规则选区，如图 1-39 所示。

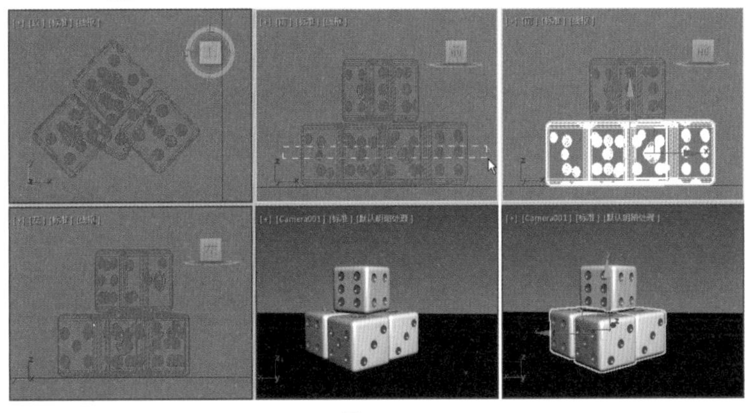

图 1-39

提示：使用套索工具配合范围选择工具可以非常方便地将要选择的物体从众多交错的物体中选取出来。

5. 范围选择

范围选择有两种方式：一种是窗口范围选择方式，另一种是交叉范围选择方式，通过 3ds Max 工具栏中的【交叉】按钮可以进行两种选择方式的切换。若选中【交叉】按钮，则选择场景中对象时，对象物体不管是局部还是全部被框选，只要有部分被框选，则整个物体将被选择，如图 1-40 所示。单击【交叉】按钮，即可切换成【窗口】按钮，只有对象物体全部被框选，才能选择该对象。

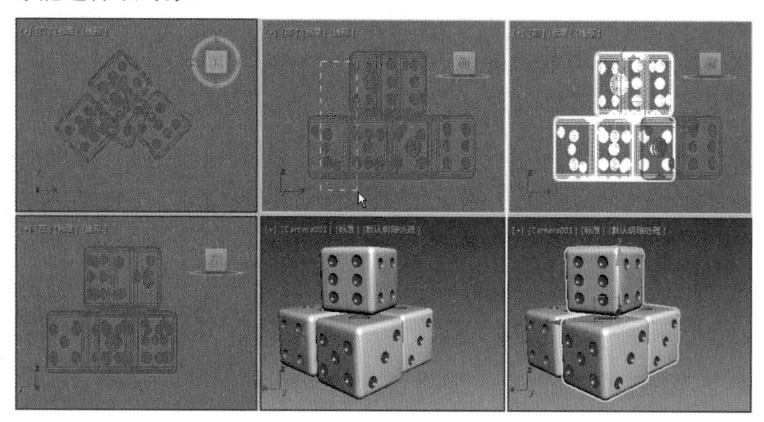

图 1-40

1.4.2 使用组

组，顾名思义就是由多个对象组成的集合。成组以后，不会对原对象做任何修改。但对组的编辑会影响到组中的每一个对象。成组以后，只要单击组内的任意一个对象，整个组都会被选择，如果想单独对组内对象进行操作，必须先将组暂时打开。组存在的意义就是使用户同时对多个对象进行同样的操作成为可能，如图 1-41 所示。

图 1-41

1. 组的建立

在场景中选择两个以上的对象，在菜单栏中选择【组】|【组】命令，在弹出的对话框中输入组的名称（默认组名为“组 001”并自动按序递加），单击【确定】按钮即可，如图 1-42 所示。

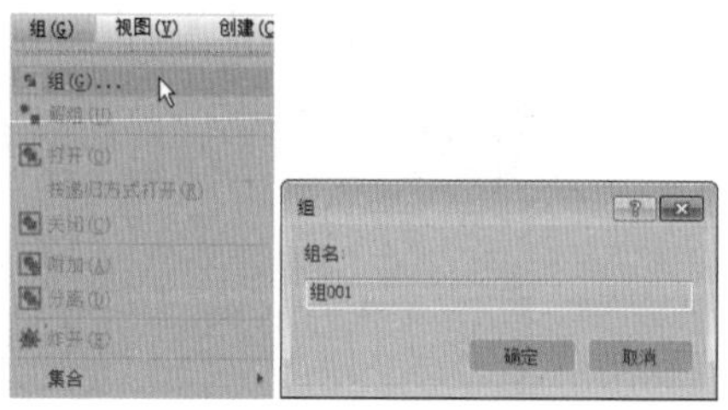

图 1-42

2. 打开组

若要对组内对象单独进行编辑，则需将组打开。每执行一次【组】|【打开】命令，只能打开一级群组。

在菜单栏中选择【组】|【打开】命令，这时群组的外框会变成粉红色，可以对其中的对象进行单独修改。移动其中的对象，则粉红色边框会随之变动，表示该物体正处在该组的打开状态中。

3. 关闭组

在菜单栏中选择【组】|【关闭】命令，可以将暂时打开的组关闭，返回到初始状态。

1.4.3 移动、旋转和缩放物体

在 3ds Max 中，对物体进行编辑修改最常用到的就是物体的移动、旋转和缩放。移动、旋转和缩放物体有三种方式。

第一种是直接在主工具栏中选择相应的工具，包括【选择并移动】工具、【选择并旋转】工具、【选择并均匀缩放】工具，然后在视图区中用鼠标实施操作。也可在工具按钮上单击鼠标右键，弹出变换输入浮动框，直接输入数值进行精确操作。

第二种是通过【编辑】|【变换输入】菜单命令打开【移动变换输入】对话框对对象进行精确的位移、旋转、缩放操作，如图 1-43 所示。

移动变换输入
绝对:世界
X: 66.318
Y: 52.371
Z: 74.15
偏移:屏幕
X: 0.0
Y: 0.0
Z: 0.0

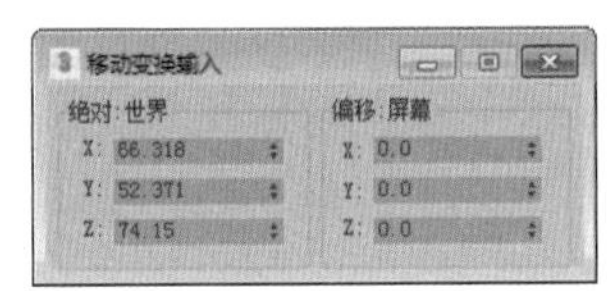

图 1-43

第三种就是在状态栏的坐标显示区域中输入调整坐标值，这也是一种方便快捷的精确调整方法，如图 1-44 所示。

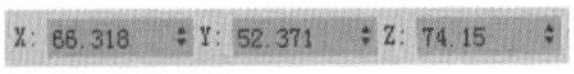

X: 66.318
Y: 52.371
Z: 74.15

图 1-44

【绝对模式变换输入】按钮用于设置世界空间中对象的确切坐标，单击该按钮，可以切换到【偏移模式变换输入】按钮状态，如图 1-45 所示，偏移模式是相对于其现有坐标来变换对象。

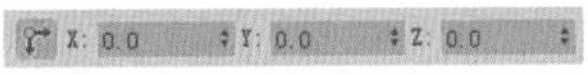

X: 0.0
Y: 0.0
Z: 0.0

图 1-45

【实战】制作五角星

五角星是指一种有五只尖角、并以五条直线画成的星星图形。本节将介绍如何利用 3ds Max 2020 制作五角星，效果如图 1-46 所示。

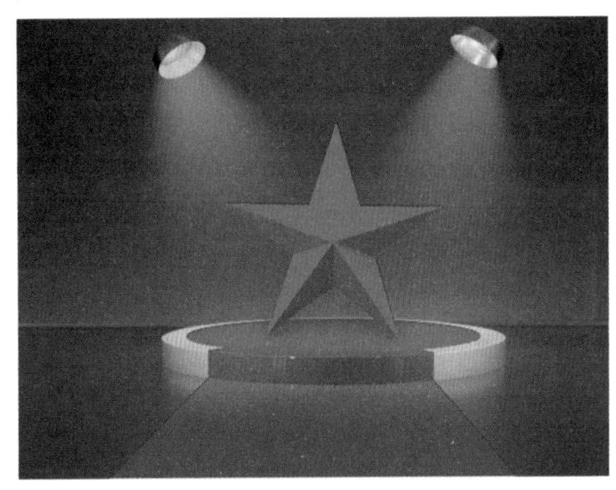

图 1-46

素材	Scenes\Cha01\ 五角星素材 .max
场景	Scenes\Cha01\【实战】制作五角星 .max
视频	视频教学 \Cha01\【实战】制作五角星 .mp4

01 打开“五角星素材 .max”素材文件，选择【创建】|【图形】|【星形】命令，在【前】视图中绘制形状，如图 1-47 所示。

02 选择上一步绘制的星形，打开【修改】命令面板，将【名称】设为“五角星”，将【颜色】设为 255、0、0，在【参数】卷展栏中将【半径 1】设为 90，将【半径 2】设为 34，将【点】设为 5，如图 1-48 所示。

03 在修改器下拉列表中选择【挤出】修改器，将【参数】卷展栏中的【数量】设置为 20，如图 1-49 所示。

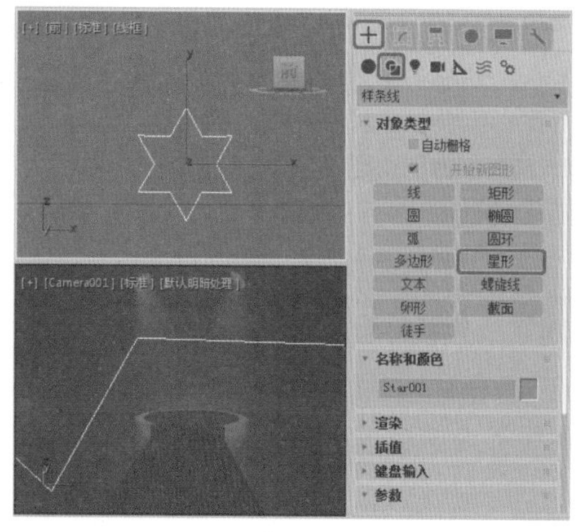

图 1-47

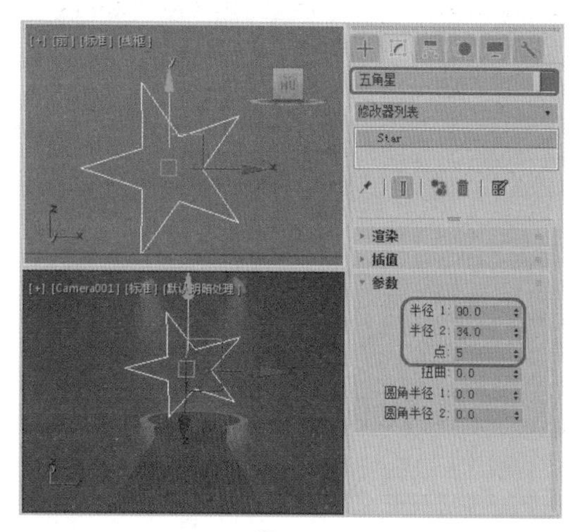

图 1-48

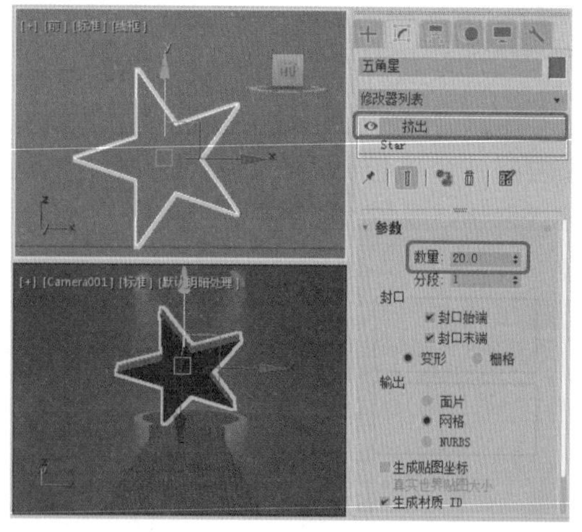

图 1-49

04 选择“五角星”，在工具栏中单击【选择并旋转】按钮，对“五角星”进行旋转，如图 1-50 所示。

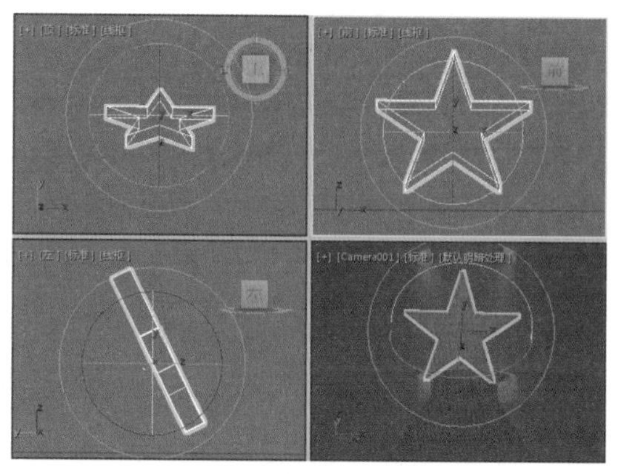

图 1-50

提示：【挤出】修改器可以使二维线在垂直方向上产生厚度，从而生成三维实体。

05 在工具栏中单击【选择并移动】按钮，切换到【修改】命令面板，选择【编辑网格】修改器，并定义当前选择集为【顶点】，在【左】视图中框选如图 1-51 所示的顶点。

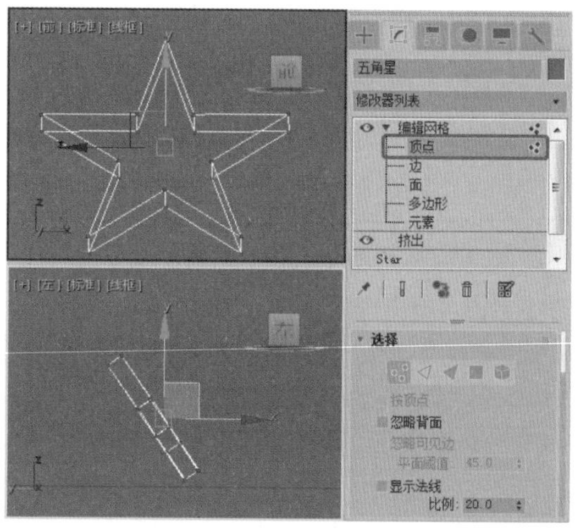

图 1-51

06 在工具栏中单击【选择并均匀缩放】按钮，在【前】视图中对选择的顶点进行缩放，使其缩放到最小，直到不可以再缩放为止，如图 1-52 所示。

07 关闭当前选择集，激活摄影机视图，按 F9 键渲染查看效果即可。

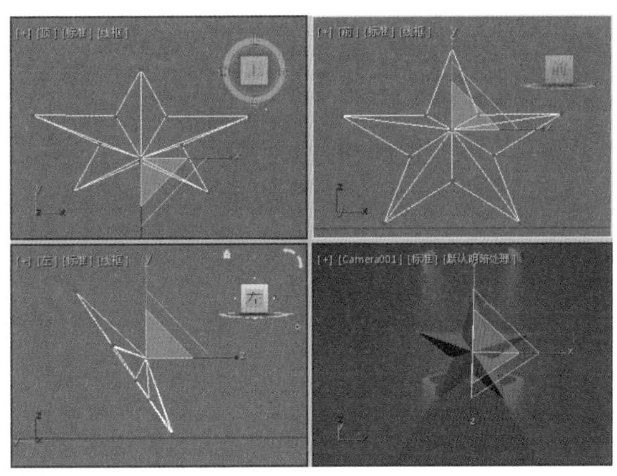

图 1-52

1.4.4 坐标系统

若要灵活地对对象进行移动、旋转、缩放，就要正确地选择坐标系统。

3ds Max 2020 提供了十种坐标系统可供选择，如图 1-53 所示。

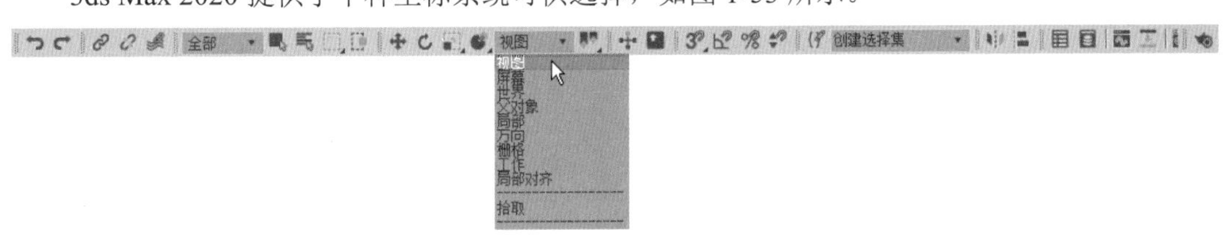

图 1-53

各个坐标系的功能说明如下。

◎ 【视图】坐标系统：这是默认的坐标系统，也是使用最普遍的坐标系统，实际上它是【世界】坐标系统与【屏幕】坐标系统的结合。在正视图（如顶、前、左等）中使用屏幕坐标系统，在【透视】视图中使用世界坐标系统。

◎ 【屏幕】坐标系统：在所有视图中都使用同样的坐标轴向，即 X 轴为水平方向，Y 轴为垂直方向，Z 轴为景深方向，这正是我们所习惯的坐标轴向，它把计算机屏幕作为 X、Y 轴向，计算机内部延伸为 Z 轴向。

◎ 【世界】坐标系统：在 3ds Max 中从前方看，X 轴为水平方向，Z 轴为垂直方向，Y 轴为景深方向。这个坐标方向轴在任何视图中都固定不变，以它为坐标系统，在任何视图中都有相同的操作效果。

◎ 【父对象】坐标系统：使用选择物体的父物体的自身坐标系统，这可以使子物体保持与父物体之间的依附关系，在父物体所在的轴向上发生改变。

◎ 【局部】坐标系统：使用物体自身的坐标轴作为坐标系统。物体自身轴向可以通过【层次】命令面板中【轴】|【仅影响轴】内的命令进行调节。

◎ 【万向】 坐标系统：万向用于在视图中使用欧拉 XYZ 控制器的物体的交互式旋转。应用它，用户可以使 XYZ 轨迹与轴的方向形成一一对应关系。其他的坐标系统会保持正交关系，而且每一次旋转都会影响其他坐标轴的旋转，但万向旋转模式则不会产生这种效果。

◎ 【栅格】坐标系统：以栅格物体的自身坐标轴作为坐标系统，栅格物体主要用来辅助制作。

◎ 【工作】坐标系统：使用工作轴坐标系。可以随时使用坐标系，无论工作轴处于活动状态与否。

◎ 【局部对齐】坐标系统：可以进行局部对齐。

◎ 【拾取】坐标系统：自己选择屏幕中的任意一个对象，它的自身坐标系统作为当前坐标系统。这是一种非常有用的坐标系统。例如我们想要将一个球体沿一块倾斜的木板滑下，就可以拾取木板的坐标系统作为球体移动的坐标依据。

1.4.5 控制、调整视图

在 3ds Max 中，为了方便用户操作，提供了多种控制、调整视图的工具。

1. 使用视图控制按钮控制、调整视图

在屏幕右下角有八个图形按钮，它们是当前激活视图的控制工具，控制各种视图显示的变化。根据视图种类的不同，相应的控制工具也会有所不同，如图 1-54 所示为激活【透视】视图时的控制按钮。

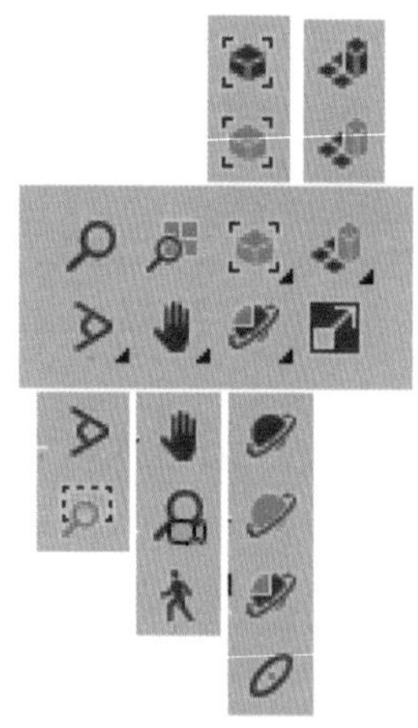

图 1-54

◎ 【缩放】按钮：在任意视图中单击鼠标左键并上下拖动可拉近或推远视景。

◎ 【缩放所有视图】按钮：单击该按钮后上下拖动，同时在其他所有标准视图内进行缩放显示。

◎ 【最大化显示】按钮：将所有物体以最大化的方式显示在当前激活视图中。

◎ 【最大化显示选定对象】按钮：将所选择的物体以最大化的方式显示在当前激活视图中。

◎ 【所有视图最大化显示】按钮：将所有视图以最大化的方式显示在全部标准视图中。

◎ 【所有视图最大化显示选定对象】按钮：将所选择的物体以最大化的方式显示在全部标准视图中。

◎ 【最大化视口切换】按钮：将当前激活视图切换为全屏显示，快捷键为 Alt+W。

◎ 【环绕子对象】按钮：将当前选定子对象的中心用作旋转的中心。当视图围绕其中心旋转时，当前选择将保持在视口中的同一位置上。

◎ 【选定的环绕】按钮：将当前选择的中心用作旋转的中心。当视图围绕其中心旋转时，选定对象将保持在视口中的同一位置上。

◎ 【环绕】按钮：将视图中心用作旋转中心。如果对象靠近视口的边缘，它们可能会旋转出视图范围。

◎ 【动态观察关注点】：使用光标位置（关注点）作为旋转中心。当视图围绕其中心旋转时，关注点将保持在视口中的同一位置。

◎ 【平移视图】按钮：单击按钮后四处拖动，可以进行平移观察，配合 Ctrl 键可以加速平移，快捷键为 Ctrl+P。

◎ 【缩放区域】按钮：在视图中框取局部区域，将它放大显示，快捷键为 Ctrl+W。在透视图中没有这个命令，如果想使用它的话，可以先将透视图切换

为用户视图，进行区域放大后再切换回透视图。

2. 视图的布局转换

在默认状态下，3ds Max 使用三个正交视图和一个透视图来显示场景中的物体。

其实 3ds Max 共提供了 14 种视图配置方案，用户完全可以按照自己的需要来任意配置各个视图。操作步骤如下：在菜单栏中选择【视图】|【视口配置】命令，在弹出的【视口配置】对话框中切换到【布局】选项卡，选择一个布局后单击【确定】按钮即可，如图 1-55 所示。

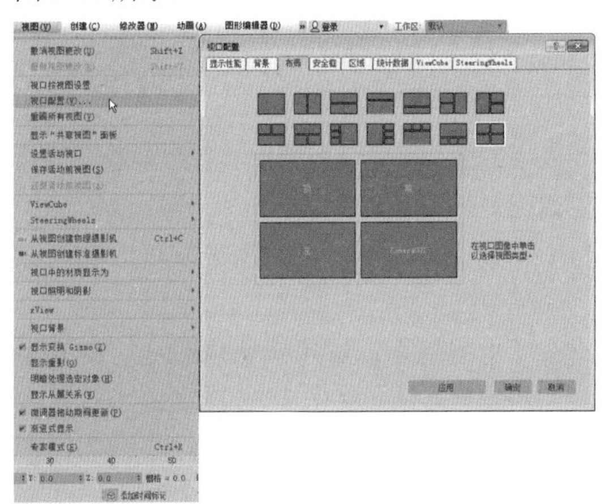

图 1-55

在 3ds Max 中，视图类型除默认的【顶】视图、【前】视图、【左】视图、【透视】视图外，还有【正交】视图、【摄影机】视图、【后】视图等多种视图类型，如图 1-56 所示。

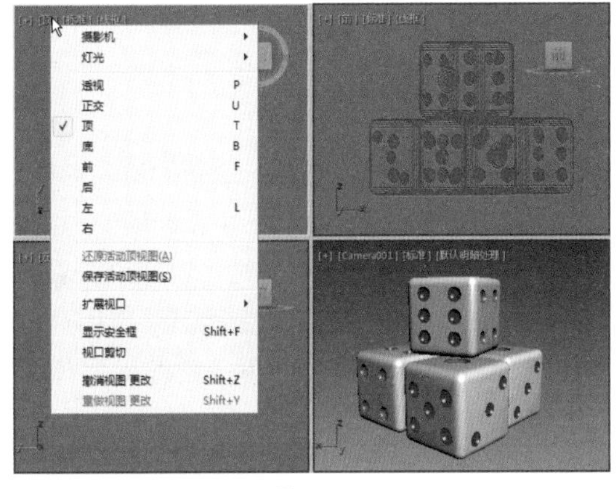

图 1-56

3. 视图显示模式的控制

在系统默认设置下，【顶】、【前】和【左】三个正交视图采用线框显示模式，【透视】视图则采用真实的显示模式。真实模式显示效果逼真，但刷新速度慢；线框模式只能显示物体的线框轮廓，但刷新速度快，可以加快计算机的处理速度。特别是当处理大型、复杂的效果图时，应尽量使用线框模式；只有当需要观看最终效果时，才将真实模式打开。

此外，3ds Max 2020 中还提供了其他几种视图显示模式。单击视图左上端的【线框】按钮，在弹出的下拉菜单中提供了多种显示模式，如图 1-57 所示。

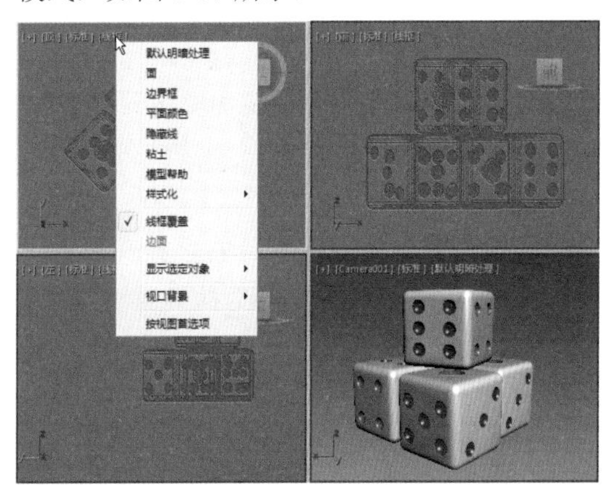

图 1-57

1.4.6 复制物体

在制作大型场景的过程中，有时候需要复制大量的物体，在 3ds Max 中提供了多种复制物体的方法。

1. 最基本的复制方法

选择所要复制的一个或多个物体，在菜单栏中选择【编辑】|【克隆】命令，在弹出的【克隆选项】对话框中选择复制物体的方式，如图 1-58 中间图所示。还有一个更简便的方法就是按住键盘上的 Shift 键，再使用移动工具进行复制，但这种方法比【克隆】命令多一项设置：【副本数】，如图 1-58 右侧图所示。

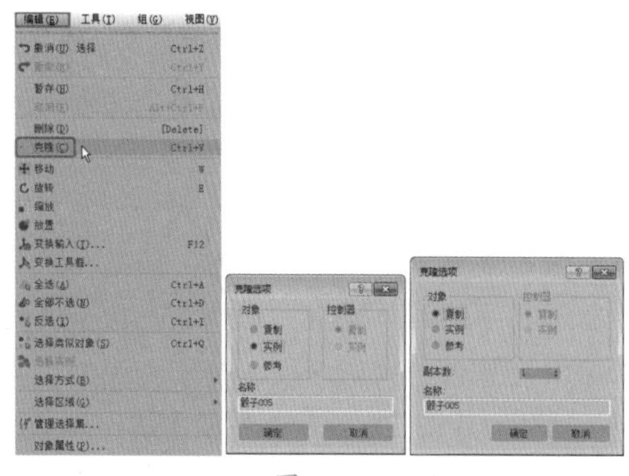

图 1-58

【克隆选项】对话框中各选项的功能说明如下。

◎ 【复制】：将当前对象原地拷贝一份。快捷键为 Ctrl+C。

◎ 【实例】：复制物体与源物体相互关联，改变一个另一个也会发生改变。

◎ 【参考】：参考复制与实例复制不同的是，复制物体发生改变时，源物体并不随之发生改变。

◎ 【副本数】：指定复制的个数并且按照所指定的坐标轴向进行等距离复制。

2. 镜像复制

当我们要实现物体的反射效果时就一定要用到镜像复制，如图 1-59 所示。使用镜像工具可以复制出相同的另外一半角色模型。【镜像】工具可以将一个或多个选择的对象沿着指定的坐标轴镜像到另一个方向，同时也可以产生具备多种特性的复制对象。选择要进行镜像复制的对象，在菜单栏中选择【工具】|【镜像】命令，或者在工具栏中单击【镜像】按钮，弹出【镜像：世界 坐标】对话框，如图 1-60 所示。

图 1-59

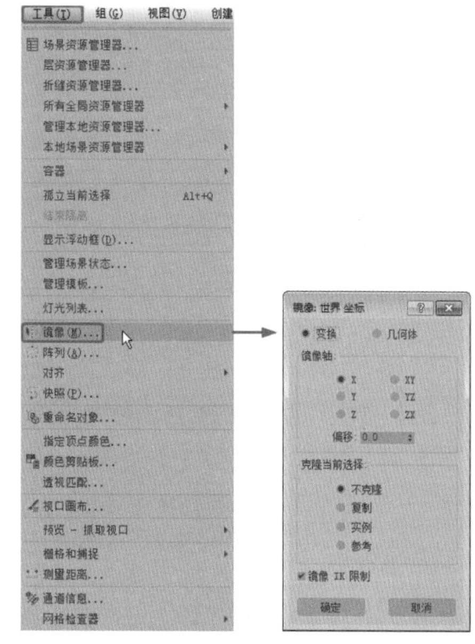

图 1-60

【镜像：世界 坐标】对话框中各选项的功能说明如下。

◎ 【变换】：使用旧的镜像方法，它可以镜像任何世界空间修改器效果。

◎ 【几何体】：应用镜像修改器，其变换矩阵与当前参考坐标系设置相匹配。

◎ 【镜像轴】：提供了六种对称轴向用于镜像，每当进行选择时，视图中的选择对象就会即时显示出镜像效果。

  ◆ 【偏移】：指定镜像对象与原对象之间的距离，距离值是通过两对象的轴心点来计算的。

◎ 【克隆当前选择】：确定是否复制以及复制的方式。

  ◆ 【不克隆】：只镜像对象，不进行复制。

  ◆ 【复制】：复制一个新的镜像对象。

  ◆ 【实例】：复制一个新的镜像对象，并指定为关联属性，这样改变复制对象将对原始对象也产生作用。

下面就来实际操作一下，学习如何使用该工具。

01 选择【创建】|【几何体】|【标准基本体】|【茶壶】工具，在【顶】视图中绘制一个茶壶，

如图 1-61 所示。

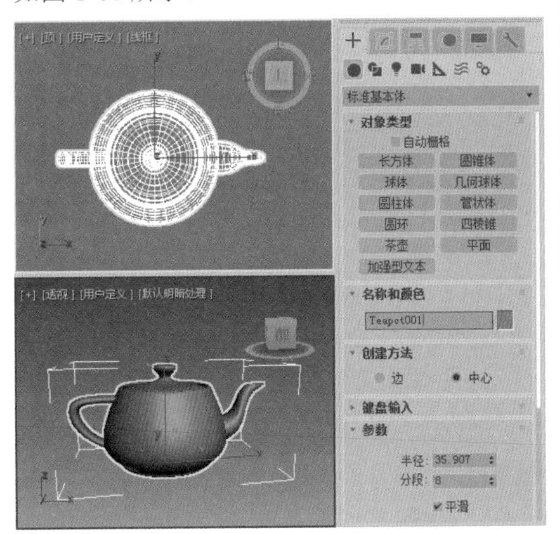

图 1-61

02 在工具栏中单击【镜像】按钮，弹出【镜像：屏幕 坐标】对话框，在该对话框中设置【镜像轴】为 X 轴，设置【偏移】为 143，然后选中【复制】单选按钮，如图 1-62 所示。设置完成后单击【确定】按钮。

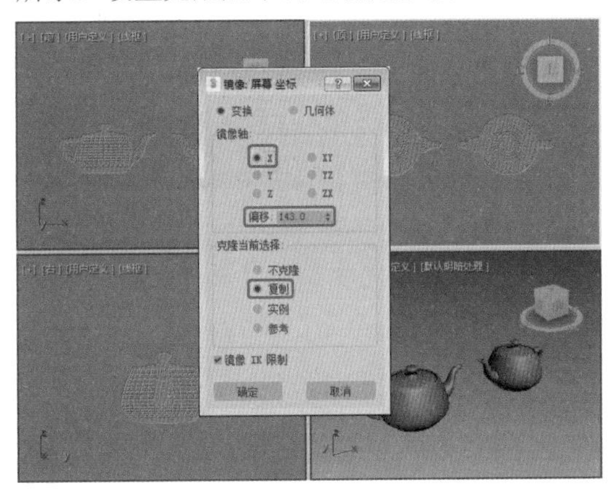

图 1-62

03 此时就可以看到对茶壶进行镜像后的效果。

1.4.7 使用阵列工具

阵列可以大量有序地复制对象，它可以控制产生一维、二维、三维的阵列复制。例如我们想要制作图 1-63 所示的效果，使用阵列复制可以方便且快速地完成。

图 1-63

选择要进行阵列复制的对象，在菜单栏中选择【工具】|【阵列】命令，弹出【阵列】对话框，如图 1-64 所示。【阵列】对话框中各项目的功能说明如下。

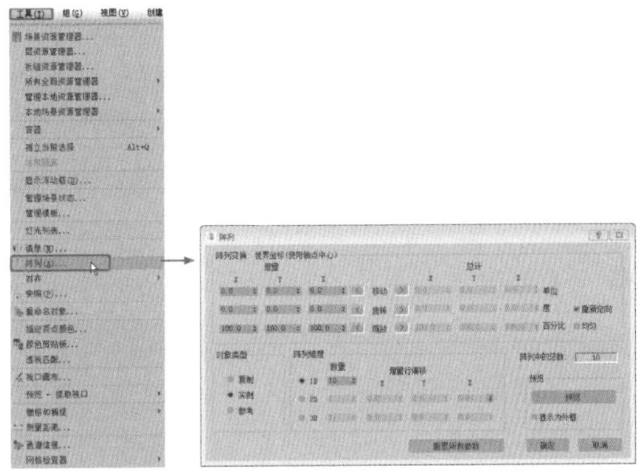

图 1-64

◎ 【阵列变换】选项组：用来设置在 1D 阵列中，三种类型阵列的变量值，包括位置、角度、比例。左侧为增量计算方式，要求设置增值数量；右侧为总计计算方式，要求设置最后的总数量。如果想在 X 轴方向上创建间隔为 10 个单位一行的对象，就可以在【增量】下的【移动】前面的 X 输入框中输入 10。如果想在 X 轴方向上创建总长度为 10 的一串对象，那么就可以在【总计】下的【移动】后面的 X 输入框中输入 10。

◎ 增量 X/Y/Z 微调器：设置的参数可以应用于阵列中的各个对象。

- ◆ 【移动】：指定沿 X、Y 和 Z 轴方向每个阵列对象之间的距离。使用负值时，可以在该轴的负方向创建阵列。

- ◆ 【旋转】：指定阵列中每个对象围绕三个轴中的任一轴旋转的度数。使用负值时，可以沿着绕该轴的顺时针方向创建阵列。
- ◆ 【缩放】：指定阵列中每个对象沿三个轴中的任一轴缩放的百分比。

◎ 总计 X/Y/Z 微调器：设置的参数可以应用于阵列中的总距、度数或百分比缩放。

- ◆ 【移动】：指定沿三个轴中每个轴的方向，所得阵列中两个外部对象轴点之间的总距离。
- ◆ 【旋转】：指定沿三个轴中每个轴应用于对象的旋转的总度数。例如，可以使用此方法创建旋转总度数为 360 度的阵列。
- ◆ 【缩放】：指定对象沿三个轴中的每个轴缩放的总计。

◎ 【重新定向】：在以世界坐标轴旋转复制原对象时，同时也对新产生的对象沿其自身的坐标系统进行旋转定向，使其在旋转轨迹上总保持相同的角度，否则所有的复制对象都与原对象保持相同的方向。

◎ 【均匀】：选择此选项后，【缩放】输入框中会有一个允许输入，这样可以锁定对象的比例，使对象只发生体积的变化，而不产生变形。

◎ 【对象类型】选项组：设置产生的阵列复制对象的属性。

◎ 【复制】：标准复制属性。

◎ 【实例】：产生关联复制对象，与原对象息息相关。

◎ 【参考】：产生参考复制对象。

◎ 【阵列维度】选项组：用于添加到阵列变换维数。附加维数只是定位用的，未使用旋转和缩放。

◎ 1D：设置第一次阵列产生的对象总数。

◎ 2D：设置第二次阵列产生的对象总数，右侧 X、Y、Z 用来设置新的偏移值。

◎ 3D：设置第三次阵列产生的对象总数，右侧 X、Y、Z 用来设置新的偏移值。

◎ 【阵列中的总数】：设置最后阵列结果产生的对象总数目，即 1D、2D、3D 三个【数量】值的乘积。

◎ 【重置所有参数】：将所有参数还原为默认设置。

下面来学一下怎样使用阵列工具。

01 打开“Scenes\Cha01\ 素材 01.max”素材文件，如图 1-65 所示。

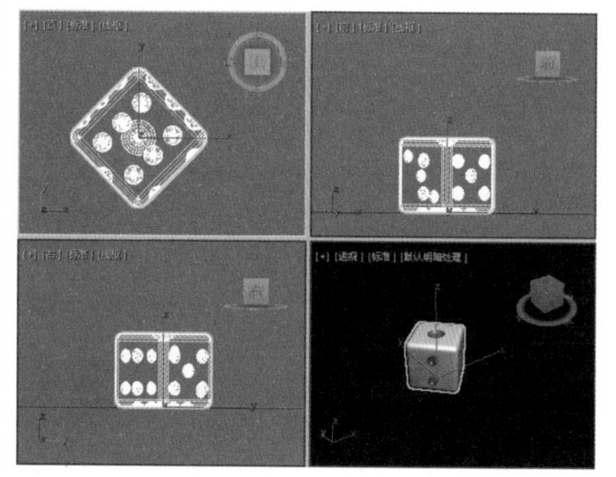

图 1-65

02 在【顶】视图中选择【骰子】对象，在菜单栏中选择【工具】|【阵列】命令，如图 1-66 所示。

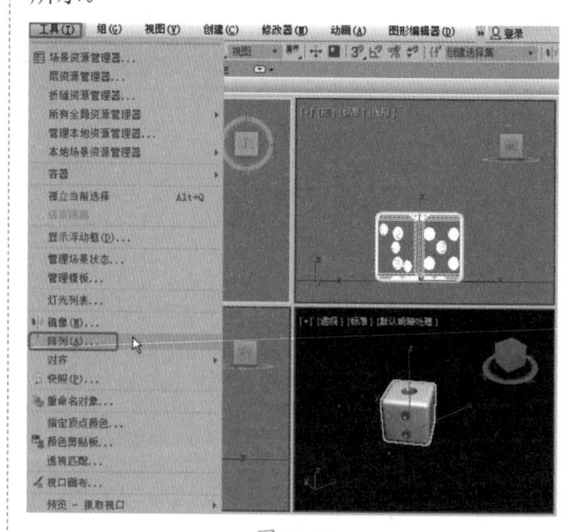

图 1-66

03 在弹出的对话框中将【增量】下的【移动】左侧的 Y 设置为 60，将 1D 右侧的【数量】设置为 6，选中 2D 单选按钮，将【数量】设置为 6，将 X 设置为 60，选中 3D 单选按钮，将【数量】设置为 2，将 Z 设置为 52，选中【复制】单选按钮，如图 1-67 所示。

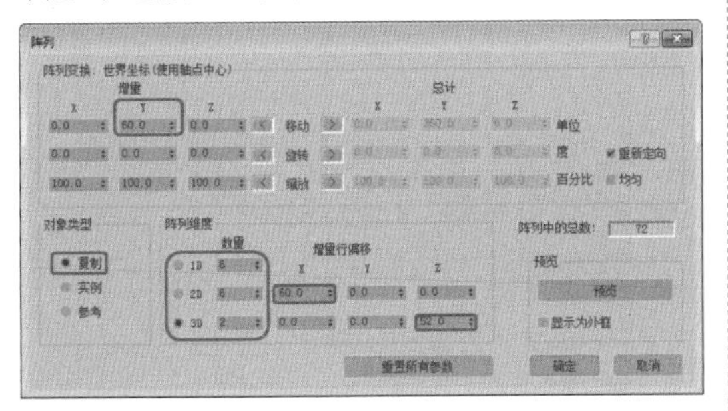

图 1-67

04 设置完成后，单击【确定】按钮，对摄影机视图渲染预览效果，如图 1-68 所示。

图 1-68

1.4.8 使用对齐工具

对齐工具就是通过移动操作使物体自动与其他对象对齐，所以它在物体之间并没有建立什么特殊的关系。在工具栏中单击【对齐】按钮，并拾取目标对象后，会弹出【对齐当前选择】对话框，如图 1-69 所示。

【对齐当前选择】对话框中各选项的功能说明如下。

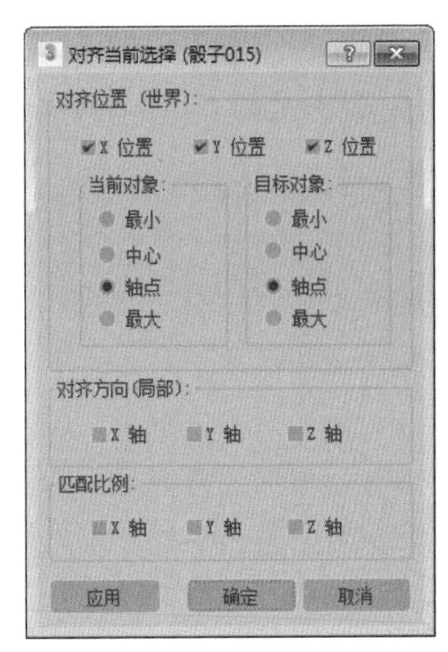

图 1-69

◎ 【对齐位置（世界）】：根据当前的参考坐标系来确定对齐的方式。

- ◆ 【X 位置】/【Y 位置】/【Z 位置】：特殊指定位置对齐依据的轴向，可以单方向对齐，也可以多方向对齐。

◎ 【当前对象】/【目标对象】：分别设定当前对象与目标对象对齐的设置。

- ◆ 【最小】：以对象表面最靠近另一对象选择点的方式进行对齐。
- ◆ 【中心】：以对象中心点与另一对象的选择点进行对齐。
- ◆ 【轴心】：以对象的轴心点与另一对象的选择点进行对齐。
- ◆ 【最大】：以对象表面最远离另一对象选择点的方式进行对齐。

◎ 【对齐方向（局部）】：特殊指定方向对齐依据的轴向，方向的对齐是根据对象自身坐标系完成的，三个轴向可任意选择。

◎ 【匹配比例】：将目标对象的缩放比例沿指定的坐标轴向施加到当前对象上。要求目标对象已经进行了缩放修改，系统会记录缩放的比例，将比例值应用到当前对象上。

课后项目练习

向前翻滚动画

本案例会介绍如何利用自动关键点制作排球动画。在选中排球对象后，单击【自动关键点】按钮，启用关键帧动画模式，然后使用【选择并移动】工具和【选择并旋转】工具设置各个关键帧动画，最后启用【运动模糊】属性。

课后项目练习效果展示

效果如图 1-70 所示。

图 1-70

课后项目练习过程概要

（1）打开文件素材后，设置时间配置效果。

（2）对排球设置移动帧的位置并进行旋转。

素材：	Scenes\Cha01\ 排球动画素材 .max
场景：	Scenes\Cha01\ 向前翻滚动画 .max
视频：	视频教学 \Cha01\ 向前翻滚动画 .avi

01 打开“Scenes\Cha01\ 排球动画素材 .max”文件，在动画控制区中单击【时间配置】按钮，弹出【时间配置】对话框，在【帧速率】选项组中选中【电影】复选框，在【动画】选项组中将【结束时间】设置为 120，单击【确定】按钮，如图 1-71 所示。

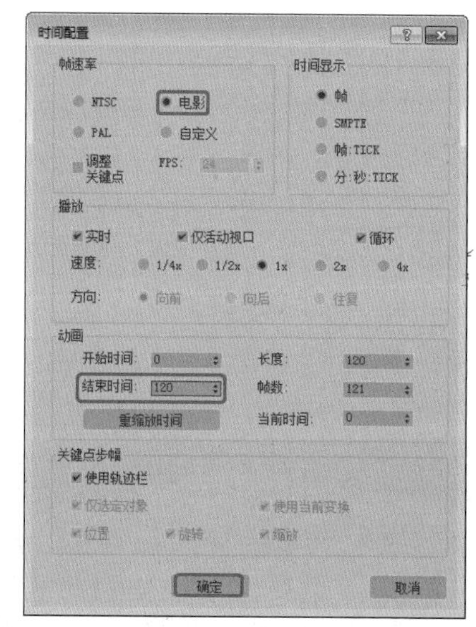

图 1-71

02 在第 0 帧位置单击【自动关键点】按钮，启用关键帧动画模式，如图 1-72 所示。

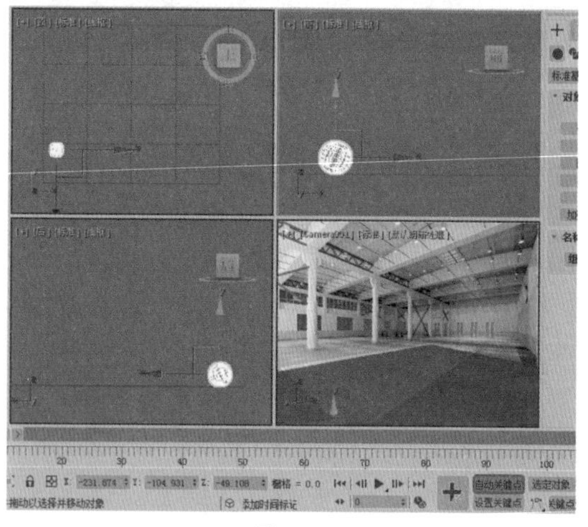

图 1-72

03 在第 5 帧位置，在【顶】视图中使用【选择并移动】工具 沿 Y 轴向上调整排球对象，在【前】视图中将排球对象向右、向上移动适当距离，如图 1-73 所示。

04 在第 10 帧位置，在【前】视图中使用【选择并移动】工具将排球对象向右、向下移动适当距离，如图 1-74 所示。

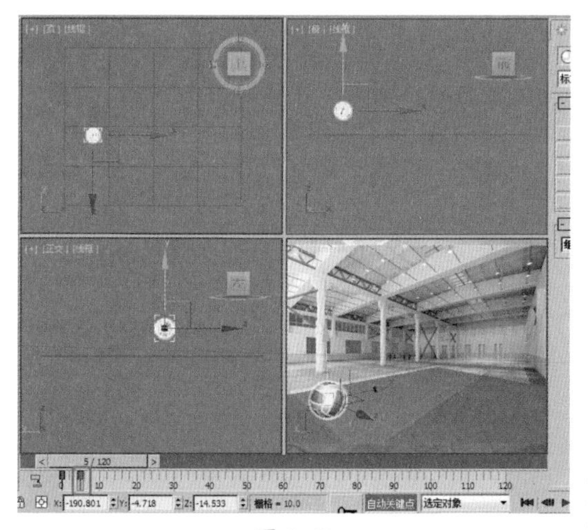
图 1-73

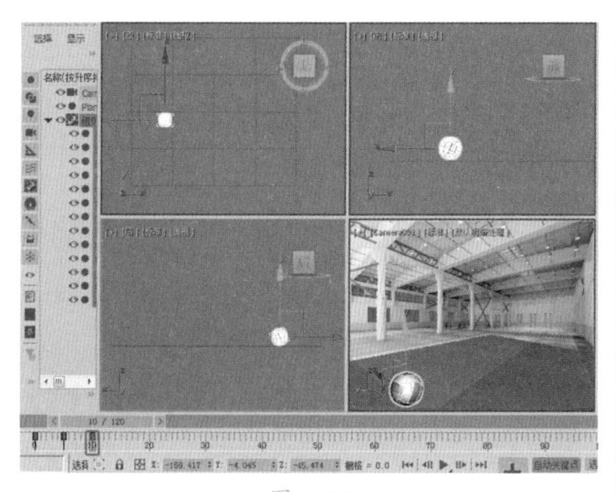
图 1-74

05 使用【选择并移动】工具按照相同的方法设置第 15、20、25、30 帧的动画，模拟排球向前运动的动画，如图 1-75 所示。

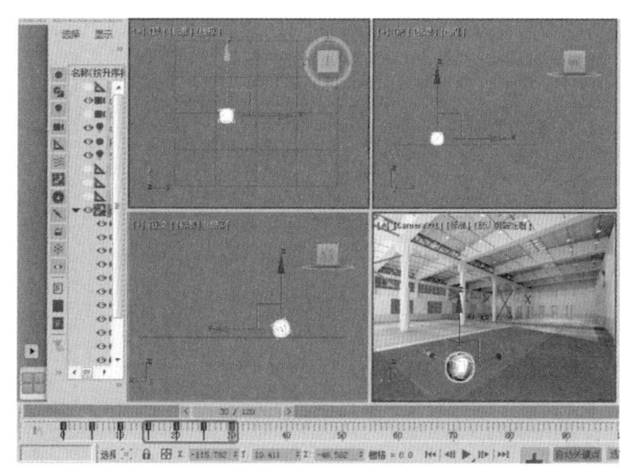
图 1-75

06 参照前面的操作步骤，使用【选择并移动】工具设置第 32、34、36、39、42、43 帧的动画，模拟排球跳动动画，如图 1-76 所示。

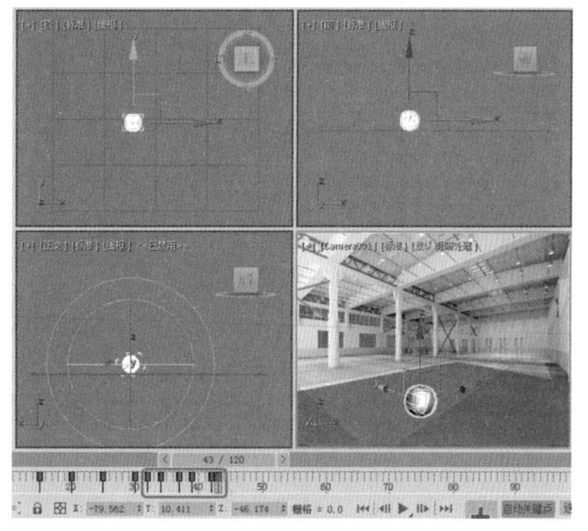
图 1-76

07 在第 70、80 帧位置，使用【选择并移动】工具和【选择并旋转】工具将排球对象向前移动并旋转，模拟排球滚动的动画，如图 1-77 所示。

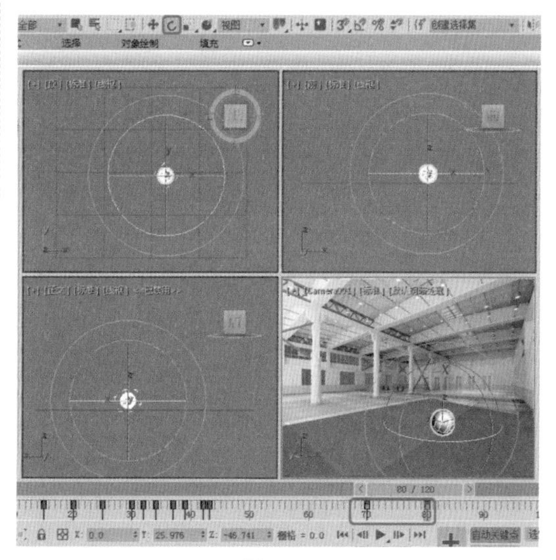
图 1-77

08 单击【自动关键点】按钮，退出关键帧动画模式。右击排球对象，在弹出的快捷菜单中选择【对象属性】命令，弹出【对象属性】对话框，选中【运动模糊】选项组中的【图像】单选按钮，然后单击【确定】按钮，如图 1-78

所示。最后将动画进行渲染并保存场景文件。

提示：启用【运动模糊】属性可以模拟物体真实的运动效果。

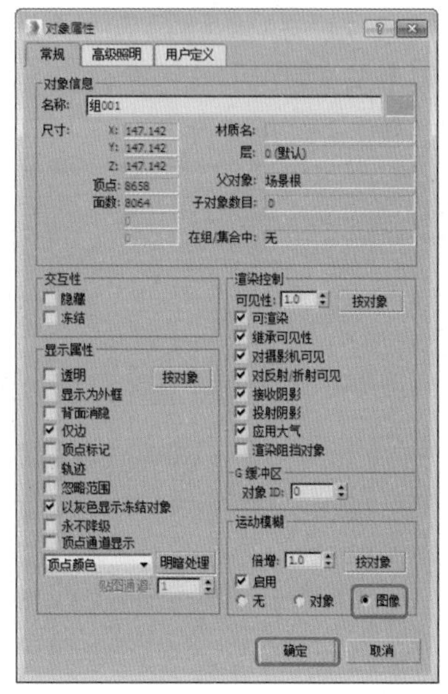

图 1-78

第 02 章

笔记本设计——三维基本体建模

本章导读

在三维动画的制作中，三维模型是最重要的一部分。三维模型可以使用【标准基本体】、【扩展基本体】等工具来创建，但如果需要制作复杂的三维模型效果，就需要使用编辑修改器。本章将介绍创建三维模型的方法，以及编辑修改器的使用方法。

案例精讲
笔记本设计

为了更好地完成本设计案例，现对制作要求及设计内容做如下规划，笔记本设计效果如图 2-1 所示。

作品名称	笔记本设计
设计创意	（1）利用长方体制作笔记本。 （2）为创建的笔记本添加修改器及材质来体现笔记本的真实效果
主要元素	（1）办公桌桌面。 （2）笔记本皮
应用软件	3ds Max 2020
素材	Map\ 办公桌桌面 .jpg、笔记本皮 .jpg
场景	Scenes \Cha02\【案例精讲】笔记本设计 .max
视频	视频教学 \Cha02\【案例精讲】笔记本设计 .mp4
笔记本设计效果欣赏	图 2-1
备注	

01 选择【创建】|【几何体】|【长方体】工具，在【顶】视图中创建长方体，并命名为“笔记本皮 01”，在【参数】卷展栏中将【长度】设置为 220，【宽度】设置为 155，【高度】设置为 0.1，如图 2-2 所示。

02 切换至【修改】命令面板，在修改器列表中选择【UVW 贴图】修改器，在【参数】卷展栏中选中【长方体】单选按钮，在【对齐】选项组中单击【适配】按钮，如图 2-3 所示。

03 按 M 键，在弹出的对话框中选择一个材质样本球，将其命名为“笔记本皮”，在【Blinn 基本参数】卷展栏中将【环境光】的 RGB 值设置为 22、56、94，将【自发光】设置为 50，将【高光级别】和【光泽度】分别设置为 54、25，如图 2-4 所示。

04 在【贴图】卷展栏中单击【漫反射颜色】右侧的【无贴图】按钮，在弹出的对话框中双击【位图】选项，在弹出的对话框中选择“Map\ 笔记本皮 .jpg”贴图文件，如图 2-5 所示。

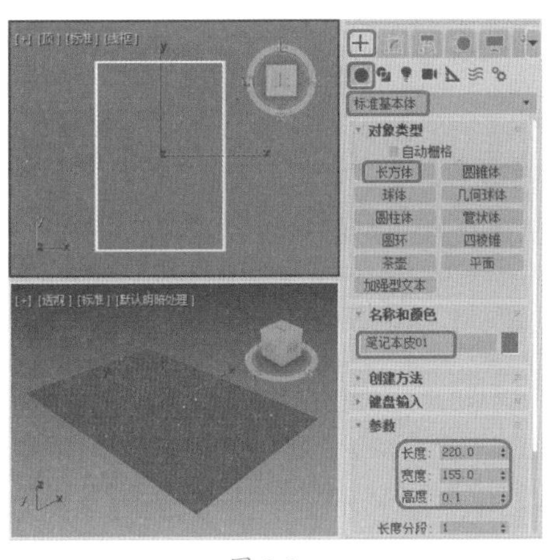

图 2-2

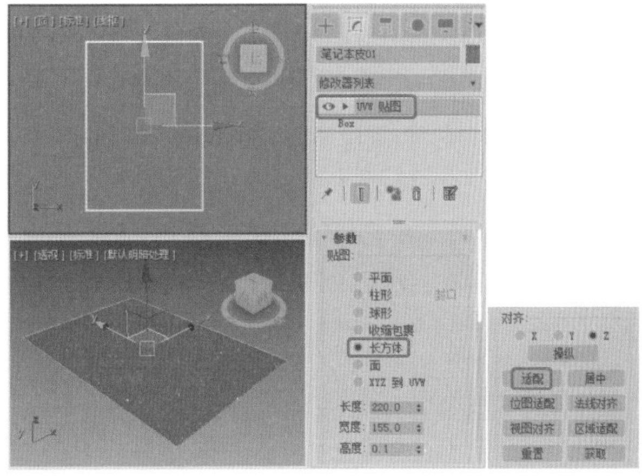

图 2-3

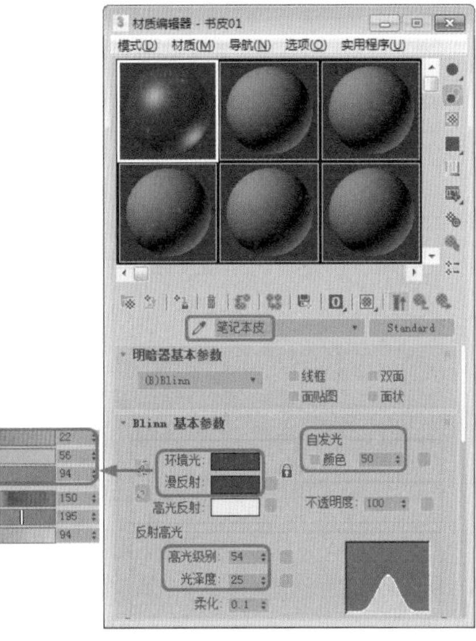

图 2-4

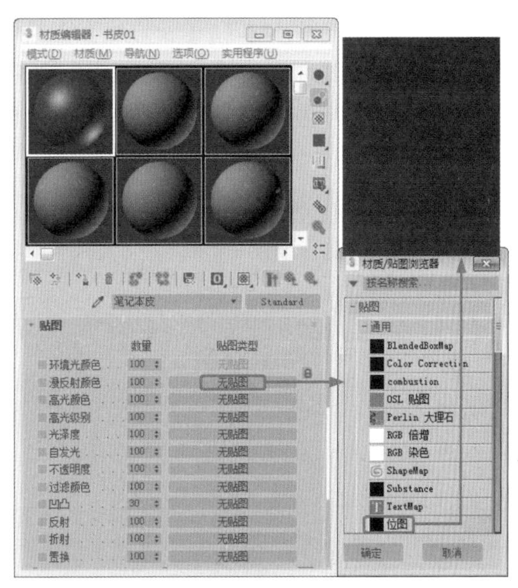

图 2-5

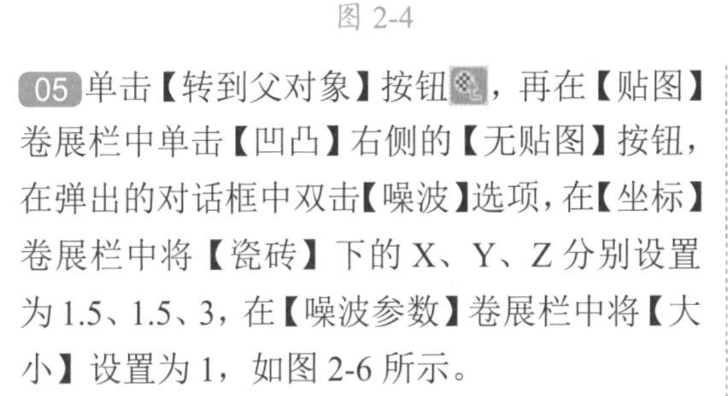

05 单击【转到父对象】按钮，再在【贴图】卷展栏中单击【凹凸】右侧的【无贴图】按钮，在弹出的对话框中双击【噪波】选项，在【坐标】卷展栏中将【瓷砖】下的 X、Y、Z 分别设置为 1.5、1.5、3，在【噪波参数】卷展栏中将【大小】设置为 1，如图 2-6 所示。

06 将设置完成后的材质指定给“笔记本皮01”对象即可，激活【前】视图，在工具栏中单击【镜像】按钮，在弹出的对话框中选中 Y 单选按钮，将【偏移】设置为 -6，选中【复制】单选按钮，如图 2-7 所示。

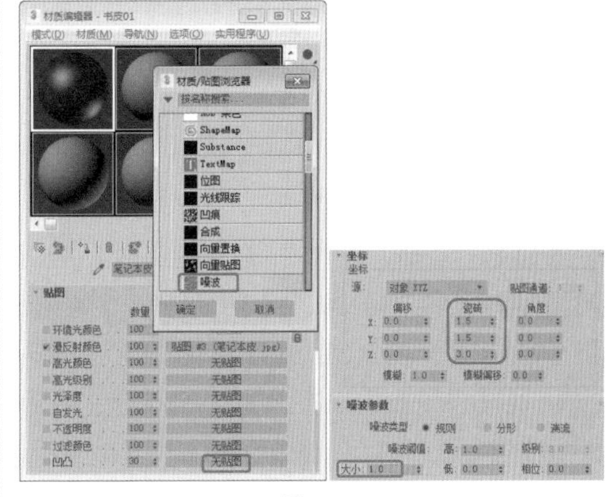

图 2-6

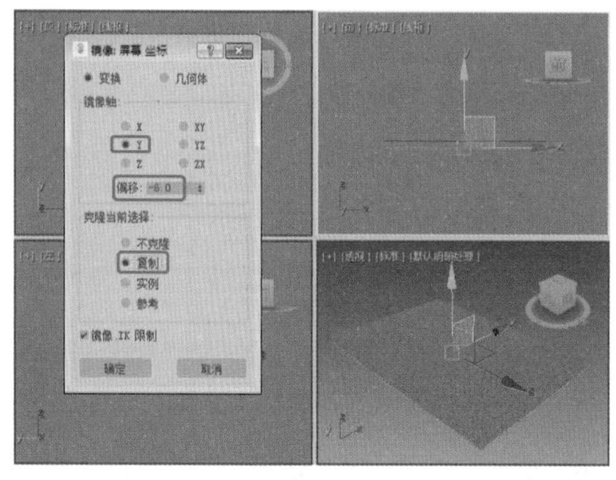

图 2-7

07 单击【确定】按钮，选择【创建】 | 【几何体】 | 【标准基本体】|【长方体】工具，在【顶】视图中绘制一个【长度】、【宽度】、【高度】分别为220、155、5的长方体，将其命名为“本”，如图2-8所示。

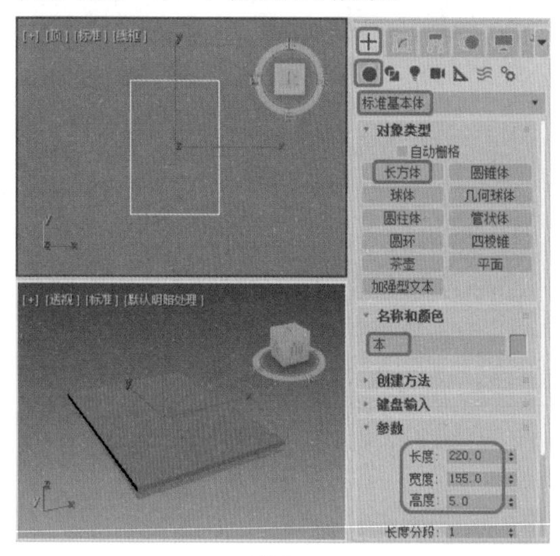

图 2-8

08 绘制完成后，在视图中调整其位置，在【材质编辑器】对话框中选择一个材质样本球，将其命名为“本”，单击【高光反射】左侧的按钮，在弹出的对话框中单击【是】按钮，将【环境光】的RGB值设置为255、255、255，将【自发光】设置为30，将设置完成后的材质指定给“本”对象即可，如图2-9所示。

09 选择【创建】 | 【图形】 | 【圆】工具，在【前】视图中绘制一个半径为5.6的圆，并将其命名为“圆环”，如图2-10所示。

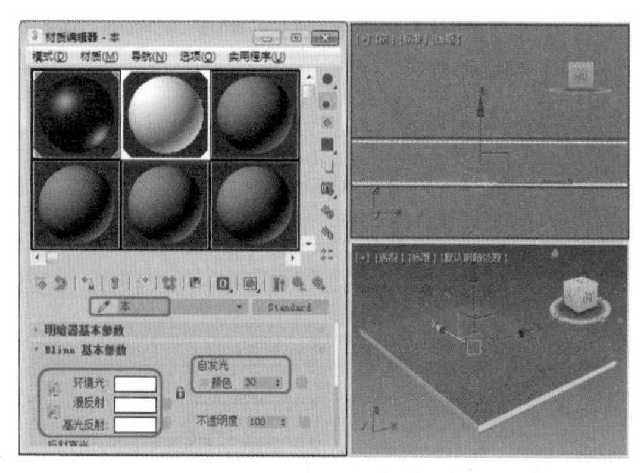

图 2-9

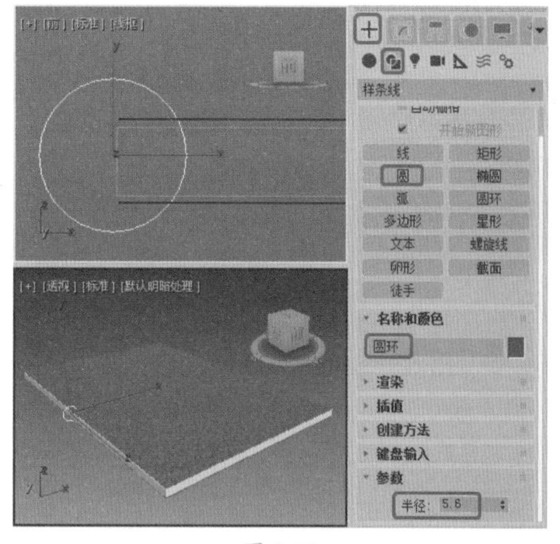

图 2-10

10 切换至【修改】命令面板，在【渲染】卷展栏中勾选【在渲染中启用】和【在视口中启用】复选框，如图2-11所示。

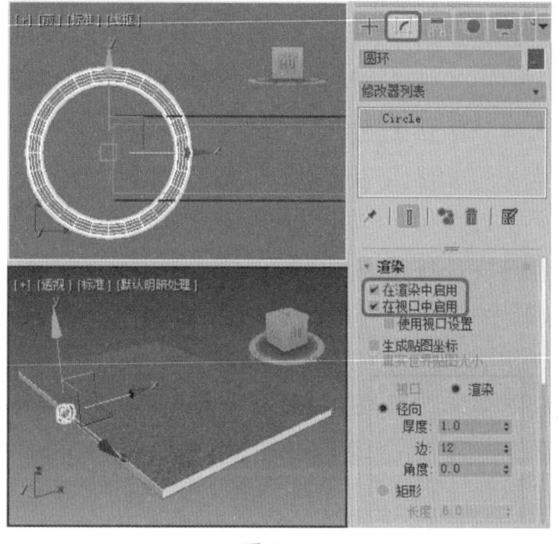

图 2-11

11 在视图中调整圆环的位置，在【顶】视图中按住 Shift 键的同时向下拖动鼠标，弹出【克隆选项】对话框，将【副本数】设置为 13，单击【确定】按钮，复制圆环后的效果如图 2-12 所示。

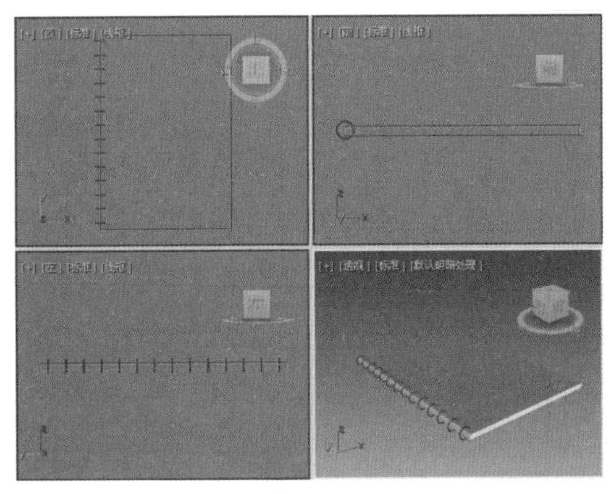

图 2-12

12 选中所有的圆环，将其颜色设置为【黑色】。在视图中选择所有对象，在菜单栏中选择【组】|【组】命令，在弹出的对话框中将【组名】设置为“笔记本”，单击【确定】按钮，如图 2-13 所示。

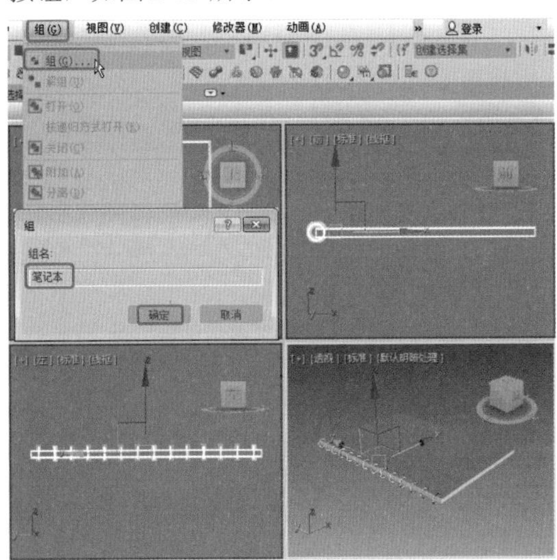

图 2-13

13 选择【创建】 | 【几何体】 | 【标准基本体】|【平面】工具，在【顶】视图中创建平面，切换到【修改】命令面板，在【参数】卷展栏中将【长度】和【宽度】分别设置为 1987、2432，将【长度分段】、【宽度分段】都设置为 1，在视图中调整其位置，如图 2-14 所示。

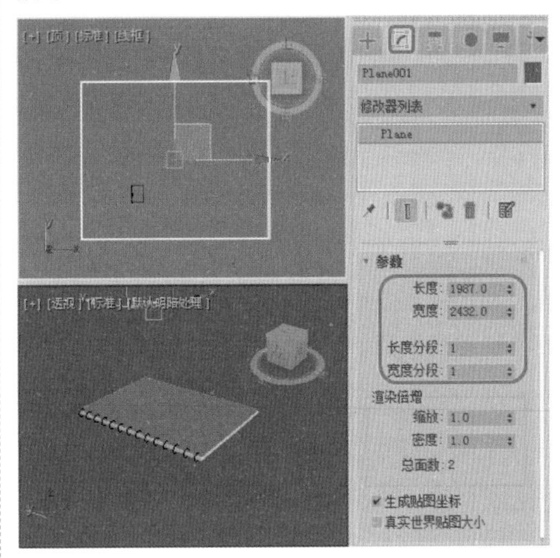

图 2-14

14 在修改器下拉列表中选择【壳】修改器，使用其默认参数设置即可，如图 2-15 所示。

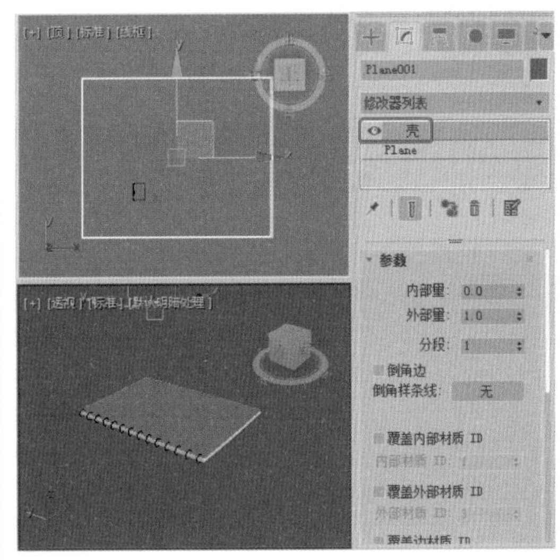

图 2-15

15 继续选中平面对象，右击鼠标，在弹出的快捷菜单中选择【对象属性】命令，弹出【对象属性】对话框，勾选【透明】复选框，如图 2-16 所示。

16 单击【确定】按钮。继续选中该对象，按 M 键打开【材质编辑器】对话框，选择一个材质样本球，将其命名为“地面”，单击 Standard 按钮，在弹出的对话框中选择【无光

/投影】选项，如图 2-17 所示。

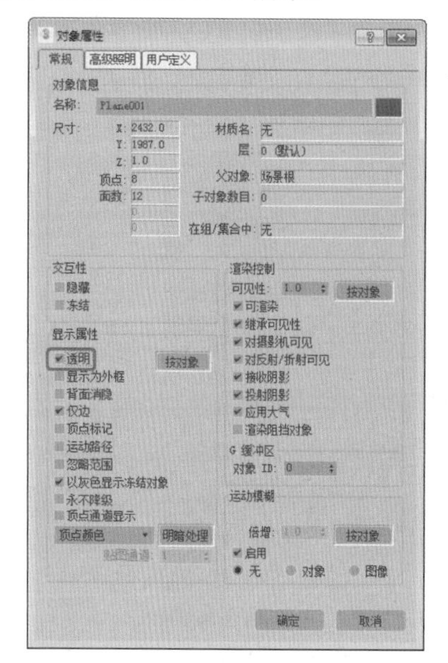

图 2-16

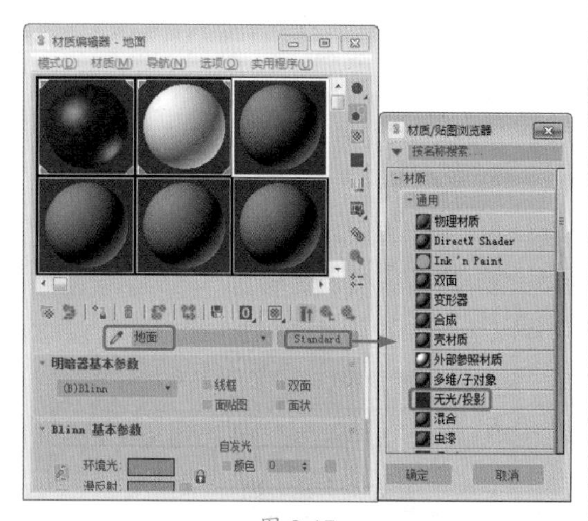

图 2-17

提示：【透明】复选框可使视口中的对象呈半透明状态。此设置对于渲染没有影响，它仅是让您可以看到拥挤的场景中隐藏在其他对象后面的对象，特别便于调整透明对象后面的对象的位置。默认设置为禁用状态。

17 单击【确定】按钮，将该材质指定给选定对象即可。按 8 键弹出【环境和效果】对话框，在【公用参数】卷展栏中单击【无】按钮，如图 2-18 所示，在弹出的【材质/贴图浏览器】对话框中双击【位图】贴图，再在弹出的对话框中选择“办公桌桌面 .jpg”素材文件。

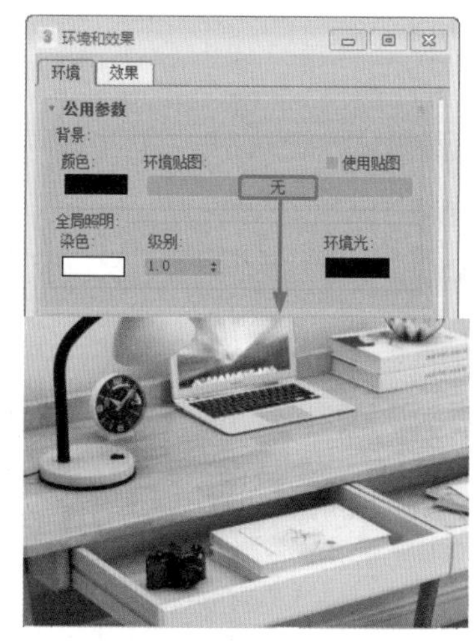

图 2-18

18 在【环境和效果】对话框中将环境贴图拖曳至新的材质样本球上，在弹出的【实例（副本）贴图】对话框中选中【实例】单选按钮，并单击【确定】按钮。然后在【坐标】卷展栏中将贴图设置为【屏幕】，如图 2-19 所示。

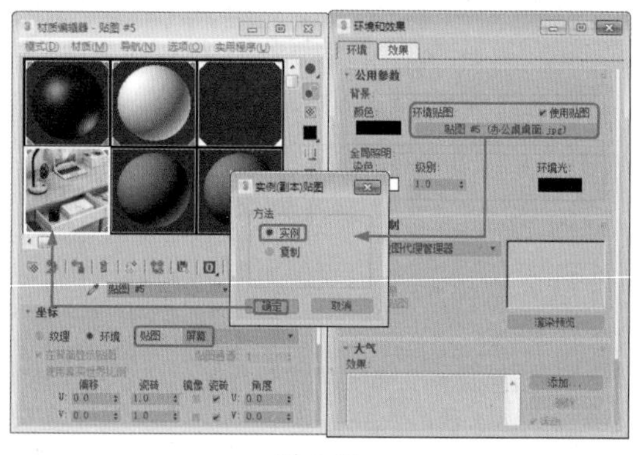

图 2-19

19 激活【透视】视图，按 Alt+B 组合键，在弹出的对话框中选中【使用环境背景】单选按钮，单击【确定】按钮，如图 2-20 所示。

20 选择【创建】 | 【摄影机】 | 【目标】工具，在视图中创建摄影机，激活【透视】视图，按 C 键将其转换为摄影机视图，在其他视图中调整摄影机位置，效果如图 2-21 所示。

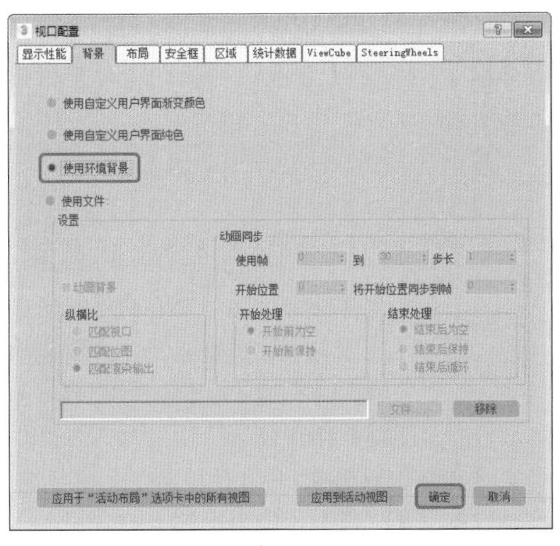

图 2-20

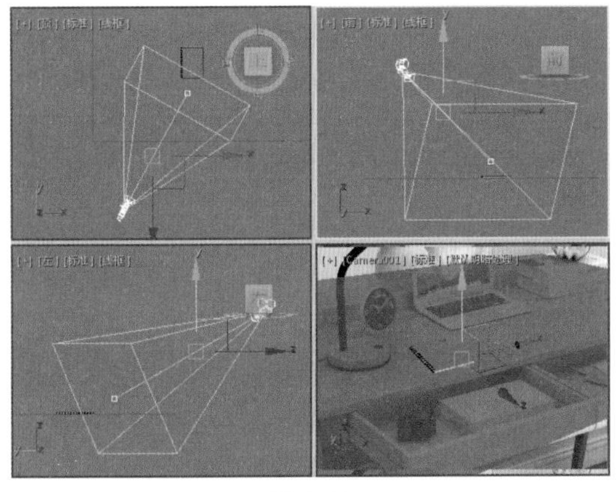

图 2-21

21 选择【创建】 | 【灯光】 | 【标准】 | 【泛光】工具，在【顶】视图中创建泛光灯，并在其他视图中调整灯光的位置。切换至【修改】命令面板，在【强度/颜色/衰减】卷展栏中将【倍增】设置为0.35，如图 2-22 所示。

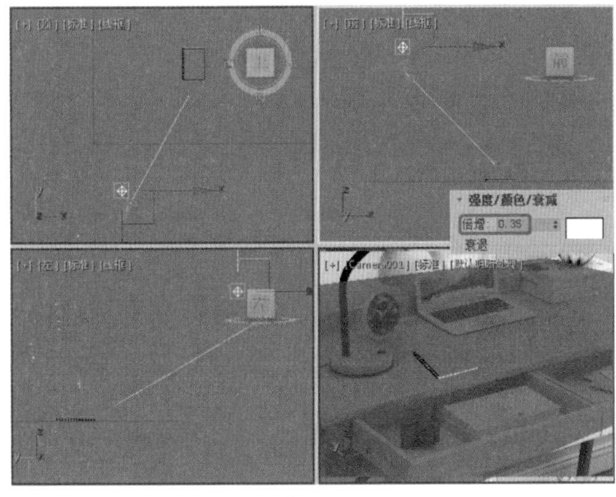

图 2-22

22 选择【创建】 |【灯光】 |【标准】|【天光】工具，在【顶】视图中创建天光。切换到【修改】命令面板，在【天光参数】卷展栏中勾选【投射阴影】复选框，如图 2-23 所示。按 F9 键对完成后的场景进行渲染保存即可。

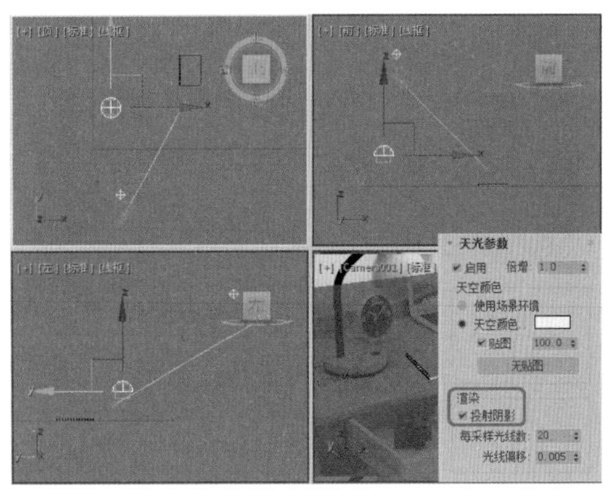

图 2-23

2.1 使用标准基本体构造模型

下面将学习使用标准基本体构造模型，包括长方体、球体、圆柱体、圆体、茶壶、圆锥体、几何球体、管状体、四棱体、平面、加强型文本。

2.1.1 长方体

长方体工具可以用来制作正六面体或长方体，如图 2-24 所示。其中长、宽、高参数控制立方体的形状，如果只输入其中的两个数值，则产生矩形平面。片段的划分可以产生栅格长方体，多用于修改加工的原型物体，例如波浪平面、山脉地形等。

01 选择【创建】 | 【几何体】 | 【标准基本体】|【长方体】工具，在【顶】视图中单击鼠标左键并拖动鼠标，创建出长方体的长、宽之后松开鼠标。

02 移动鼠标并观察其他 3 个视图，创建出长方体的高。

03 单击鼠标左键，完成制作。

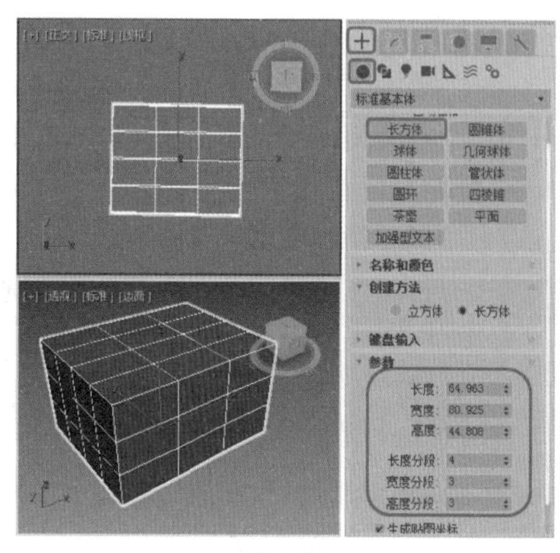

图 2-24

提示：配合 Ctrl 键可以建立正方形底面的立方体。在【创建方法】卷展栏中选中【立方体】单选按钮，在视图中拖动鼠标可以直接创建正方体模型。

在【参数】卷展栏中各项参数功能如下。

◎ 【长度 / 宽度 / 高度】：确定三边的长度。

◎ 分段数：控制长、宽、高三边的片段划分数。

◎ 【生成贴图坐标】：自动指定贴图坐标。

2.1.2 球体

使用球体工具可以生成完整的球体、半球体或球体的其他部分，还可以围绕球体的垂直轴对其进行切片，如图 2-25 所示。

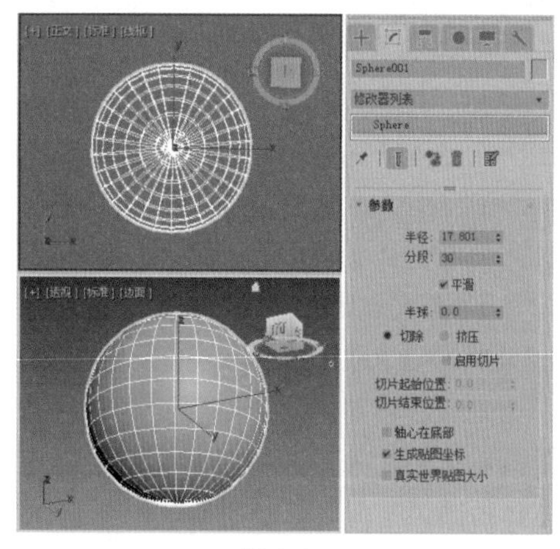

图 2-25

选择【创建】 | 【几何体】 | 【标准基本体】 | 【球体】工具，在视图中单击鼠标左键并拖动鼠标，即可创建球体。

球体各项参数的功能说明如下。

◎ 【创建方法】卷展栏。

◆ 【边】：在视图中拖动创建球体时，鼠标移动的距离是球的直径。

◆ 【中心】：以中心放射方式拉出球体模型（默认），鼠标移动的距离是球体的半径。

◎ 【参数】卷展栏。

◆ 【半径】：设置半径大小。

◆ 【分段】：设置表面划分的段数，值越高，表面越光滑，造型也越复杂。

◆ 【平滑】：是否对球体表面进行自动平滑处理（默认为开启）。

◆ 【半球】：其值由 0 到 1 可调，默认为 0，表示建立完整的球体；增加数值，球体被逐渐减去；值为 0.5 时，制作出半球体，如图 2-26 所示。值为 1 时，什么都没有了。

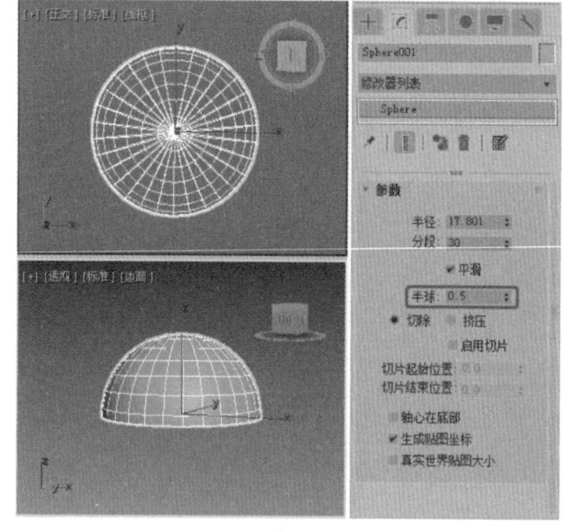

图 2-26

◆ 【切除】/【挤压】：在进行半球参数调整时，这两个选项发挥作用，主要用来确定球体被削除后，原来的网格划分数也随之削除或者仍保留挤入部分球体。

◆ 【轴心在底部】：在建立球体时，默认方式为球体重心设置在球体的正中央，勾选此复选框会将重心设置在球体的底部；还可以在制作台球时把它们一个个准确地建立在桌面上。

2.1.3 圆柱体

选择【创建】+|【几何体】●|【标准基本体】|【圆柱体】工具可制作圆柱体，如图 2-27 所示。通过修改参数可以制作出棱柱体、局部圆柱等，如图 2-28 所示。

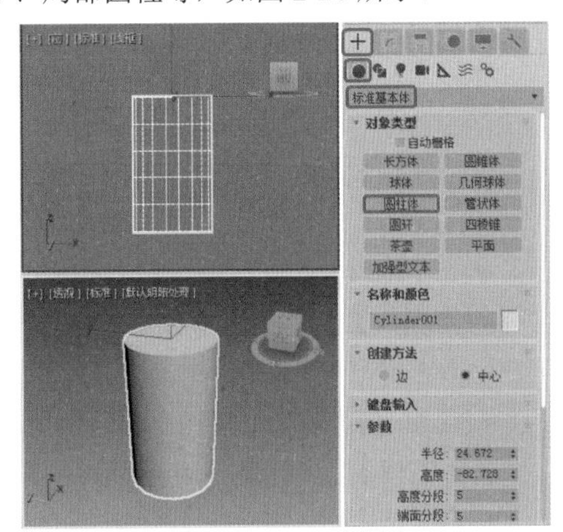

图 2-27

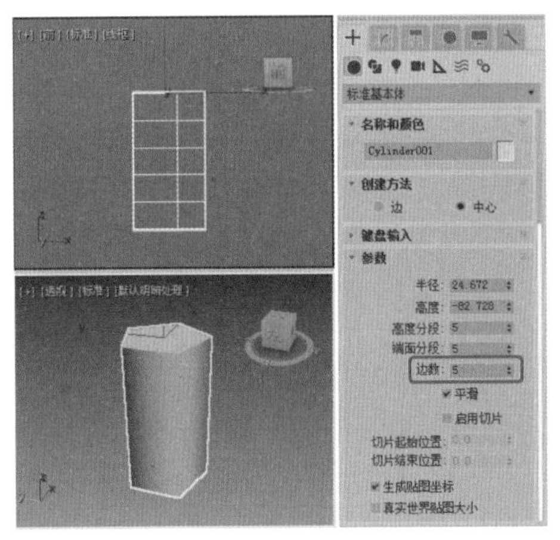

图 2-28

01 在视图中单击鼠标左键并拖动鼠标，拉出底面圆形，释放鼠标，移动鼠标确定柱体的高度。

02 单击鼠标左键确定，完成柱体的制作。

03 调节参数改变柱体类型即可。

在【参数】卷展栏中，圆柱体的各项参数功能如下。

◎ 【半径】：底面和顶面的半径。

◎ 【高度】：确定柱体的高度。

◎ 【高度分段】：确定柱体在高度上的分段数。如果要弯曲柱体，高度的分段数可以产生光滑的弯曲效果。

◎ 【端面分段】：确定在两端面上沿半径的片段划分数。

◎ 【边数】：确定圆周上的片段划分数（即棱柱的边数），边数越多越光滑。

◎ 【平滑】：是否在建立柱体的同时进行表面自动平滑。对圆柱体而言应将它打开，对棱柱体要将它关闭。

◎ 【启用切片】：设置是否开启切片设置，打开它，可以在下面的设置中调节柱体局部切片的大小。

◎ 【切片起始位置 / 切片结束位置】：控制沿柱体自身 Z 轴切片的度数。

◎ 【生成贴图坐标】：生成将贴图材质用于圆柱体的坐标。默认设置为启用。

◎ 【真实世界贴图大小】：控制应用于该对象的纹理贴图材质所使用的缩放方法。缩放值由位于应用材质【坐标】卷展栏中的【使用真实世界比例】设置控制。默认设置为禁用。

2.1.4 圆环

【圆环】工具可以用来制作立体的圆环圈，截面为正多边形，通过对正多边形边数、光滑度以及旋转等控制来产生不同的圆环效果，切片参数可以制作局部的一段圆环，如图 2-29 所示。

01 选择【创建】+|【几何体】●|【标准基本体】|【圆环】工具，在视图中单击鼠标左键并拖动鼠标，创建一级圆环。

02 释放并移动鼠标，创建二级圆环，单击鼠标左键，完成圆环的创作，如图 2-30 所示。

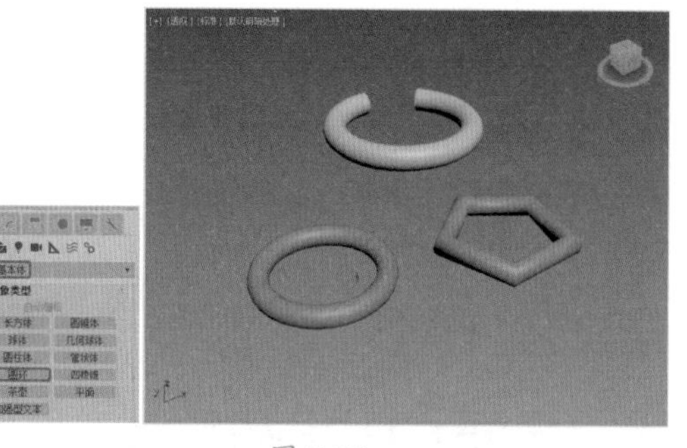

图 2-29

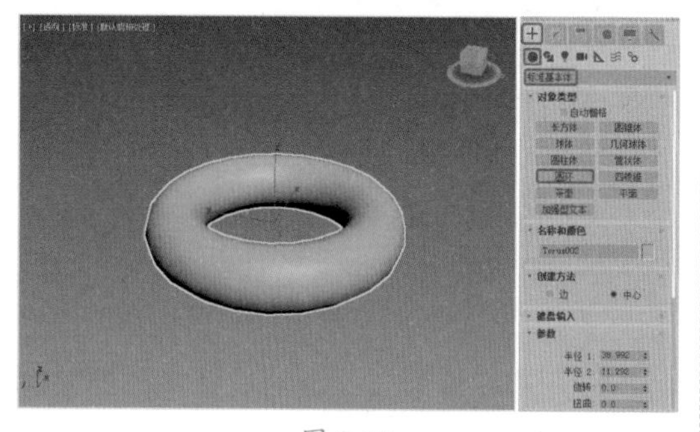

图 2-30

圆环的【参数】卷展栏如图 2-31 所示。其各项参数功能说明如下。

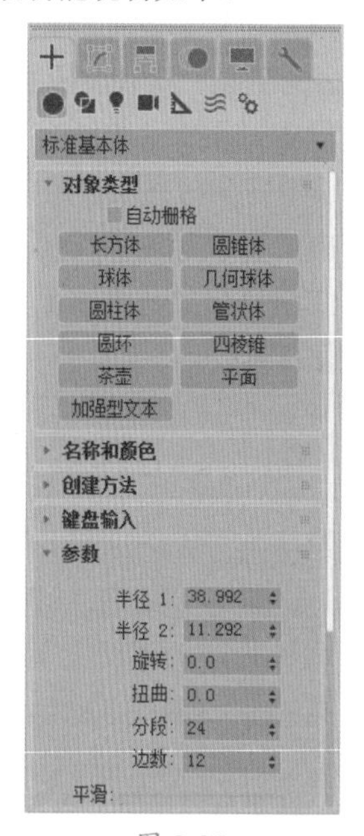

图 2-31

◎ 【半径 1】：设置圆环中心与截面正多边形的中心距离。

◎ 【半径 2】：设置截面正多边形的内径。

◎ 【旋转】：设置每一片段截面沿圆环轴旋转的角度，如果进行扭曲设置或以不光滑表面着色，可以看到它的效果。

◎ 【扭曲】：设置每个截面扭曲的度数，产生扭曲的表面。

◎ 【分段】：确定圆周上片段划分的数目，值越大，得到的圆形越光滑，较少的值可以制作几何棱环，例如台球桌上的三角框。

◎ 【边数】：设置圆环截面的光滑度，边数越大越光滑。

◎ 【平滑】：设置光滑属性。

- ◆ 【全部】：对整个表面进行光滑处理。
- ◆ 【侧面】：光滑相邻面的边界。
- ◆ 【无】：不进行光滑处理。
- ◆ 【分段】：光滑每个独立的片段。

◎ 【启用切片】：是否进行切片设置，打开它可以进行下面的设置，制作局部的圆环。

- ◆ 【切片起始位置】/【切片结束位置】：分别设置切片两端切除的幅度。
- ◆ 【生成贴图坐标】：自动指定贴图坐标。
- ◆ 【真实世界贴图大小】：勾选此复选框，贴图大小将由绝对尺寸决定，与对象的相对尺寸无关；若不勾选，则贴图大小符合创建对象的尺寸。

2.1.5 茶壶

茶壶因为复杂弯曲的表面特别适合材质的测试以及渲染效果的对比，可以说是计算机图形学中的经典模型。用【茶壶】工具可以建立一只标准的茶壶造型，或者是它的一部分（例如壶盖、壶嘴等），如图 2-32 所示。

茶壶的【参数】卷展栏如图 2-33 所示，茶壶各项参数的功能说明如下所述。

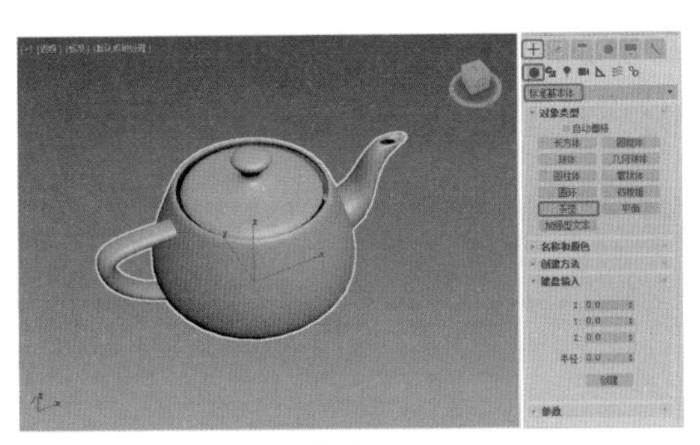

图 2-32

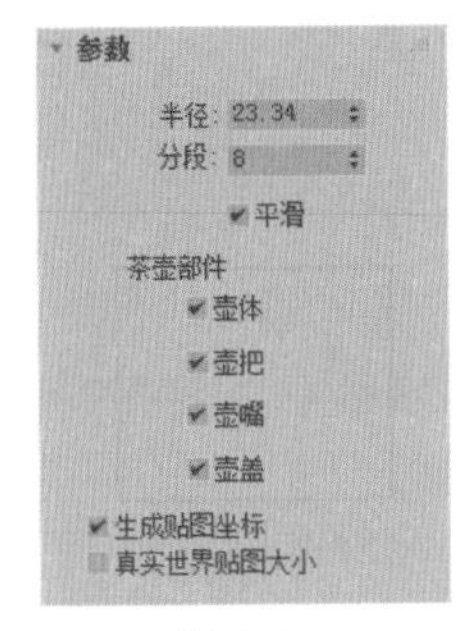

图 2-33

◎ 【半径】：确定茶壶的大小。

◎ 【分段】：确定茶壶表面的划分精度，值越高，表面越细腻。

◎ 【平滑】：是否自动进行表面光滑。

◎ 【茶壶部件】：设置茶壶各部分的取舍，分为【壶体】、【壶把】、【壶嘴】和【壶盖】四部分，勾选前面的复选框则会显示相应的部件。

◎ 【生成贴图坐标】：生成将贴图材质应用于茶壶的坐标。默认设置为启用。

◎ 【真实世界贴图大小】：控制应用于该对象的纹理贴图材质所使用的缩放方法。缩放值由位于应用材质【坐标】卷展栏中的【使用真实世界比例】设置控制。默认设置为禁用。

2.1.6 圆锥体

【圆锥体】工具可以用来制作圆锥、圆台、棱锥和棱台，以及创建它们的局部模型（其中包括圆柱、棱柱体），但用【圆柱体】工具更方便，也包括【四棱锥】体和【三棱柱体】工具，如图 2-34 所示。

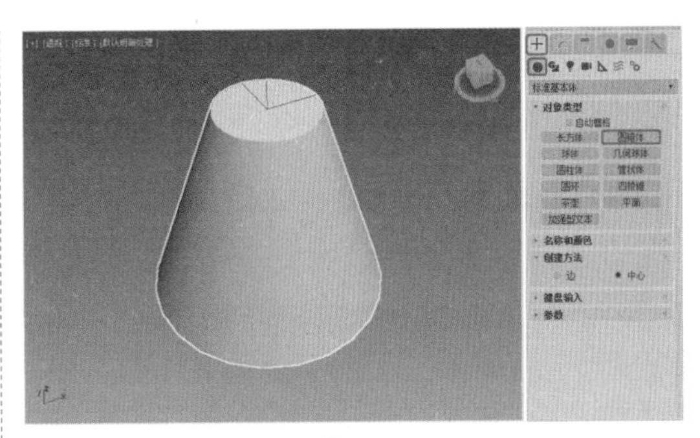

图 2-34

01 选择【创建】 | 【几何体】 | 【标准基本体】|【圆锥体】工具，在【顶】视图中单击鼠标左键并拖动鼠标，创建出圆锥体的一级半径。

02 释放并移动鼠标，创建圆锥的高。

03 单击鼠标并向圆锥体的内侧或外侧移动鼠标，创建圆锥体的二级半径。

04 单击鼠标左键，完成圆锥体的创建，如图 2-35 所示。

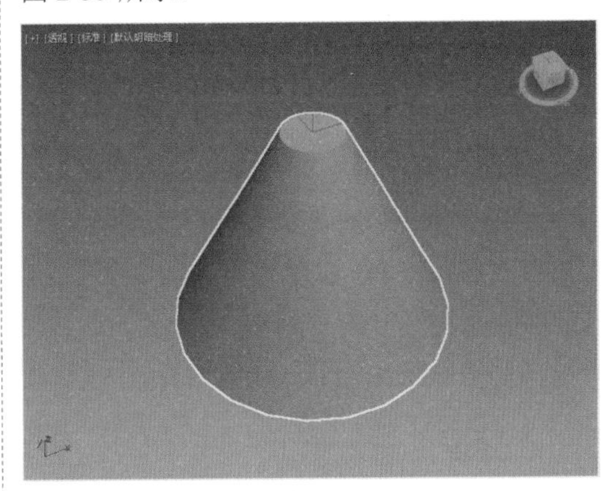

图 2-35

【圆锥体】工具各项参数的功能说明如下。

◎ 【半径 1】/【半径 2】：分别设置锥体两个端面（顶面和底面）的半径。如果两个值都不为 0，则产生圆台或棱台体；如果有一个值为 0，则产生锥体；如果两值相等，则产生柱体。

◎ 【高度】：确定锥体的高度。

◎ 【高度分段】：设置锥体高度上的划分段数。

◎ 【端面分段】：设置两端平面沿半径辐射的片段划分数。

◎ 【边数】：设置端面圆周上的片段划分数。值越高，锥体越光滑，对棱锥来说，边数决定它属于几棱锥，如图 2-36 所示。

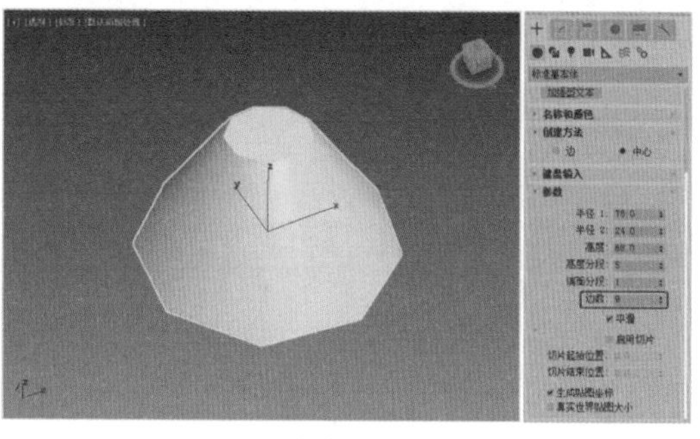

图 2-36

◎ 【平滑】：是否进行表面光滑处理。开启它，产生圆锥、圆台；关闭它，产生棱锥、棱台。

◎ 【启用切片】：是否进行局部切片处理，制作不完整的锥体。

◎ 【切片起始位置 / 切片结束位置】：分别设置切片局部的起始和终止幅度。对于这两个设置，正数值将按逆时针移动切片的末端；负数值将按顺时针移动它。这两个设置的先后顺序无关紧要。端点重合时，将重新显示整个圆锥体。

◎ 【生成贴图坐标】：生成将贴图材质用于圆锥体的坐标。默认设置为启用。

◎ 【真实世界贴图大小】：控制应用于该对象的纹理贴图材质所使用的缩放方法。缩放值由位于应用材质【坐标】卷展栏中的【使用真实世界比例】设置控制。默认设置为禁用。

■ 2.1.7　几何球体

几何球体用于建立以三角面拼接成的球体或半球体，如图 2-37 所示。它不像球体那样可以控制切片局部的大小，几何球体的长处在于：在点面数一致的情况下，几何球体比球体更光滑；它是由三角面拼接组成的，在进行面的分离特技时（例如爆炸），可以分解成三角面或标准四面体、八面体等，无秩序而易混乱。

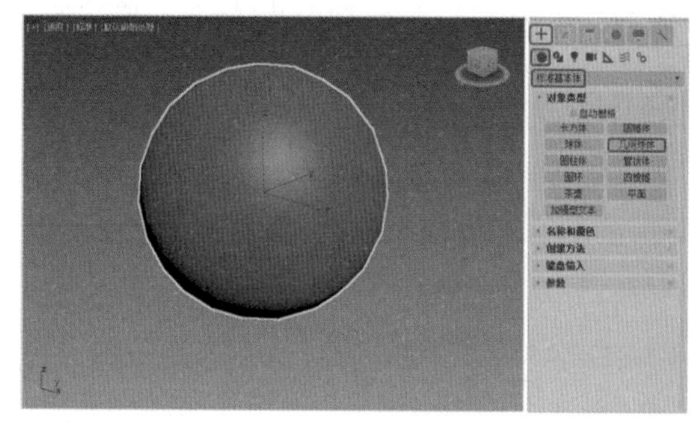

图 2-37

几何球体的【创建方法】卷展栏及【参数】卷展栏如图 2-38 所示，其各项参数的功能设置说明如下所述。

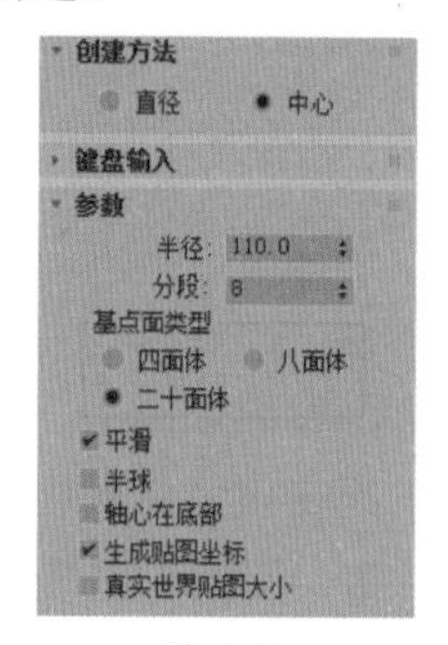

图 2-38

◎ 【创建方法】卷展栏。

◆ 【直径】：在视图中拖动创建几何球体时，鼠标移动的距离是球的直径。

◆ 【中心】：以中心放射方式拉出几何球体模型（默认），鼠标移动的距离是球体的半径。

◎ 【参数】卷展栏。

◆ 【半径】：确定几何球体的半径大小。

◆ 【分段】：设置球体表面的划分复杂度，值越大，三角面越多，球体也越光滑。

◆ 【基点面类型】：确定由哪种规则的多面体组合成球体，包括【四面体】、【八面体】和【二十面体】，如图 2-39 所示。

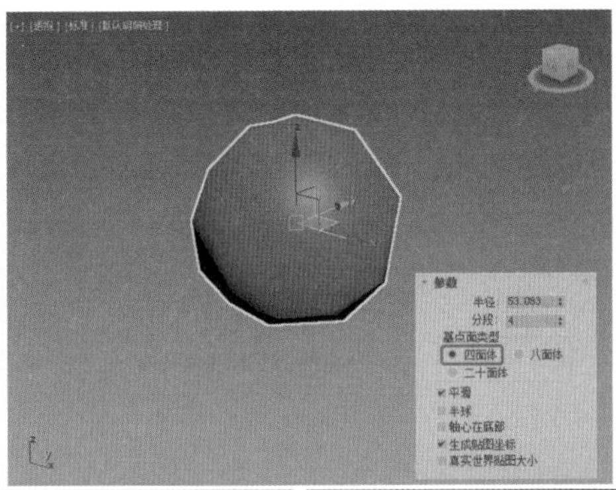

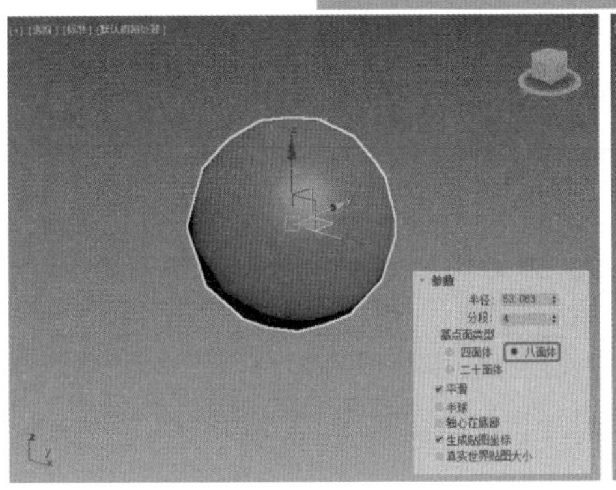

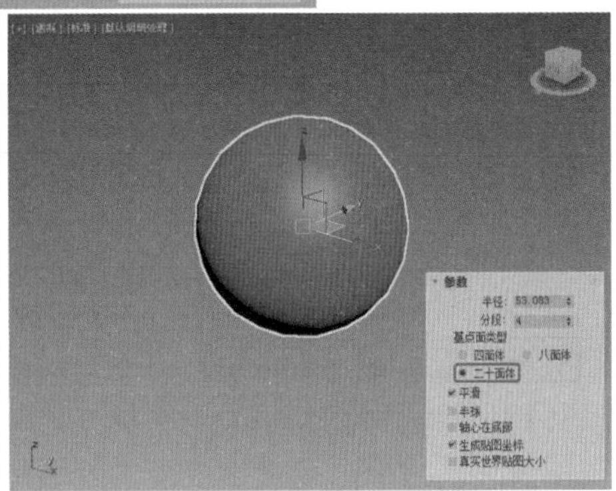

图 2-39

- 【平滑】：是否进行表面光滑处理。
- 【半球】：是否制作半球体。
- 【轴心在底部】：设置球体的中心点位置在球体底部，该选项对半球体不产生作用。
- 【轴心在底部】：设置轴点位置。如果启用此选项，轴将位于球体的底部。如果禁用此选项，轴将位于球体的中心。启用【半球】时，此选项无效。
- 【生成贴图坐标】：生成将贴图材质应用于几何球体的坐标。默认设置为启用。
- 【真实世界贴图大小】：控制应用于该对象的纹理贴图材质所使用的缩放方法。缩放值由位于应用材质【坐标】卷展栏中的【使用真实世界比例】来设置控制。默认设置为禁用。

2.1.8 管状体

【管状体】工具用来建立各种空心管状物体，包括圆管、棱管以及局部圆管，如图2-40所示。

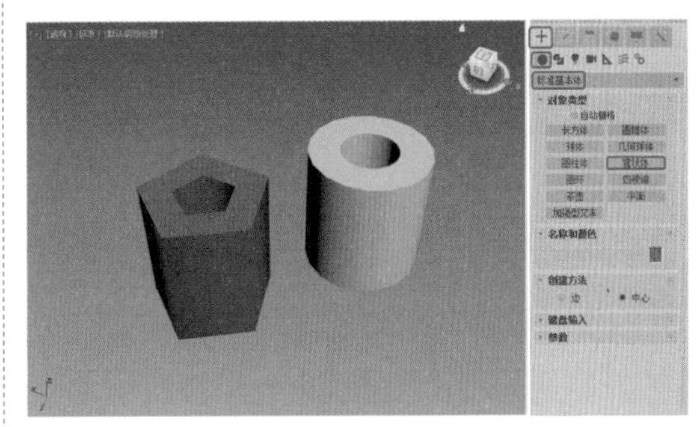

图 2-40

01 选择【创建】 | 【几何体】 | 【标准基本体】 | 【管状体】工具，在视图中单击鼠标并拖动鼠标，拖曳出一个圆形线圈。

02 释放鼠标并移动鼠标，确定圆环的大小。单击鼠标左键并移动鼠标，确定管状体的高度。

03 单击鼠标左键，完成圆管的制作。

管状体的【参数】卷展栏如图 2-41 所示，其各项参数说明如下。

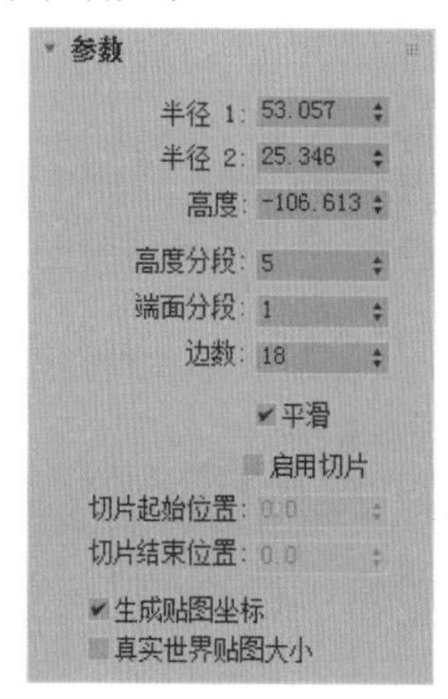

图 2-41

◎ 【半径 1】/【半径 2】：分别确定圆管的内径和外径大小。

◎ 【高度】：确定圆管的高度。

◎ 【高度分段】：确定圆管高度上的片段划分数。

◎ 【端面分段】：确定上下底面沿半径轴的分段数目。

◎ 【边数】：设置圆周上边数的多少。值越大，圆管越光滑；对圆管来说，边数值决定它是几棱管。

◎ 【平滑】：对圆管的表面进行光滑处理。

◎ 【启用切片】：是否进行局部圆管切片。

◎ 【切片起始位置】/【切片结束位置】：分别限制切片局部的幅度。

◎ 【生成贴图坐标】：生成将贴图材质应用于管状体的坐标。默认设置为启用。

◎ 【真实世界贴图大小】：控制应用于该对象的纹理贴图材质所使用的缩放方法。缩放值由位于应用材质【坐标】卷展栏中的【使用真实世界比例】来设置控制。默认设置为禁用状态。

2.1.9 四棱锥

【四棱锥】工具可以用于创建类似于金字塔形状的四棱锥模型，如图 2-42 所示。

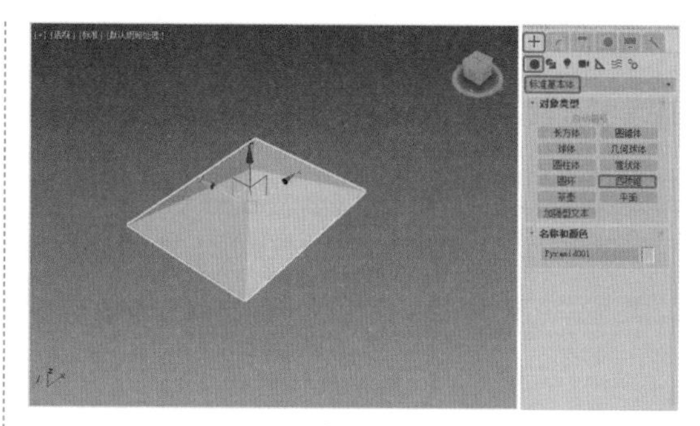

图 2-42

【四棱锥】的【参数】卷展栏如图 2-43 所示，其各项参数功能说明如下。

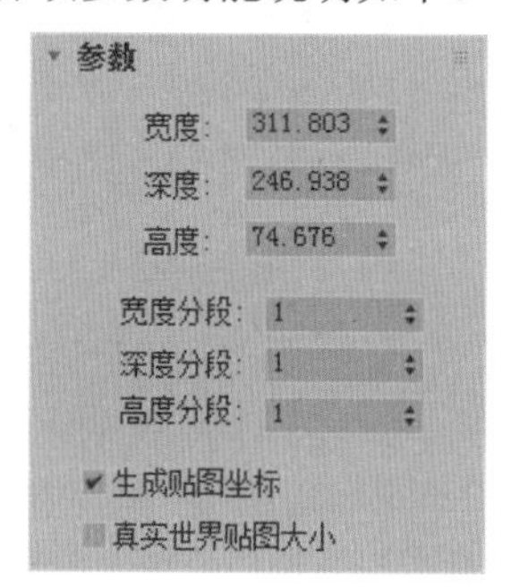

图 2-43

◎ 【宽度】/【深度】/【高度】：分别确定底面矩形的长、宽以及锥体的高。

◎ 【宽度分段】/【深度分段】/【高度分段】：确定三个轴向片段的划分数。

◎ 【生成贴图坐标】：生成将贴图材质用于四棱锥的坐标。默认设置为启用。

◎ 【真实世界贴图大小】：控制应用于该对象的纹理贴图材质所使用的缩放方法。缩放值由位于应用材质【坐标】卷展栏中的【使用真实世界比例】设置控制。默认设置为禁用。

提示：在制作底面矩形时，配合 Ctrl 键可以建立底面为正方体的四棱锥。

2.1.10 平面

【平面】工具用于创建平面，然后再通过编辑修改器制作出其他的效果，例如制作崎岖的地形，如图 2-44 所示。与使用【长方体】

工具创建平面物体相比较，【平面】工具更显得特殊与实用。首先，使用【平面】工具制作的对象没有厚度；其次使用参数来控制平面在渲染时的大小，如果将【参数】卷展栏下【渲染倍增】选项组中的【缩放】设置为 2，那么在渲染中，平面的长宽分别被放大了 2 倍输出。

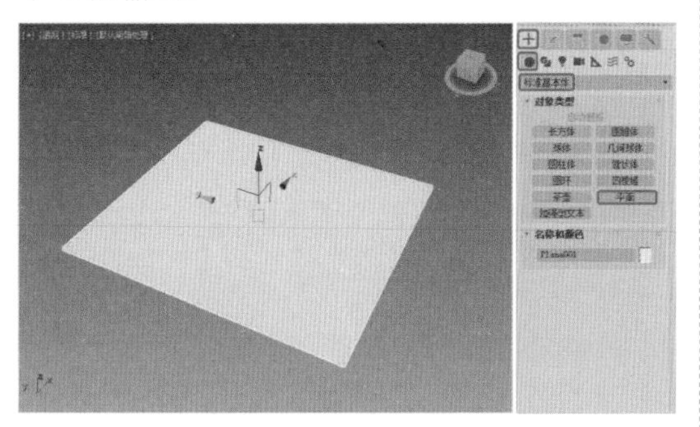

图 2-44

【平面】工具的【参数】卷展栏如图 2-45 所示，【平面】工具各参数的功能说明如下。

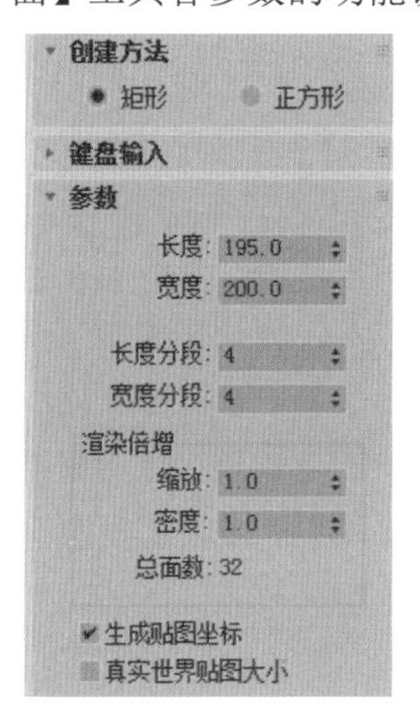

图 2-45

◎ 【创建方法】卷展栏。

- ◆ 【矩形】：以边界方式创建长方形平面对象。
- ◆ 【正方形】：以中心放射方式拉出正方形的平面对象。

◎ 【参数】卷展栏。

- ◆ 【长度 / 宽度】：确定长和宽两个边缘的长度。
- ◆ 【长度分段 / 宽度分段】：控制长和宽两个边上的片段划分数。
- ◆ 【渲染倍增】：设置渲染效果缩放值。
  - » 【缩放】：将当前平面在渲染过程中缩放的倍数。
  - » 【密度】：设置平面对象在渲染过程中的精细程度的倍数，值越大，平面将越精细。
- ◆ 【生成贴图坐标】：生成将贴图材质用于平面的坐标。默认设置为启用。
- ◆ 【真实世界贴图大小】：控制应用于该对象的纹理贴图材质所使用的缩放方法。默认设置为禁用状态。

2.1.11 加强型文本

3ds Max 2020 中文版加强型文本提供了内置文本对象，可以创建样条线轮廓或实心，挤出、倒角几何体。通过其他选项，可以为每个角色应用不同的字体和样式并添加动画和特殊效果。创建文本的方法如下。

01 选择【创建】 + |【几何体】 ● |【标准基本体】|【加强型文本】工具，在视图中单击鼠标，创建文本对象后的效果如图 2-46 所示。

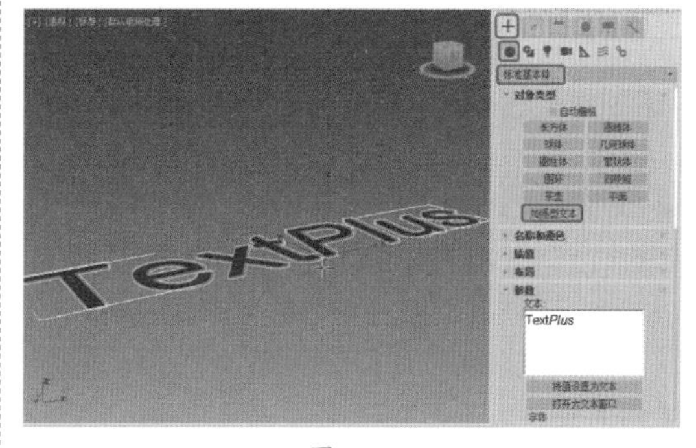

图 2-46

02 切换至【修改】命令面板，勾选【生成几何体】复选框，将【挤出】设置为 5，如图 2-47 所示。

03 勾选【应用倒角】复选框，将【类型】

设置为【凹面】，将【倒角深度】、【倒角推】、【轮廓偏移】、【步数】设置为1、1、0.1、5，如图2-48所示。

图 2-47

图 2-48

2.2 使用扩展基本体构造模型

下面将学习扩展基本体构造模型，包括切角长方体、切角圆柱体、胶囊、棱柱、软管、异面体、环形结、环形波、油罐、纺锤、球棱柱、L-Ext、C-Ext。

2.2.1 切角长方体

现实生活中，物体的边缘普遍是圆滑的，即有倒角和圆角，于是3ds Max 2020提供了【切角长方体】，模型效果如图2-49所示。其参数与长方体类似，如图2-50所示。其中的【圆角】参数控制圆角大小，【圆角分段】参数控制圆角段数。

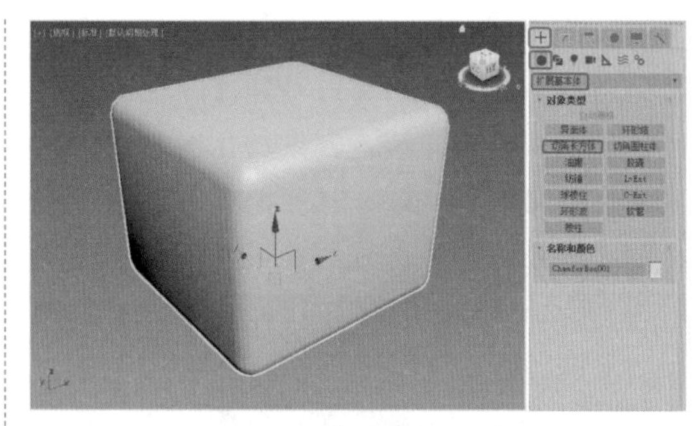

图 2-49

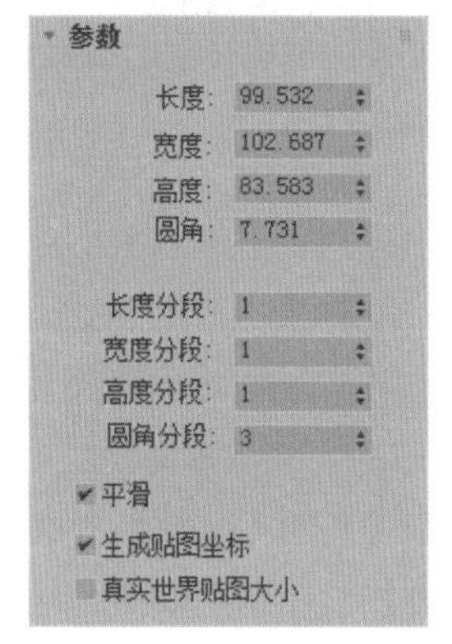

图 2-50

其各项参数的功能说明如下。

◎ 【长度】/【宽度】/【高度】：分别用于设置切角长方体的长、宽、高。

◎ 【圆角】：设置圆角大小。

◎ 【长度分段】/【宽度分段】/【高度分段】：设置切角长方体三边上片段的划分数。

◎ 【圆角分段】：设置圆角的片段划分数。值越大，切角长方体的角就越圆滑。

◎ 【平滑】：设置是否对表面进行平滑处理。

◎ 【生成贴图坐标】：生成将贴图材质应用于切角长方体的坐标。默认设置为启用。

◎ 【真实世界贴图大小】：控制应用于该对象的纹理贴图材质所使用的缩放方法。默认设置为禁用。

提示：如果要想使切角长方体其倒角部分变得光滑，可以选中其下方的【平滑】复选框。

【实战】制作引导提示板

本例将介绍引导提示板的制作，首先使用【长方体】工具和【编辑多边形】修改器来制作提示板，然后使用【圆柱体】、【星形】、【线】和【长方体】等工具来制作提示板支架，最后添加背景贴图即可，完成后的效果如图 2-51 所示。

图 2-51

素材	Scenes\Cha02\ 引导提示板素材 .max
场景	Scenes\Cha02\【实战】制作引导提示板 .max
视频	视频教学 \Cha02\【实战】制作引导提示板 .mp4

01 打开“Scenes\Cha02\ 引导提示板素材 .max”素材文件，选择【创建】 | 【几何体】 | 【长方体】工具，在【前】视图中创建长方体，将其命名为“提示板”，切换到【修改】命令面板，在【参数】卷展栏中设置【长度】为 100、【宽度】为 150、【高度】为 8，设置【长度分段】为 3、【宽度分段】为 3、【高度分段】为 1，如图 2-52 所示。

02 在修改器下拉列表中选择【编辑多边形】修改器，将当前选择集定义为【顶点】，在【前】视图中调整顶点的位置，如图 2-53 所示。

03 将当前选择集定义为【多边形】，在【前】视图中选择多边形，在【编辑多边形】卷展栏中单击【挤出】后面的【设置】按钮，如图 2-54 所示，将【挤出高度】设置为 -5.25，单击【确定】按钮。

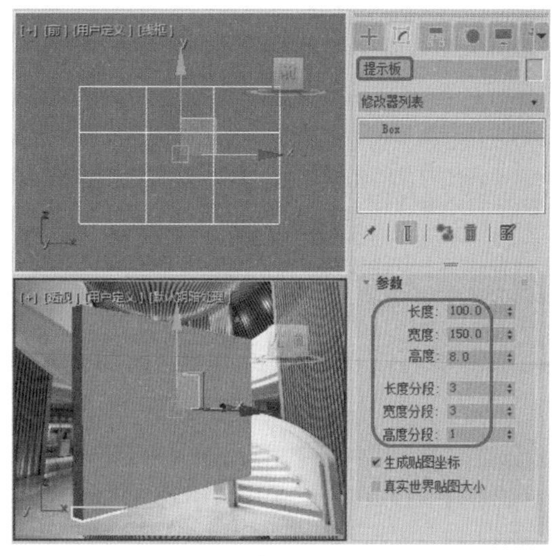

图 2-52

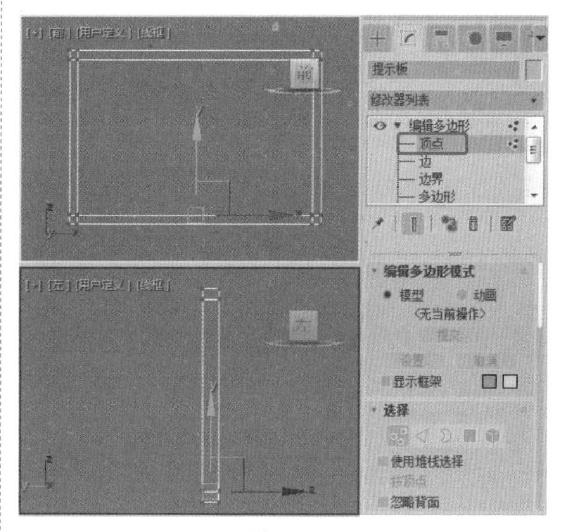

图 2-53

提示：顶点是位于相应位置的点，它们定义构成多边形对象的其他子对象的结构。当移动或编辑顶点时，它们形成的几何体也会受影响。顶点也可以独立存在；这些孤立顶点可以用来构建其他几何体，但在渲染时，它们是不可见的。

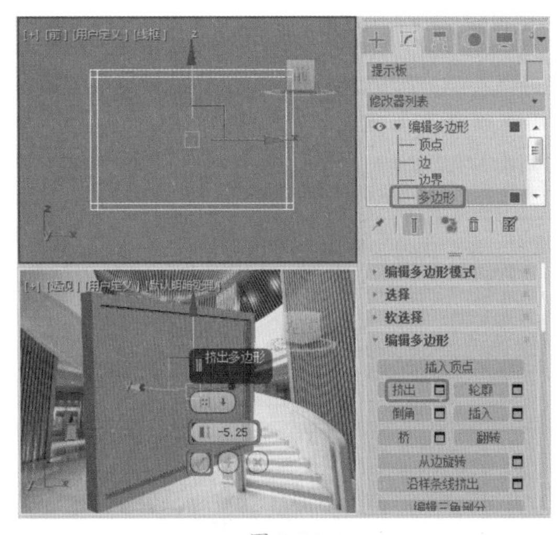

图 2-54

04 确定多边形处于选择状态，在【多边形：材质 ID】卷展栏中将【设置 ID】设置为 1，如图 2-55 所示。

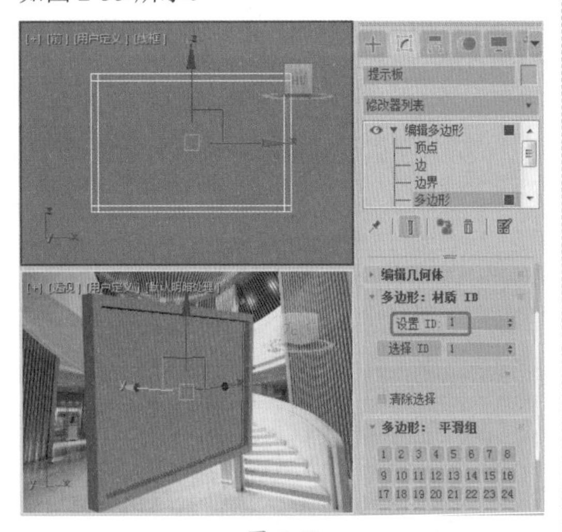

图 2-55

05 在菜单栏中选择【编辑】|【反选】命令，反选多边形，在【多边形：材质 ID】卷展栏中将【设置 ID】设置为 2，如图 2-56 所示。

06 关闭当前选择集，按 M 键打开【材质编辑器】对话框，选择一个新的材质样本球，将其命名为“提示板”，然后单击 Standard 按钮，在弹出的【材质 / 贴图浏览器】对话框中选择【多维 / 子对象】材质，单击【确定】按钮，如图 2-57 所示。

07 弹出【替换材质】对话框，选中【将旧材质保存为子材质】单选按钮，单击【确定】按钮，如图 2-58 所示。

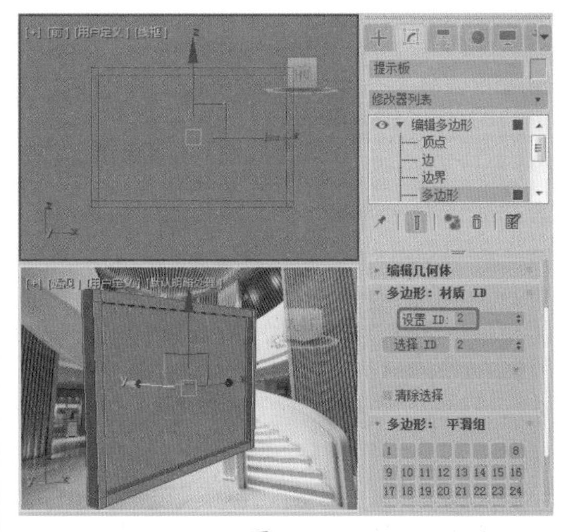

图 2-56

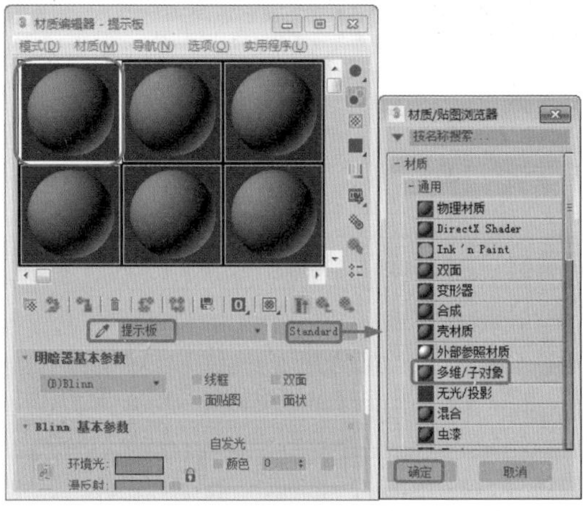

图 2-57

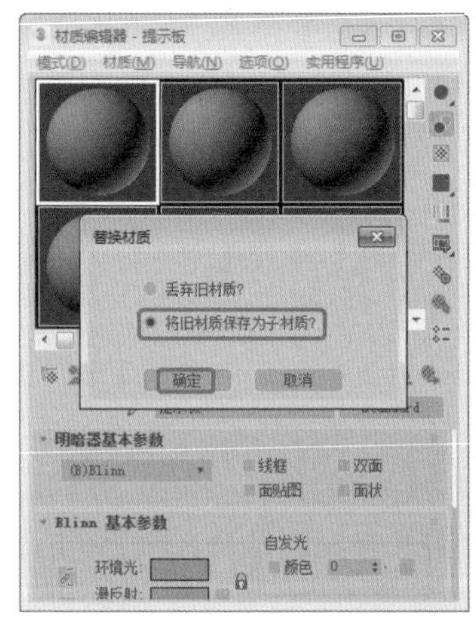

图 2-58

08 在【多维 / 子对象基本参数】卷展栏中单击【设置数量】按钮，在弹出的对话框中设置【材质数量】为 2，单击【确定】按钮，如图 2-59 所示。

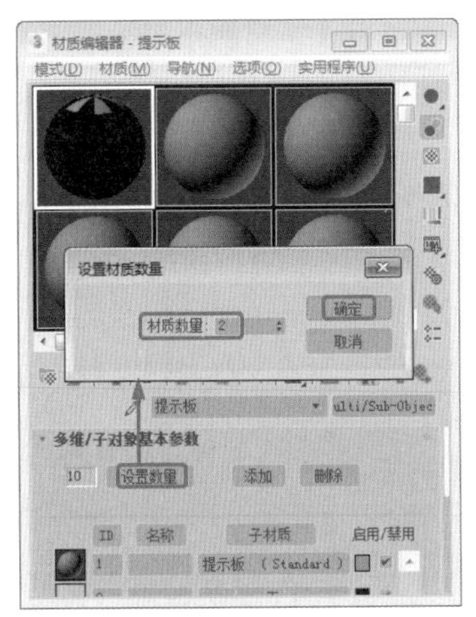

图 2-59

09 在【多维 / 子对象基本参数】卷展栏中单击 ID1 右侧的子材质按钮，进入 ID1 材质的设置面板，在【贴图】卷展栏中，单击【漫反射颜色】右侧的【无贴图】按钮，在弹出的【材质 / 贴图浏览器】对话框中选择【位图】贴图，单击【确定】按钮，如图 2-60 所示。

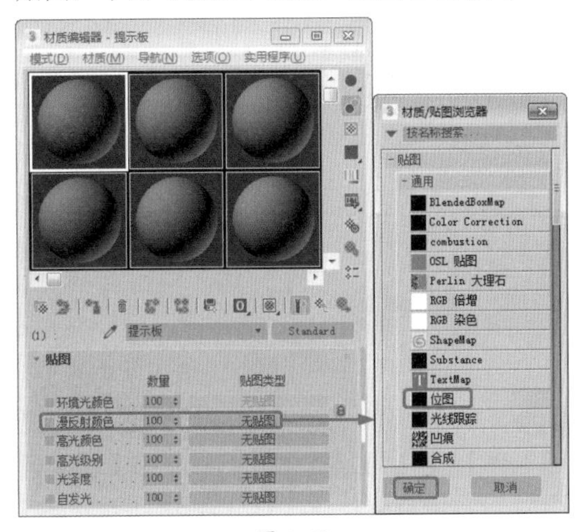

图 2-60

10 在弹出的对话框中选择“Map\引导图.jpg”素材文件，在【坐标】卷展栏中，将【瓷砖】下的 U、V 设置为 3，如图 2-61 所示。

11 单击两次【转到父对象】按钮，在【多维 / 子对象基本参数】卷展栏中单击 ID2 右侧的子材质按钮，在弹出的【材质 / 贴图浏览器】对话框中选择【标准】材质，单击【确定】按钮，如图 2-62 所示。

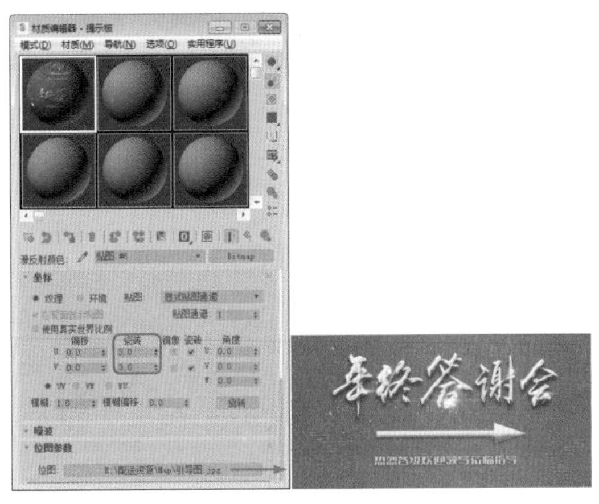

图 2-61

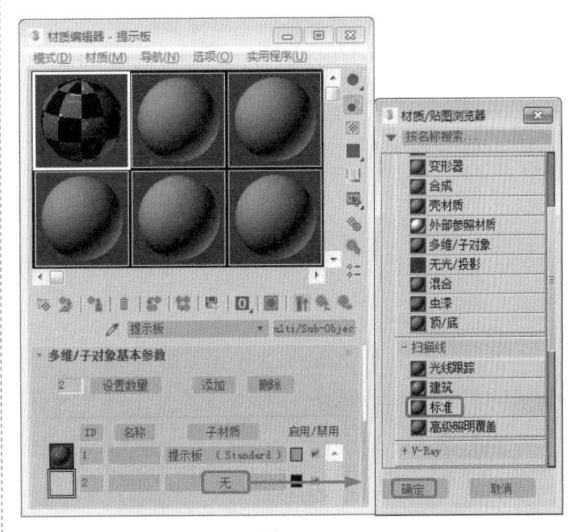

图 2-62

12 进入 ID2 材质的设置面板，在【Blinn 基本参数】卷展栏中，将【环境光】和【漫反射】的 RGB 值设置为 240、255、255，将【自发光】设置为 20，在【反射高光】选项组中，将【高光级别】和【光泽度】设置为 0，如图 2-63 所示。单击【转到父对象】按钮返回到主材质面板，并单击【将材质指定给选定对象】按钮，将材质指定给场景中的“提示板”对象。

13 在工具栏中选中【选择并旋转】按钮，在【左】视图中调整模型的角度，如图 2-64 所示。

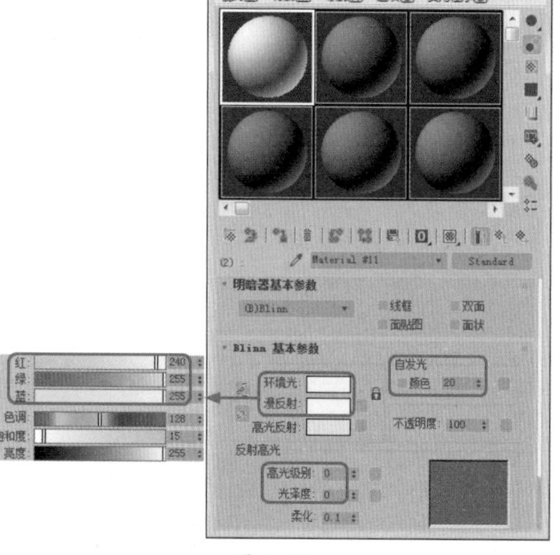

图 2-63

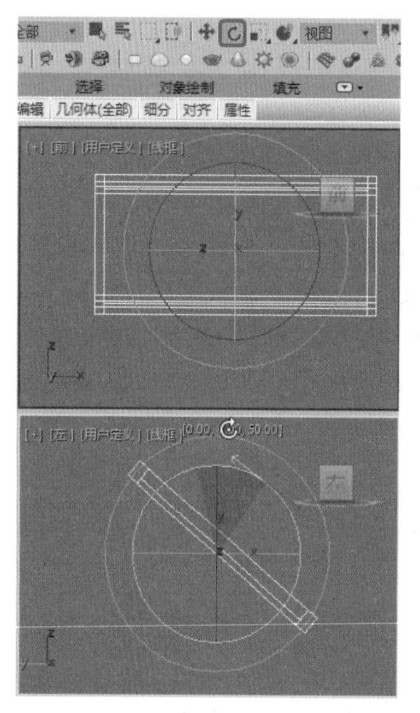

图 2-64

14 选择【创建】 | 【几何体】 | 【圆柱体】工具，在【顶】视图中创建圆柱体，将其命名为“支架001”，切换到【修改】命令面板，在【参数】卷展栏中将【半径】设置为3、【高度】设置为200、【高度分段】设置为1、【端面分段】设置为1、【边数】设置为18，如图2-65所示。

15 按M键打开【材质编辑器】对话框，选择一个新的材质样本球，将其命名为“塑料”，在【Blinn基本参数】卷展栏中，将【环境光】和【漫反射】的RGB值设置为240、255、255，将【自发光】设置为20，在【反射高光】选项组中，将【高光级别】和【光泽度】设置为0，并单击【将材质指定给选定对象】按钮，将材质指定给“支架001”对象，如图2-66所示。

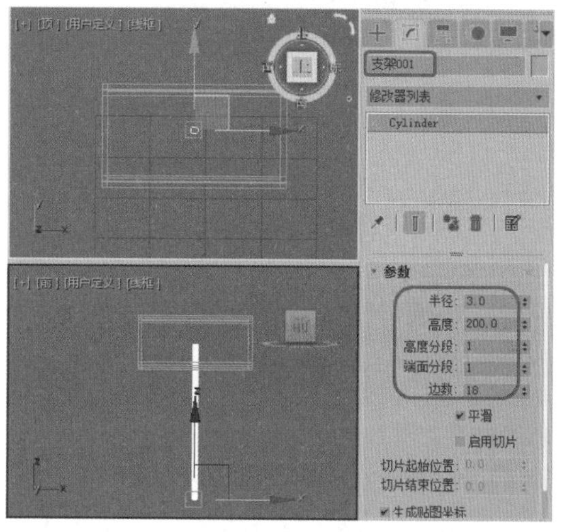

图 2-65

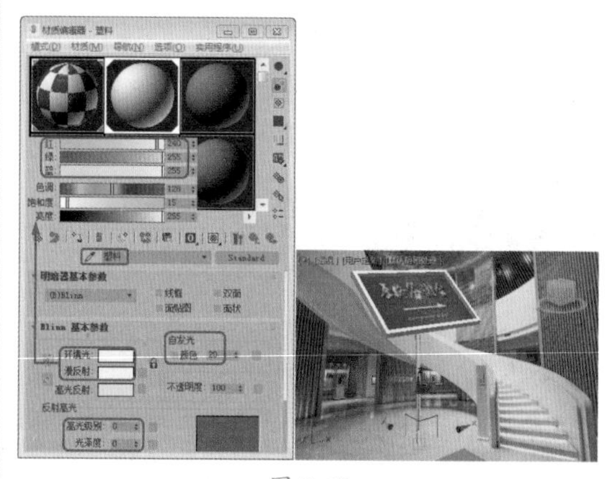

图 2-66

16 选择【创建】 | 【几何体】 | 【扩展基本体】|【切角圆柱体】工具，在【顶】视图中创建切角圆柱体，将其命名为“支架塑料001”，切换到【修改】命令面板，在【参数】卷展栏中设置【半径】为3.5、【高度】为10、【圆角】为0.5，设置【高度分段】为1、【圆角分段】为2、【边数】为18、【端面分段】为1，如图2-67所示。

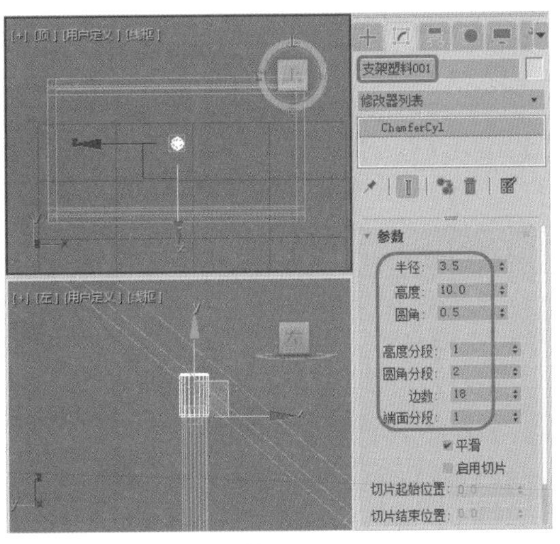

图 2-67

17 在修改器下拉列表中选择 FFD 2×2×2 修改器，将当前选择集定义为【控制点】，在【左】视图中调整模型的形状，如图 2-68 所示。

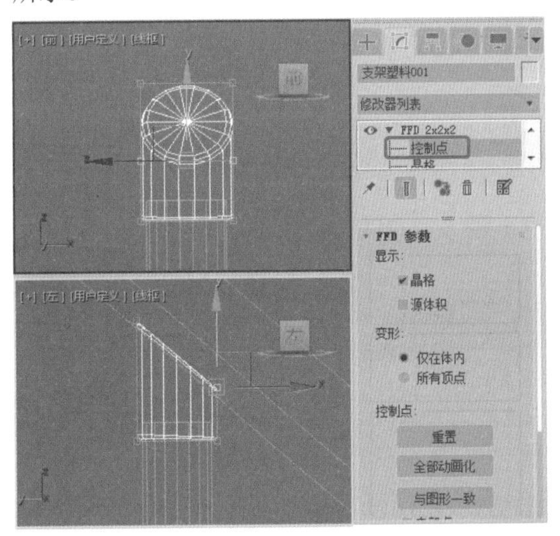

图 2-68

18 关闭当前选择集，按 M 键打开【材质编辑器】对话框，选择一个新的材质样本球，将其命名为“黑色塑料”，在【Blinn 基本参数】卷展栏中将【环境光】和【漫反射】的 RGB 值设置为 37、37、37，在【反射高光】选项组中，将【高光级别】设置为 57、将【光泽度】设置为 23。单击【将材质指定给选定对象】按钮，将设置的材质指定给“支架塑料 001”对象，如图 2-69 所示。

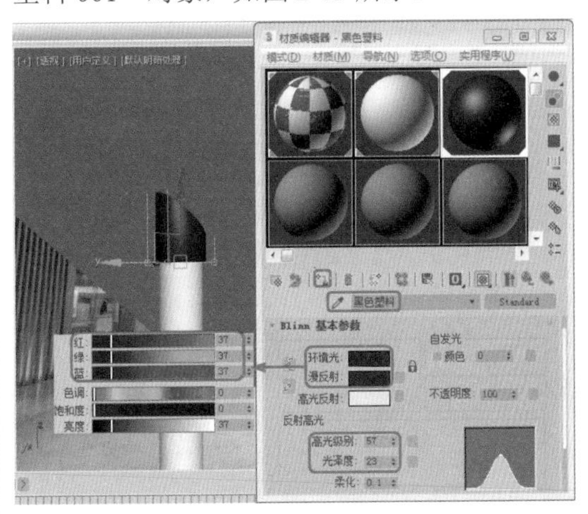

图 2-69

19 确定“支架塑料 001”对象处于选中状态，在【前】视图中按住 Shift 键沿 Y 轴向下移动对象，在弹出的对话框中选中【复制】单选按钮，并单击【确定】按钮，如图 2-70 所示。

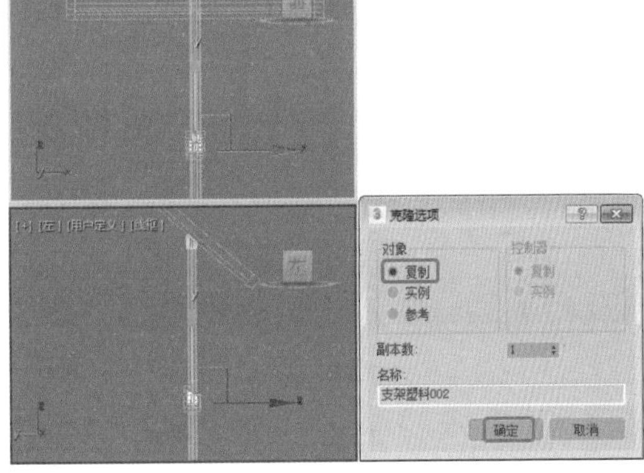

图 2-70

20 确定“支架塑料 002”对象处于选中状态，然后在【修改】命令面板中删除 FFD 2×2×2 修改器，如图 2-71 所示。

21 选择【创建】|【几何体】|【标准基本体】|【圆柱体】工具，在【前】视图中创建圆柱体，将其命名为“支架塑料 003”，切换到【修改】命令面板，在【参数】卷展栏中设置【半径】为 2.8、【高度】为 5、【高度分段】为 1、【端面分段】为 1、【边数】为 18，如图 2-72 所示。

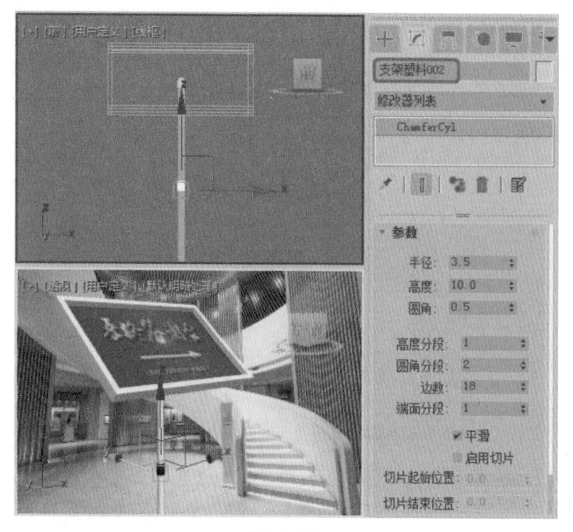

图 2-71

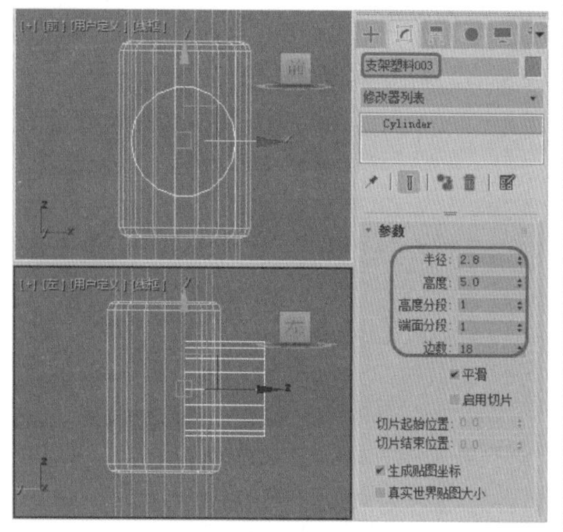

图 2-72

22 选择【创建】 |【图形】 |【星形】工具，在【前】视图中创建星形，切换到【修改】命令面板，在【参数】卷展栏中设置【半径 1】为 4.2、【半径 2】为 3.8、【点】为 15、【圆角半径 1】为 0.3，如图 2-73 所示。

> 提示：在创建星形样条线时，可以使用鼠标在步长之间平移和环绕视口。要平移视口，可按住鼠标中键或鼠标滚轮进行拖动。要环绕视口，可同时按住 Alt 键和鼠标中键（或鼠标滚轮）进行拖动。

23 在修改器下拉列表中选择【挤出】修改器，在【参数】卷展栏中设置【数量】为 2，然后为“支架塑料 003”对象和星形对象指定【黑色塑料】材质，如图 2-74 所示。

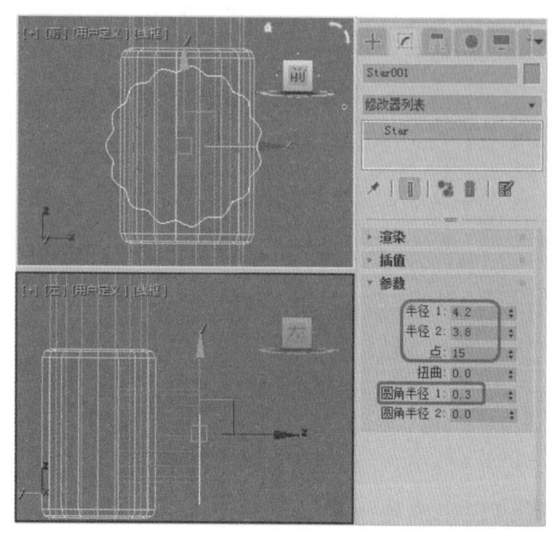

图 2-73

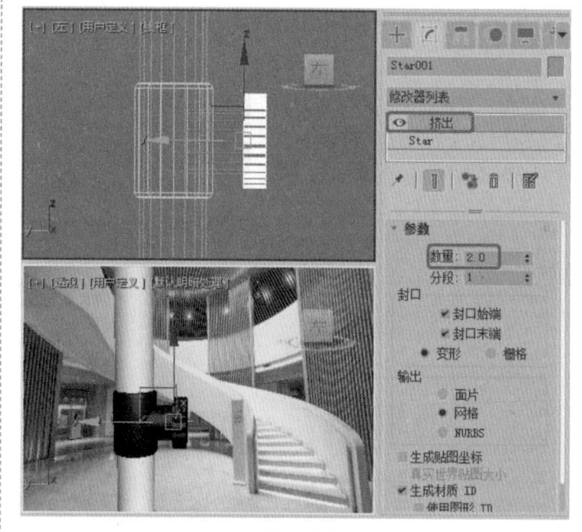

图 2-74

24 选择【创建】 |【几何体】 |【长方体】工具，在【顶】视图中创建长方体，将其命名为“底座 001”，切换到【修改】命令面板，在【参数】卷展栏中设置【长度】为 20、【宽度】为 120、【高度】为 6、【长度分段】为 1、【宽度分段】为 1、【高度分段】为 1，如图 2-75 所示。

25 在【顶】视图中复制“底座 001”对象，然后在【参数】卷展栏中设置【长度】为 65、【宽度】为 6、【高度】为 6，并在场景中调整对象的位置，如图 2-76 所示。

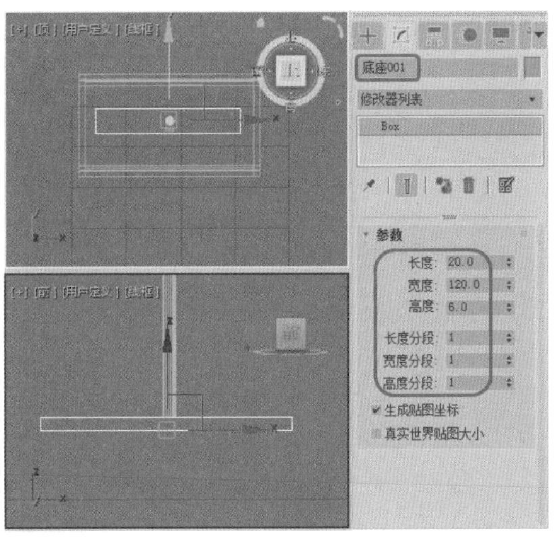

图 2-75

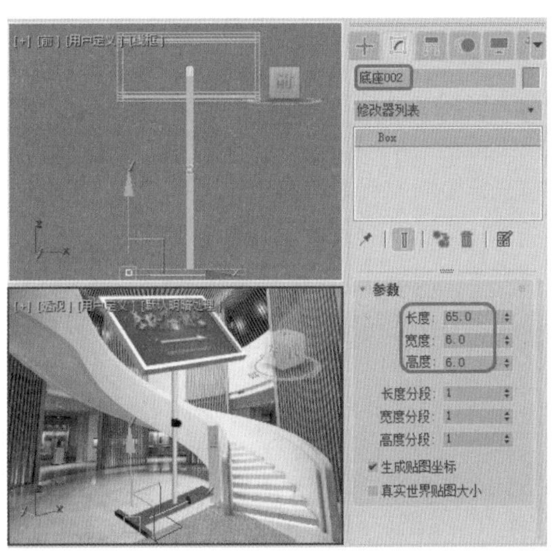

图 2-76

26 为“底座 001”和“底座 002”对象指定【塑料】材质，在场景中复制“底座 002”对象，并将其命名为“底座塑料 001”，在【参数】卷展栏中修改【长度】为 8、【宽度】为 7、【高度】为 7，并在场景中调整模型的位置，如图 2-77 所示。

27 在场景中复制“底座塑料 001”，并在【顶】视图中将其调整至“底座 002”的另一端，如图 2-78 所示。

28 为“底座塑料 001”和“底座塑料 002”对象指定【黑色塑料】材质，同时选择“底座 002”、“底座塑料 001”和“底座塑料 002”对象，并对其进行复制，然后在场景中调整其位置，效果如图 2-79 所示。

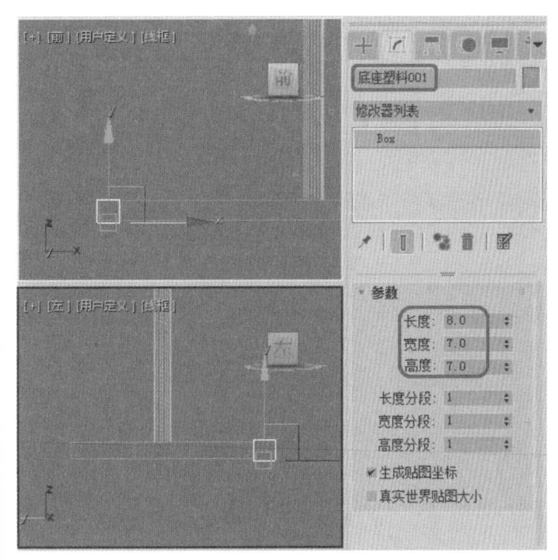

图 2-77

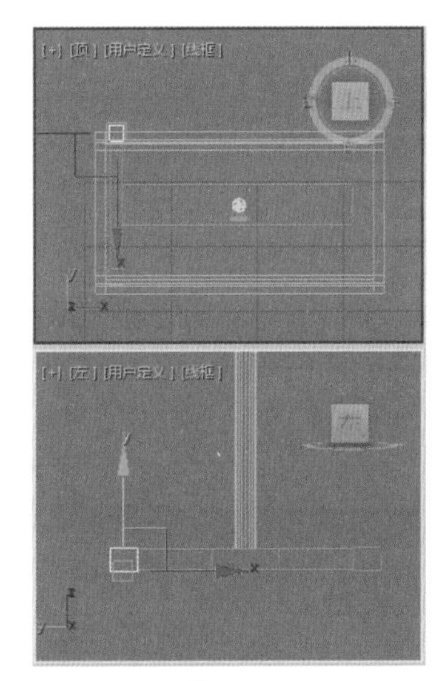

图 2-78

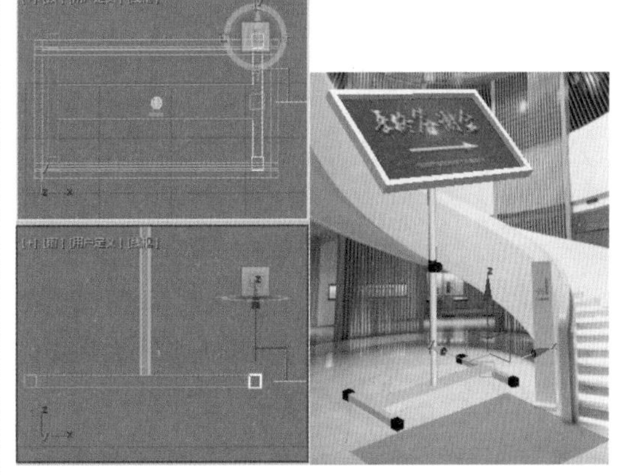

图 2-79

29 选择【创建】 | 【图形】 | 【线】工具，在【左】视图中创建截面图形，将其命名为“轮子001”，切换到【修改】命令面板，将当前选择集定义为【顶点】，在场景中调整截面的形状，如图2-80所示。

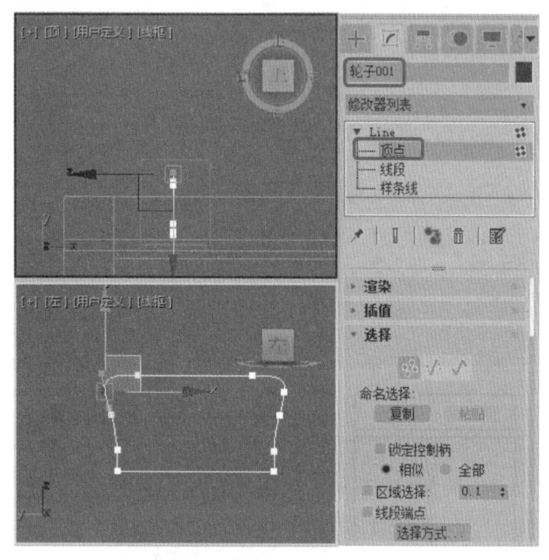

图 2-80

30 关闭当前选择集，在修改器下拉列表中选择【车削】修改器，在【参数】卷展栏中单击【方向】选项组中的X按钮，并将当前选择集定义为【轴】，在场景中调整轴，如图2-81所示。

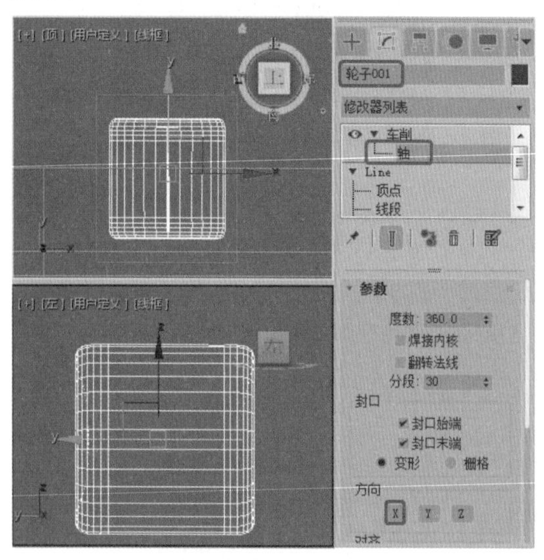

图 2-81

31 关闭当前选择集，选择【创建】 | 【图形】 | 【弧】工具，在【前】视图中创建弧，如图2-82所示。

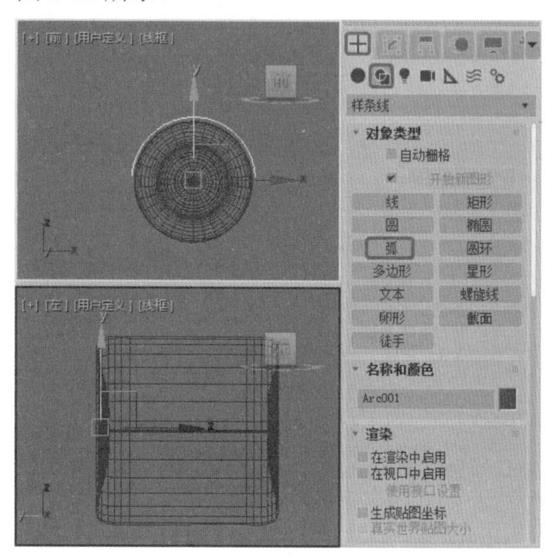

图 2-82

32 切换到【修改】命令面板，在修改器下拉列表中选择【编辑样条线】修改器，将当前选择集定义为【样条线】，在场景中选择弧，在【几何体】卷展栏中设置【轮廓】为-0.5，按回车键设置出轮廓，如图2-83所示。

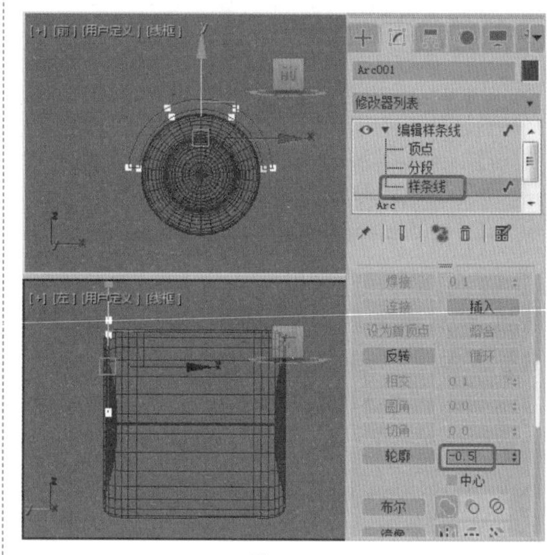

图 2-83

33 关闭当前选择集，在修改器下拉列表中选择【倒角】修改器，在【倒角值】卷展栏中设置【级别1】选项组中的【高度】为0.1、【轮廓】为0.1，勾选【级别2】复选框，设置【高度】为5；勾选【级别3】复选框，设置【高度】为0.1、【轮廓】为-0.1，如图2-84所示。

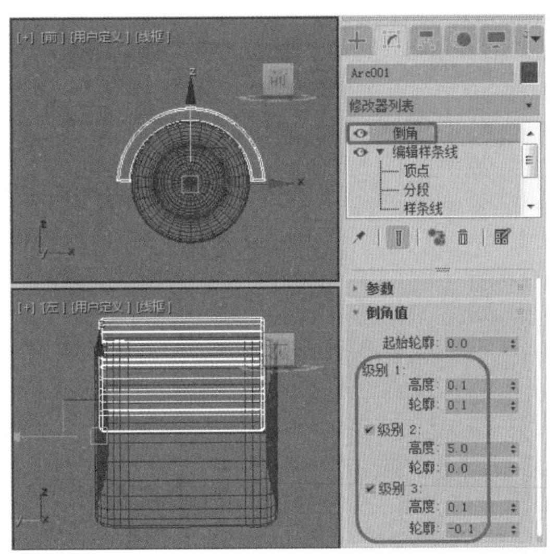

图 2-84

提示：【轮廓】用于制作样条线的副本，所有侧边上的距离偏移量由【轮廓宽度】微调器（在【轮廓】按钮的右侧）指定。选择一个或多个样条线，然后使用微调器动态地调整轮廓位置，或单击【轮廓】按钮然后拖动样条线。如果样条线是开口的，生成的样条线及其轮廓将形成一个闭合的样条线。

34 选择【创建】 | 【几何体】 | 【圆柱体】工具，在【顶】视图中创建圆柱体，将其命名为“轱辘支架 001”，切换到【修改】命令面板，在【参数】卷展栏中设置【半径】为 1.4、【高度】为 3、【边数】为 12，如图 2-85 所示。

35 为“轮子 001”、“轱辘支架 001”和圆弧对象指定【黑色塑料】材质，在场景中同时选择“轮子 001”、“轱辘支架 001”和圆弧对象，并对其进行复制，然后调整其位置，效果如图 2-86 所示。

36 选中【透视】视图，按 C 键转换为摄影机视图，在其他视图中适当调整引导提示板的位置，如图 2-87 所示。

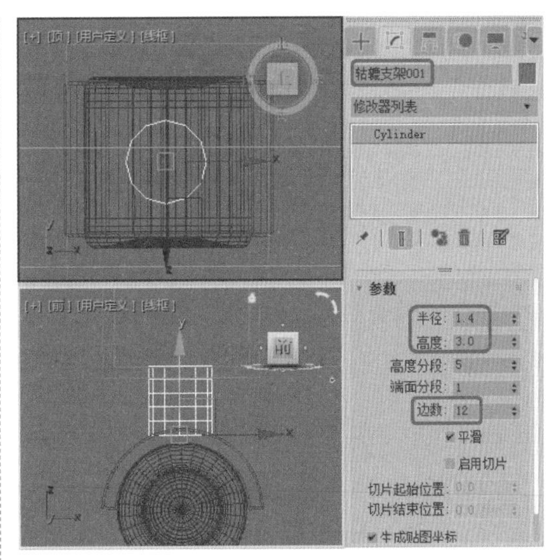

图 2-85

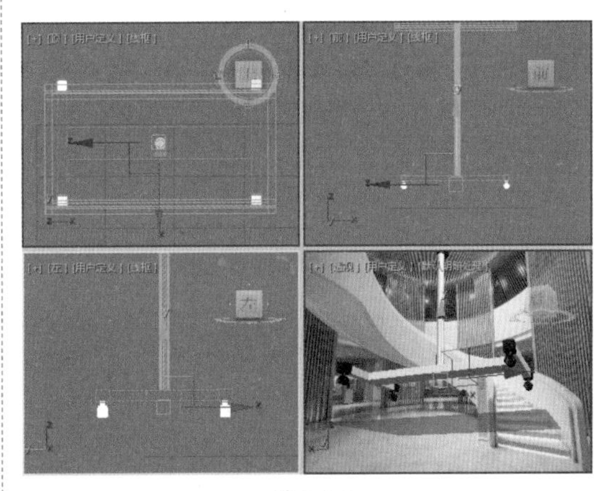

图 2-86

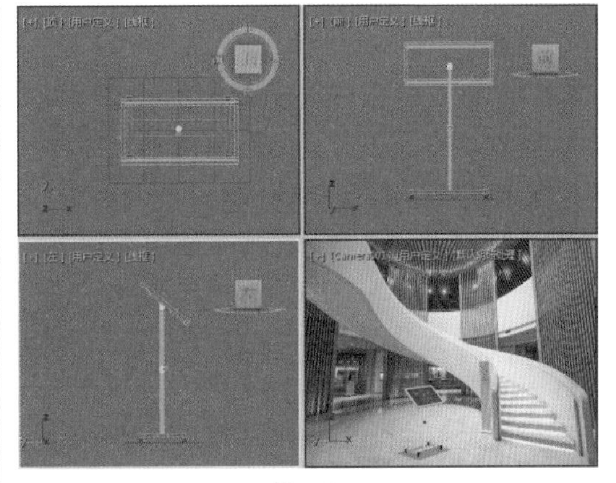

图 2-87

2.2.2 切角圆柱体

【切角圆柱体】效果如图 2-88 所示，与圆柱体相似，它也有切片等参数，同时还多出了控制圆角的【圆角】和【圆角分段】参数，【参数】卷展栏如图 2-89 所示。

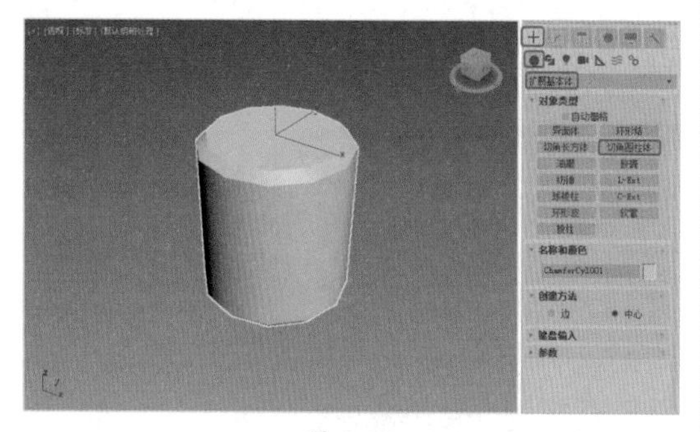

图 2-88

图 2-89

其各项参数的功能说明如下。

◎ 【半径】：设置切角圆柱体的半径。

◎ 【高度】：设置切角圆柱体的高度。

◎ 【圆角】：设置圆角大小。

◎ 【高度分段】：设置柱体高度上的分段数。

◎ 【圆角分段】：设置圆角的分段数，值越大，圆角越光滑。

◎ 【边数】：设置切角圆柱体圆周上的分段数。分段数越大，柱体越光滑。

◎ 【端面分段】：设置以切角圆柱体顶面和底面的中心为同心，进行分段的数量。

◎ 【平滑】：设置是否对表面进行平滑处理。

◎ 【启用切片】：勾选该复选框后，【切片起始位置】、【切片结束位置】两个参数才会体现效果。

◎ 【切片起始位置】/【切片结束位置】：分别用于设置切片的开始位置与结束位置。对于这两个设置，正数值将按逆时针移动切片的末端；负数值将按顺时针移动它。这两个设置的先后顺序无关紧要。端点重合时，将重新显示整个切角圆柱体。

◎ 【生成贴图坐标】：生成将贴图材质应用于切角圆柱体的坐标。默认设置为启用。

◎ 【真实世界贴图大小】：控制应用于该对象的纹理贴图材质所使用的缩放方法。默认设置为禁用状态。

2.2.3 胶囊

【胶囊】顾名思义，它的形状就像胶囊，如图 2-90 所示。其实可以将胶囊看作是由两个半球体与一段圆柱组成的，其中，【半径】用来控制半球体大小，而【高度】则用来控制中间圆柱段的长度，其【参数】卷展栏如图 2-91 所示。

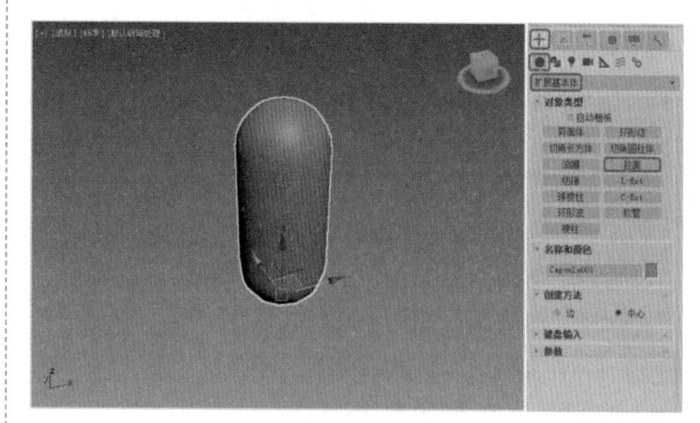

图 2-90

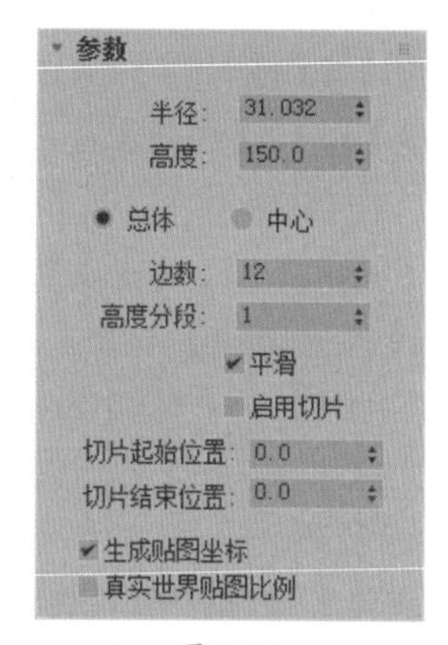

图 2-91

其各项参数的功能说明如下。

◎ 【半径】：设置胶囊的半径。

◎ 【高度】：设置胶囊的高度。负数值将

在构造平面下面创建胶囊。

◎ 【总体】/【中心】：决定【高度】参数指定的内容。【总体】指胶囊整体的高度；【中心】指胶囊圆柱部分的高度，不包括其两端的半球。

◎ 【边数】：设置胶囊圆周上的分段数。值越大，表面越光滑。

◎ 【高度分段】：设置胶囊沿主轴的分段数。

◎ 【平滑】：混合胶囊的面，从而在渲染视图中创建平滑的外观。

◎ 【启用切片】：启用切片功能。默认设置为禁用。创建切片后，如果禁用【启用切片】复选框，则将重新显示完整的胶囊。可以使用此复选框在两个拓扑之间切换。

◎ 【切片起始位置】/【切片结束位置】：设置从局部 X 轴的零点开始围绕局部 Z 轴的度数。对于这两个设置，正数值将按逆时针移动切片的末端；负数值将按顺时针移动它。这两个设置的先后顺序无关紧要。端点重合时，将重新显示整个胶囊。

◎ 【生成贴图坐标】：生成将贴图材质应用于胶囊的坐标。默认设置为启用。

◎ 【真实世界贴图比例】：控制应用于该对象的纹理贴图材质所使用的缩放方法。

2.2.4 棱柱

【棱柱】工具用来创建三棱柱，效果如图 2-92 所示，参数如图 2-93 所示。

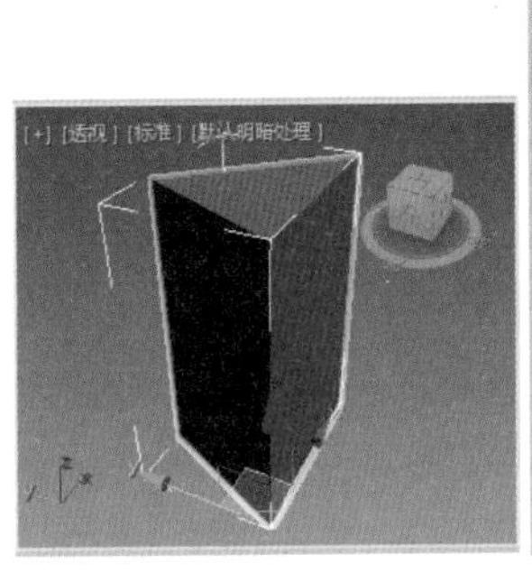

图 2-92

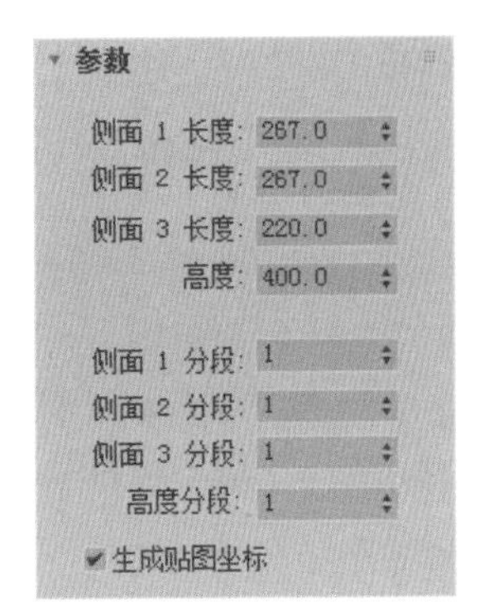

图 2-93

其各项参数的功能说明如下。

◎ 【侧面 1 长度】/【侧面 2 长度】/【侧面 3 长度】：分别设置底面三角形三边的长度。

◎ 【高度】：设置棱柱的高度。

◎ 【侧面 1 分段】/【侧面 2 分段】/【侧面 3 分段】：分别设置三角形对应面的长度，以及三角形的角度。

◎ 【生成贴图坐标】：自动产生贴图坐标。

2.2.5 软管

软管是个比较特殊的形体，可以用来做诸如洗衣机的排水管等用品，效果如图 2-94 所示，其主要参数如图 2-95 所示。

图 2-94

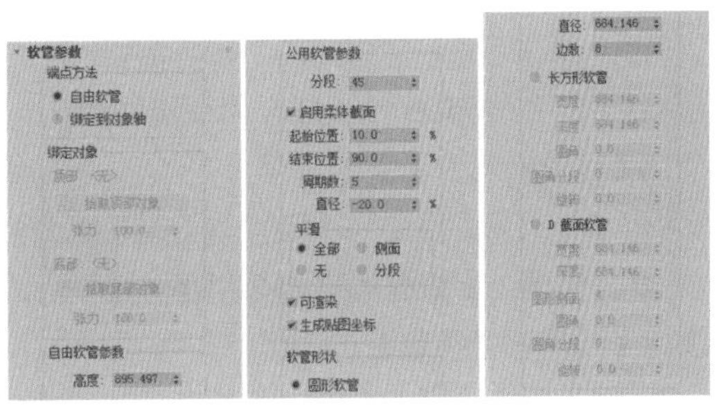

图 2-95

其各项参数的功能说明如下。

◎ 【端点方法】选项组。

- 【自由软管】：选中此单选按钮则只是将软管作为一个单独的对象，不与其他对象绑定。
- 【绑定到对象轴】：选中此单选按钮可激活【绑定对象】选项组。

◎ 【绑定对象】选项组。

在【端点方法】区域下选择【绑定到对象轴】可激活该区域，使用该区域可将软管绑定到物体上，并设置对象物体之间的张力。两个绑定对象之间的位置可彼此相关。软管的每个端点由总直径的中心定义。进行绑定时，端点位于绑定对象的轴点。可在【层次面板】中使用【仅影响效果】，可通过转换绑定对象来调整绑定对象与软管的相对位置。

- 【顶部】：显示顶部绑定对象的名称。
- 【拾取顶部对象】：单击该按钮，然后选择顶部对象。
- 【张力】：设置当软管靠近底部对象时顶部对象附近的软管曲线的张力。减小张力，则底部对象附近将产生弯曲；增大张力，则远离顶部对象的地方将产生弯曲。默认设置为 100。
- 【底部】：显示底部绑定对象的名称。
- 【拾取底部对象】：单击该按钮，然后选择底部对象。
- 【张力】：确定当软管靠近顶部对象时底部对象附近的软管曲线的张力。减小张力，则底部对象附近将产生弯曲；增大张力，则远离底部对象的地方将产生弯曲。默认值为 100。

◎ 【自由软管参数】选项组。

- 【高度】：设置自由软管的高度。只有当【自由软管】选项启用时才起作用。

◎ 【公用软管参数】选项组。

- 【分段】：设置软管长度上的段数。值越大，软管变曲时越平滑。
- 【启用柔体截面】：设置软管中间伸缩剖面部分的以下四项参数。关闭此选项后，软管上下保持直径统一。
  - 【起始位置】：设置伸缩剖面起始位置同软管顶端的距离。用软管长度的百分比表示。
  - 【结束位置】：设置伸缩剖面结束位置同软管末端的距离。用软管长度的百分比表示。
  - 【周期数】：设置伸缩剖面的褶皱数量。
  - 【直径】：设置伸缩剖面的直径。取负值时小于软管直径，取正值时大于软管直径，默认值为 -20%，范围为 -50% ～ -500%。
- 【平滑】：设置是否进行表面平滑处理。
  - 【全部】：对整个软管进行平滑处理。
  - 【侧面】：沿软管的轴向，而不是周向进行平滑。
  - 【无】：未应用平滑。
  - 【分段】：仅对软管的内截面进行平滑处理。
- 【可渲染】：设置是否可以对软管进行渲染。
- 【生成贴图坐标】：设置是否自动产生贴图坐标。

◎ 【软管形状】选项组。

- 【圆形软管】：设置截面为圆形。
  - 【直径】：设置软管截面的直径。
  - 【边数】：设置软管边数。
- 【长方形软管】：设置截面为长方形。
  - 【宽度】：设置软管的宽度。
  - 【深度】：设置软管的高度。

» 【圆角】：设置圆角大小。
» 【圆角分段】：设置圆角的片段数。
» 【旋转】：设置软管沿轴旋转的角度。

◆ 【D 截面软管】：设置截面为 D 的形状。
» 【宽度】：设置软管的宽度。
» 【深度】：设置软管的高度。
» 【圆角侧面】：设置圆周边上的分段。
» 【圆角】：设置圆角大小。
» 【圆角分段】：设置圆角的片段数。
» 【旋转】：设置软管沿轴旋转的角度。

2.2.6 异面体

异面体是用基础数学原则定义的扩展几何体，利用它可以创建四面体、八面体、十二面体，以及两种星体，如图 2-96 所示。

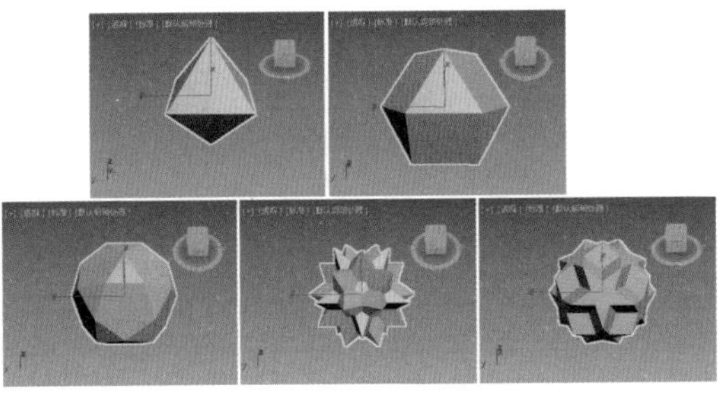

图 2-96

各项参数功能如下。

◎ 【系列】：提供了【四面体】、【立方体】/【八面体】、【十二面体】/【二十面体】、【星形 1】、【星形 2】5 种异面体的表面形状。

◎ 【系列参数】：P、Q 是可控制异面体的点与面进行相互转换的两个关联参数，它们的设置范围是 0.0 ～ 1.0。当 P、Q 值都为 0 时处于中点；当其中一个值为 1.0 时，那么另一个值为 0.0，它们分别代表所有的顶点和所有的面。

◎ 【轴向比率】：异面体是由三角形、矩形和五边形这 3 种不同类型的面拼接而成的。在这里的 P、Q、R 三个参数是用来分别调整它们各自比例的。单击【重置】按钮将 P、Q、R 值恢复到默认设置。

◎ 【顶点】：用于确定异面体内部顶点的创建方法，可决定异面体的内部结构。
◆ 【基点】：超过最小值的面不再进行细划分。
◆ 【中心】：在面的中心位置添加一个顶点，按中心点到面的各个顶点所形成的边进行细划分。
◆ 【中心和边】：在面的中心位置添加一个顶点，按中心点到面的各个顶点和边中心所形成的边进行细划分。用此方法要比使用【中心】方式多产生一倍的面。

◎ 【半径】：通过设置半径来调整异面体的大小。

◎ 【生成贴图坐标】：设置是否自动产生贴图坐标。

【实战】制作足球

本例将讲解如何制作足球。制作足球的重点是各种修改器的应用，其中主要有【编辑网格】、【网格平滑】和【面挤出】修改器的应用，效果如图 2-97 所示，具体操作步骤如下。

图 2-97

素材	Scenes\Cha02\ 足球素材 .max
场景	Scenes\Cha02\【实战】制作足球 .max
视频	视频教学 \Cha02\【实战】制作足球 .mp4

01 打开“Scenes\Cha02\ 足球素材 .max”素材文件，选择【创建】|【几何体】|【扩展基本体】|【异面体】工具，在【顶】视图中进行创建，并命名为“足球”，切换至【修改】命令面板，在【参数】卷展栏中选中【系列】区域下的【十二面体 / 二十面体】单选按钮，将【系列参数】区域下的 P 设置为 0.35，将【半径】设为 50，如图 2-98 所示。

图 2-98

02 进入【修改】命令面板，在【修改器列表】中选择【编辑网格】修改器，将当前的选择集定义为【多边形】，按 Ctrl+A 组合键选择所有的多边形面，在【编辑几何体】卷展栏中单击【炸开】按钮，在打开的【炸开】对话框中将【对象名】命名为“足球”，如图 2-99 所示。

提示：【炸开】参数用于将当前选择面炸散后分离出当前物体，使它们成为独立的新个体。

03 单击【确定】按钮，关闭当前选择集。选择【足球】所有对象，单击【修改】按钮，进入【修改】命令面板，在【修改器列表】中选择【网格平滑】修改器，在【细分量】卷展栏中将【迭代次数】设置为 2，如图 2-100 所示。

图 2-99

图 2-100

04 选择所有的足球对象，在【修改器列表】中选择【球形化】修改器并为其添加该修改器，如图 2-101 所示。

05 确认选择所有足球对象，在【修改器列表】中选择【编辑网格】修改器并为其添加该修改器，将当前的选择集定义为【多边形】，打开【从场景选择】对话框，依次选择【足球 021】～【足球 031】对象，然后在【曲面属性】卷展栏中将【材质】区域下的【设置 ID】设置为 1，如图 2-102 所示。

图 2-101

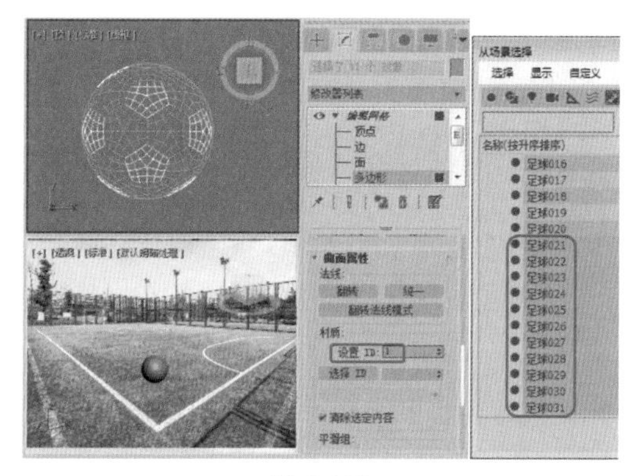

图 2-102

06 再次打开【从场景选择】对话框，选择除【足球 021】～【足球 031】外的其他对象，在【曲面属性】卷展栏中将【材质】区域下的【设置 ID】设置为 2，如图 2-103 所示。

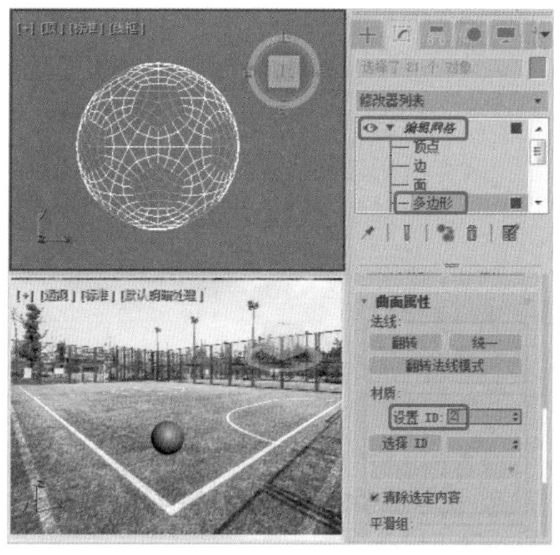

图 2-103

07 退出【编辑网格】修改器，选择所有的足球对象，在修改器列表中选择【面挤出】修改器并对其进行添加，在【参数】卷展栏中将【数量】和【比例】分别设置为 1、98，如图 2-104 所示。

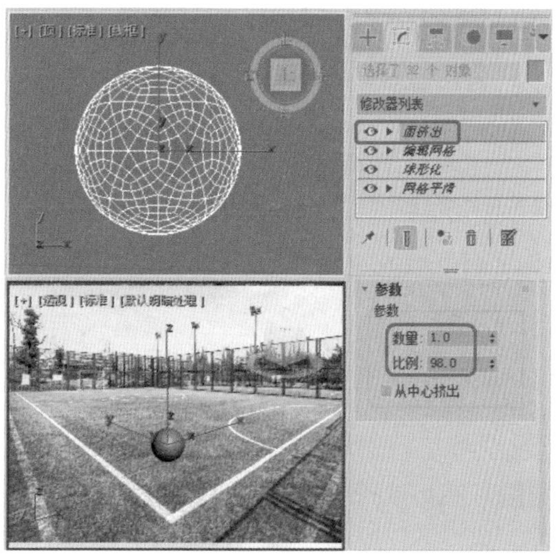

图 2-104

08 选择所有的足球对象，再次添加一个【网格平滑】修改器，在【细分方法】卷展栏中选择【四边形输出】类型，如图 2-105 所示。

图 2-105

09 按 M 键，打开【材质编辑器】对话框，选择【足球】材质，单击【将材质指定给选定对象】按钮，将当前材质赋予视图中的足球对象，如图 2-106 所示。

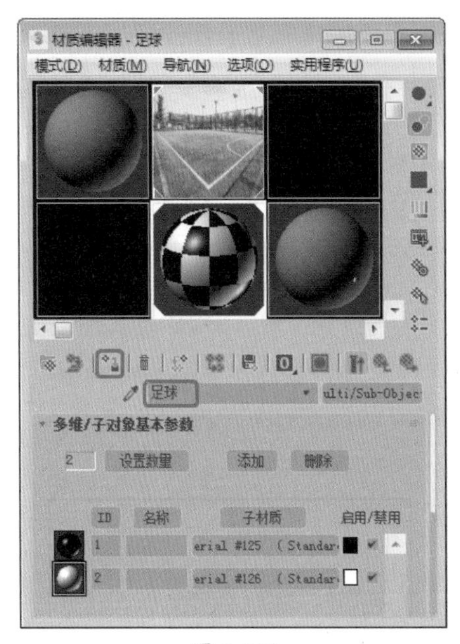

图 2-106

10 将 Plane01 平面对象显示，选择所有的足球对象，进行适当调整，如图 2-107 所示。

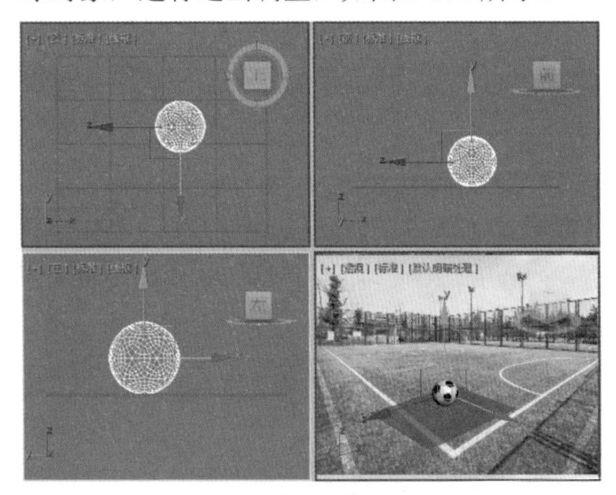

图 2-107

■ 2.2.7　环形结

环形结与异面体有点相似，在【半径】和【分段】参数下面是 P 值和 Q 值，这些值可以用来设置变形的环形结。P 值是计算环形结绕垂直弯曲的数学系数，最大值为 25，此时的环形结类似于紧绕的线轴；Q 值是计算环形结绕水平轴弯曲的数学系数，最大值也是 32，如图 2-108 所示。如果两个数值相同，环形结将变为一个简单的圆环。

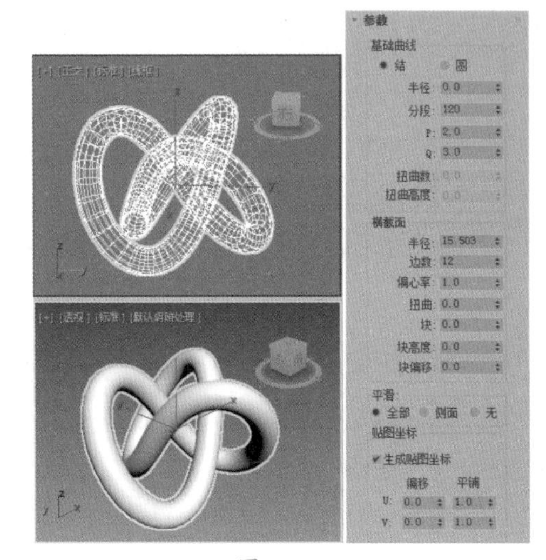

图 2-108

其各项参数功能说明如下。

◎ 【基础曲线】：在该组中提供了影响基础曲线的参数。

◆ 【结】：选中该单选按钮，环形结将基于其他各种参数自身交织。

◆ 【圆】：选中该单选按钮，基础曲线是圆形，如果使用默认的【偏心率】和【扭曲】参数，则创建出环形物体。

◆ 【半径】：设置曲线的半径。

◆ 【分段】：设置曲线路径上的分段数，最小值为 2。

◆ P/Q ：用于设置曲线的缠绕参数。在选中【结】单选按钮后，该项参数才会处于有效状态。

◆ 【扭曲数】：设置在曲线上的点数，即弯曲数量。在选中【圆】单选按钮后，该项参数才会处于有效状态。

◆ 【扭曲高度】：设置弯曲的高度。在选中【圆】单选按钮后，该项参数才会处于有效状态。

◎ 【横截面】：提供影响环形结横截面的参数。

◆ 【半径】：设置横截面的半径。

◆ 【边数】：设置横截面的边数，边数越大越圆滑。

◆ 【偏心率】：设置横截面主轴与副

轴的比率。值为 1，将提供圆形横截面，其他值将创建椭圆形横截面。

- 【扭曲】：设置横截面围绕基础曲线扭曲的次数。
- 【块】：设置环形结中的块的数量。只有当块高度大于 0 时才能看到块的效果。
- 【块高度】：设置块的高度。
- 【块偏移】：设置块沿路径移动的值。

◎ 【平滑】：提供用于改变环形结平滑显示或渲染的选项。这种平滑不能移动或细分几何体，只能添加平滑组信息。

- 【全部】：对整个环形结进行平滑处理。
- 【侧面】：只对环形结沿纵向路径方向的面进行平滑处理。
- 【无】：不对环形结进行平滑处理。

◎ 【贴图坐标】：提供指定和调整贴图坐标的方法。

- 【生成贴图坐标】：基于环形结的几何体指定贴图坐标。默认设置为应用。
- 偏移 U/V：沿 U 向和 V 向偏移贴图坐标。
- 平铺 U/V： 沿 U 向和 V 向平铺贴图坐标。

2.2.8 环形波

使用【环形波】工具创建的对象可以设置环形波对象增长动画，也可以使用关键帧来设置所有数字动画。环形波如图 2-109 所示。

图 2-109

01 选择【创建】 | 【几何体】 | 【扩展基本体】|【环形波】工具，在视口中拖动可以设置环形波的外半径。

02 释放鼠标按钮，然后将鼠标移回环形中心以设置环形内半径。

03 单击鼠标左键可以创建环形波对象。

环形波的【参数】卷展栏如图 2-110 所示，各项参数的功能说明如下。

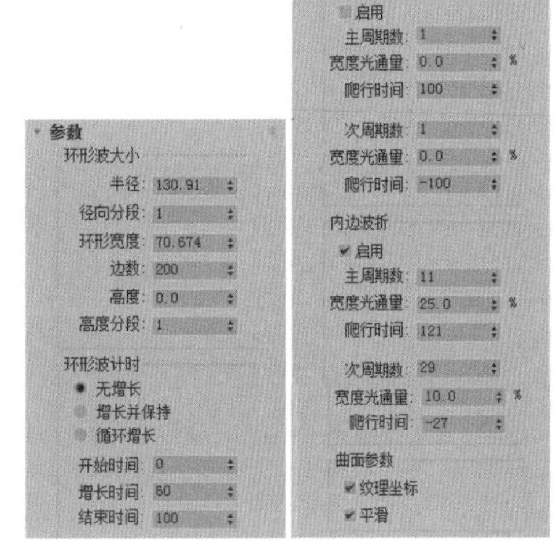

图 2-110

◎ 【环形波大小】选项组：使用这些设置来更改环形波基本参数。

- 【半径】：设置圆环形波的外半径。
- 【径向分段】：沿半径方向设置内外曲面之间的分段数目。
- 【环形宽度】：设置环形宽度，从外半径向内测量。
- 【边数】：给内、外和末端（封口）曲面沿圆周方向设置分段数目。
- 【高度】：沿主轴设置环形波的高度。
- 【高度分段】：沿高度方向设置分段数目。

◎ 【环形波计时】选项组：在环形波从零增加到其最大尺寸时，使用这些环形波动画的设置。

- 【无增长】：在起始位置出现，到结束位置消失。

- ◆ 【增长并保持】：设置单个增长周期。环形波在【开始时间】处增长，并在【结束时间】处达到最大尺寸。
- ◆ 【循环增长】：环形波从【开始时间】到【结束时间】以【增长时间】重复增长。
- ◆ 【开始时间】/【增长时间】/【结束时间】：分别用于设置环形波增长的开始时间、增长时间和结束时间。

◎ 【外边波折】选项组：使用这些设置来更改环形波外部边的形状。

- ◆ 【启用】：启用外部边上的波峰。仅启用此复选框时，此组中的参数处于活动状态。默认设置为禁用。
- ◆ 【主周期数】：对围绕环形波外边缘运动的外波纹数量进行设置。
- ◆ 【宽度光通量】：设置主波的大小，以调整宽度的百分比表示。
- ◆ 【爬行时间】：外波纹围绕环形波外边缘运动时所用的时间。
- ◆ 【次周期数】：对外波纹之间随机尺寸的内波纹数量进行设置。
- ◆ 【宽度光通量】：设置小波的平均大小，以调整宽度的百分比表示。
- ◆ 【爬行时间】：对内波纹运动时所使用的时间进行设置。

◎ 【内边波折】选项组：使用这些设置来更改环形波内部边的形状。

- ◆ 【启用】：启用内部边上的波峰。仅启用此复选框时，此组中的参数处于活动状态。默认设置为启用。
- ◆ 【主周期数】：设置围绕内边的主波数目。
- ◆ 【宽度光通量】：设置主波的大小，以调整宽度的百分比表示。
- ◆ 【爬行时间】：设置每一主波绕环形波内周长移动一周所需的帧数。
- ◆ 【次周期数】：在每一主周期中设置随机尺寸次波的数目。
- ◆ 【宽度光通量】：设置小波的平均大小，以调整宽度的百分比表示。
- ◆ 【爬行时间】：设置每一次波绕其主波移动一周所需的帧数。

◎ 【曲面参数】选项组。

- ◆ 【纹理坐标】：设置将贴图材质应用于对象时所需的坐标。默认设置为启用。
- ◆ 【平滑】：通过将所有多边形设置为平滑组 1，将平滑应用到对象上。默认设置为启用。

2.2.9 油罐

使用【油罐】工具可以创建带有凸面封口的圆柱体，如图 2-111 所示。

图 2-111

01 选择【创建】 | 【几何体】 | 【扩展基本体】|【油罐】工具，在视图中拖曳鼠标，定义油罐底部的半径。

02 释放鼠标，然后垂直移动鼠标以定义油罐的高度，单击以设置高度。

03 对角移动鼠标可定义凸面封口的高度（向左上方移动可增加高度，向右下方移动可减小高度）。

04 再次单击可完成油罐的创建。

油罐的【参数】卷展栏如图 2-112 所示，参数功能说明如下。

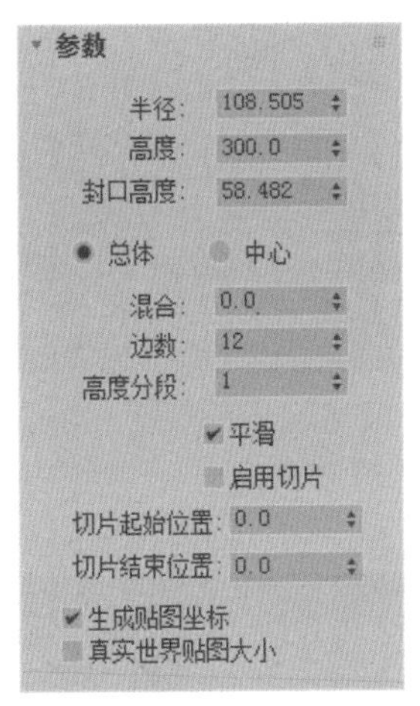

图 2-112

◎ 【半径】：设置油罐的半径。

◎ 【高度】：设置沿着中心轴的维度。负数值将在构造平面下面创建油罐。

◎ 【封口高度】：设置凸面封口的高度。

◎ 【总体】/【中心】：决定【高度】指定的内容。【总体】是对象的总体高度。【中心】是圆柱体中部的高度，不包括其凸面封口。

◎ 【混合】：大于 0 时将在封口的边缘创建倒角。

◎ 【边数】：设置油罐周围的边数。

◎ 【高度分段】：设置沿着油罐主轴的分段数量。

◎ 【平滑】：混合油罐的面，从而在渲染视图中创建平滑的外观。

◎ 【启用切片】：启用【切片】功能。默认设置为禁用状态。创建切片后，如果禁用【启用切片】复选框，则将重新显示完整的油罐。因此，可以使用此复选框在两个拓扑之间切换。

◎ 【切片起始位置】/【切片结束位置】：设置从局部 X 轴的零点开始围绕局部 Z 轴的度数。对于这两个设置，正数值将按逆时针移动切片的末端；负数值将按顺时针移动它。这两个设置的先后顺序无关紧要。端点重合时，将重新显示整个油罐。

2.2.10 纺锤

使用【纺锤】工具可创建带有圆锥形封口的圆柱体。选择【创建】+ |【几何体】● |【扩展基本体】|【纺锤】工具，在视图中创建纺锤，如图 2-113 所示。

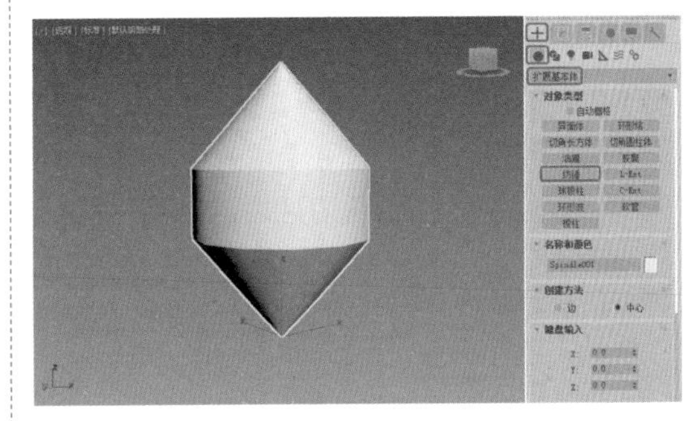

图 2-113

纺锤的【参数】卷展栏如图 2-114 所示，参数功能说明如下。

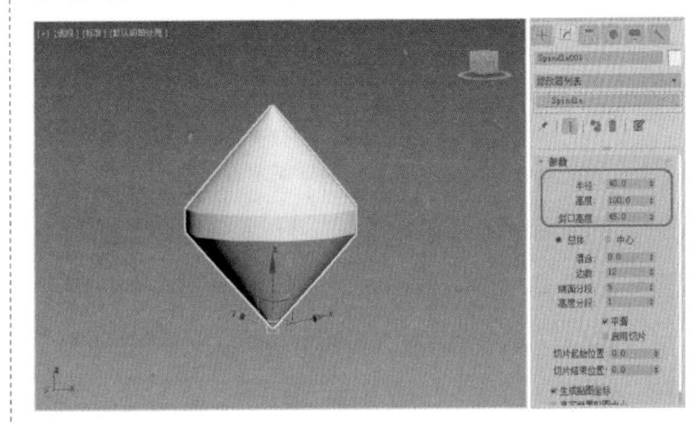

图 2-114

◎ 【半径】：设置纺锤的半径。

◎ 【高度】：设置沿着中心轴的高度。负数值将在构造平面下面创建纺锤。

◎ 【封口高度】：设置圆锥形封口的高度。最小值是 0.1；最大值是【高度】设置绝对值的一半。

◎ 【总体】/【中心】：决定【高度】指定的内容。【总体】指定对象的总体高度。【中心】指定圆柱体中部的高度，不包括其圆锥形封口。

◎ 【混合】：大于 0 时将在纺锤主体与封口的会合处创建圆角。

◎ 【边数】：设置纺锤周围的边数。启用【平滑】单选按钮时，较大的数值将着色和渲染为真正的圆。禁用【平滑】时，较小的数值将创建规则的多边形对象。

◎ 【端面分段】：设置沿着纺锤顶部和底部的中心，同心分段的数量。

◎ 【高度分段】：设置沿着纺锤主轴的分段数量。

◎ 【平滑】：混合纺锤的面，从而在渲染视图中创建平滑的外观。

◎ 【启用切片】：启用【切片】功能。默认设置为禁用。创建切片后，如果禁用【启用切片】复选框，则将重新显示完整的纺锤。因此，可以使用此复选框在两个拓扑之间切换。

◎ 【切片起始位置 / 切片结束位置】：设置从局部 X 轴的零点开始围绕局部 Z 轴的度数。对于这两个设置，正数值将按逆时针移动切片的末端；负数值将按顺时针移动它。这两个设置的先后顺序无关紧要。端点重合时，将重新显示整个纺锤。

◎ 【生成贴图坐标】：设置将贴图材质应用于纺锤时所需的坐标。默认设置为启用。

◎ 【真实世界贴图大小】：控制应用于该对象的纹理贴图材质所使用的缩放方法。缩放值由位于应用材质的【坐标】卷展栏中的【使用真实世界比例】设置控制。默认设置为禁用。

2.2.11 球棱柱

使用【球棱柱】工具可以利用可选的圆角面边创建挤出的规则面多边形。

01 选择【创建】 | 【几何体】 | 【扩展基本体】|【球棱柱】工具，在视图中创建球棱柱，如图 2-115 所示。

02 完成创建后，切换至【修改】命令面板，在【参数】卷展栏中将【边数】设置为 5，将【半径】设置为 500，将【圆角】设置为 24，将【高度】设置为 1000，如图 2-116 所示。

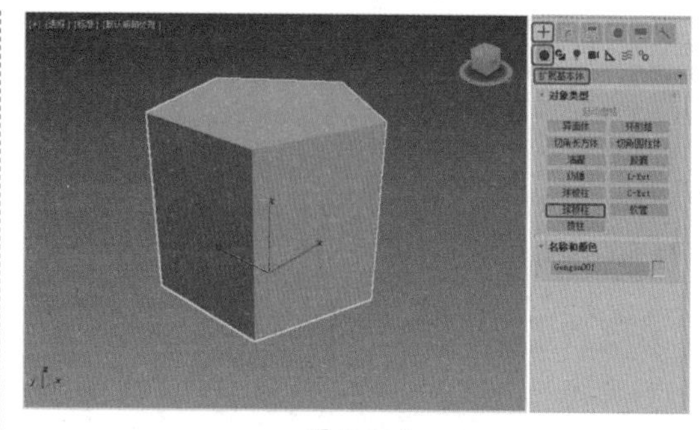

图 2-115

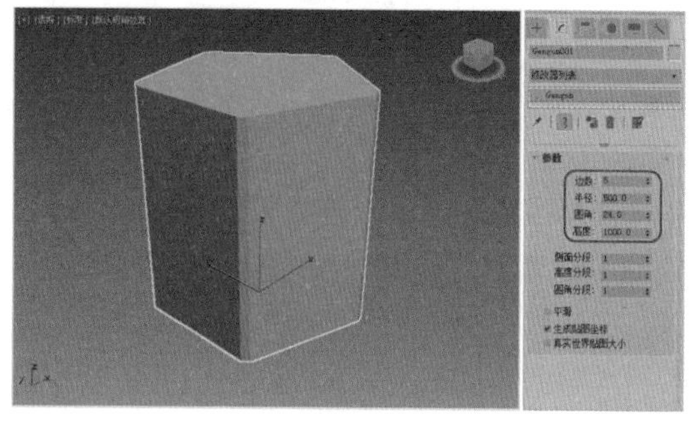

图 2-116

球棱柱的参数功能介绍如下。

◎ 【边数】：设置球棱柱周围边数。

◎ 【半径】：设置球棱柱的半径。

◎ 【圆角】：设置切角化角的宽度。

◎ 【高度】：设置沿着中心轴的高度。负数值将在构造平面下面创建球棱柱。

◎ 【侧面分段】：设置球棱柱周围的分段数量。

◎ 【高度分段】：设置沿着球棱柱主轴的分段数量。

◎ 【圆角分段】：设置边圆角的分段数量。提高该设置将生成圆角，而不是切角。

◎ 【平滑】：混合球棱柱的面，从而在渲染视图中创建平滑的外观。

◎ 【生成贴图坐标】：为将贴图材质应用于球棱柱设置所需的坐标。默认设置为启用。

◎ 【真实世界贴图大小】：控制应用于该对象的纹理贴图材质所使用的缩放方法。缩放值由位于应用材质【坐标】卷展栏中的【使用真实世界比例】设置控制。默认设置为禁用状态。

2.2.12 L-Ext

使用 L-Ext 工具可创建挤出的 L 形对象，如图 2-117 所示。

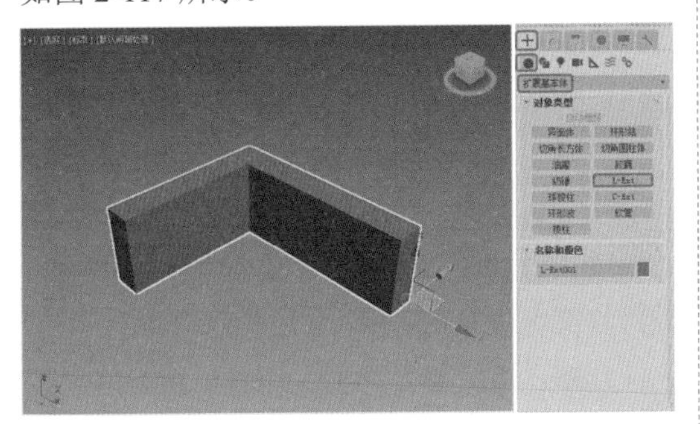

图 2-117

01 选择【创建】+ |【几何体】|【扩展基本体】| L-Ext 工具，拖动鼠标以定义底部（按住 Ctrl 键可将底部约束为方形）。

02 释放鼠标并垂直移动，可定义 L 形挤出的高度。

03 单击后垂直移动鼠标，可定义 L 形挤出墙体的厚度或宽度。

04 单击以完成 L 形挤出的创建。

L-Ext 的【参数】卷展栏如图 2-118 所示，参数功能说明如下。

图 2-118

◎ 【侧面长度】/【前面长度】：指定 L 形侧面和前面的长度。

◎ 【侧面宽度】/【前面宽度】：指定 L 形侧面和前面的宽度。

◎ 【高度】：指定对象的高度。

◎ 【侧面分段】/【前面分段】：指定 L 形侧面和前面的分段数。

◎ 【宽度分段】/【高度分段】：指定整个宽度和高度的分段数。

2.2.13 C-Ext

使用 C-Ext 工具可创建挤出的 C 形对象，如图 2-119 所示。

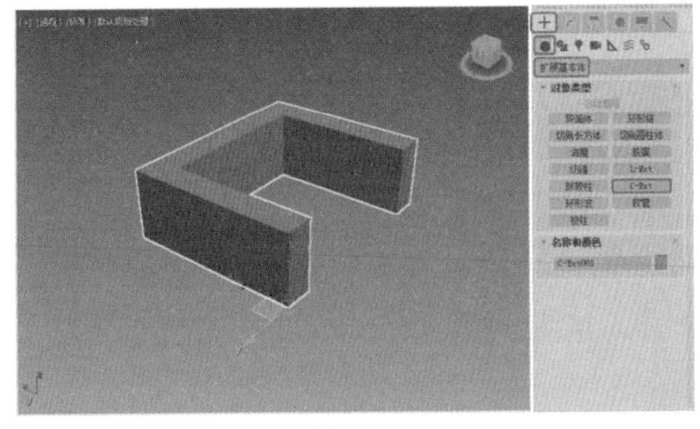

图 2-119

01 选择【创建】+ |【几何体】|【扩展基本体】| C-Ext 工具，拖动鼠标以定义底部（按住 Ctrl 键可将底部约束为方形）。

02 释放鼠标并垂直移动可定义 C 形挤出的高度。

03 单击后垂直移动鼠标可定义 C 形挤出墙体的厚度或宽度。

04 单击以完成 C 形挤出的创建。

C-Ext 的【参数】卷展栏如图 2-120 所示，参数功能说明如下。

图 2-120

◎ 【背面长度】/【侧面长度】/【前面长度】：指定三个侧面的每一个长度。

◎ 【背面宽度】/【侧面宽度】/【前面宽度】：指定三个侧面的每一个宽度。

◎ 【高度】：指定对象的总体高度。

◎ 【背面分段】/【侧面分段】/【前面分段】：指定对象特定侧面的分段数。

◎ 【宽度分段】/【高度分段】：指定对象的整个宽度和高度的分段数。

2.3 三维编辑修改器

下面将学习三维编辑修改器，包括弯曲、锥化、扭曲、倾斜等修改器。

2.3.1 变形修改器

1. 【弯曲】修改器

【弯曲】修改器可以对物体进行弯曲处理，如图 2-121 所示，可以调节弯曲的角度和方向，以及弯曲依据的坐标轴向，还可以限制弯曲在一定区域内。弯曲的【参数】卷展栏如图 2-122 所示。

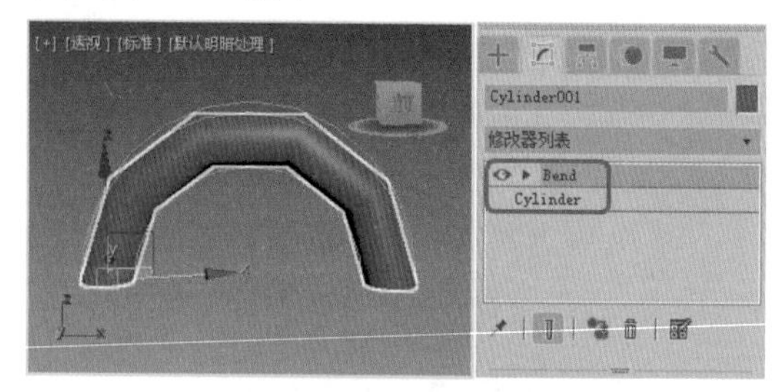

图 2-121

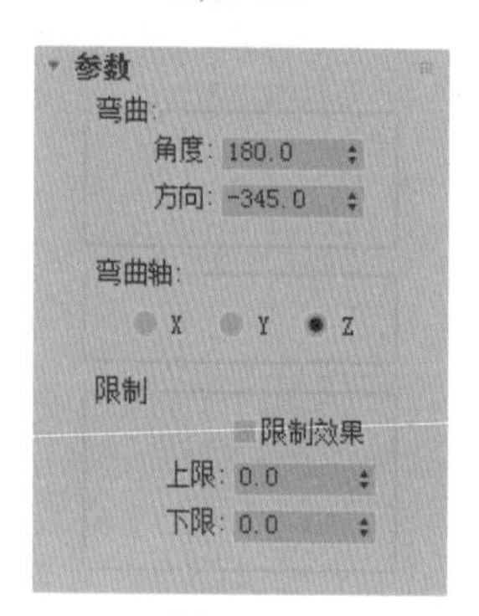

图 2-122

【弯曲】修改器的各项参数功能说明如下。

◎ 【弯曲】选项组：用于设置弯曲的角度和方向。
  - ◆ 【角度】：设置弯曲的角度大小，范围为 1 ～ 360 度。
  - ◆ 【方向】：用来调整弯曲方向的变化。

◎ 【弯曲轴】选项组：设置弯曲的坐标轴向。

◎ 【限制】选项组。
  - ◆ 【限制效果】：对物体指定限制效果，影响区域将由下面的上、下限值来确定。
  - ◆ 【上限】：设置弯曲的上限，在此限度以上的区域将不会受到弯曲影响。
  - ◆ 【下限】：设置弯曲的下限，在此限度与上限之间的区域将都受到弯曲影响。

除了这些基本的参数之外，【弯曲】修改器还包括两个次物体选择集：Gizmo 和【中心】。对于 Gizmo，可以对其进行移动、旋转、缩放等变换操作，在进行这些操作时将影响弯曲的效果。【中心】也可以被移动，从而改变弯曲所依据的中心点。

2. 【锥化】修改器

【锥化】修改器是通过缩放物体的两端而产生锥形的轮廓，同时还可以加入光滑的曲线轮廓，允许控制锥化的倾斜度、曲线轮廓的曲度，还可以限制局部锥化效果，如图 2-123 所示。

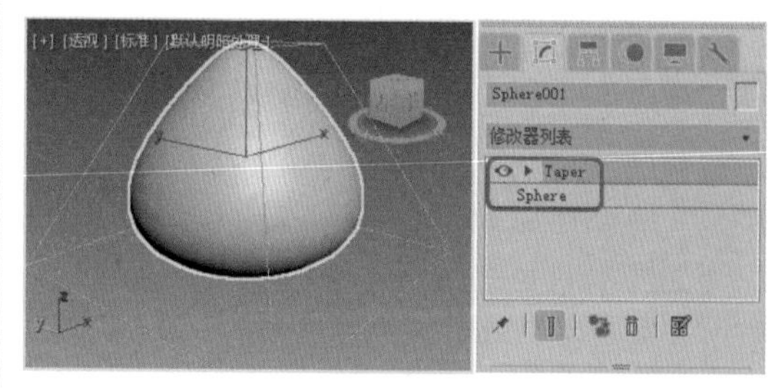

图 2-123

【锥化】修改器的【参数】卷展栏（见图2-124）中各项目的功能说明如下。

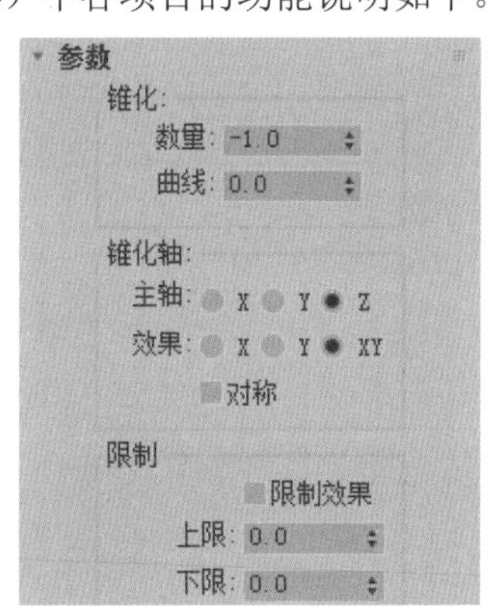

图2-124

◎ 【锥化】选项组。

◆ 【数量】：设置锥化倾斜的程度。

◆ 【曲线】：设置锥化曲线的弯曲程度。

◎ 【锥化轴】选项组：设置锥化依据的坐标轴向。

◆ 【主轴】：设置基本依据轴向。

◆ 【效果】：设置影响效果的轴向。

◆ 【对称】：设置一个对称的影响效果。

◎ 【限制】选项组。

◆ 【限制效果】：打开限制效果，允许限制锥化影响在Gizmo物体上的范围。

◆ 【上限】/【下限】：分别设置锥化限制的区域。

提示：【锥化】修改器与【弯曲】修改器相同，也有Gizmo和【中心】两个次物体选择集。

3. 【扭曲】修改器

【扭曲】修改器可以沿指定轴向扭曲物体的顶点，从而产生扭曲的表面效果。它允许限制物体的局部受到扭曲作用，如图2-125所示。【扭曲】修改器的【参数】卷展栏如图2-126所示，各项参数的功能说明如下。

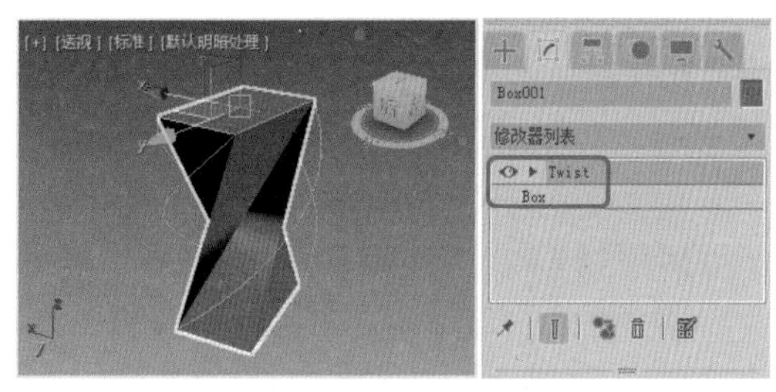

图2-125

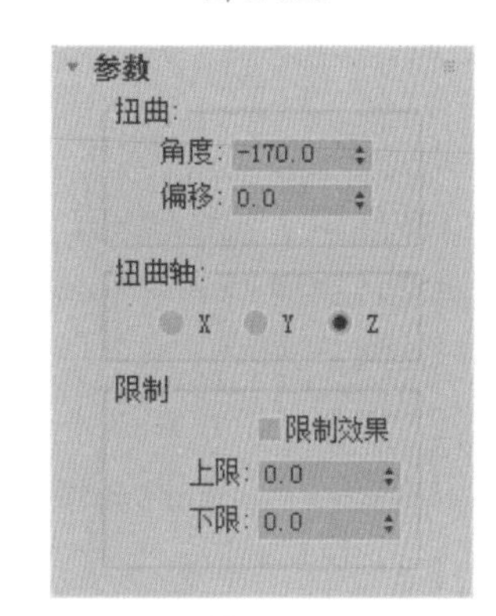

图2-126

◎ 【扭曲】选项组。

◆ 【角度】：设置扭曲的角度大小。

◆ 【偏移】：设置扭曲向上或向下的偏向度。

◎ 【扭曲轴】选项组：设置扭曲依据的坐标轴向。

◎ 【限制】选项组。

◆ 【限制效果】：打开限制效果，允许限制扭曲影响在Gizmo物体上的范围。

◆ 【上限】/【下限】：分别设置扭曲限制的区域。

4. 【倾斜】修改器

【倾斜】修改器对物体或物体的局部在指定的轴向上产生偏斜变形。【倾斜】修改器的【参数】卷展栏如图2-127所示，其中各项参数的功能说明如下。

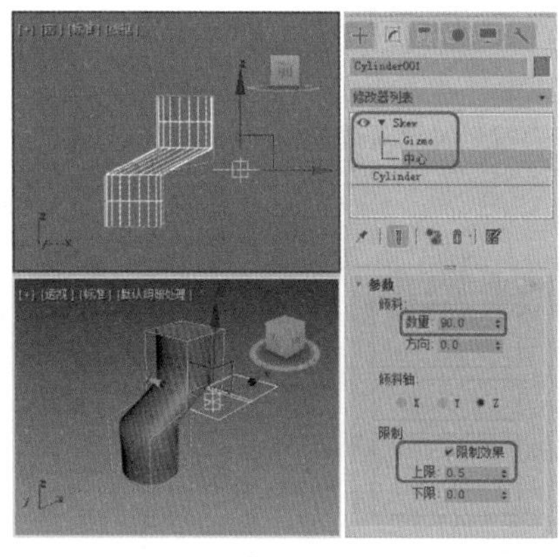

图 2-127

◎ 【倾斜】选项组。

◆ 【数量】：设置与垂直平面偏斜的角度，范围为 1 ～ 360，值越大，偏斜越大。

◆ 【方向】：设置偏斜的方向（相对于水平面），在 1 ～ 360 之间。

◎ 【倾斜轴】选项组：设置偏斜依据的坐标轴向。

◎ 【限制】选项组。

◆ 【限制效果】：打开限制效果，允许限制偏斜影响在 Gizmo 物体上的范围。

◆ 【上限】/【下限】：分别设置偏斜限制的区域。

【实战】制作毛巾

毛巾的制作非常简单，首先使用【矩形】工具制作毛巾的支架，使用【平面】工具制作毛巾对象，然后通过添加【弯曲】修改器和 FFD 4×4×4 修改器调整毛巾的形状，最后为其指定材质，效果如图 2-128 所示，具体操作步骤如下。

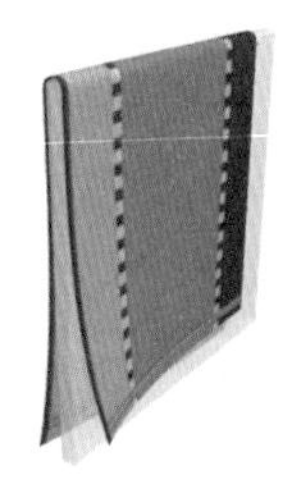

图 2-128

素材	Map\ 毛巾 .JPG
场景	Scenes\Cha02\【实战】制作毛巾 .max
视频	视频教学 \Cha02\【实战】制作毛巾 .mp4

01 选择【创建】|【图形】|【矩形】工具，在【左】视图中创建一个矩形，将其重命名为“支架”，在【参数】卷展栏中将【长度】和【宽度】分别设置为 230 和 11，如图 2-129 所示。

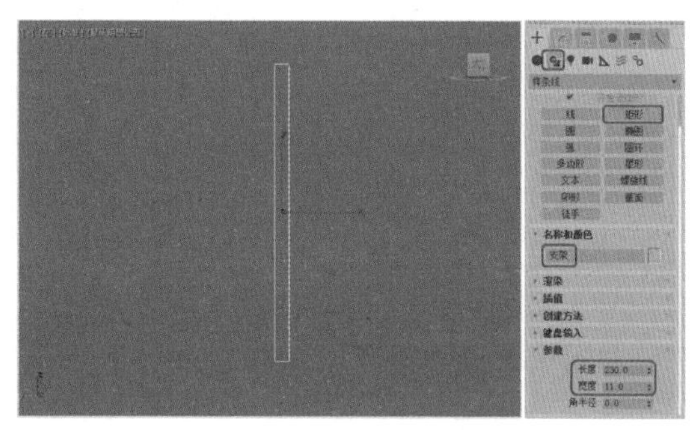

图 2-129

02 切换到【修改】命令面板，在修改器下拉列表中选择【编辑样条线】选项，添加【编辑样条线】修改器，将当前选择集定义为【顶点】，在【几何体】卷展栏中单击【优化】按钮，在“支架”对象的上方添加一个顶点，然后调整该顶点的位置，如图 2-130 所示。

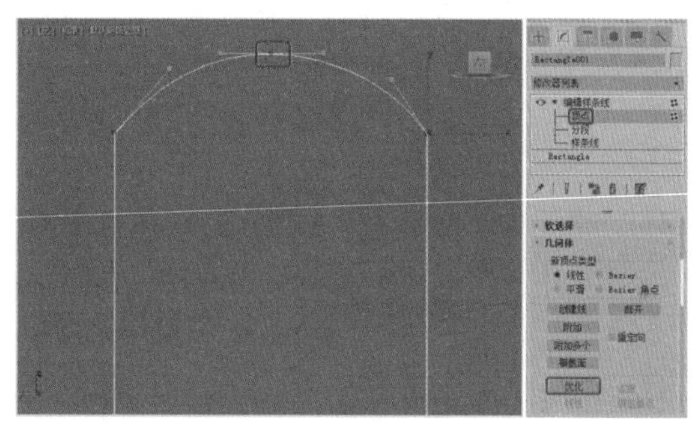

图 2-130

03 关闭当前选择集，在修改器下拉列表中选择【挤出】选项，添加【挤出】修改器，在【参数】卷展栏中将【数量】设置为 230，设置“支架”对象的厚度，如图 2-131 所示。

04 按 M 键打开【材质编辑器】对话框，选择第一个材质球并将其重命名为“支架”，在【明暗器基本参数】卷展栏中勾选【双面】

复选框；在【Blinn 基本参数】卷展栏中，将【环境光】和【漫反射】的 RGB 值都设置为 231、244、221，将【自发光】设置为 30，将【不透明度】设置为 40。在【反射高光】选项组中，将【高光级别】和【光泽度】分别设置为 35、0，然后单击【将材质指定给选定对象】按钮，将设置好的【支架】材质指定给场景中的“支架”对象，如图 2-132 所示。

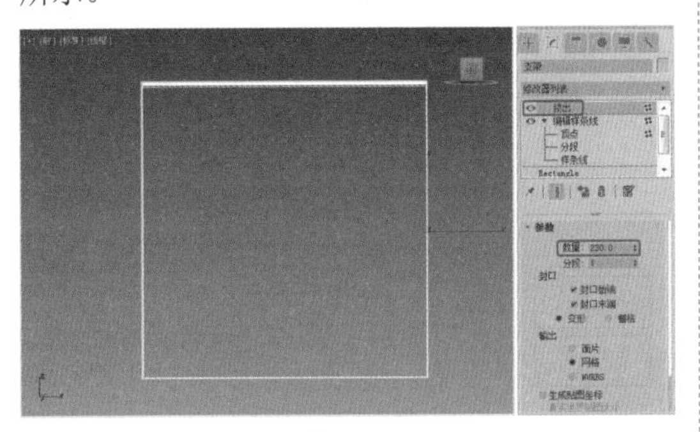

图 2-131

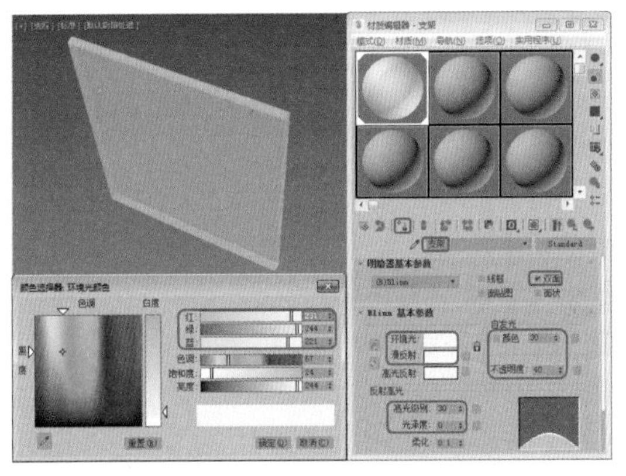

图 2-132

05 在命令面板中选择【创建】|【几何体】|【平面】工具，在【前】视图中创建一个平面，将其重命名为“毛巾”，在【参数】卷展栏中将【长度】、【宽度】、【长度分段】和【宽度分段】分别设置为 450、200、150、15，如图 2-133 所示。

06 切换到【修改】命令面板，在修改器下拉列表中选择【弯曲】选项，添加【弯曲】修改器，在【参数】卷展栏中，将【弯曲】选项组中的【角度】和【方向】分别设置为 180、90，在【弯曲轴】选项组中选中 Y 单选按钮，在【限制】选项组中勾选【限制效果】复选框，并且将【上限】和【下限】分别设置为 22、0，并调整其位置，如图 2-134 所示。

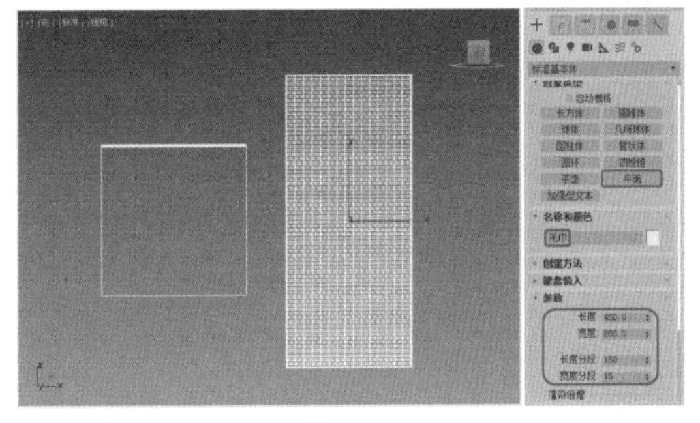

图 2-133

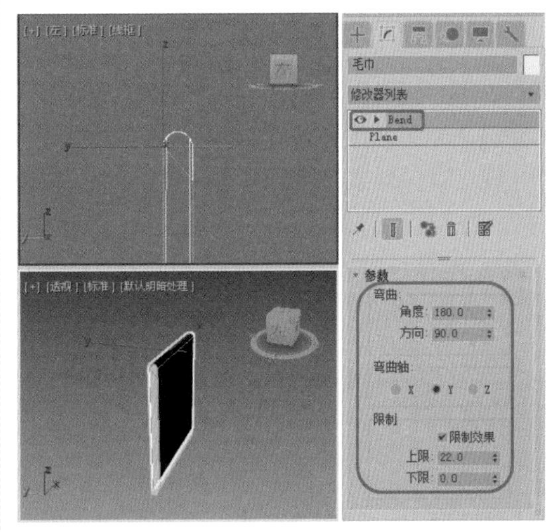

图 2-134

07 在修改器下拉列表中选择 FFD 4×4×4 选项，添加 FFD 4×4×4 修改器，并且将当前选择集定义为【控制点】，使用【选择并移动】工具调整“毛巾”点的位置，如图 2-135 所示。

提示：FFD 4×4×4 修改器使用晶格框包围选中的几何体，通过调整晶格的控制点，可以改变封闭几何体的形状。

【弯曲】修改器允许将选中的对象围绕单独轴弯曲 360 度，使其产生均匀弯曲。可以在任意 3 个轴上控制弯曲的角度和方向，也可以对选中对象的一段限制弯曲。

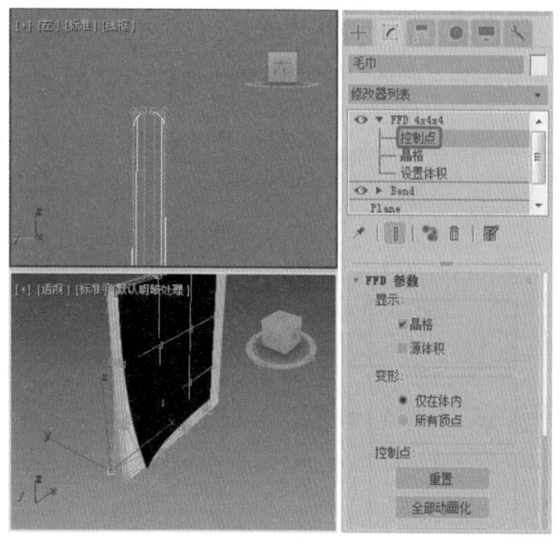

图 2-135

08 关闭当前选择集，在修改器下拉列表中选择【编辑多边形】选项，添加【编辑多边形】修改器，将当前选择集定义为【顶点】，使用【选择并移动】工具调整点的位置，如图 2-136 所示，调整完成后，关闭当前选择集。

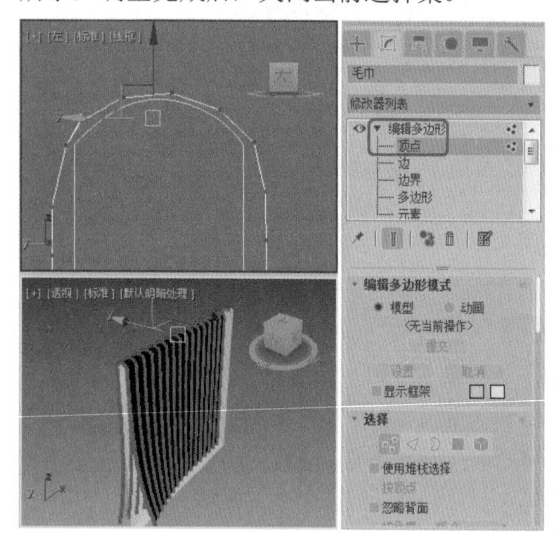

图 2-136

09 打开【材质编辑器】对话框，选择第二个材质球并将其重命名为“毛巾”；在【明暗器基本参数】卷展栏中勾选【双面】复选框；在【Blinn 基本参数】卷展栏中将【环境光】和【漫反射】的 RGB 值设置为 227、217、109，将【自发光】设置为 30。在【贴图】卷展栏中单击【漫反射颜色】右侧的【无贴图】按钮，在弹出的【材质 / 贴图浏览器】对话框中选择【位图】选项，单击【确定】按钮。在弹出的【选择位图图像文件】对话框中选择“Map\ 毛巾 .jpg”文件，最后单击【打开】按钮，进入【漫反射颜色】通道面板，展开【位图参数】卷展栏，在【裁减 / 放置】选项组中单击【查看图像】按钮，调整图像的大小，并且勾选【应用】复选框，如图 2-137 所示。

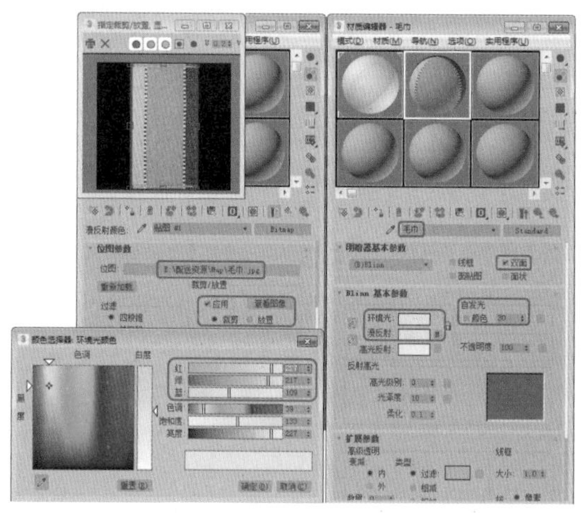

图 2-137

10 设置完成后，单击【转到父对象】按钮，返回父材质层级，并且单击【将材质指定给选定对象】按钮，将设置好的【毛巾】材质指定给场景中的“毛巾”对象。按 8 键，打开【环境和效果】对话框，将背景颜色设置为白色，然后对场景进行渲染，效果如图 2-138 所示。

图 2-138

11 在命令面板中选择【创建】|【摄影机】|【目标】工具，在【顶】视图的左下角创建一架摄影机，然后在【透视】视图中按 C 键切换到【摄影机】视图，最后在其他视图中调整摄影机的位置，如图 2-139 所示。

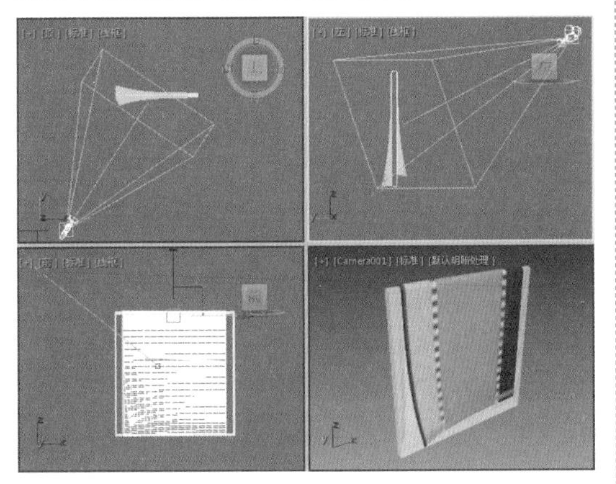

图 2-139

12 按 8 键打开【环境和效果】对话框，在【背景】选项组中将【颜色】的 RGB 值设置为 53、53、53，如图 2-140 所示。然后对场景进行渲染并保存即可。

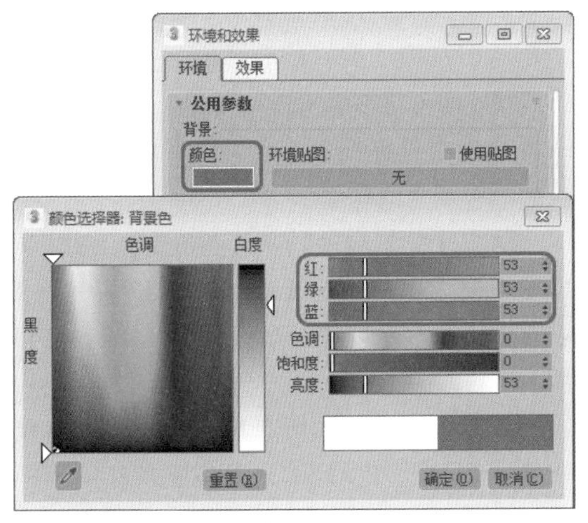

图 2-140

2.3.2 编辑修改器堆栈的使用

编辑修改器堆栈是用来管理应用到对象上的编辑修改器的空间，在【修改】命令面板中使用修改器的同时，就进入了堆栈当中。在对象的堆栈内，多个修改器的选择集，甚至不相邻的选择集可以被剪切、复制和粘贴。这些编辑修改器的选择集也可以应用于完全不同的对象。

1. 堆栈的基本功能及使用

在 3ds Max 2020 的用户界面的所有区域中，编辑修改器堆栈是功能最强大的。编辑修改器堆栈包含了一个列表和五个按钮，如图 2-141 所示。要掌握 3ds Max 2020，熟练使用编辑修改器堆栈和工具栏是最重要的。编辑修改器堆栈提供了访问每个对象建模历史的工具。进行的每一个建模操作都存储在这里，以便于返回去调整或者删除。堆栈中的操作可以与场景一起保存直到删除为止，这样可以顺利地完成建模。

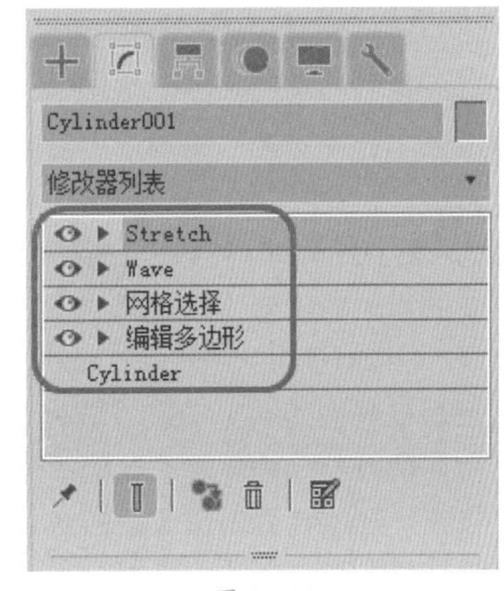

图 2-141

编辑修改器堆栈本身是一个列表。当选择一个对象后，增加给对象的每一个编辑修改器都将显示在堆栈列表中，并且最后增加的一个编辑修改器显示在堆栈顶部，如图 2-142 所示。增加给对象的第一个编辑修改器，也就是 3ds Max 2020 作用于对象的最早信息，显示在堆栈的底部。对于基本几何体来说，它们的参数总是在堆栈的最底部。由于这是对象的开始状态，因此，不能在堆栈中的下面位置再放置编辑修改器。

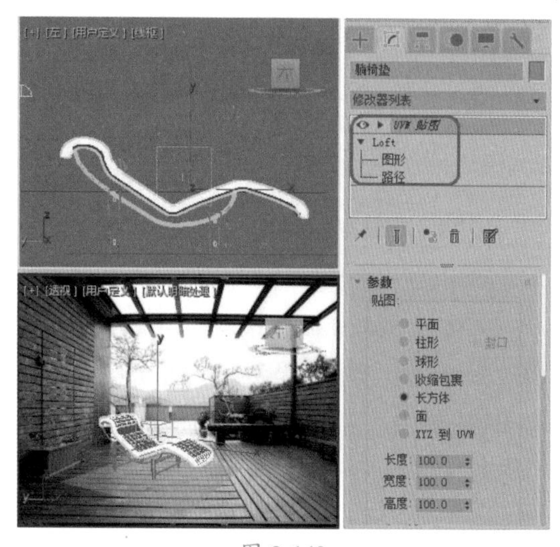

图 2-142

堆栈列表周围的按钮在管理堆栈方面的作用不同。堆栈中的每一个条目都可以单独操作和显示。

◎ 【锁定堆栈】：冻结堆栈的当前状态，它可以在变换场景对象的情况下，仍然保持原来选择对象的编辑修改器的激活状态。

◎ 【显示最终结果开 / 关切换】：确定堆栈中的其他编辑修改器是否显示它们的结果，可以直接看到编辑修改器的效果，而不必被其他的编辑修改器影响。建模者常在调整一个编辑修改器的时候关闭该按钮，在检查编辑修改器的效果时打开该按钮。当堆栈的剩余部分需要内存太多，且交互加强的时候，关闭该按钮可以节省时间。

◎ 【使唯一】：使对象关联编辑修改器独立。该按钮用来除去共享同一编辑修改器的其他对象的关联，它断开了与其他对象的联系。

◎ 【从堆栈中移除修改器】：从堆栈中删除选择的编辑修改器。

◎ 【配置修改器集】：单击该按钮将弹出一个下拉菜单，通过该下拉菜单，可以配置如何在【修改】命令面板中显示和选择修改器。在下拉菜单中选择【配置修改器集】命令，将弹出【配置修改器集】对话框，如图 2-143 所示。在该对话框中可以设置编辑修改器列表中编辑修改器的个数以及将编辑修改器加入或者移出编辑修改器列表。

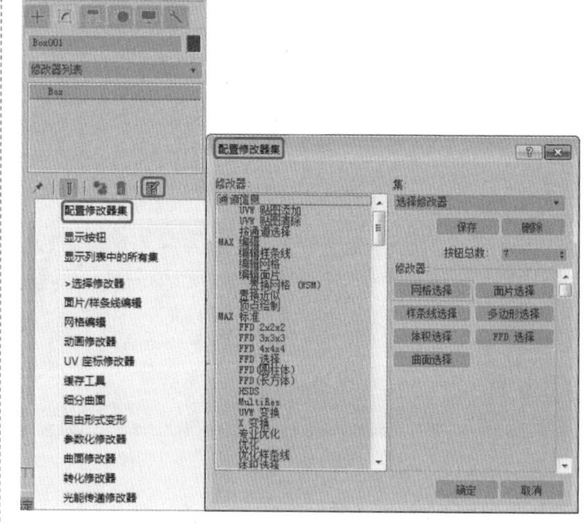

图 2-143

可以按照使用习惯以及兴趣重新组合按钮类型。在该对话框中，【按钮总数】参数用来设置列表中所能够容纳的编辑修改器的个数，在左侧的编辑修改器的名称上双击鼠标左键，即可将该编辑修改器加入到列表中。或者直接用鼠标拖曳，也可以将编辑修改器从列表中加入或删除。

单击【配置修改器集】按钮后，在弹出的下拉菜单中选择【显示按钮】命令，可以将编辑修改器以按钮形式显示，如图 2-144 所示。

【显示列表中的所有集】命令可以将默认的编辑修改器中的编辑器按照功能的不同进行有效的划分，使用户在设置操作中便于查找和选择。

提示：【切换当前编辑修改器的结果是否应用给对象】没有激活时，编辑修改器是不起任何作用的。只有当此选项处于激活状态时，编辑修改器的数据才能够传递给选择的对象。默认状态为激活。

在编辑堆栈对话框中可以对当前所选择的修改器进行特定的编辑，例如编辑修改显示、独立或删除等操作，唯独缺少了最为关键的塌陷选项，并且在【配置修改器集】中也没有了塌陷堆栈等命令工具。

其实，作为编辑堆栈中重量级的塌陷堆栈选项并没有被取消，它被放置在右键快捷菜单中。在操作中，只需在修改器堆栈区域单击鼠标右键，在弹出的快捷菜单中选择【塌陷到】或者【塌陷全部】命令塌陷堆栈即可，如图 2-145 所示。

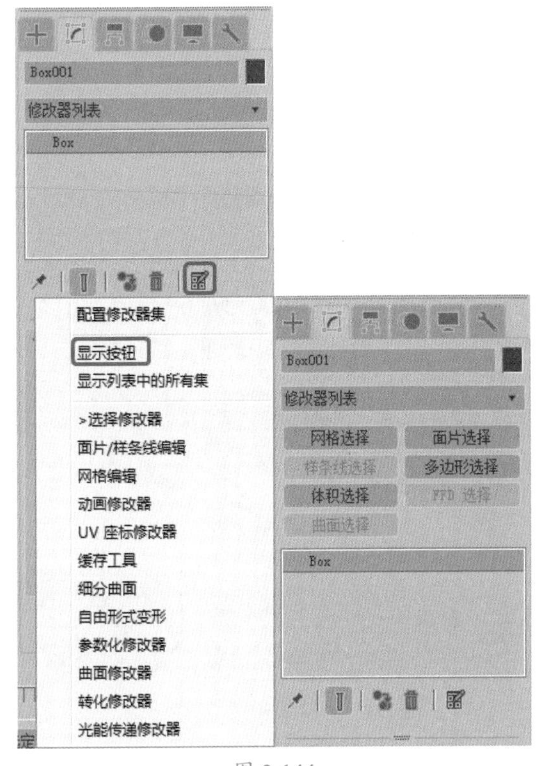

图 2-144

图 2-145

2. 塌陷堆栈

编辑修改器堆栈中的每一步都将占据内存，这对于宝贵的内存来说是非常糟糕的情况。为了使被编辑修改的对象占用尽可能少的内存，我们可以塌陷堆栈。塌陷堆栈的操作非常简单。

01 在编辑堆栈区域中单击鼠标右键。

02 在弹出的快捷菜单中选择一个塌陷类型。

03 如果选择【塌陷到】命令，可以将当前选择的一个编辑修改器和它下面的编辑修改器塌陷；如果选择【塌陷全部】命令，可以将所有堆栈列表中的编辑修改器对象塌陷。

通常在建模已经完成，并且不再需要进行调整时执行塌陷堆栈操作。塌陷后的堆栈不能进行恢复，因此执行此操作时一定要慎重。

灯笼

本案例会讲解如何制作灯笼，其中主要应用了【长方体】工具和【弯曲】修改器。

课后项目练习效果展示

效果如图 2-146 所示。

图 2-146

课后项目练习过程概要

（1）通过【长方体】、【管状体】、【线】工具绘制灯笼的模型。

（2）通过添加【弯曲】修改器和【挤出】修改器调整灯笼模型内部的形状。

素材：	Map\ 灯笼贴图 .JPG、背景 02.JPG
场景：	Scenes\Cha02\ 灯笼 .max
视频：	视频教学 \Cha02\ 灯笼 .mp4

01 重置一个新的场景。在命令面板中选择【创建】|【几何体】|【标准基本体】|【长方体】工具，在【前】视图中创建一个长方体，将它重命名为“灯笼”，在【参数】卷展栏中将【长度】、【宽度】和【高度】分别设置为 160、500 和 1，将【长度分段】和【宽度分段】分别设置为 18 和 36，如图 2-147 所示。

02 切换到【修改】命令面板，在修改器下拉列表中选择【UVW 贴图】选项，添加【UVW 贴图】修改器，为“灯笼”对象指定贴图坐标，在【参数】卷展栏中取消勾选【真实世界贴图大小】复选框，其他参数保持默认设置，如图 2-148 所示。

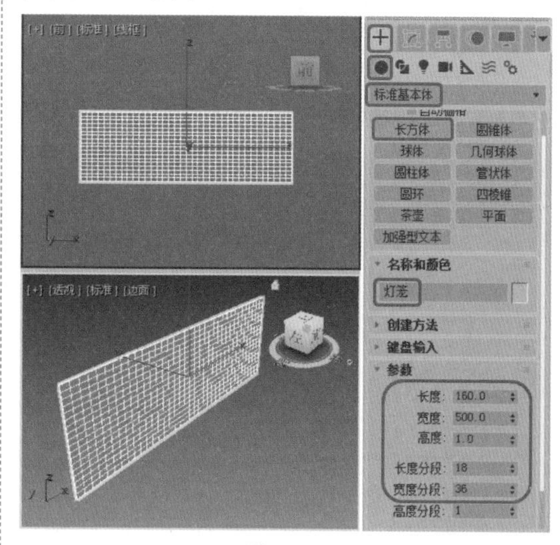

图 2-147

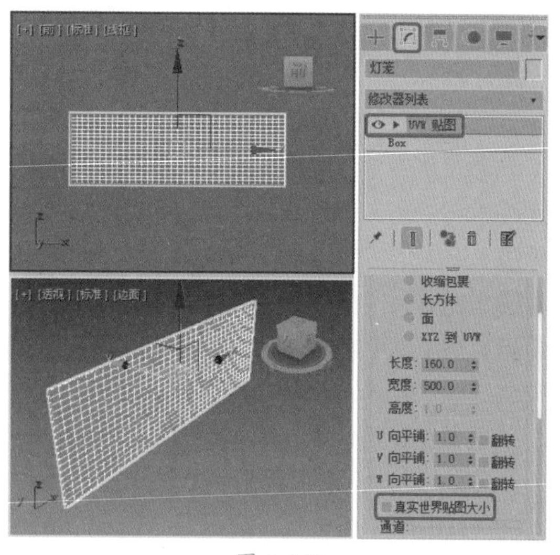

图 2-148

03 在修改器下拉列表中选择【弯曲】选项，添加【弯曲】修改器，在【参数】卷展栏中，将【弯曲】选项组中的【角度】和【方向】分别设置为 180 和 90，在【弯曲轴】选区中选中 Y 单选按钮，如图 2-149 所示。

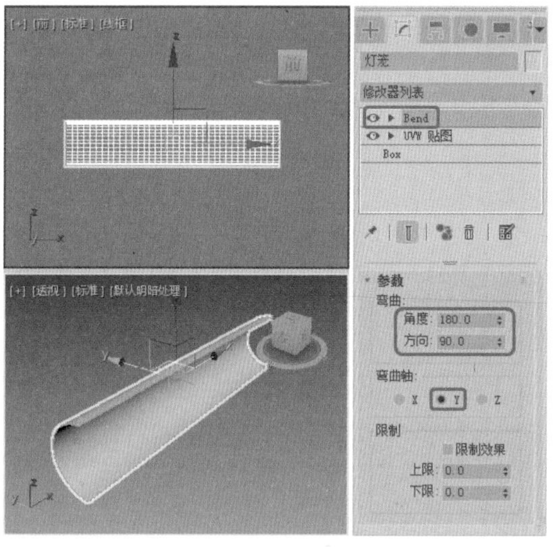

图 2-149

04 在修改器下拉列表中选择【弯曲】选项，添加【弯曲】修改器，在【参数】卷展栏中将【弯曲】选项组中的【角度】和【方向】分别设置为 -360 和 0，在【弯曲轴】选项组中选中 X 单选按钮，如图 2-150 所示。

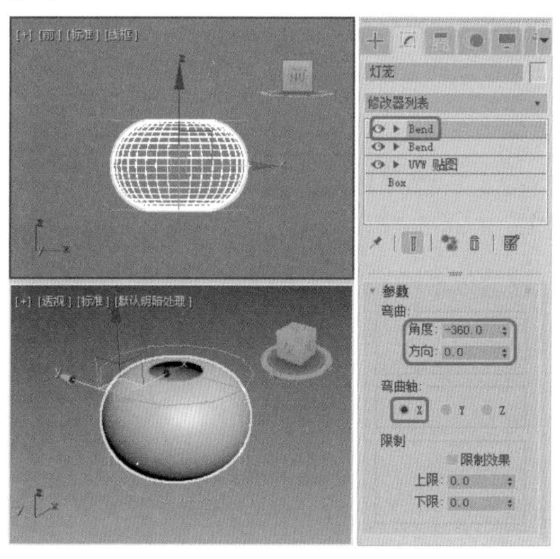

图 2-150

05 在命令面板中选择【创建】|【几何体】|【标准基本体】|【管状体】工具，在【顶】视图中创建一个管状体，在【参数】卷展栏中将【半径 1】、【半径 2】和【高度】分别设置为 29、20 和 5，如图 2-151 所示。

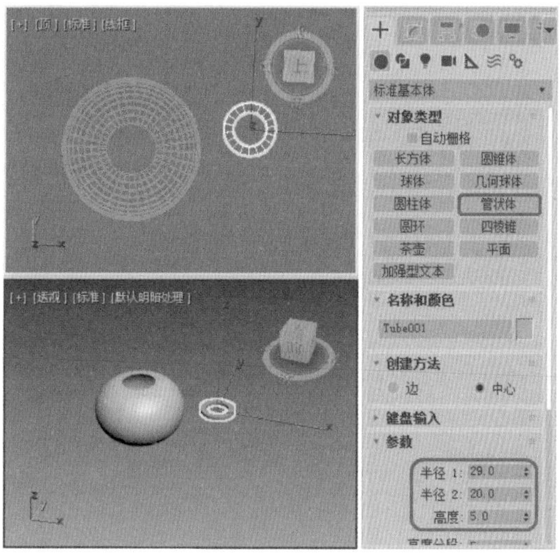

图 2-151

06 确定管状体处于选中状态，在场景中按 Ctrl+V 组合键，在弹出的【克隆选项】对话框中选中【复制】单选按钮，再单击【确定】按钮，复制出一个管状体，在【参数】卷展栏中将【半径 1】、【半径 2】、【高度】和【边数】分别设置为 12、5、10 和 8，如图 2-152 所示。

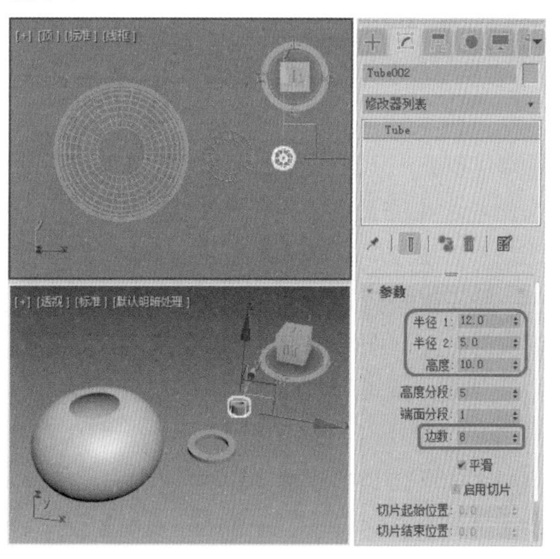

图 2-152

07 在场景中对创建的两个管状体的位置进行调整，如图 2-153 所示。

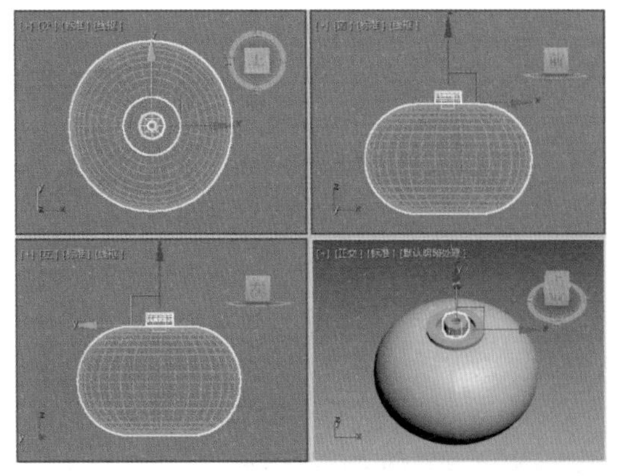

图 2-153

提示：为了便于观察，可以适当修改“灯笼”模型的颜色。

08 在命令面板中选择【创建】|【图形】|【样条线】|【线】工具，在【顶】视图中绘制线，如图 2-154 所示。

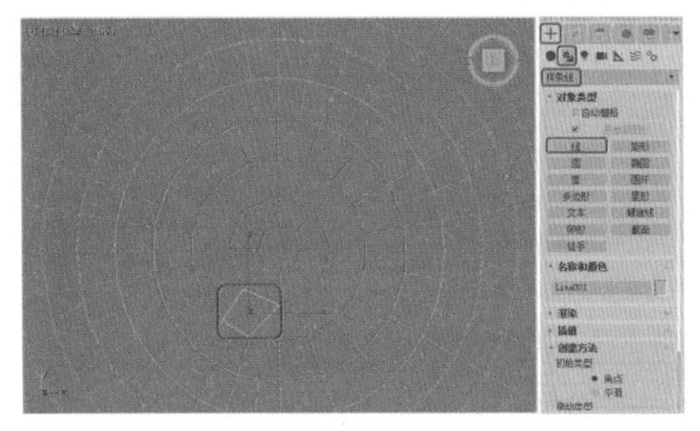

图 2-154

09 选择上一步绘制的线，切换到【修改】命令面板，在修改器下拉列表中选择【挤出】选项，添加【挤出】修改器，在【参数】卷展栏中将【数量】设置为 5，如图 2-155 所示。

10 选择上一步创建的对象，切换到【层次】命令面板，单击【轴】按钮，在【调整轴】卷展栏中选中【仅影响轴】按钮，对轴进行调整，如图 2-156 所示。

11 再次单击，取消选中【仅影响轴】按钮。选择上一步调整好的对象，切换到【顶】视图，在菜单栏中选择【工具】|【阵列】命令，如图 2-157 所示。

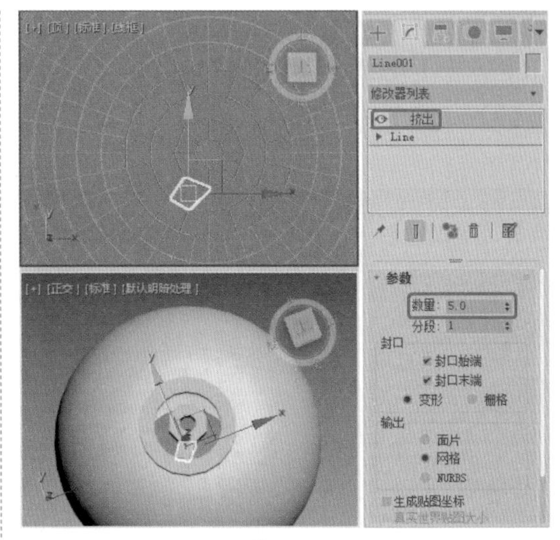

图 2-155

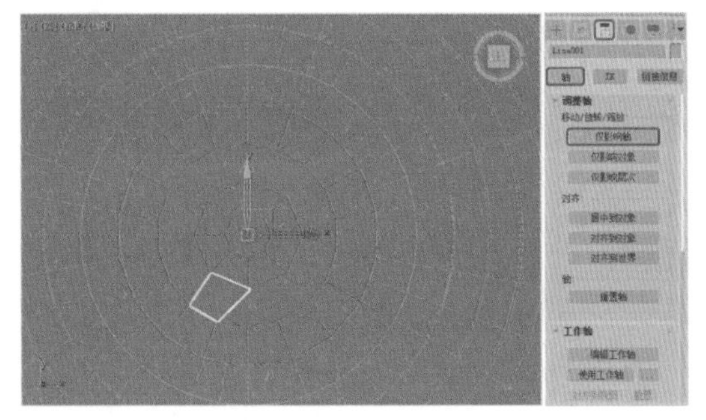

图 2-156

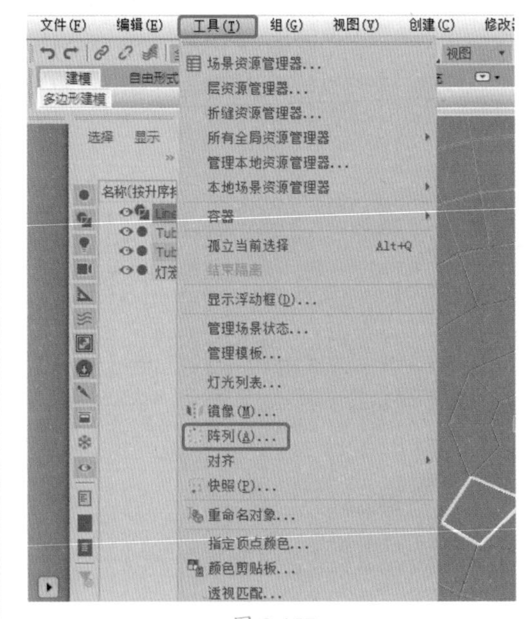

图 2-157

12 弹出【阵列】对话框，在【阵列交换：屏幕坐标（使用轴点中心）】选项组中，将

Z 轴的旋转增量设置为 90；在【阵列维度】选项组中，选中 1D 单选按钮，并且设置其【数量】为 4，单击【确定】按钮，如图 2-158 所示。

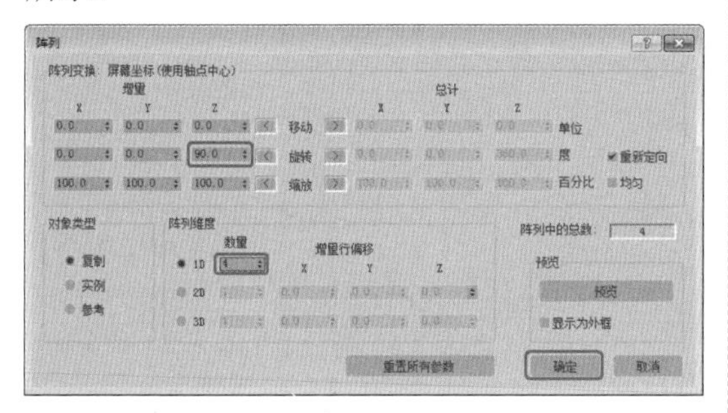

图 2-158

13 通过【修改】命令面板中的 Line 下方的【顶点】对图形进行调整，选择除“灯笼”对象外的所有对象，在菜单栏中选择【组】|【组】命令，弹出【组】对话框，在【组名】文本框中输入“灯笼装饰 01”，单击【确定】按钮，如图 2-159 所示。

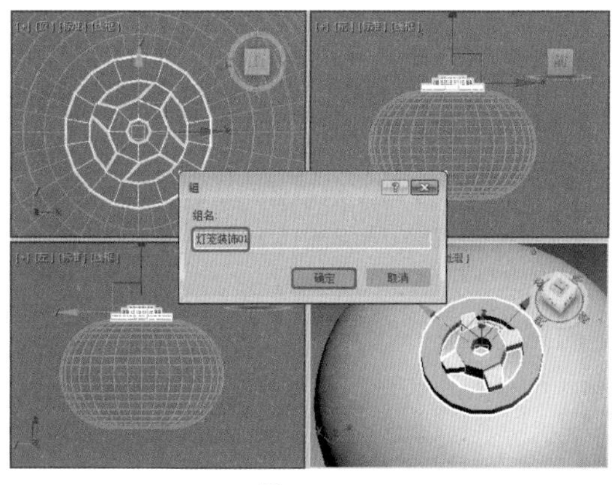

图 2-159

14 选择“灯笼装饰 01”对象，在【名称和颜色】卷展栏中单击名称后面的色块按钮，弹出【对象颜色】对话框，单击【添加自定义颜色】按钮，弹出【颜色选择器：添加颜色】对话框，将 RGB 值设置为 177、88、27，单击【添加颜色】按钮，返回【对象颜色】对话框，单击【确定】按钮，如图 2-160 所示。

15 在【前】视图中选中“灯笼装饰 01”对象，在工具栏中单击【镜像】按钮，弹出【镜像：屏幕 坐标】对话框，在【镜像轴】选项组中选中 Y 单选按钮，在【偏移】数值框中输入合适的值，在【克隆当前选择】选项组中选中【复制】单选按钮，再单击【确定】按钮，如图 2-161 所示。

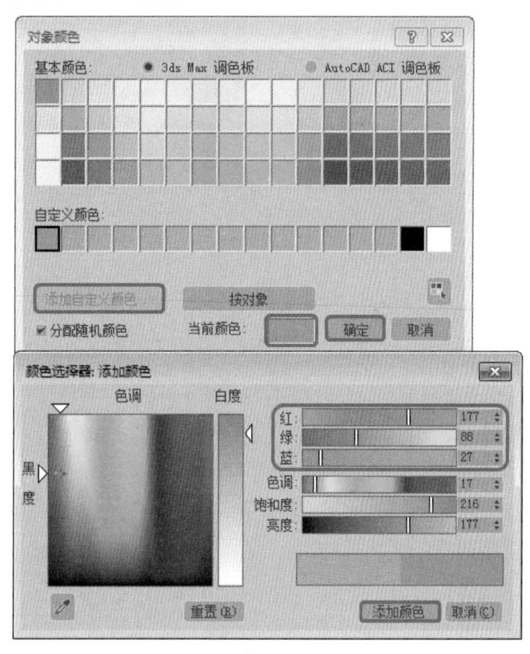

图 2-160

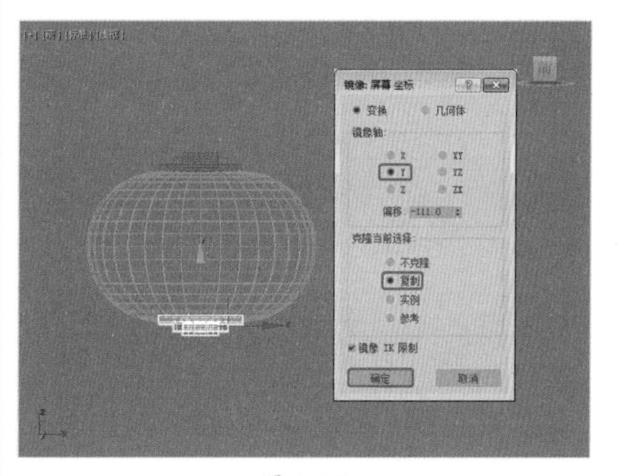

图 2-161

16 在命令面板中选择【创建】|【图形】|【样条线】|【线】工具，在【前】视图中创建一条线，将其颜色设置为黄色，在【渲染】卷展栏中勾选【在渲染中启用】复选框和【在视口中启用】复选框，将【厚度】设置为 2，在场景中调整线的位置，如图 2-162 所示。

17 再创建一条线，将其颜色设置为黄色，在【渲染】卷展栏中勾选【在渲染中启用】

复选框和【在视口中启用】复选框，将【厚度】设置为2，在场景中调整这条线的位置，如图2-163所示。

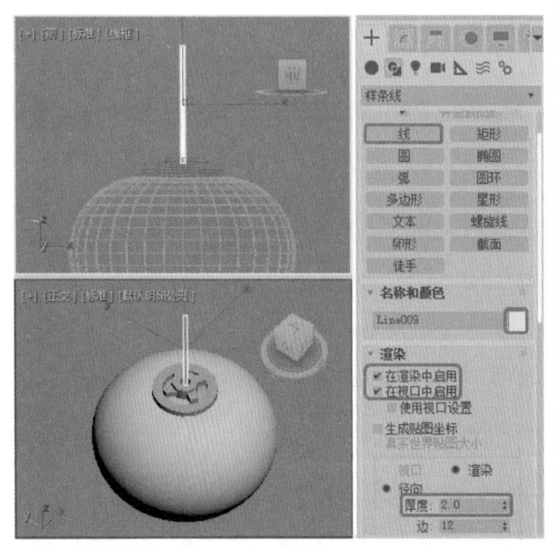

图 2-162

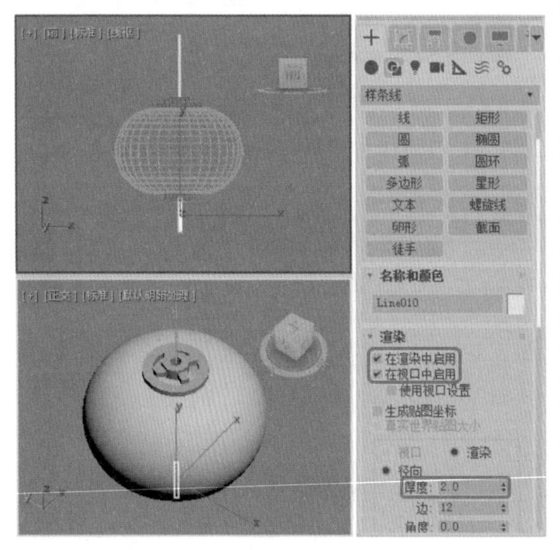

图 2-163

18 创建一条线，将其颜色设置为红色，在【渲染】卷展栏中勾选【在渲染中启用】复选框和【在视口中启用】复选框，将设置【厚度】为15，在场景中调整这条线的位置，如图2-164所示。

19 继续创建线，将其颜色设置为黄色，在【渲染】卷展栏中选中【在渲染中启用】复选框和【在视口中启用】复选框，将【厚度】设置为1，在场景中调整这条线的位置，并且进行多次复制，如图2-165所示。

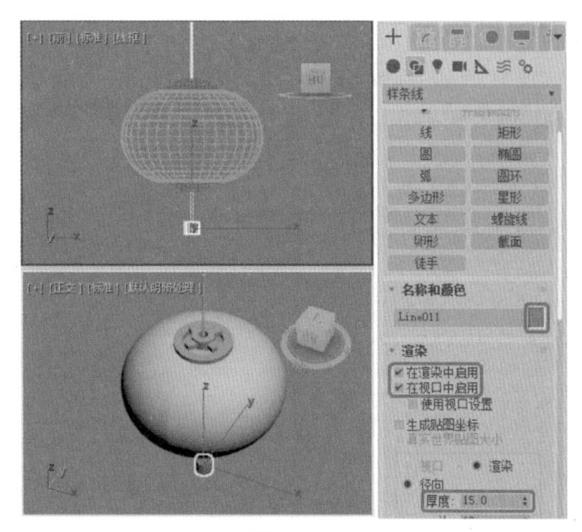

图 2-164

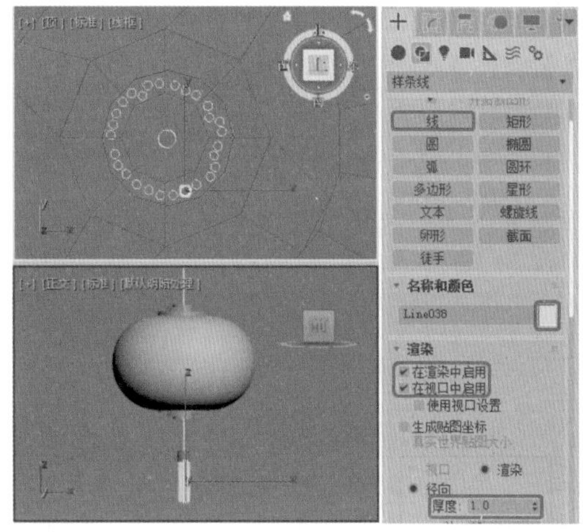

图 2-165

20 按M键打开【材质编辑器】对话框，选择一个新的材质球，将其重命名为“灯笼”，单击Standard按钮，在弹出的【材质/贴图浏览器】对话框中选择【材质】|【扫描线】|【标准】选项，如图2-166所示。

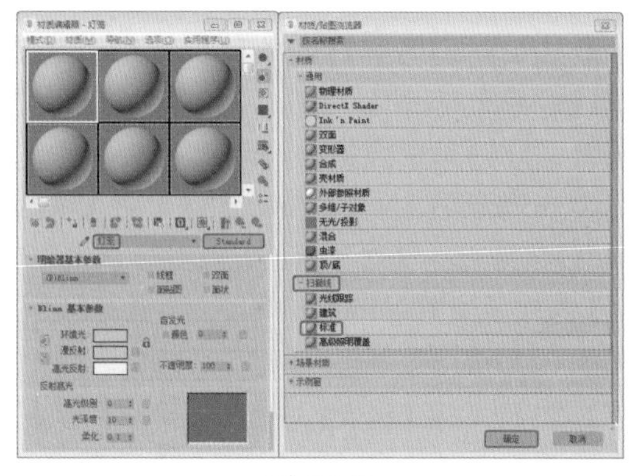

图 2-166

21 在【明暗器基本参数】卷展栏中，将【明暗器类型】设置为Blinn；在【Blinn 基本参数】卷展栏中，将【自发光】的【颜色】设置为50，如图 2-167 所示。

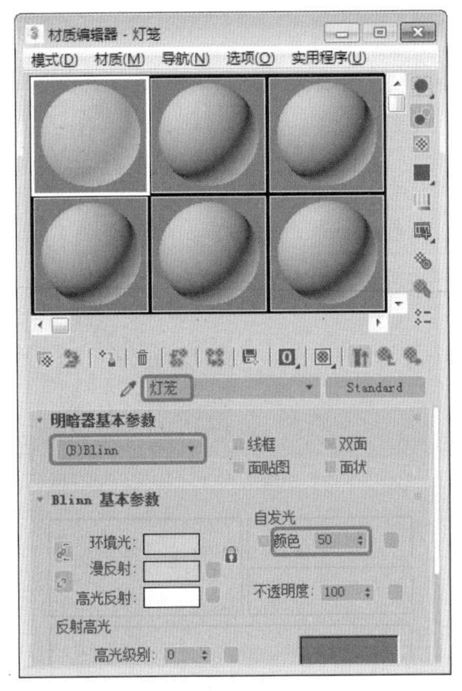

图 2-167

22 在【贴图】卷展栏中单击【漫反射颜色】后面的【贴图类型】按钮，在弹出的【材质 / 贴图浏览器】对话框中选择【贴图】|【通用】|【位图】选项，单击【确定】按钮，弹出【选择位图图像文件】对话框，选择“Map\ 灯笼贴图 .jpg”贴图文件，单击【打开】按钮，进入【漫反射颜色】通道的贴图设置页面，在【坐标】卷展栏中取消勾选【使用真实世界比例】复选框，将 U 的【瓷砖】设置为 2，将 V 的【瓷砖】设置为 1，如图 2-168 所示。

23 按 8 键，打开【环境和效果】对话框，切换到【环境】选项卡，单击【环境贴图】按钮，弹出【材质 / 贴图浏览器】对话框，选择【贴图】|【通用】|【位图】选项，弹出【选择位图图像文件】对话框，选择“Map\ 背景 02-jpg”贴图文件，单击【打开】按钮，如图 2-169 所示。

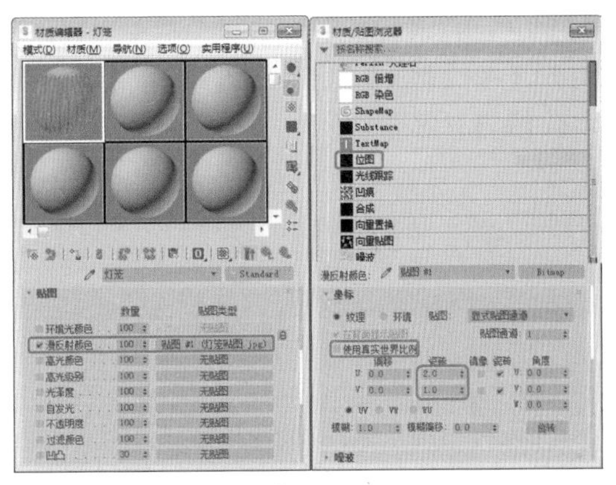

图 2-168

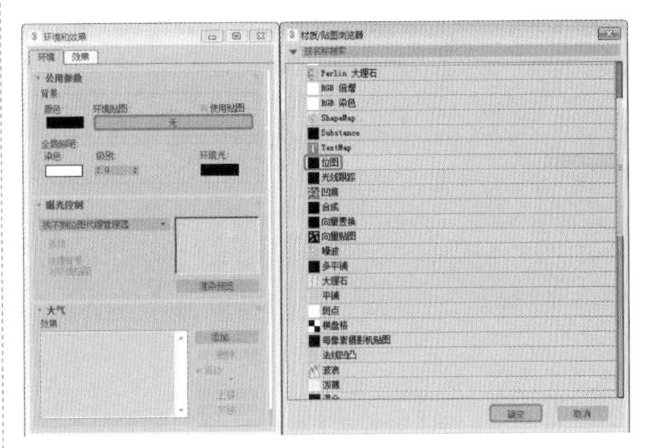

图 2-169

24 按 M 键，打开【材质编辑器】对话框，在【环境和效果】对话框中选择添加的贴图，按住鼠标左键将其拖至【材质编辑器】对话框中的空白材质球上，弹出【实例（副本）贴图】对话框，选中【实例】单选按钮，单击【确定】按钮，在【坐标】卷展栏中将【贴图】设置为【屏幕】，如图 2-170 所示。

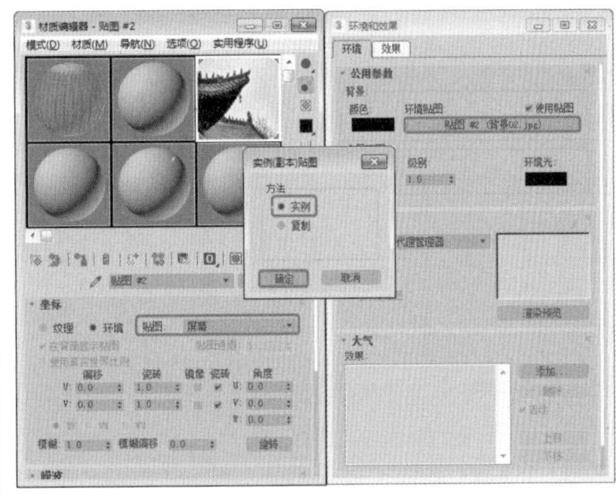

图 2-170

25 切换到【透视】视图，在菜单栏中选择【视图】|【视口背景】|【环境背景】命令，然后将【灯笼】材质指定给“灯笼”对象，如图2-171所示。

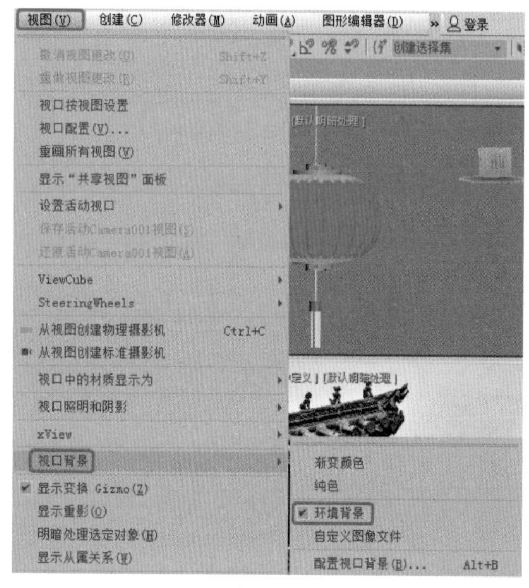

图 2-171

26 在命令面板中选择【创建】|【摄影机】|【标准】|【目标】工具，在【顶】视图中创建一架目标摄影机，在【透视】视图中按C键转换到【摄影机】视图，调整目标摄影机的位置，如图2-172所示。

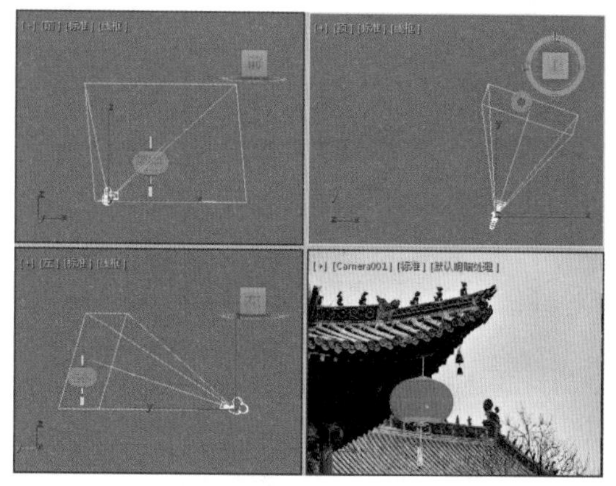

图 2-172

第 03 章

办公椅设计——二维图形建模

本章导读

二维图形是指由一条或多条样条线构成的平面图形，二维图形建模是三维造型的基础，一些使用三维建模无法制作的模型，可以通过使用二维图形并施加修改器来制作。本章将介绍二维图形的建模。

案例精讲
办公椅设计

为了更好地完成本设计案例，现对制作要求及设计内容做如下规划，办公椅设计效果如图3-1所示。

作品名称	办公椅设计
设计创意	（1）利用【线】工具绘制办公椅轮廓，并对绘制的顶点进行调整。 （2）利用【螺旋线】、【线】工具制作办公椅靠背与坐垫，并为其指定相应的设置
主要元素	（1）办公椅框架。 （2）椅子靠背、椅子坐垫
应用软件	3ds Max 2020
素材	Scenes\Cha03\ 办公椅设计素材 .max
场景	Scenes \Cha03\【案例精讲】办公椅设计 .max
视频	视频教学 \Cha03\【案例精讲】办公椅设计 .mp4
办公椅设计效果欣赏	图 3-1
备注	

01 打开【办公椅设计素材 .max】素材文件，选择【创建】|【图形】|【线】工具，在【前】视图中绘制一条线段，将其命名为【支架001】，如图3-2所示。

02 切换至【修改】命令面板，将当前选择集定义为【顶点】，在视图中对顶点进行优化，并调整顶点的位置，效果如图3-3所示。

03 关闭当前选择集，在【渲染】卷展栏中勾选【在渲染中启用】、【在视口中启用】复选框，单击【径向】单选按钮，将【厚度】设置为85，如图3-4所示。

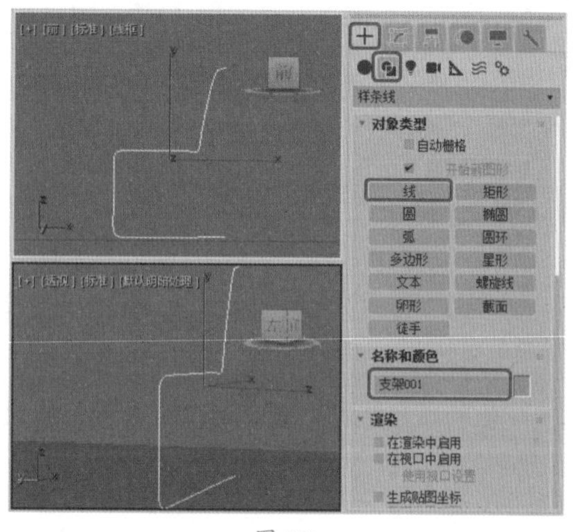

图 3-2

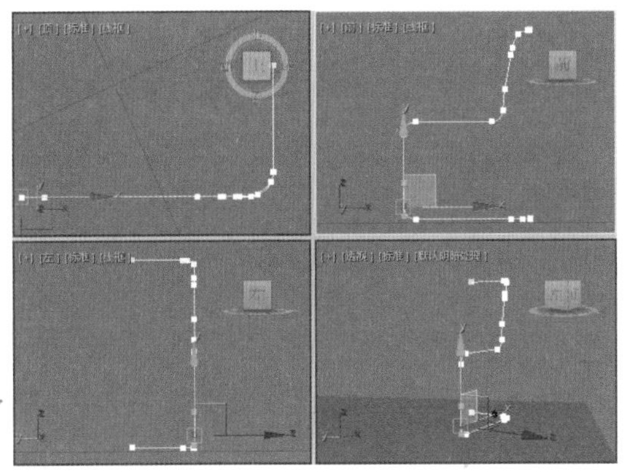

图 3-3

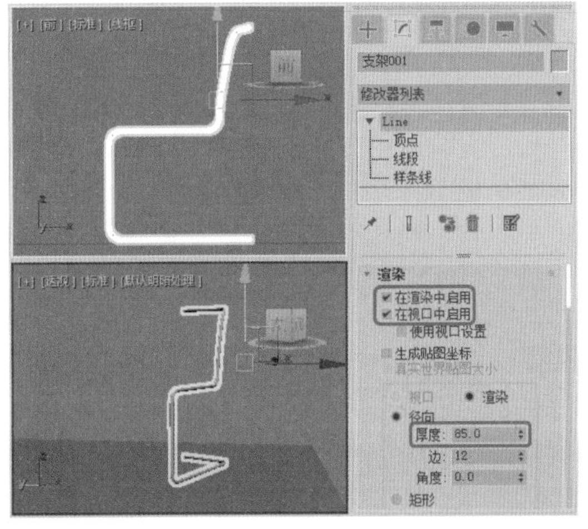

图 3-4

04 继续选中该对象，激活【左】视图，在工具栏中单击【镜像】按钮，在弹出的对话框中单击 X 单选按钮，将【偏移】设置为 -3760，单击【复制】单选按钮，如图 3-5 所示。

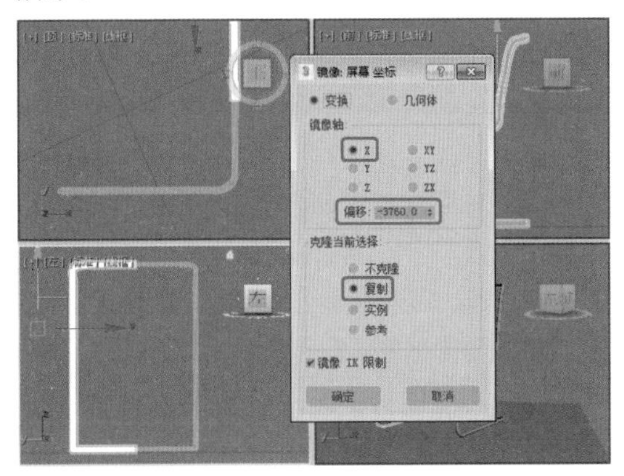

图 3-5

提示：此处设置镜像的【偏移】参数时，可以根据实际情况进行调整。

05 单击【确定】按钮，完成镜像。在视图中选择两个支架对象，在菜单栏中选择【组】|【组】命令，在弹出的对话框中将【组名】命名为【椅子架】，如图 3-6 所示。

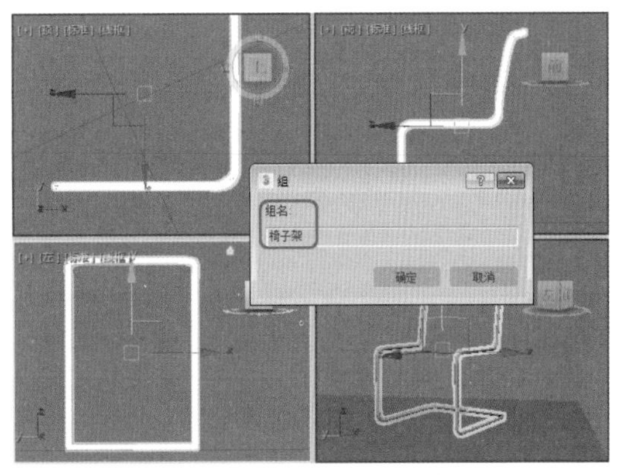

图 3-6

06 设置完成后，单击【确定】按钮。继续选中该对象，按 M 键，在弹出的对话框中选择一个新的材质样本球，将其命名为【不锈钢】，在【明暗器基本参数】卷展栏中将明暗器类型设置为【（M）金属】，在【金属基本参数】卷展栏中单击按钮，取消【环境光】与【漫反射】的锁定，将【环境光】的 RGB 值设置为 0、0、0，将【漫反射】的 RGB 值设置为 255、255、255，将【自发光】设置为 5，在【反射高光】选项组中将【高光级别】、【光泽度】分别设置为 100、80，如图 3-7 所示。

07 在【贴图】卷展栏中单击【反射】右侧的【无贴图】按钮，在弹出的对话框中选择【位图】选项，如图 3-8 所示。

08 单击【确定】按钮，在弹出的对话框中选择 Map\Chromic.JPG，如图 3-9 所示。

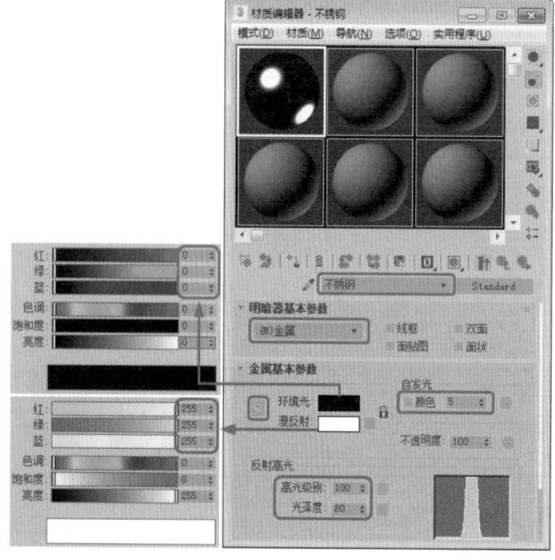

图 3-7 设置明暗器基本参数

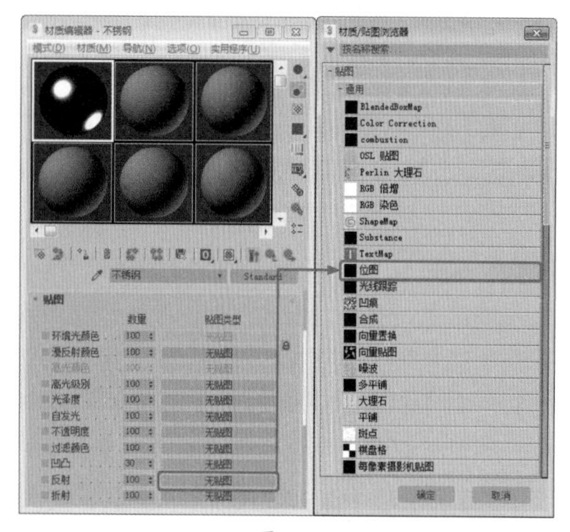

图 3-8

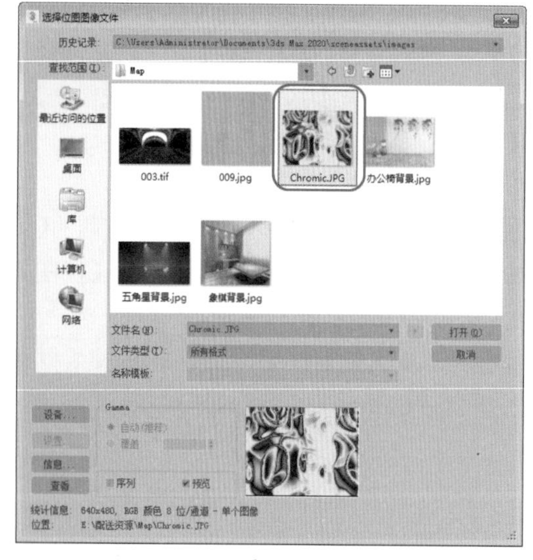

图 3-9

09 单击【打开】按钮，在【参数】卷展栏中将【模糊偏移】设置为 0.096，如图 3-10 所示。

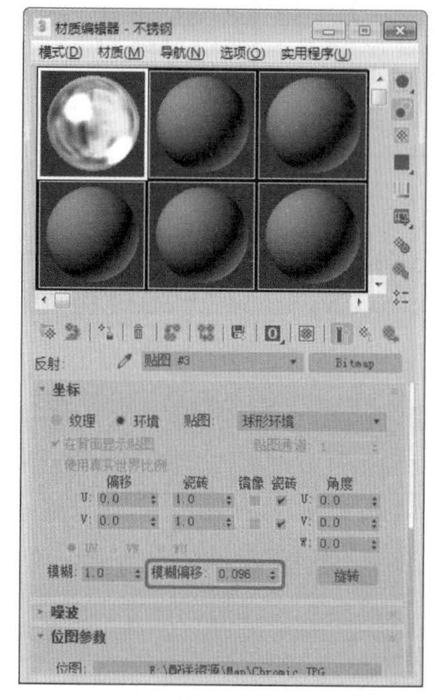

图 3-10

10 设置完成后，单击【将材质指定给选定对象】按钮，即可为选中的对象指定材质，效果如图 3-11 所示。

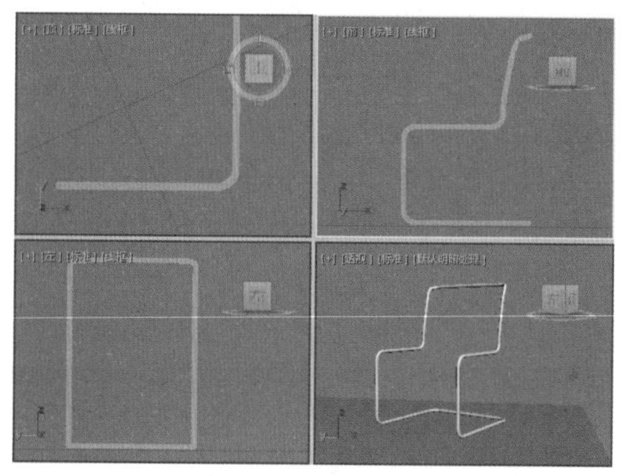

图 3-11

11 将该对话框关闭，选择【创建】|【图形】|【螺旋线】工具，在【顶】视图中创建一条螺旋线，确认该对象处于选中状态，在【参数】卷展栏中将【半径 1】、【半径 2】、【高度】、【圈数】、【偏移】分别设置 53、53、889、22、0，如图 3-12 所示。

12 确认该对象处于选中状态，切换至【修改】命令面板，在【渲染】卷展栏中将【厚度】

设置为 25.4，如图 3-13 所示。

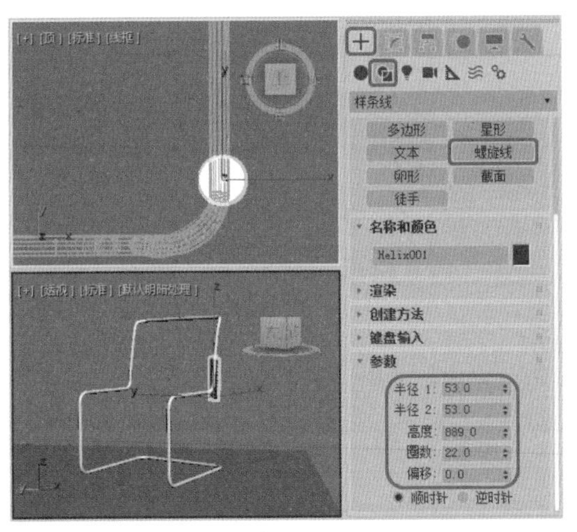

图 3-12

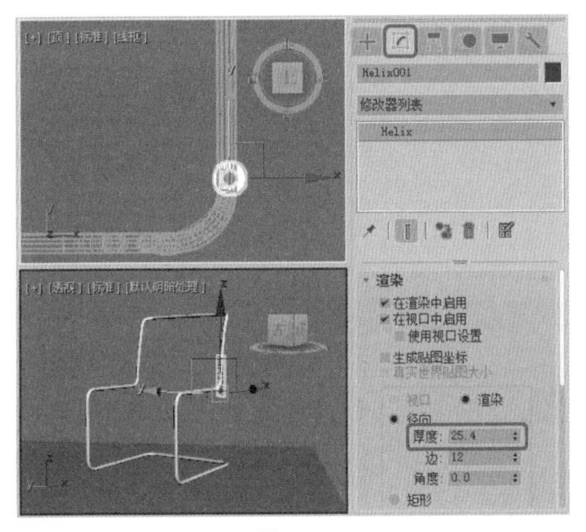

图 3-13

13 在修改器下拉列表中选择 FFD 4×4×4 修改器，将当前选择集定义为【控制点】，在【前】视图中调整控制点的位置，如图 3-14 所示。

14 关闭当前选择集，继续选中该对象，激活【左】视图，在工具栏中单击【镜像】按钮，在弹出的对话框中单击 X 单选按钮，将【偏移】设置为 -2400，单击【复制】单选按钮，如图 3-15 所示。

15 设置完成后，单击【确定】按钮，选择【创建】|【图形】|【线】工具，在【左】视图中绘制一条直线，如图 3-16 所示。

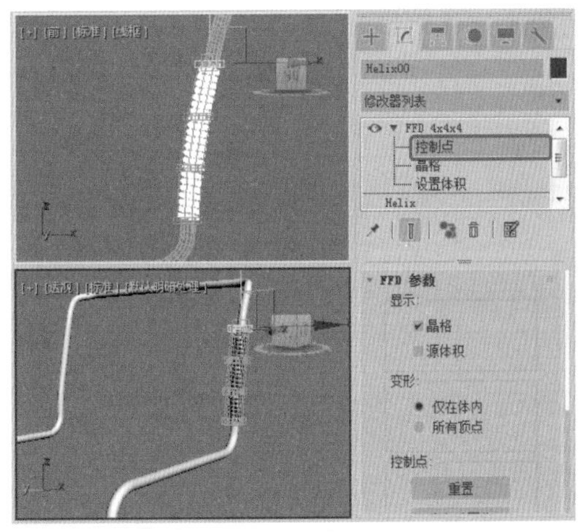

图 3-14

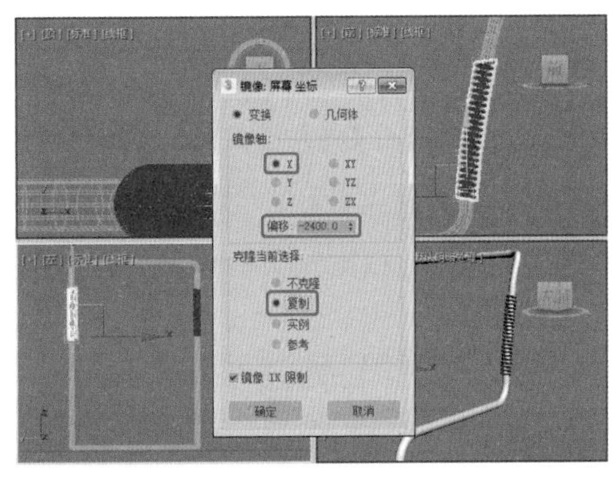

图 3-15

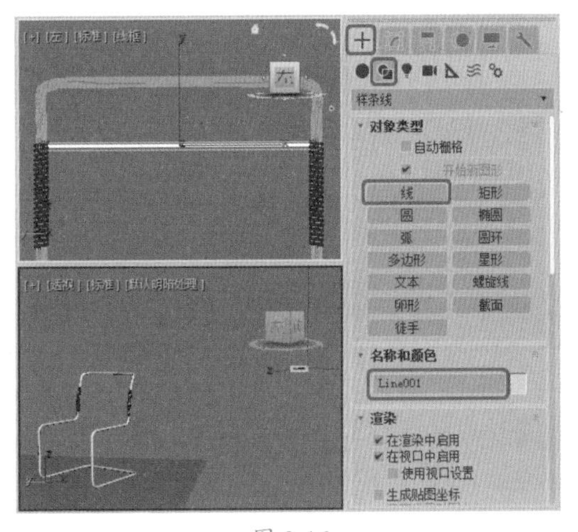

图 3-16

提示：在此绘制的直线中共有三个顶点，这样做是为了方面对线段进行调整。

16 选择【创建】|【图形】|【线】工具，取消勾选【开始新图形】复选框，在【左】视图中绘制多条直线，如图 3-17 所示。

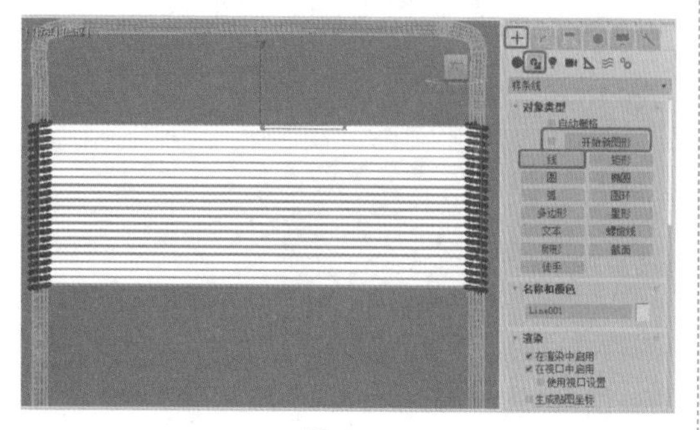

图 3-17

提示：当需要重新创建一个独立的图形时，需要勾选【开始新图形】复选框。

17 继续选中绘制的直线，切换至【修改】命令面板，在【渲染】卷展栏中将【厚度】设置为 30.4，如图 3-18 所示。

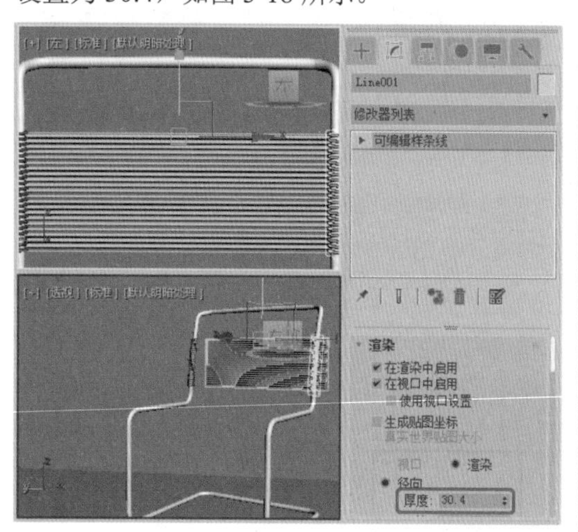

图 3-18

18 使用【选择并旋转】及【选择并移动】工具在视图中对选中的直线进行旋转、移动，调整后的效果如图 3-19 所示。

19 确认该直线处于选中状态，将当前选择集定义为【顶点】，在视图中选择直线中间的顶点，右击鼠标，在弹出的快捷菜单中选择【Bezier 角点】命令，在视图中对顶点进行调整，效果如图 3-20 所示。

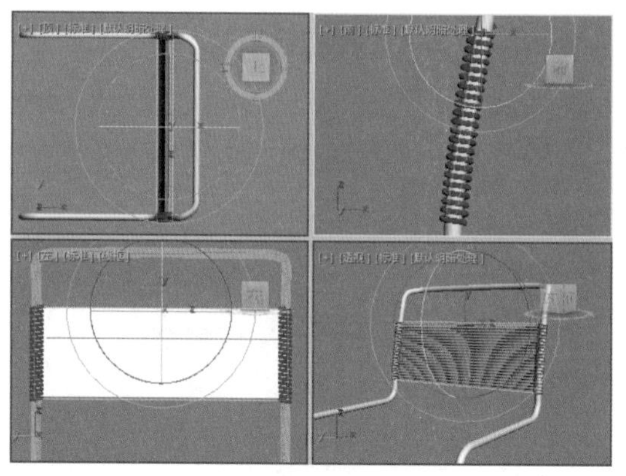

图 3-19

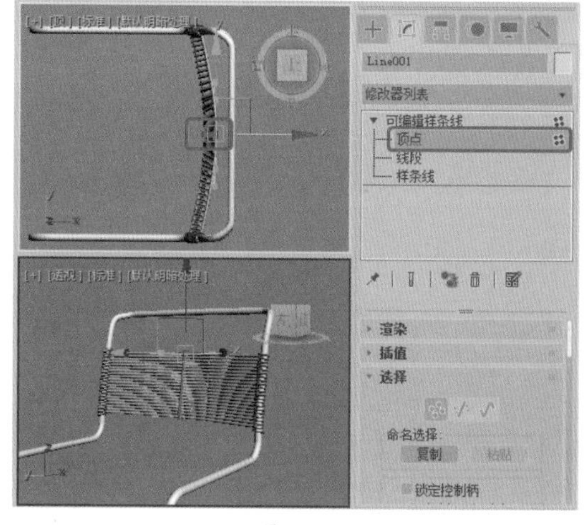

图 3-20

提示：将顶点转换为【Bezier 角点】后，调整顶点位置时，线段会带有弧形效果。

20 调整完成后，对绘制的线与螺旋线进行复制，并调整其位置与角度，将复制的【螺旋线】的 FFD 4×4×4 修改器删除，并进行相应的调整，效果如图 3-21 所示。

21 在视图中选择除【椅子架】外的其他对象，在菜单栏中选择【组】|【组】命令，在弹出的对话框中将【组名】设置为【椅子面】，如图 3-22 所示。

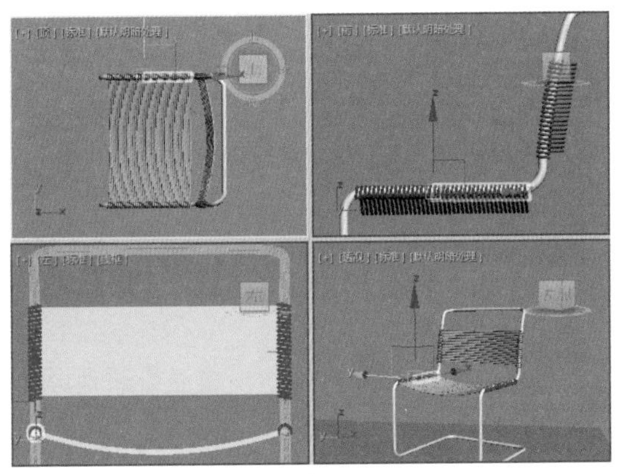

图 3-21

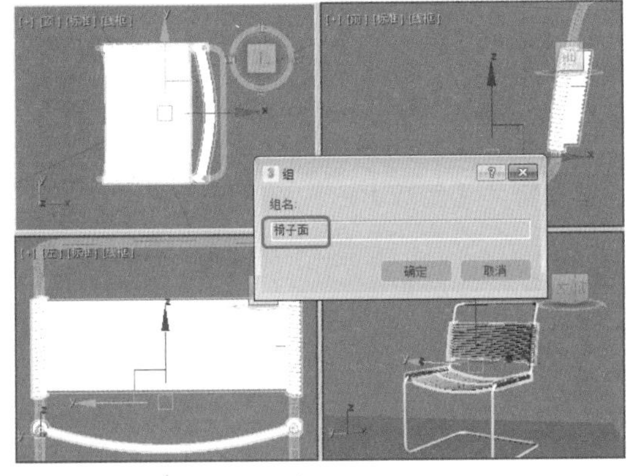

图 3-22

提示：在 3ds Max 中进行操作时，如果其他对象不好选择，可在视图中选择【椅子架】对象，然后按 Ctrl+I 组合键进行反选，即可选择除【椅子架】外的其他对象。

22 单击【确定】按钮，按 M 键，在弹出的对话框中选择一个新的材质样本球，将其命名为【椅子面】，在【Blinn 基本参数】卷展栏中将【环境光】的 RGB 值设置为 213、0、0，如图 3-23 所示。

提示：在创建椅子对象时，位置难免会有偏差，在场景中按 C 键将【透视】视图转换为摄影机视图后，可根据情况对椅子对象的位置进行调整。

23 设置完成后，单击【将材质指定给选定对象】按钮。激活【透视】视图，按 C 键将【透视】视图转换为摄影机视图。

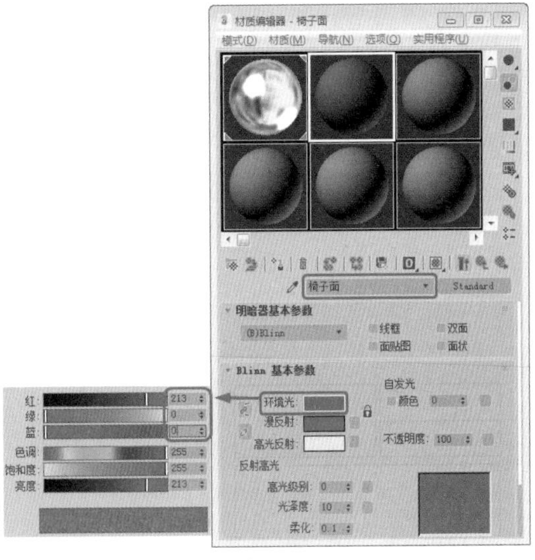

图 3-23

3.1 创建二维对象

在 Max 中共提供了 13 种二维图形，其中包括线、矩形、圆、椭圆、弧、圆环、多边形、星形、文本、螺旋线等。二维图形的创建是通过【创建】+ |【图形】下的选项实现的，如图 3-24 所示。

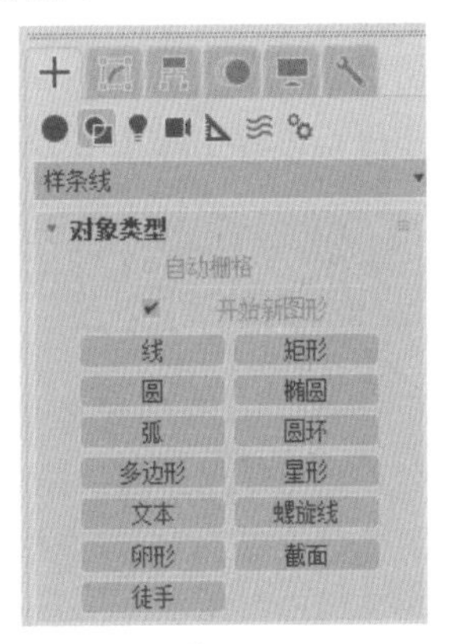

图 3-24

大多数的曲线类型都有共同的设置参数，如图 3-25 所示。下面将对其进行简单的讲解，各项通用参数的功能说明如下。

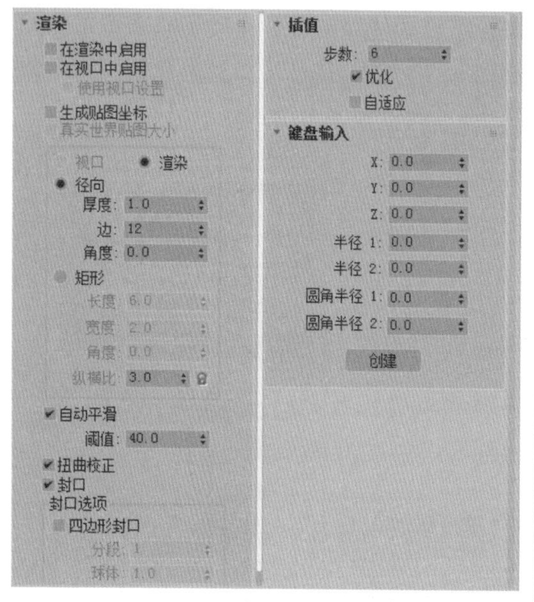

图 3-25

◎ 【渲染】：用来设置曲线的可渲染属性。

- 【在渲染中启用】：勾选此复选框，可以在视图中显示渲染网格的厚度。
- 【在视口中启用】：可以与【显示渲染网格】选项一起选择，它可以控制以视窗设置参数在场景中显示网格（该选项对渲染不产生影响）。
- 【使用视口设置】：控制图形按视图设置进行显示。
- 【生成贴图坐标】：对曲线指定贴图坐标。
- 【真实世界贴图大小】：用于控制该对象的纹理贴图材质所使用的缩放方法。
- 【视口】：基于视图中的显示来调节参数（该选项对渲染不产生影响）。当【显示渲染网格】和【使用视口设置】两个复选框被选择时，该选项可以被选择。
- 【渲染】：基于渲染器来调节参数，当【渲染】选项被选中时，图形可以根据【厚度】参数值来渲染图形。
- 【厚度】：设置曲线渲染时的粗细大小。
- 【边】：控制被渲染的线条由多少个边的圆形作为截面。
- 【角度】：调节横截面的旋转角度。
- 【长度】：用于设置渲染时矩形的长度。
- 【宽度】：用于设置渲染时矩形的宽度。
- 【角度】：用于设置渲染时矩形的旋转角度。
- 【纵横比】：用于设置矩形的约束比例。

◎ 【插值】：用来设置曲线的光滑程度。

- 【步数】：设置两顶点之间由多少个直线片段构成曲线，值越高，曲线越光滑。
- 【优化】：自动检查曲线上多余的【步数】片段。
- 【自适应】：自动设置【步数】数，以产生光滑的曲线。对直线，【步数】将设置为 0。

◎ 【键盘输入】：使用键盘方式建立，只要输入所需要的坐标值、角度值以及参数值即可，不同的工具会有不同的参数输入方式。

另外，除了【文本】、【截面】和【星形】工具之外，其他的创建工具都有一个【创建方法】卷展栏，该卷展栏中的参数需要在创建对象之前选择，这些参数一般用来确定是以边缘作为起点创建对象，还是以中心作为起点创建对象。只有【弧】工具的两种创建方式与其他对象有所不同。

3.1.1 线

【线】工具可以绘制任何形状的封闭或开放型曲线（包括直线），如图 3-26 所示。

01 选择【创建】|【图形】|【样条线】|【线】

工具，在视图中单击鼠标确定线条的第一个节点。

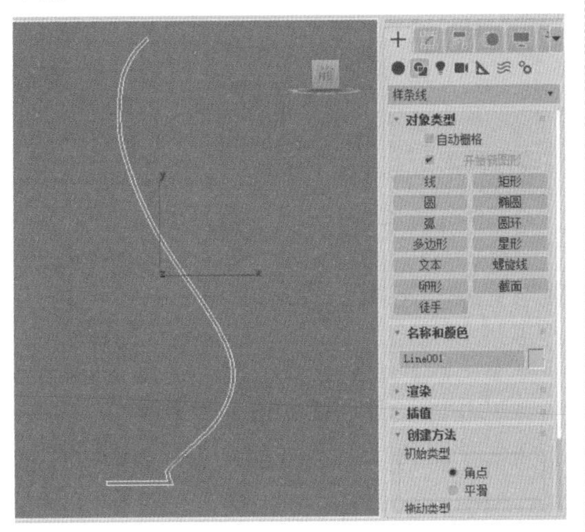

图 3-26

02 移动鼠标到达想要结束线段的位置单击鼠标创建一个节点，单击鼠标右键结束直线段的创建。

提示：在绘制线条时，当线条的终点与第一个节点重合时，系统会提示是否关闭图形，单击【是】按钮时即可创建一个封闭的图形；如果单击【否】按钮，则继续创建线条。在创建线条时，通过按住鼠标拖动，可以创建曲线。

在命令面板中，线拥有自己的参数设置，如图 3-27 所示，这些参数需要在创建线条之前选择。线的【创建方法】卷展栏中各项目的功能说明如下。

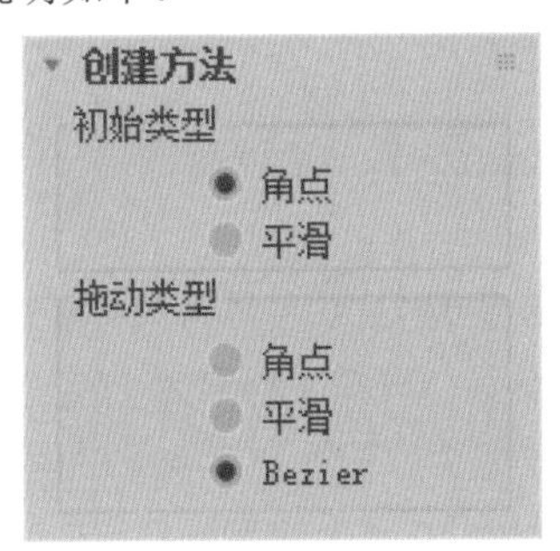

图 3-27

◎ 【初始类型】：设置单击鼠标后，拖曳出的曲线类型，包括【角点】和【平滑】两种，可以绘制出直线和曲线。

◎ 【拖动类型】：设置按压并拖动鼠标时引出的曲线类型，包括【角点】、【平滑】和 Bezier 三种，贝赛尔曲线是最优秀的曲度调节方式，它通过两个滑杠来调节曲线的弯曲。

3.1.2 圆形

【圆】工具用来建立圆形，选择【创建】|【图形】|【样条线】|【圆】工具，然后在场景中按住鼠标左键并拖动可创建圆形。在【参数】卷展栏中只有一个半径参数可设置，如图 3-28 所示。

◎ 【半径】：设置圆形的半径大小。

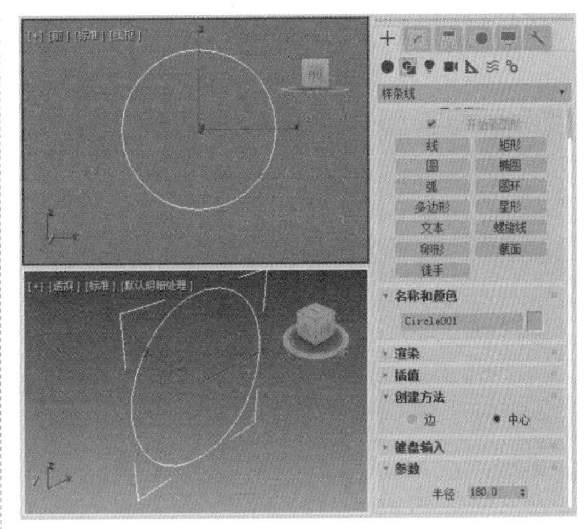

图 3-28

3.1.3 弧形

【弧】工具用来制作圆弧曲线和扇形，如图 3-29 所示。

01 选择【创建】|【图形】|【样条线】|【弧】工具，在视图中单击并拖动鼠标，拖出一条直线。

02 到达一定的位置后松开鼠标，移动并单击确定圆弧的半径。

当完成对象的创建之后，可以在命令面

板中对其参数进行修改。其参数卷展栏如图 3-30 所示。

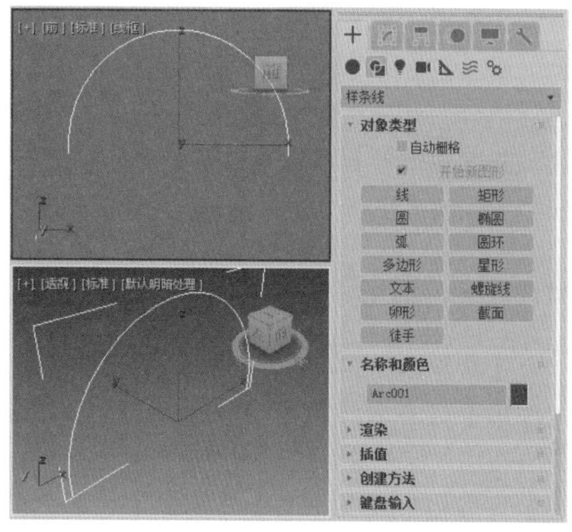

图 3-29

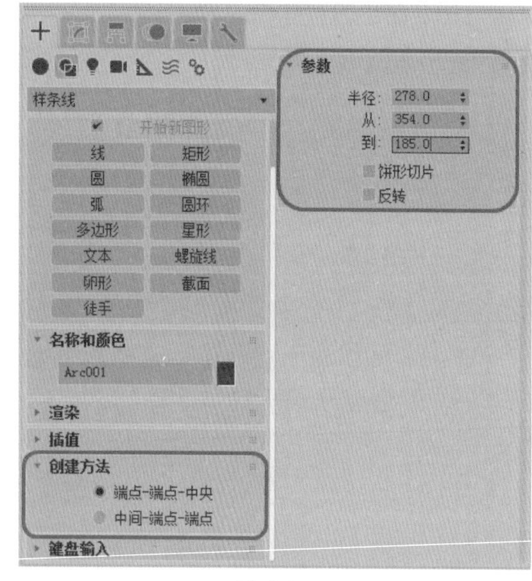

图 3-30

【弧】工具的各项参数功能说明如下。

◎ 【创建方法】卷展栏。

◆ 【端点 - 端点 - 中央】：这种建立方式是先引出一条直线，以直线的两端点作为弧的两端点，然后移动鼠标，确定弧长。

◆ 【中心 - 端点 - 端点】：这种建立方式是先引出一条直线，作为圆弧的半径，移动鼠标，确定弧长。这种建立方式对扇形的建立非常方便。

◎ 【参数】卷展栏。

◆ 【半径】：设置圆弧的半径大小。

◆ 【从 / 到】：设置弧起点和终点的角度。

◆ 【饼形切片】：打开此选项，将建立封闭的扇形。

◆ 【反转】：将弧线方向反转。

3.1.4 文本

【文本】工具可以直接产生文字图形，在中文 Windows 平台下可以直接产生各种字体的中文字形，字形的内容、大小、间距都可以调整，在完成了动画制作之后，仍可以修改文字的内容。

选择【创建】|【图形】|【样条线】|【文本】工具，在【参数】卷展栏的文本框中输入文本，然后在视图中直接单击鼠标即可创建文本图形，如图 3-31 所示。在【参数】卷展栏中可以对文本的字体、字号、间距以及文本的内容进行修改。

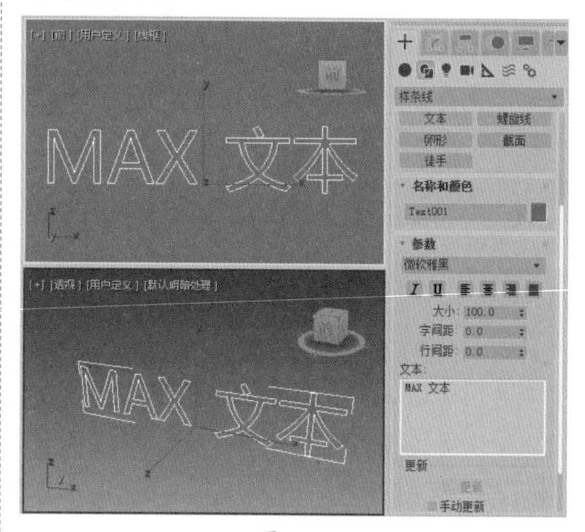

图 3-31

【参数】卷展栏中各项目的功能说明如下。

◎ 【大小】：设置文字的大小尺寸。

◎ 【字间距】：设置文字之间的间隔距离。

◎ 【行间距】：设置文字行与行之间的距离。

◎ 【文本】：用来输入文本文字。

◎ 【更新】：设置修改参数后，视图是否

立刻进行更新显示。遇到大量文字处理时，为加快显示速度，可以打开【手动更新】设置，自行指示更新视图。

3.1.5 矩形

【矩形】工具是经常用到的一个工具，它可以用来创建矩形。创建矩形与创建圆形的方法基本一样，都是通过拖动鼠标来创建。在【参数】卷展栏中包含 3 个常用参数，如图 3-32 所示。

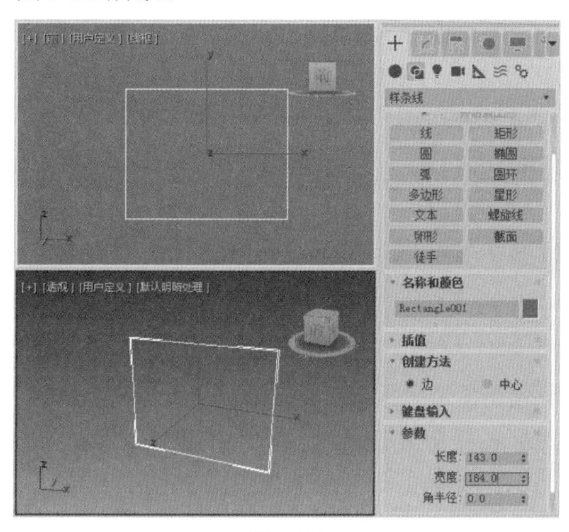

图 3-32

矩形【参数】卷展栏中各项目的功能说明如下。

◎ 【长度 / 宽度】：设置矩形长宽值。

◎ 【角半径】：设置矩形的四角是直角还是有弧度的圆角。

提示：创建矩形，配合 Ctrl 键可以创建正方形。

3.1.6 椭圆

【椭圆】工具可以用来绘制椭圆形。同圆形的创建方法相同，只是椭圆形使用【长度】和【宽度】两个参数来控制椭圆形的大小形态，其【参数】卷展栏如图 3-33 所示。

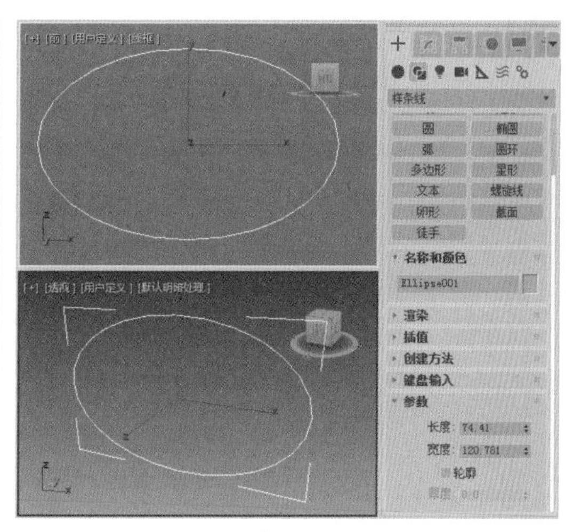

图 3-33

3.1.7 圆环

【圆环】工具可以用来制作同心的圆环。圆环的创建要比圆形麻烦一点，它相当于创建两个圆形。

01 选择【创建】|【图形】|【样条线】|【圆环】工具，在视图中单击并拖动鼠标，拖曳出一个圆形后放开鼠标。

02 再次移动鼠标指针，向内或向外再拖曳出一个圆形，单击鼠标完成圆环的创建。

在【参数】卷展栏中，圆环有两个半径参数【半径 1】、【半径 2】，分别对两个圆环的两个半径进行设置，如图 3-34 所示。

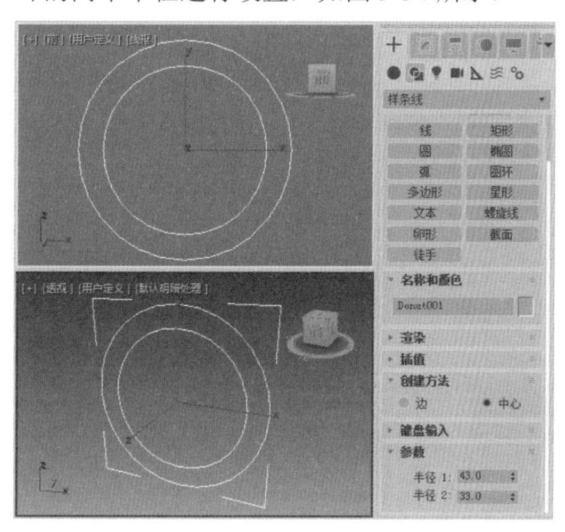

图 3-34

3.1.8 星形

【星形】工具可以建立多角星形，尖角可以钝化为圆角，制作齿轮图案；尖角的方向可以扭曲，产生倒刺状锯齿；参数的变换可以产生许多奇特的图案，因为它是可以渲染的，所以即使交叉，也可以用作一些特殊的图案花纹，如图 3-35 所示。

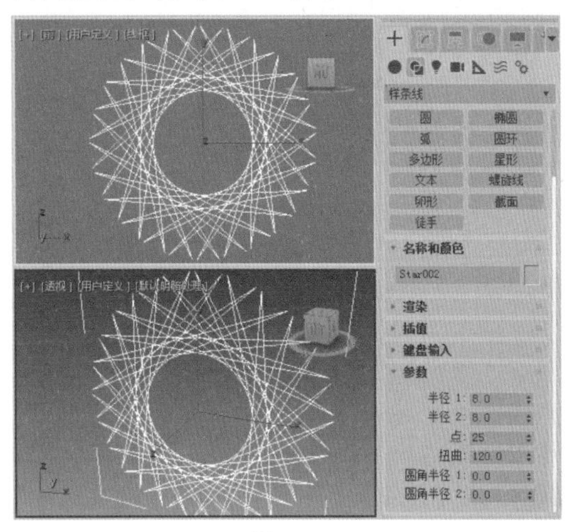

图 3-35

星形创建方法如下。

01 选择【创建】|【图形】|【样条线】|【星形】工具，在视图中单击并拖动鼠标，拖曳出一级半径。

02 松开鼠标左键后，再次拖到鼠标指针，拖曳出二级半径，单击完成星形的创建。

星形【参数】卷展栏各个选项的功能如下。

◎ 【半径 1/ 半径 2】：分别设置星形的内径和外径。

◎ 【点】：设置星形的尖角个数。

◎ 【扭曲】：设置尖角的扭曲度。

◎ 【圆角半径 1/ 圆角半径 2】：分别设置尖角的内外倒角圆半径。

3.2 编辑样条线

使用图形工具直接创建的二维图形不能够直接生成三维物体，在对它们进行编辑修改才可转换为三维物体。在对二维图形进行编辑修改时，通常会选择【编辑样条线】修改器，它为我们提供了对顶点、分段、样条线三个次物体级别的编辑修改。

3.2.1 【顶点】选择集

在对二维图形进行编辑修改时，最基本、最常用的就是对【顶点】选择集的修改。通常会对图形进行添加点、移动点、断开点、连接点等操作，以调整到需要的形状。

下面通过对矩形指定【编辑样条线】修改器来学习【顶点】选择集的修改方法以及常用修改命令。

01 选择【创建】|【图形】|【样条线】|【矩形】工具，在【前】视图中创建一个矩形。

02 切换到【修改】命令面板，在【修改器列表】中选择【编辑样条线】修改器，在修改器堆栈中定义当前选择集为【顶点】。

03 在【几何体】卷展栏中单击【优化】按钮，然后在矩形线段的适当位置上单击鼠标左键，为矩形添加顶点，如图 3-36 所示。

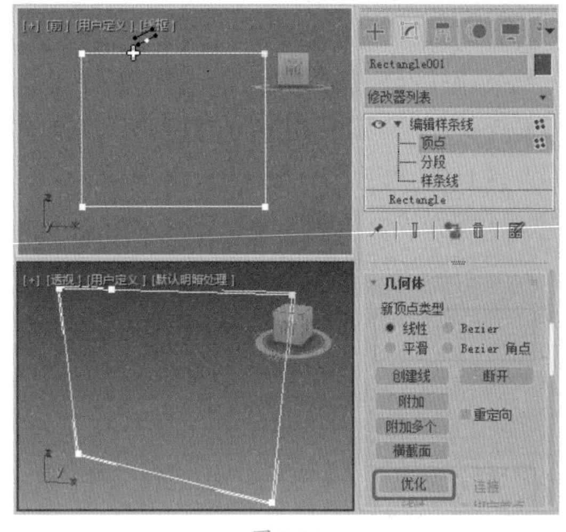

图 3-36

04 添加完顶点后单击【优化】按钮，或者在视图中单击鼠标右键关闭【优化】按钮。在工具栏中选择【选择并移动】工具，在视图中调整顶点，如图 3-37 所示。

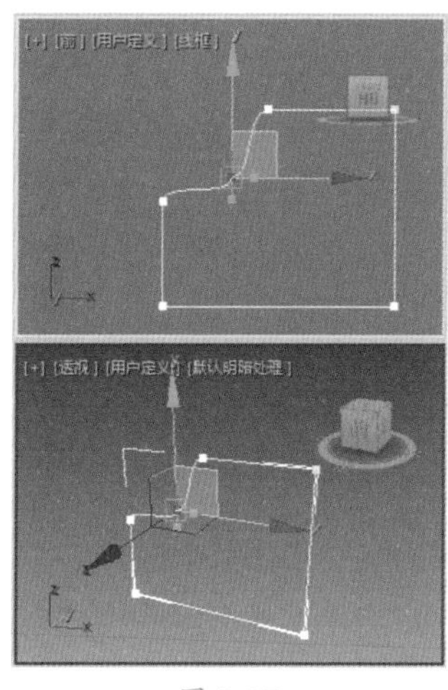

图 3-37

当在选择的顶点上单击鼠标右键时，在弹出的快捷菜单中的【工具 1】区内可以看到点的 5 种类型：【Bezier 角点】、Bezier、【角点】、【平滑】以及【重置切线】，如图 3-38 所示。其中被勾选的类型是当前选择点的类型。

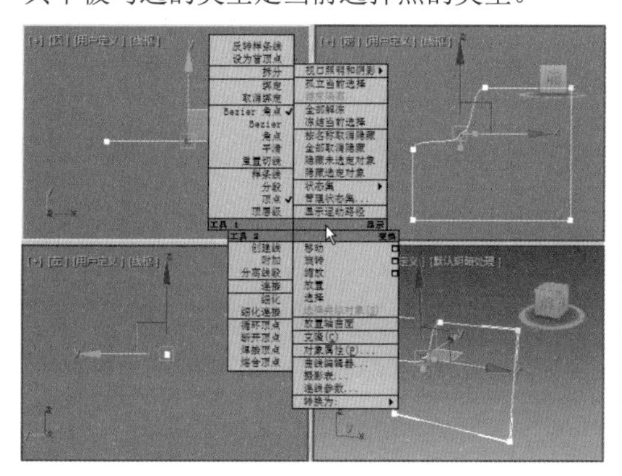

图 3-38

每一种类型的功能说明如下。

◎ 【Bezier 角点】：这是一种比较常用的节点类型，通过分别对它的两个控制手柄进行调节，可以灵活地控制曲线的曲率。

◎ Bezier：通过调整节点的控制手柄来改变曲线的曲率，以达到修改样条曲线的目的，它没有【Bezier 角点】调节起来灵活。

◎ 【角点】：使各点之间的【步数】按线性、均匀方式分布，也就是直线连接。

◎ 【平滑】：该属性决定了经过该节点的曲线为平滑曲线。

◎ 【重置切线】：在可编辑样条线【顶点】层级时，可以使用标准方法选择一个和多个顶点并移动它们。如果顶点属于 Bezier 或【Bezier 角点】类型，还可以移动和旋转控制柄，进而影响在顶点连接的任何线段的形状。还可以使用切线复制 / 粘贴操作在顶点之间复制和粘贴控制柄，同样也可以使用【重置切线】功能重置控制柄或在不同类型之间切换。

提示：在一些二维图形中，最好将一些直角处的点类型改为【角点】类型，这有助于提高模型的稳定性。

在对二维图形进行编辑修改时，除了经常用到【优化】按钮外，还有一些比较常用的命令，如下所述。

◎ 【连接】：连接两个断开的点。

◎ 【断开】：使闭合图形变为开放图形。通过【断开】功能使点断开，先选中一个节点再单击【断开】按钮，此时单击并移动该点，会看到线条被断开。

◎ 【插入】：该功能与【优化】按钮相似，都是加点命令，只是【优化】是在保持原图形不变的基础上增加节点，而【插入】是一边加点一边改变原图形的形状。

◎ 【设为首顶点】：第一个节点用来标明一个二维图形的起点，在放样设置中各个截面图形的第一个节点决定【表皮】的形成方式，此功能就是使选中的点成为第一个节点。

提示：在开放图形中，只有两个端点中的一个才能被改为第一个节点。

◎ 【焊接】：此功能可以将两个断点合并为一个节点。

◎ 【删除】：删除节点。

提示：在删除节点时，使用 Delete 键更方便一些。

3.2.2 【分段】选择集

【分段】是连接两个节点之间的边线，当对线段进行变换操作时，也相当于在对两端的点进行变换操作。下面对【分段】常用的命令按钮进行介绍。

◎ 【断开】：将选择的线断打断，类似点的打断。

◎ 【优化】：与【顶点】选择集中的【优化】功能相同。

◎ 【拆分】：通过在选择的线段上加点，将选择的线段分成若干条线段；通过在其后面的文本框中输入要加入节点的数值，然后单击该按钮，即可将选择的线段细分为若干条线段。

◎ 【分离】：将当前选择的段分离。

3.2.3 【样条线】选择集

【样条线】级别是二维图形中另一个功能强大的次物体修改级别，相连接的线段即为一条样条曲线。在样条曲线级别中，【轮廓】运算的设置最为常用，尤其是在建筑效果图的制作当中，如图 3-39 所示。

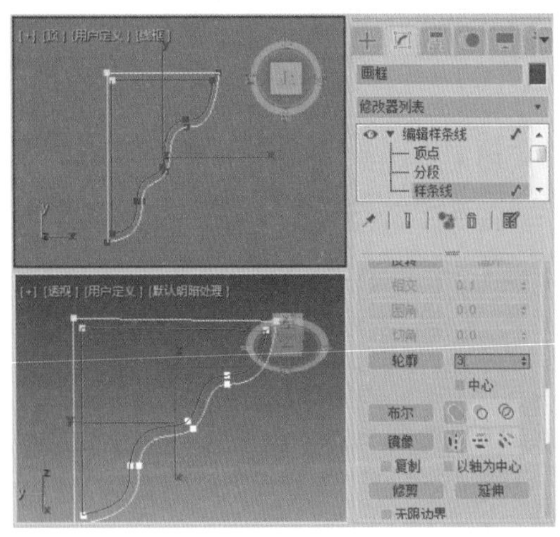

图 3-39

提示：创建轮廓可以有三种方法。第一种方法是先选择样条曲线，然后在【轮廓】输入框中输入数值并单击【轮廓】按钮；第二种方法是先选择样条曲线，然后调节【轮廓】输入框后的微调按钮；第三种方法是先按下【轮廓】按钮，然后在视图中的样条曲线上单击并拖动鼠标设置轮廓。

【实战】制作跳绳

跳绳，是一人或众人在一根环摆的绳中做各种跳跃动作的运动游戏。本节将介绍如何制作跳绳，效果如图 3-40 所示。

图 3-40

素材	Scenes\Cha03\ 跳绳素材 .max
场景	Scenes\Cha03\【实战】制作跳绳 .max
视频	视频教学 \Cha03\【实战】制作跳绳 .mp4

01 打开【Scenes\Cha03\ 跳绳素材 .max】素材文件，如图 3-41 所示。

02 选择【创建】|【图形】|【线】工具，在【顶】视图中绘制一条如图 3-42 所示的线段。

03 选中绘制的线段，切换至【修改】命令面板，将当前选择集定义为【顶点】，在视图中选择所有顶点对象，右击鼠标，在弹出的快捷菜单中选择【Bezier 角点】命令，如图 3-43 所示。

图 3-41

图 3-42

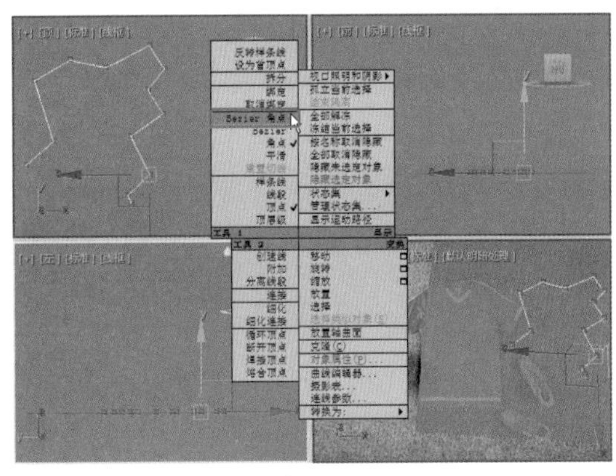

图 3-43

04 将选中的顶点转换为 Bezier 角点后，使用【选择并移动】工具对转换的顶点进行调整，调整后的效果如图 3-44 所示。

05 调整完成后，关闭当前选择集，继续选中该线段，在【渲染】卷展栏中勾选【在渲染中启用】、【在视口中启用】复选框，将【厚度】设置为 10，并将其命名为【跳绳】，如图 3-45 所示。

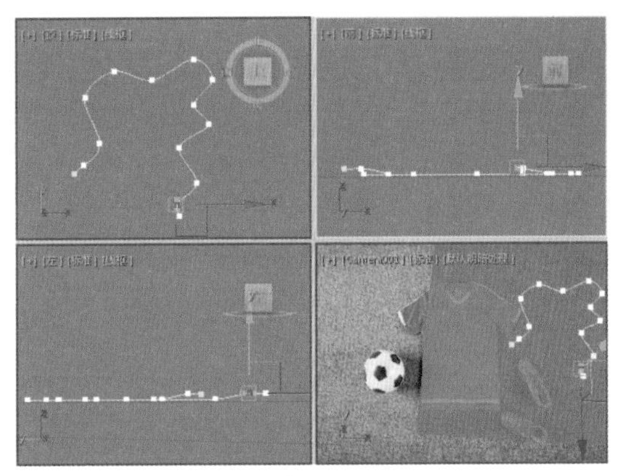

图 3-44

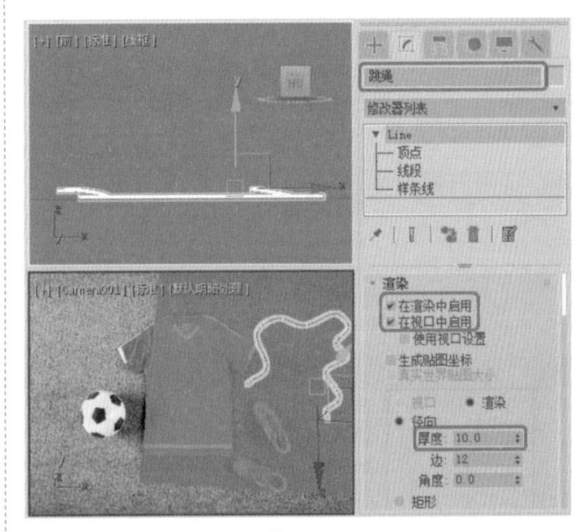

图 3-45

06 继续选中该线段，按 M 键打开【材质编辑器】对话框，选择一个新的材质样本球，将其命名为【跳绳】，在【Blinn 基本参数】卷展栏中将【环境光】、【漫反射】的 RGB 值都设置为 218、255、0，将【自发光】设置为 15，将【高光级别】、【光泽度】分别设置为 75、21，如图 3-46 所示。

07 将设置完成后的材质指定给选定对象即可。选择【创建】|【图形】|【矩形】工具，在【顶】视图中绘制一个矩形，选中绘制的矩形，切换至【修改】命令面板将其命名为【把手 01】，在【渲染】卷展栏中取消勾选【在渲染中启用】、【在视口中启用】复选框，将【参数】卷展栏中的【长度】、【宽度】、

【角半径】分别设置为272、31.5、0，如图3-47所示。

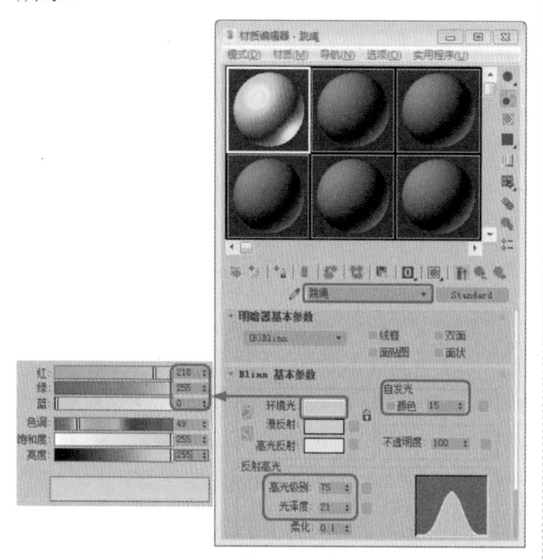

图 3-46

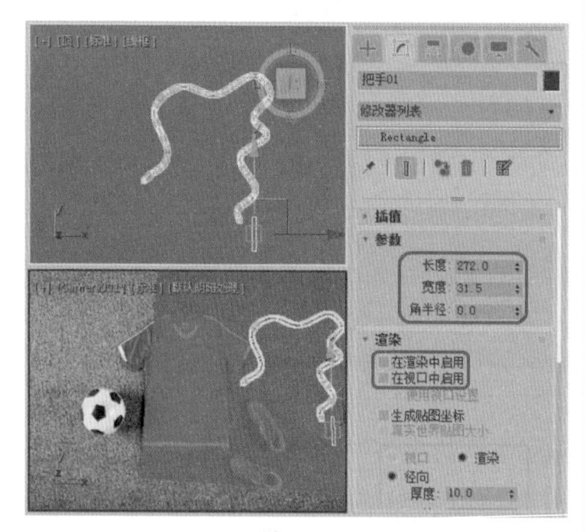

图 3-47

08 继续选中该矩形，在工具栏中右击【选择并旋转】按钮，在弹出的对话框中将【绝对：世界】下的Z设置为20.9，如图3-48所示。

09 设置完成后，将该对话框关闭，在【修改】命令面板的修改器下拉列表中选择【编辑样条线】修改器，将当前选择集定义为【顶点】，在视图中对矩形进行调整，效果如图3-49所示。

10 关闭当前选择集，在修改器下拉列表中选择【车削】修改器，在【参数】卷展栏中将【度数】设置为360，取消勾选【翻转法线】复选框，将【分段】设置为50，单击Y按钮，然后再单击【最小】按钮，并在视图中调整车削对象的位置，效果如图3-50所示。

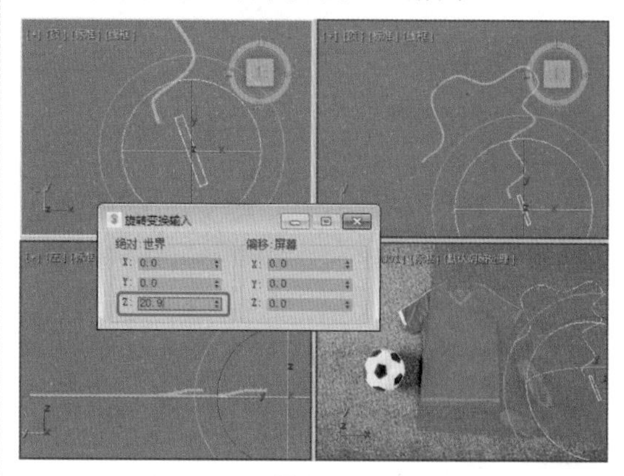

图 3-48

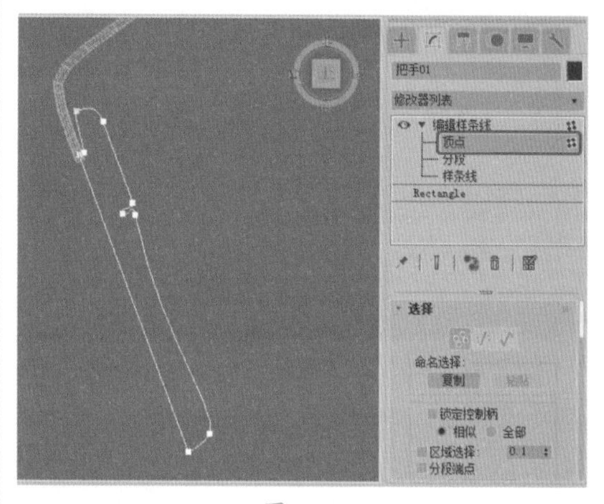

图 3-49

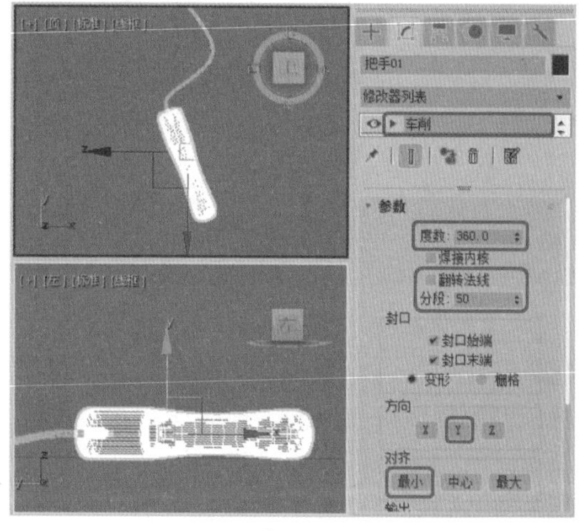

图 3-50

提示：在对样条线进行调整时，若顶点不够，可以先将当前选择集定义为【顶点】、【分段】等，在【几何体】卷展栏中单击【优化】按钮，在样条线上单击鼠标，添加顶点即可。

11 在工具栏中单击【选择并移动】工具，在工作区中对车削后的【把手 01】进行复制，并调整其角度与位置，效果如图 3-51 所示。

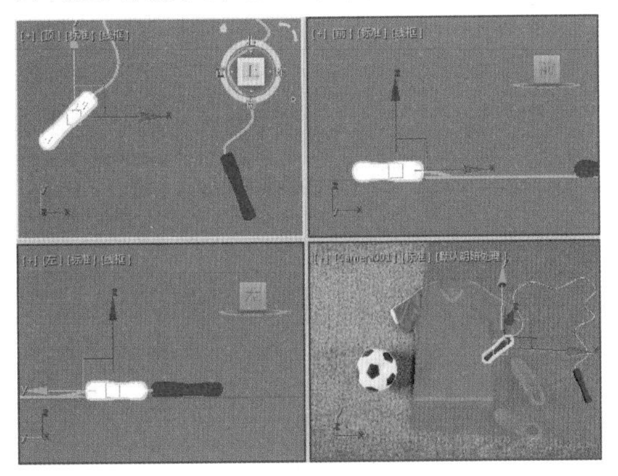

图 3-51

12 在视图中选择两个把手，按 M 键打开【材质编辑器】对话框，选择一个新的材质样本球，将其命名为【把手】，在【Blinn 基本参数】卷展栏中将【环境光】设置为 209、0、0，将【自发光】设置为 24，将【高光级别】、【光泽度】、【柔化】分别设置为 96、62、0.1，如图 3-52 所示。

13 在【贴图】卷展栏中将【反射】右侧的【数量】设置为 80，单击其右侧的【无贴图】按钮，在弹出的对话框中选择【位图】选项，如图 3-53 所示。

14 在弹出的对话框中选择 Map\003.tif 贴图文件，单击【打开】按钮，在【坐标】卷展栏中将【模糊】设置为 2，设置完成后，单击【将材质指定给选定对象】按钮，将选定的材质指定给选定对象即可，如图 3-54 所示，设置完成后，激活摄影机视图，按 F9 键渲染预览效果。

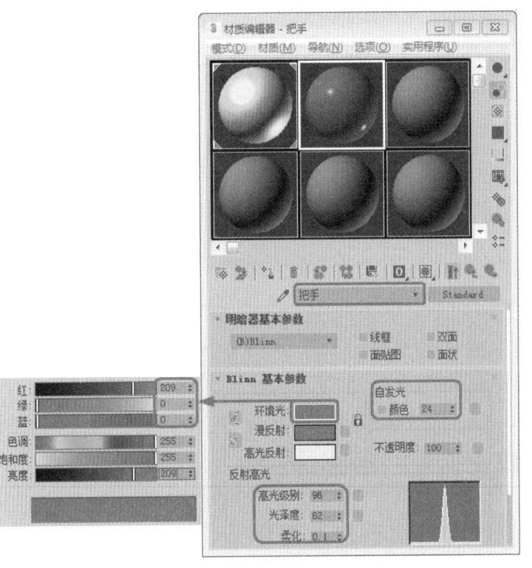

图 3-52

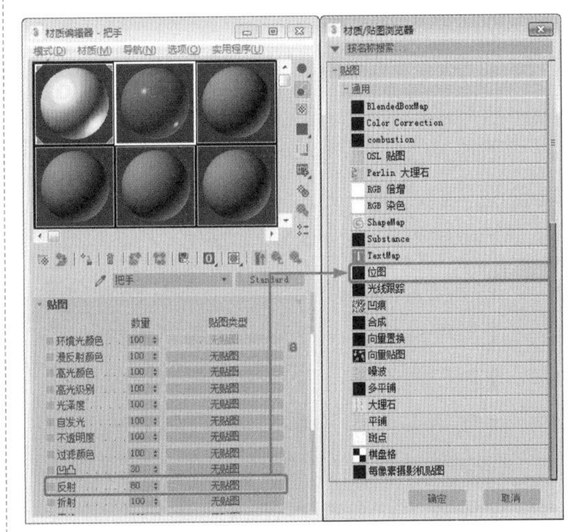

图 3-53

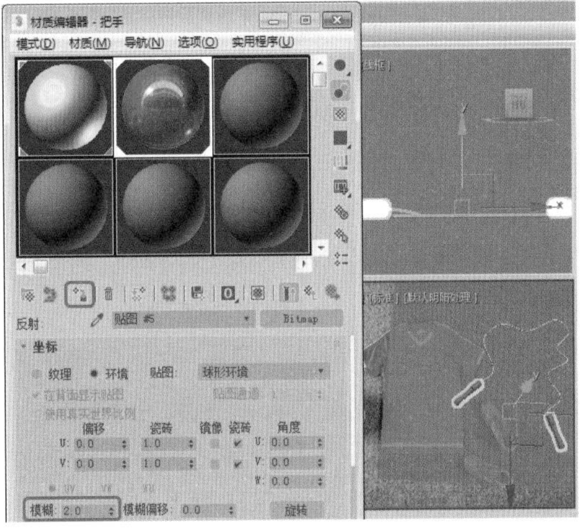

图 3-54

3.3 创建三维对象

在前面几节的内容中讲述了有关基本二维图形的创建以及在选择集基础上的编辑修改，但是如何将这些经过编辑修改的对象变成一个栩栩如生的3D模型呢？在这一节中将主要使用编辑修改器列表中的几个常用的二维编辑修改器来实现这一梦想。

3.3.1 挤出建模

【挤出】修改器用于将一个样条曲线图形增加厚度，挤成三维实体，这是一个非常常用的建模方法，它也是一个物体转换模块，可以进行面片、网格物体、NURBS物体三类模型的输出。

【挤出】修改器的【参数】卷展栏中各项目的功能说明如下。

◎ 【数量】：设置挤出的深度。

◎ 【分段】：设置挤出厚度上的片段划分数。

◎ 【封口始端】：在顶端加面封盖物体。

◎ 【封口末端】：在底端加面封盖物体。

◎ 【变形】：用于变形动画的制作，保证点面恒定不变。

◎ 【栅格】：对边界线进行重排列处理，以最精简的点面数来获取优秀的造型。

◎ 【面片】：将挤出物体输出为面片模型，可以使用【编辑面片】修改命令。

◎ 【网格】：将挤出物体输出为网格模型，可以使用【编辑网格】修改命令。

◎ NURBS：将挤出物体输出为NURBS模型。

◎ 【生成贴图坐标】：将贴图坐标应用到挤出对象中。默认设置为禁用状态。

◎ 【真实世界贴图大小】：控制应用于该对象的纹理贴图材质所使用的缩放方法。缩放值由位于应用材质【坐标】卷展栏中的【使用真实世界比例】设置控制。默认设置为启用。

◎ 【生成材质ID】：将不同的材质ID指定给挤出对象侧面与封口。其中，侧面ID为3，封口ID为1和2。

◎ 【使用图形ID】：将材质ID指定给在挤出产生的样条线中的线段，或指定给在NURBS挤出产生的曲线子对象。

◎ 【平滑】：应用光滑到挤出模型。

下面我们以石凳为例来讲解【挤出】修改器的使用。

01 打开【挤出素材.max】素材文件，如图3-55所示。

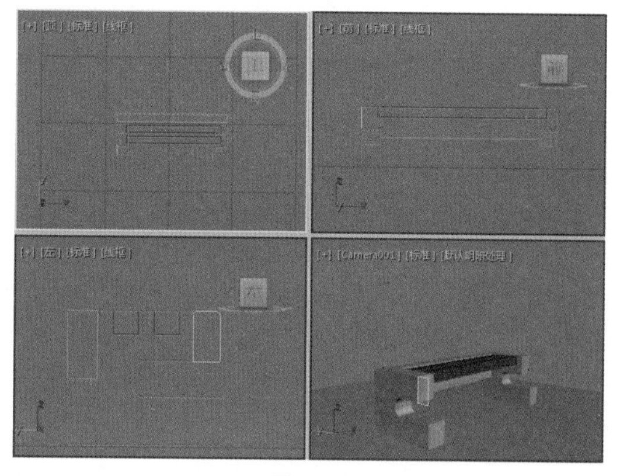

图 3-55

02 在【左】视图中选择【木条03】，切换至【修改】命令面板，在修改器下拉列表中选择【挤出】修改器，在【参数】卷展栏中将【数量】设置为-1726，如图3-56所示。

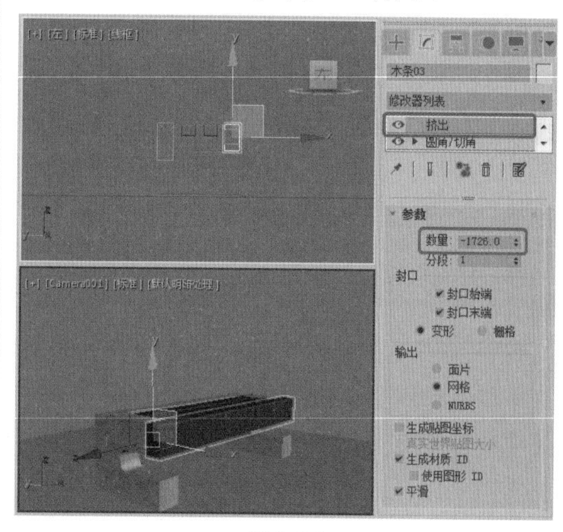

图 3-56

3.3.2 车削建模

【车削】修改器是通过旋转一个二维图形，产生三维造型，效果如图3-57所示，这是非常实用的造型工具，大多数中心放射物体都可以用这种方法完成，它还可以将完成后的造型输出成【面片】造型或NURBS造型。【车削】修改器的【参数】卷展栏如图3-58所示。

图3-57

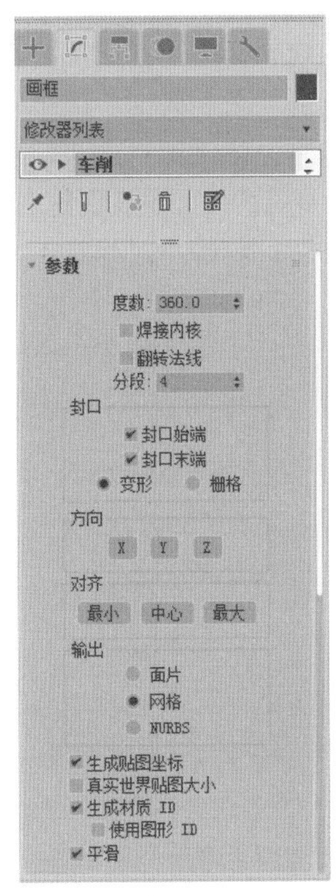

图3-58

【车削】修改器的【参数】卷展栏中各项功能说明如下。

◎ 【度数】：设置旋转成型的角度，360度为一个完整环形，小于360度为不完整的扇形。

◎ 【焊接内核】：将中心轴向上重合的点进行焊接精减，以得到结构相对简单的造型。如果要作为变形物体，不能将此项打开。

◎ 【翻转法线】：将造型表面的法线方向反转。

◎ 【分段】：设置旋转圆周上的片段划分数，值越高，造型越光滑。

◎ 【封口】选项组。

- ◆ 【封口始端】：将顶端加面覆盖。
- ◆ 【封口末端】：将底端加面覆盖。
- ◆ 【变形】：不进行面的精简计算，以便用于变形动画的制作。
- ◆ 【栅格】：进行面的精简计算，不能用于变形动画的制作。

◎ 【方向】选项组。

- ◆ X/Y/Z：分别设置不同的轴向。

◎ 【对齐】选项组。

- ◆ 【最小】：将曲线内边界与中心轴对齐。
- ◆ 【中心】：将曲线中心与中心轴对齐。
- ◆ 【最大】：将曲线外边界与中心轴对齐。

3.3.3 倒角建模

【倒角】修改器是对二维图形进行挤出成形，并且在挤出的同时，在边界上加入线性或弧形倒角，它只能对二维图形使用，一般用来完成文字标志的制作。

【倒角】修改器卷展栏如图3-59所示，其中各项目的功能说明如下。

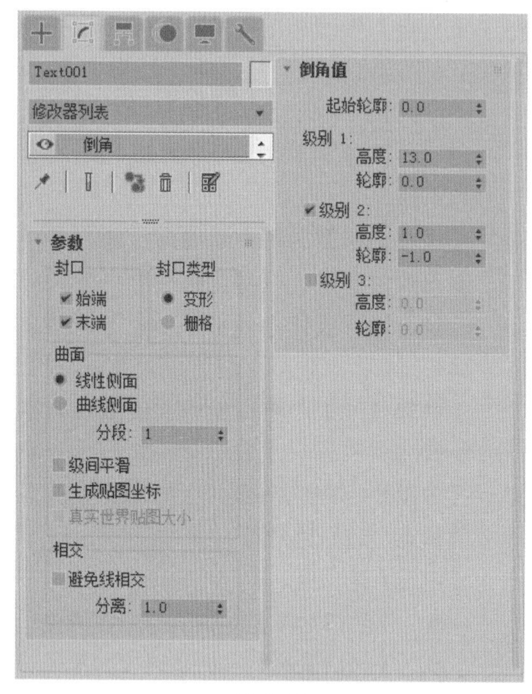

图 3-59

（1）【倒角值】卷展栏

◎ 【起始轮廓】：设置原始图形的外轮廓大小，如果值为 0，将以原始图形为基准，进行倒角制作。

◎ 【级别 1】/【级别 2】/【级别 3】：分别设置三个级别的【高度】和【轮廓】大小。

（2）【参数】卷展栏

◎ 【封口】：对造型两端进行加盖控制，如果两端都加盖处理，则为封闭实体。
  - ◆ 【始端】：将开始封顶加盖截面。
  - ◆ 【末端】：将结束截面封顶加盖。

◎ 【封口类型】：设置顶端表面的构成类型。
  - ◆ 【变形】：不处理表面，以便进行变形操作，制作变形动画 。
  - ◆ 【栅】：进行表面网格处理，它产生的渲染效果要优于【变形】方式。

◎ 【曲面】：控制侧面的曲率、光滑度以及指定贴图坐标。
  - ◆ 【线性侧面】：设置倒角内部片段划分为直线方式。
  - ◆ 【曲线侧面】：设置倒角内部片段划分为弧形方式。
  - ◆ 【分段】：设置倒角内部的片段划分数，多的片段划分主要用于弧形倒角。
  - ◆ 【级间平滑】：控制是否将平滑组应用于倒角对象侧面。封口会使用与侧面不同的平滑组。启用此项后，对侧面应用平滑组，侧面显示为弧状。禁用此项后不应用平滑组，侧面显示为平面倒角。

◎ 【避免线相交】：对倒角进行处理，但总保持顶盖不被光滑，防止轮廓彼此相交。它通过在轮廓中插入额外的顶点并用一条平直的线段覆盖锐角来实现。

◎ 【分离】：设置边之间所保持的距离。最小值为 0.01。

课后项目练习

制作三维文字

通常我们说的三维是指在平面二维系中又加入了一个方向向量构成的空间系。三维即是坐标轴的三个轴，即 X 轴、Y 轴、Z 轴，其中 X 表示左右空间，Y 表示上下空间，Z 表示前后空间，这样就形成了人的视觉立体感。本节将介绍如何制作三维文字。

课后项目练习效果展示

效果如图 3-60 所示。

图 3-60

课后项目练习过程概要

（1）利用【文字】工具输入文字内容。

（2）通过【倒角】修改器将二维文字转换为三维文字。

素材	Scenes\Cha03\ 三维文字素材 .max
场景	Scenes\Cha03\ 制作三维文字 .max
视频	视频教学 \Cha03\ 制作三维文字 .max

01 打开【三维文字素材 .max】素材文件，如图 3-61 所示。

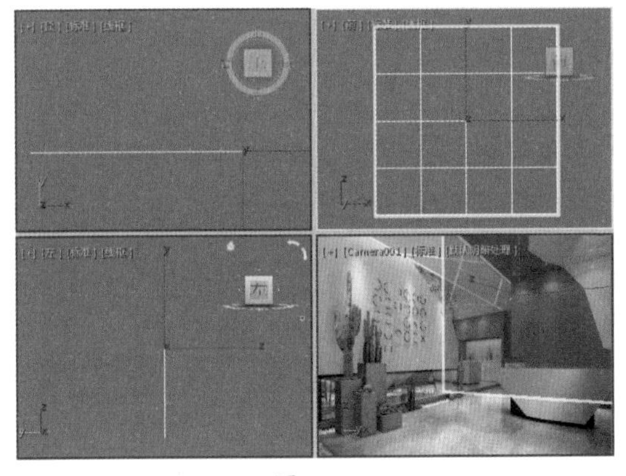

图 3-61

02 选择【创建】|【图形】|【文本】工具，将【字体】设置为【方正综艺简体】，将【大小】设置为 90，将【字间距】设置为 5，在【文本】文本框中输入文字【匠品传媒】，然后在【前】视图中单击鼠标创建文字，如图 3-62 所示。

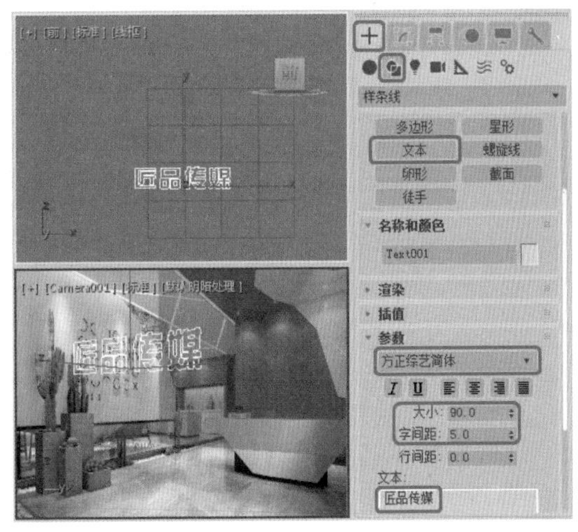

图 3-62

03 确定文字处于选择状态，切换至【修改】命令面板，在修改器列表中选择【倒角】修改器，在【倒角】卷展栏中将【级别 1】下的【高度】设置为 13，勾选【级别 2】复选框，将【高度】设为 1，【轮廓】设为 -1，如图 3-63 所示。

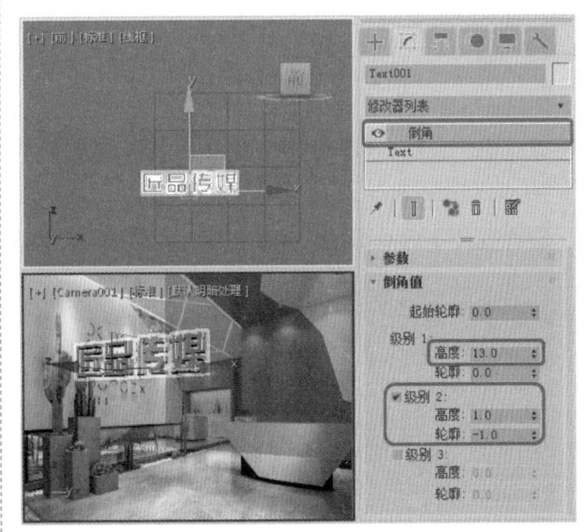

图 3-63

04 在工具栏中单击【选择并移动】按钮，在视图中调整文字的位置，效果如图 3-64 所示。

提示：【倒角】修改器是通过对二维图形进行挤出成形，并且在挤出的同时，在边界上加入直形或圆形的倒角，一般用来制作立体文字和标志。

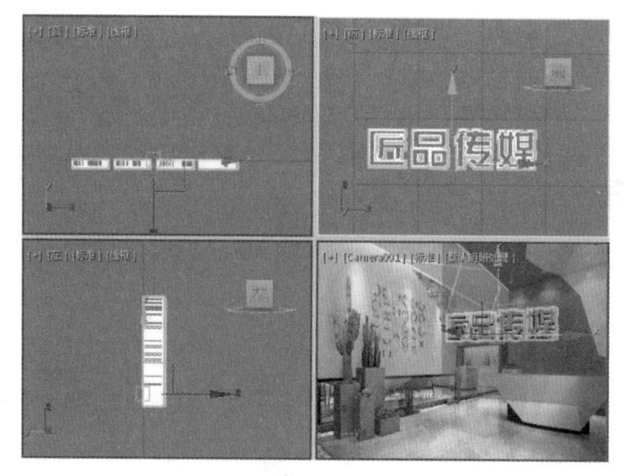

图 3-64

知识链接：二维建模的意义

在实际操作中，二维图形是三维模型建立的一个重要的基础。二维图形在制作中有以下用途。

（1）作为平面和线条物体。对于封闭的图形，加入网格物体编辑修改器，可以将它变为无厚度的薄片物体，用作地面、文字图案、广告牌等，也可以对它进行点面的加工，产生曲面造型；并且，设置相应的参数后，这些图形也可以渲染，默认情况下以一个星形作为截面，产生带厚度的实体，并且可以指定贴图坐标，如图 3-65 所示。

（2）作为【挤出】、【车削】等加工成型的截面图形，可以经过【挤出】修改，增加厚度，产生三维框。【车削】还可将曲线图形进行中心旋转放样，产生三维模型，如图 3-66 所示为对样条曲线添加【车削】修改器的效果。

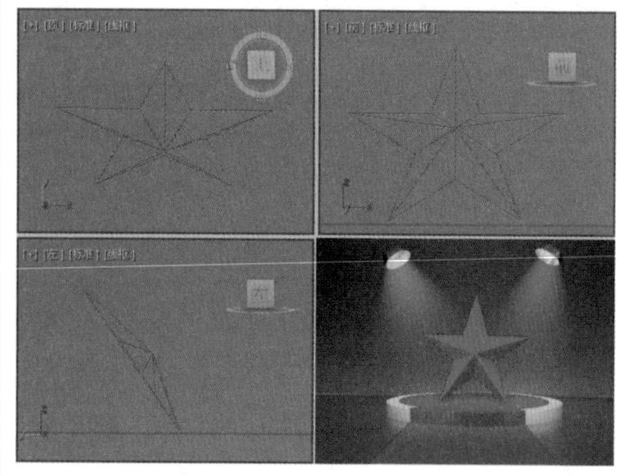

图 3-65

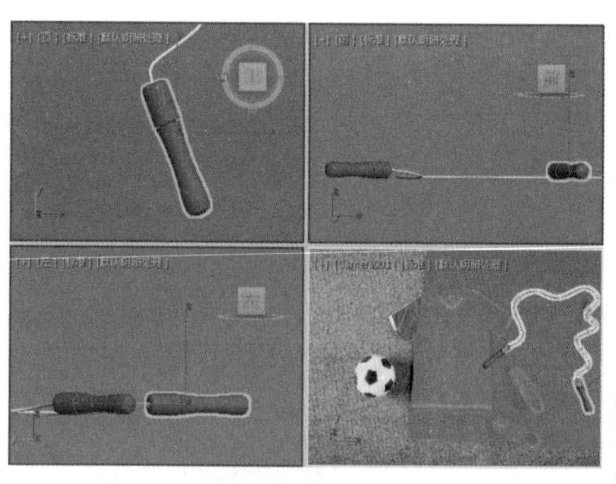

图 3-66

（3）作为放样物体使用的曲线。在放样过程中，使用的曲线都是图形，它们可以作为路径、截面图形，如图 3-67 所示为放样图形后并使用【缩放】命令调整的效果。

(4) 作为运动的路径。图形可以作为物体运动时的运动轨迹，使物体沿着它进行运动，如图 3-68 所示。

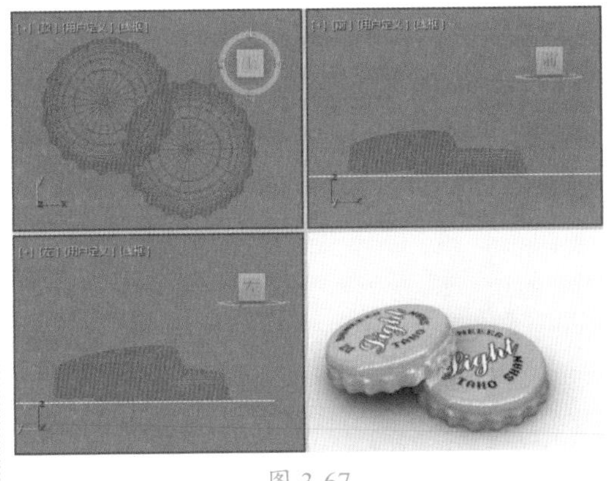

图 3-67

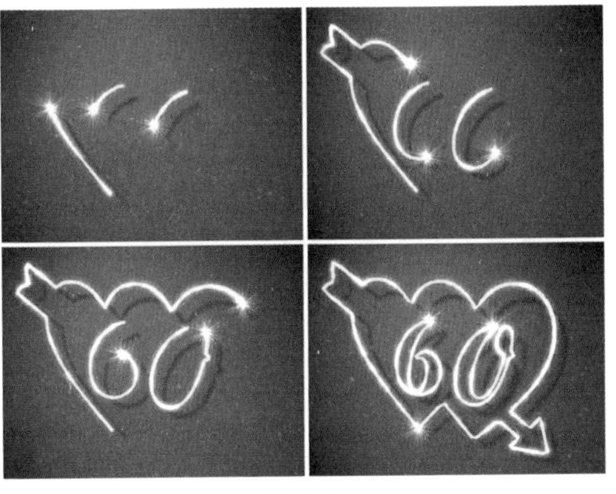

图 3-68

05 按 M 键打开【材质编辑器】对话框，选择一个空白的材质球，将其命名为【金属】，然后将明暗器类型设置为【(M) 金属】，将【环境光】RGB 设置为 209、205、187，在【反射高光】选项组中将【高光级别】、【光泽度】设置为 102、74，如图 3-69 所示。

06 在【贴图】卷展栏中将【反射】右侧的【数量】设置为 90，并单击其右侧的【无贴图】按钮，在弹出的【材质 / 贴图浏览器】对话框中选择【光线跟踪】选项，如图 3-70 所示。

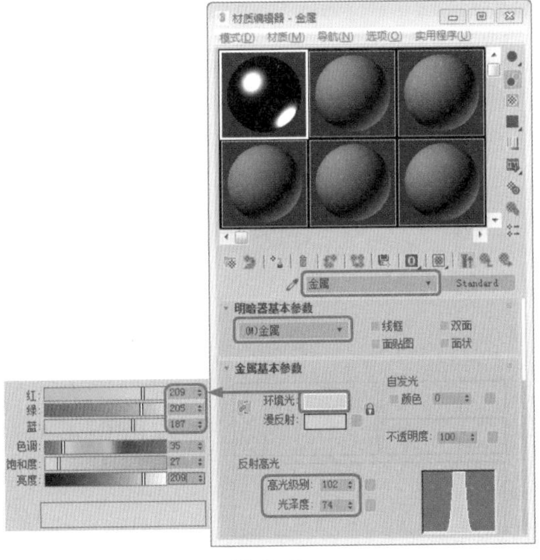

图 3-69

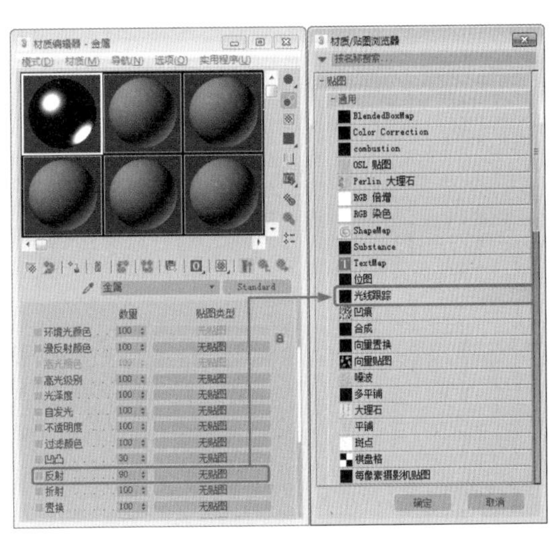

图 3-70

07 单击【确定】按钮，选项保持默认设置。单击【转到父对象】按钮，确定文字处于选择状态，单击【将材质指定给选定对象】按钮，将对话框关闭，在摄影机视图中按 F9 键预览效果即可。

提示：材质主要用于描述对象如何反射和传播光线，材质中的贴图主要用于模拟对象质地、提供纹理图案、反射、折射等其他效果（贴图还可以用于环境和灯光投影）。依靠各种类型的贴图，可以创作出千变万化的材质，例如，在瓷瓶上贴上花纹就成了名贵的瓷器。高超的贴图技术是制作仿真材质的关键，也是决定最后渲染效果的关键。关于材质的调节和指定，系统提供了【材质编辑器】和【材质 / 贴图浏览器】。【材质编辑器】用于创建、调节材质，并最终将其指定到场景中；【材质 / 贴图浏览器】用于检查材质和贴图。

第 04 章

骰子设计——模型的修改与编辑

本章导读

三维模型的修改与编辑是建模过程中最为重要的一个环节，本章将讲解模型的修改与编辑的重要操作技术，其中包括布尔运算、编辑多边形、编辑网格修改器等内容。通过本章的学习，可以学会三维复合对象建模。

案例精讲
骰子设计

为了更好地完成本设计案例，现对制作要求及设计内容做如下规划，骰子设计效果如图 4-1 所示。

作品名称	骰子设计
设计创意	（1）利用【切角长方体】制作骰子轮廓。 （2）利用【球体】绘制球形对象，并对球体与切角长方体进行布尔运算，完成骰子的制作
主要元素	（1）骰子。 （2）底板
应用软件	3ds Max 2020
素材	Scenes\Cha04\ 骰子素材 .max
场景	Scenes \Cha04\【案例精讲】骰子设计 .max
视频	视频教学 \Cha04\【案例精讲】骰子设计 .mp4
骰子设计效果欣赏	图 4-1
备注	

01 打开【骰子素材 .max】素材文件，选择【创建】 | 【几何体】 | 【扩展基本体】 | 【切角长方体】工具，在【顶】视图中创建一个切角长方体，切换到【修改】命令面板，在【参数】卷展栏中将【长度】、【宽度】和【高度】设置为 50，将【圆角】设置为 5，将【圆角分段】设置为 5，如图 4-2 所示。

02 选择【创建】 | 【几何体】 | 【标准基本体】 | 【球体】工具，在【顶】视图中创建一个球体，将【半径】设置为 10，如图 4-3 所示。

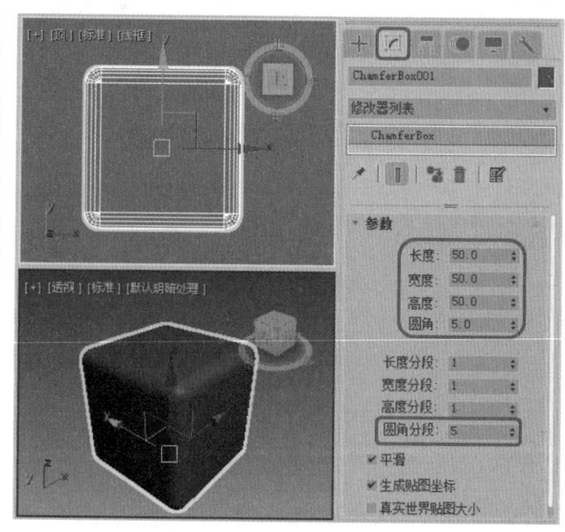

图 4-2

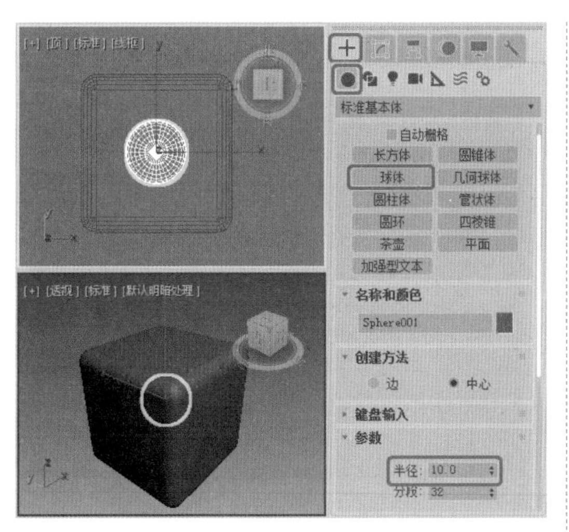

图 4-3

03 选择创建的球体，在工具栏中单击【对齐】按钮，然后在【顶】视图中拾取创建的切角长方体，在弹出的对话框中勾选【X 位置】、【Y 位置】和【Z 位置】复选框，将【当前对象】和【目标对象】设置为【中心】，如图 4-4 所示。

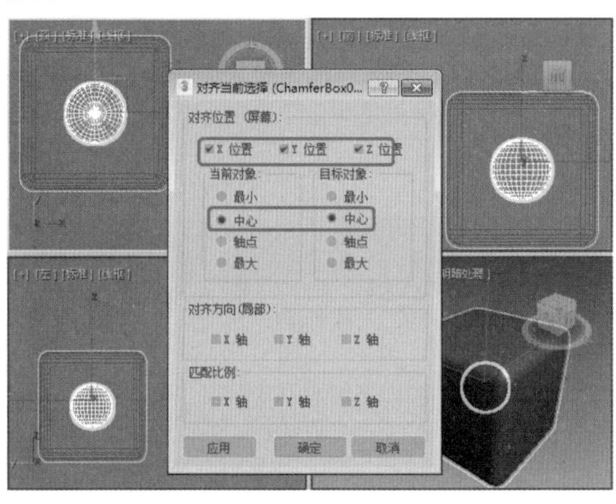

图 4-4

04 单击【确定】按钮，然后在【前】视图中使用【选择并移动】工具沿 Y 轴向上调整球体，效果如图 4-5 所示。

05 继续使用【球体】工具在【顶】视图中绘制一个【半径】为 5 的球体，并在视图中调整其位置，如图 4-6 所示。

06 在【顶】视图中使用【选择并移动】工具，在按住 Shift 键的同时沿 Y 轴向下拖曳球体，至切角长方体中间位置处松开鼠标左键，弹出【克隆选项】对话框，单击【复制】单选按钮，将【副本数】设置为 2，如图 4-7 所示。

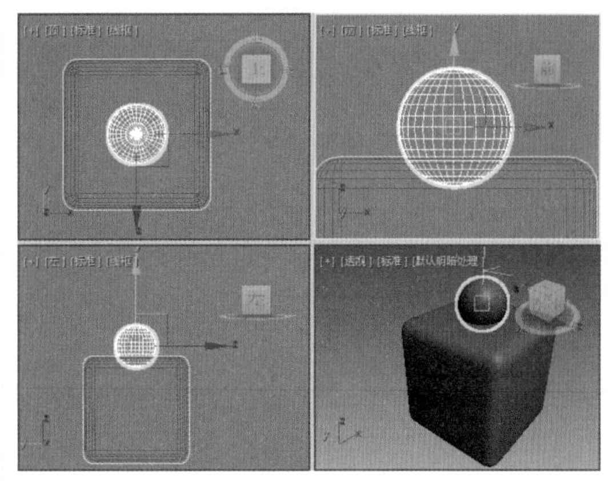

图 4-5

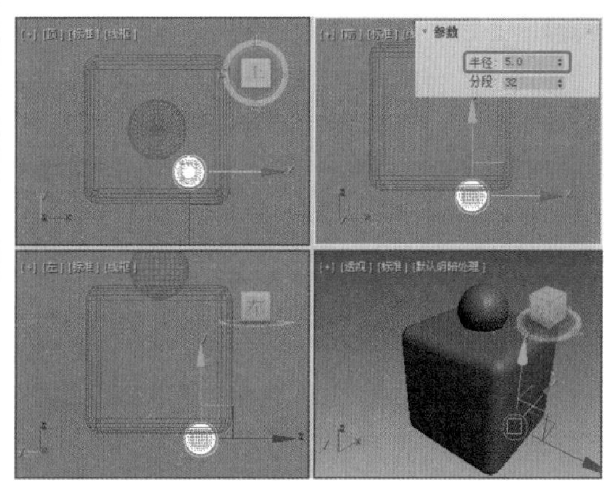

图 4-6

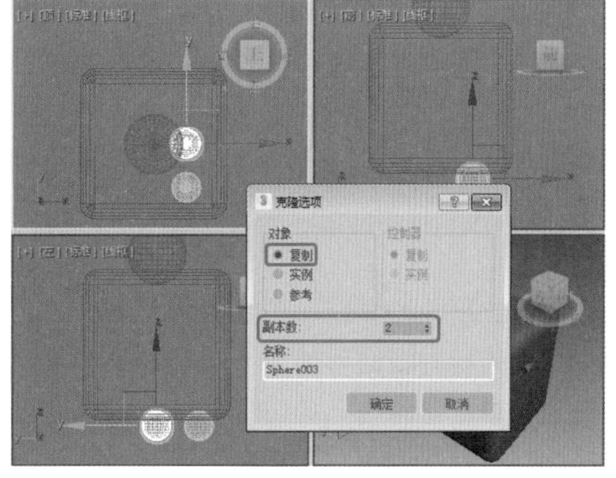

图 4-7

07 单击【确定】按钮，在【顶】视图中选择【半径】为 5 的三个球体，在工具栏中单击【镜像】按钮，弹出【镜像：屏幕 坐标】对话框，在【镜像轴】选项组中单击 X 单选按钮，将【偏移】设置为 -22，在【克隆当前选择】选项组中单击【复制】单选按钮，如图 4-8 所示。

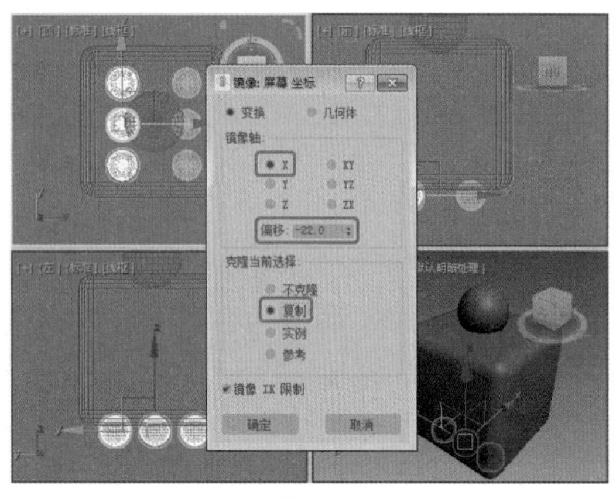

图 4-8

08 单击【确定】按钮，在场景中选择所有【半径】为 5 的球体，结合前面介绍的方法，对其进行复制，效果如图 4-9 所示。

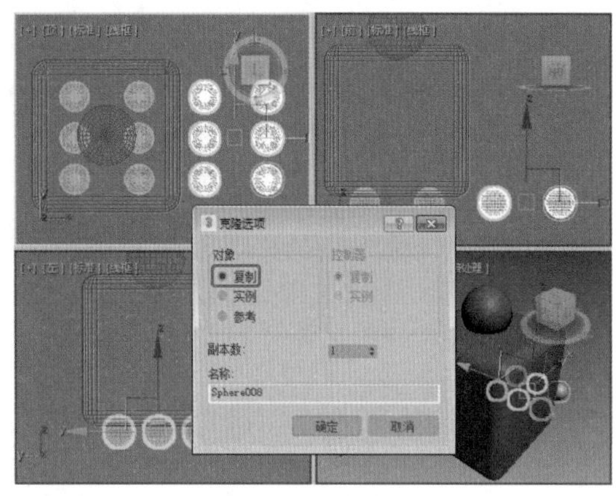

图 4-9

09 在工具栏中右击【角度捕捉切换】按钮，弹出【栅格和捕捉设置】对话框，选择【选项】选项卡，将【角度】设置为 45，然后关闭对话框即可，如图 4-10 所示。

10 确认复制后的球体处于选择状态，在工具栏中单击【角度捕捉切换】按钮和【选择并旋转】按钮，在【左】视图中沿 X 轴旋转 -90 度，如图 4-11 所示。

11 在【顶】视图中沿 Z 轴旋转 90 度，然后在其他视图中调整其位置，并在【前】视图中将上方中间的球体删除，效果如图 4-12 所示。

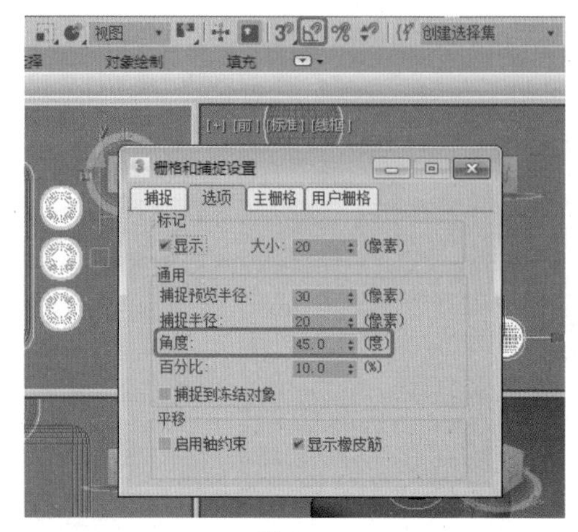

图 4-10

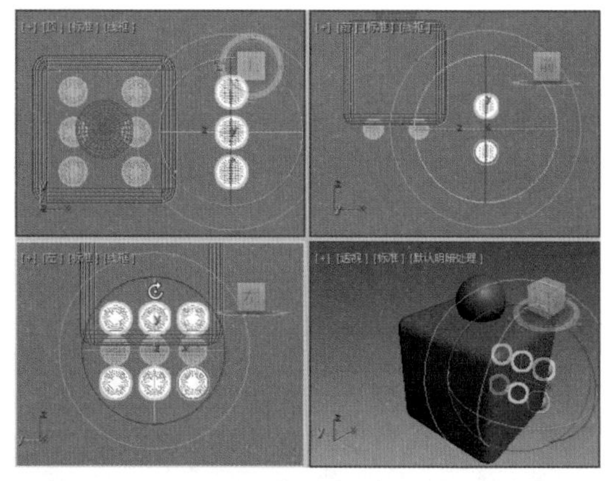

图 4-11

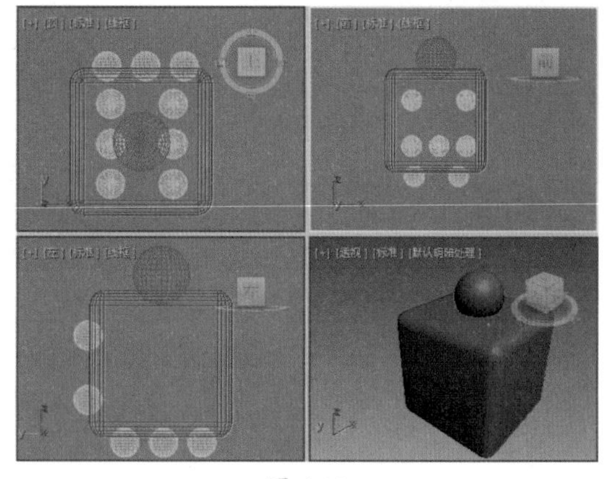

图 4-12

12 在【前】视图中选择下方中间的球体，在工具栏中单击【对齐】按钮，然后在【前】视图中拾取创建的切角长方体，在弹出的对话框中只勾选【Y 位置】复选框，将【当前对象】和【目标对象】设置为【中心】，如图 4-13 所示。

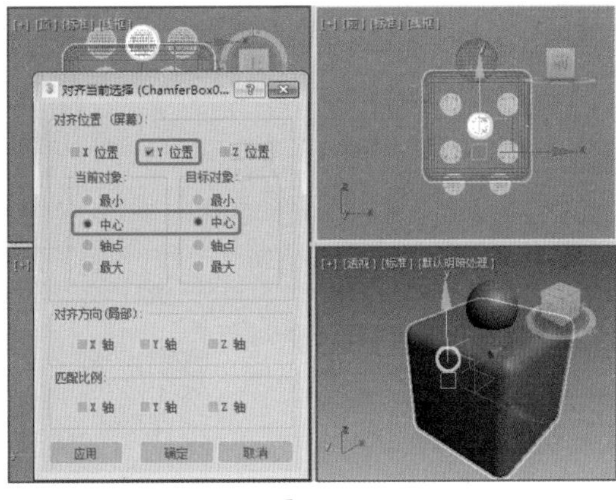

图 4-13

13 单击【确定】按钮，使用同样的方法，在切角长方体的其他面添加球体对象，效果如图 4-14 所示。

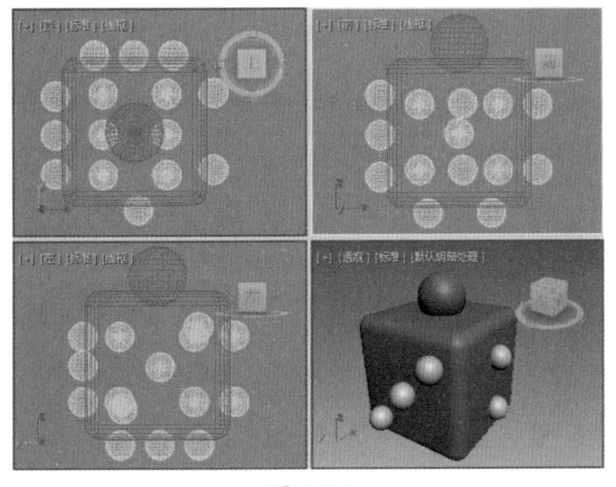

图 4-14

14 在场景中选择 Sphere001 对象，单击鼠标右键，在弹出的快捷菜单中选择【转换为】|【转换为可编辑多边形】命令，如图 4-15 所示。

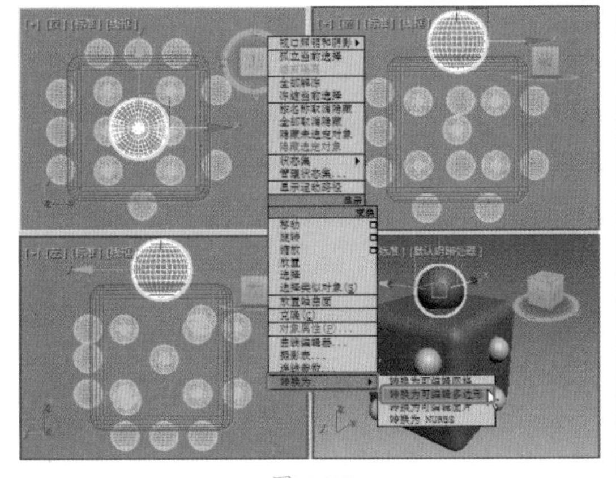

图 4-15

15 切换到【修改】命令面板，在【编辑几何体】卷展栏中单击【附加】按钮右侧的【附加列表】按钮，在弹出的对话框中选择所有的球体对象，如图 4-16 所示。

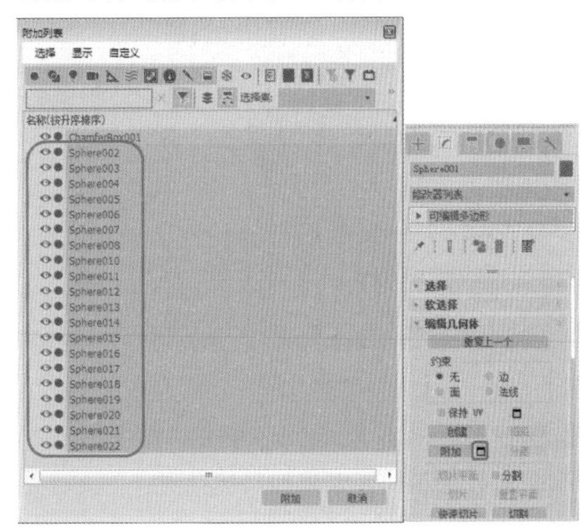

图 4-16

16 单击【附加】按钮，在场景中选择切角长方体，然后选择【创建】|【几何体】|【复合对象】|ProBoolean 工具，在【拾取布尔对象】卷展栏中单击【开始拾取】按钮，在场景中单击拾取附加的球体，如图 4-17 所示。

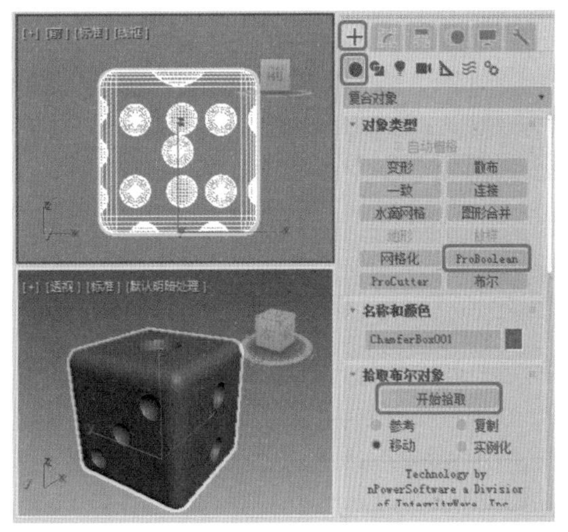

图 4-17

17 切换到【修改】命令面板，将布尔后的对象重命名为【骰子】，并单击鼠标右键，在弹出的快捷菜单中选择【转换为】|【转换为可编辑多边形】命令，如图 4-18 所示。

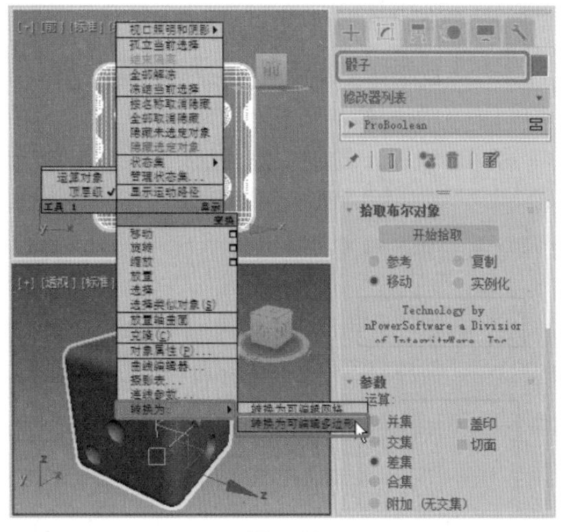

图 4-18

18 将当前选择集定义为【多边形】，在场景中选择除 1 和 4 以外的其他孔对象，在【多边形：材质 ID】卷展栏中将【设置 ID】设置为 1，如图 4-19 所示。

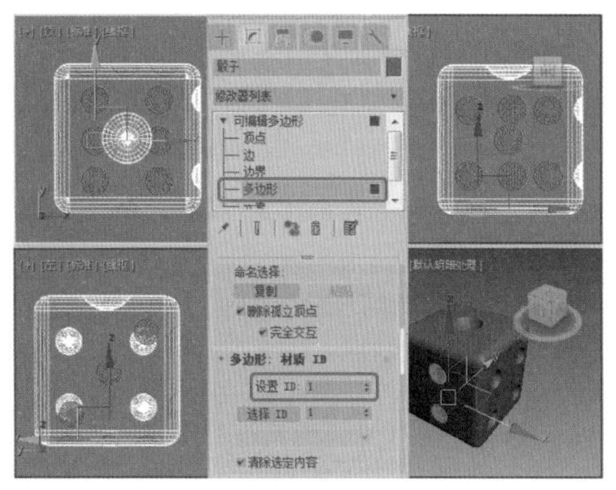

图 4-19

> 提示：ProBoolean 工具是通过将两个或多个对象执行布尔运算将它们组合起来，还可以自动将布尔结果细分为四边形面。ProBoolean 支持并集、交集、差集、合并、附加和插入。前三个运算与标准布尔复合对象中执行的运算很相似。

19 在场景中选择代表 1 和 4 的孔对象，在【多边形：材质 ID】卷展栏中将【设置 ID】设置为 2，如图 4-20 所示。

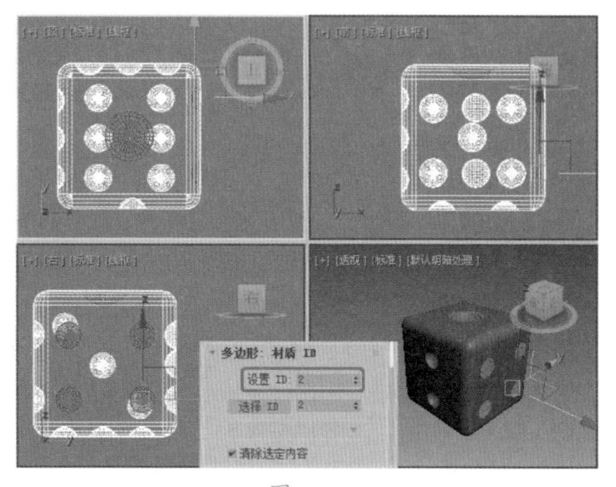

图 4-20

20 在场景中选择除孔以外的其他对象，在【多边形：材质 ID】卷展栏中将【设置 ID】设置为 3，如图 4-21 所示。

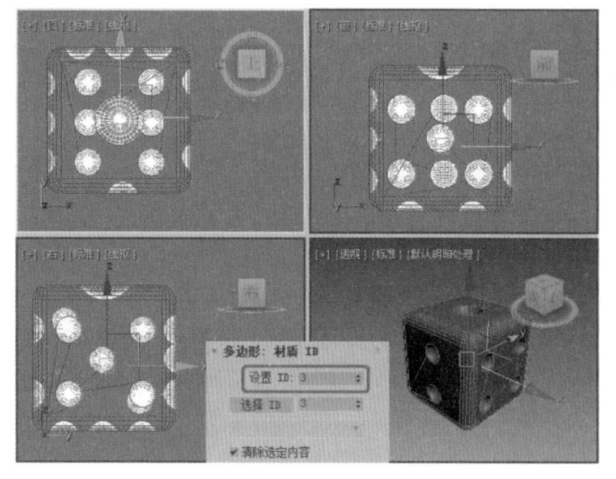

图 4-21

21 关闭当前选择集，按 M 键弹出【材质编辑器】对话框，选择一个新的材质样本球，单击名称栏右侧的 Standard 按钮，在弹出的【材质 / 贴图浏览器】对话框中选择【多维 / 子对象】材质，如图 4-22 所示。

22 单击【确定】按钮，弹出【替换材质】对话框，单击【确定】按钮即可，然后在【多维 / 子对象基本参数】卷展栏中单击【设置数量】按钮，弹出【设置材质数量】对话框，将【材质数量】设置为 3，如图 4-23 所示。

23 单击【确定】按钮，然后单击 ID1 右侧的子材质按钮，进入子级材质面板，在【Blinn 基本参数】卷展栏将【环境光】的 RGB 值设置为 0、0、255，在【反射高光】选项组中将

【高光级别】和【光泽度】分别设置为 110、35，如图 4-24 所示。

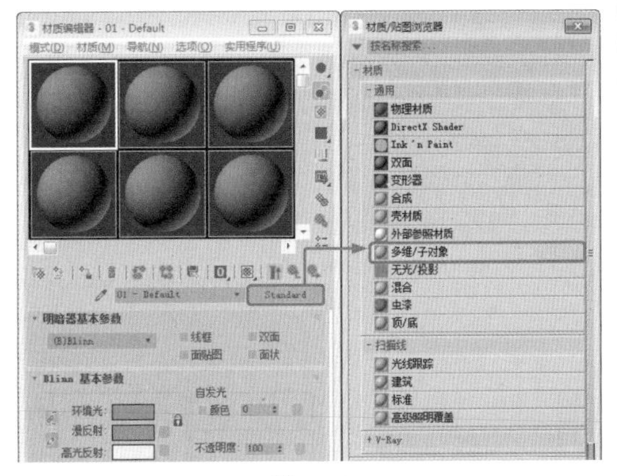

图 4-22

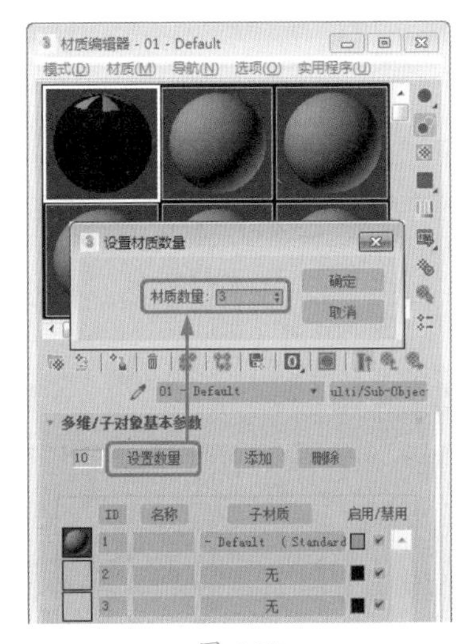

图 4-23

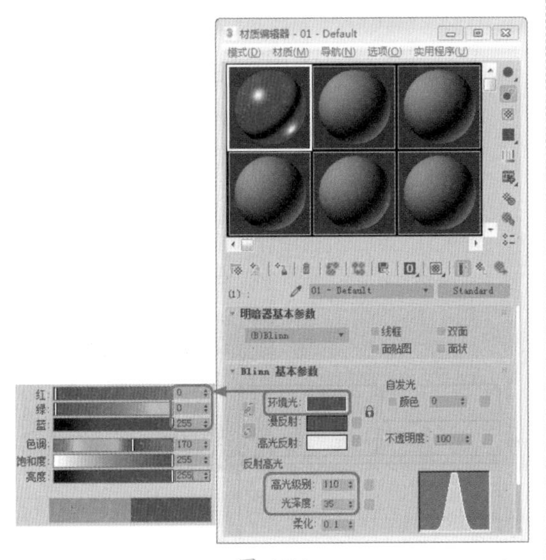

图 4-24

24 在【贴图】卷展栏中将【反射】右侧的【数量】设置为 30，并单击右侧的【无贴图】按钮，在弹出的【材质 / 贴图浏览器】对话框中选择【位图】贴图，如图 4-25 所示。

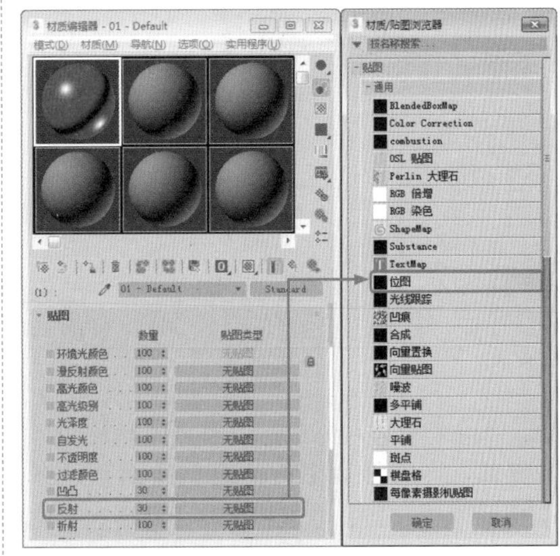

图 4-25

25 单击【确定】按钮，在弹出的对话框中选择 Map\003.tif 素材图片，单击【打开】按钮，在【坐标】卷展栏中将【模糊】设置为 10，如图 4-26 所示。

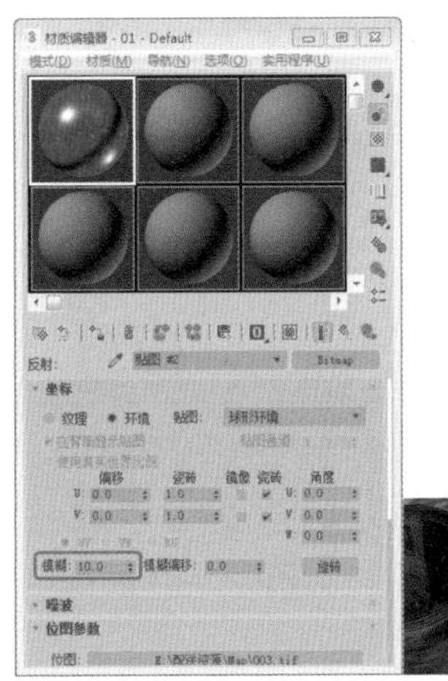

图 4-26

26 单击两次【转到父对象】按钮，返回到父级材质层级中。选择 ID1 右侧的材质，按住鼠标将其拖曳至 ID2 右侧的【无】按钮上，在弹出的对话框中单击【复制】单选按钮，如图 4-27 所示。

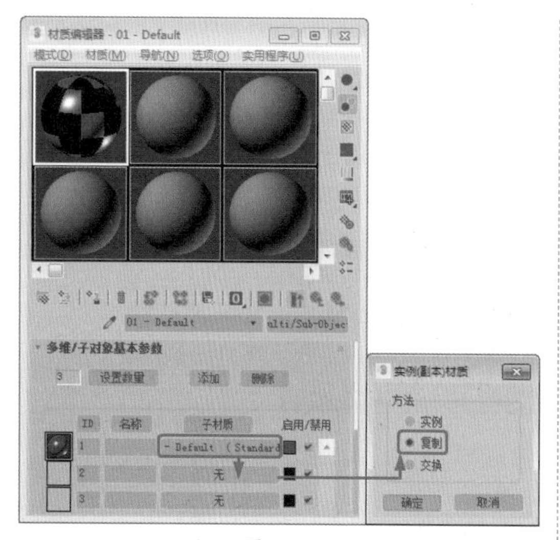

图 4-27

27 单击【确定】按钮，单击 ID2 右侧的材质按钮，即可进入 ID2 子级材质面板，在【Blinn 基本参数】卷展栏中将【环境光】的 RGB 值设置为 255、0、0，如图 4-28 所示。

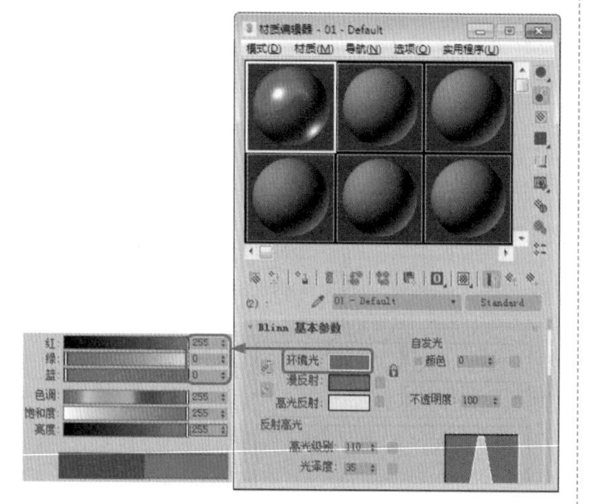

图 4-28

28 使用同样的方法设置 ID3 材质，并单击【将材质指定给选定对象】按钮，将材质指定给【骰子】对象，如图 4-29 所示。

29 在场景中复制多个骰子对象，并调整其旋转角度和位置，效果如图 4-30 所示。

30 在视图中右击鼠标，在弹出的快捷菜单中选择【全部取消隐藏】命令，激活【透视】视图，按 C 键将其转换为摄影机视图，然后在视图中调整模型的位置，如图 4-31 所示。

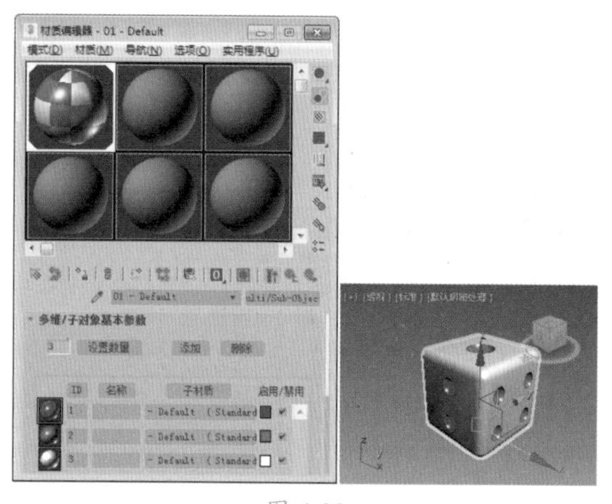

图 4-29

提示：未为 ID3 材质设置反射贴图。

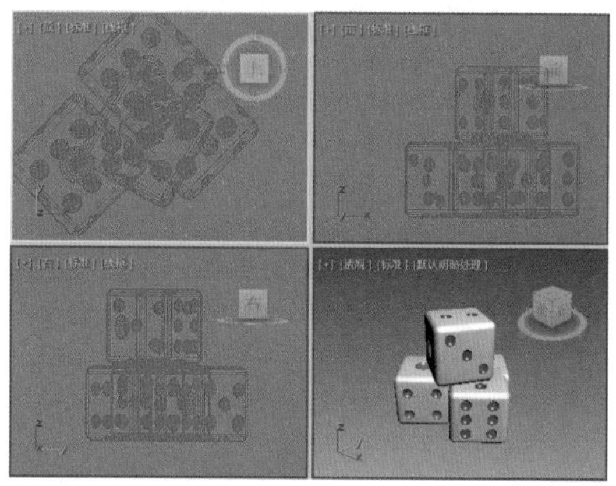

图 4-30

图 4-31

4.1 复合对象与布尔运算

3ds Max 2020 的基本内置模型是创建复合物体与布尔运算的基础，可以将多个内置模型组合在一起，从而产生出千变万化的模型，本节将介绍复合对象与布尔运算。

4.1.1 复合对象

选择【创建】|【几何体】|【复合对象】工具，就可以打开【复合对象】命令面板。

复合对象是将两个以上的物体通过特定的合成方式结合为一个物体。对于合并的过程不仅可以反复调节，还可以表现为动画方式，使一些高难度的造型和动画制作成为可能。【复合对象】命令面板如图 4-32 所示。

图 4-32

其中在【复合对象】命令面板中包括以下命令。

◎ 【变形】：变形是一种与 2D 动画中的中间动画类似的动画技术。【变形】对象可以合并两个或多个对象，方法是插补第一个对象的顶点，使其与另外一个对象的顶点位置相符。

◎ 【散布】：散布是复合对象的一种形式，将所选的源对象散布为阵列，或散布到分布对象的表面。

◎ 【一致】：将某个对象（称为包裹器）的顶点投射至另一个对象（称为包裹对象）的表面。

◎ 【连接】：通过对象表面连接两个或多个对象。

◎ 【水滴网格】：水滴网格复合对象可以通过几何体或粒子创建一组球体，还可以将球体连接起来，就好像这些球体是由柔软的液态物质构成的一样。

◎ 【图形合并】：创建包含网格对象和一个或多个图形的复合对象。这些图形嵌入在网格中（将更改边与面的模式），或从网格中消失。

◎ 【地形】：通过轮廓线数据生成地形对象。

◎ 【放样】：放样对象是沿着第三个轴挤出的二维图形。从两个或多个现有样条线对象中创建放样对象，这些样条线之一会作为路径，其余的样条线会作为放样对象的横截面或图形。沿着路径排列图形时，3ds Max 会在图形之间生成曲面。

◎ 【网格化】：以每帧为基准将程序对象转化为网格对象，这样可以应用修改器，如弯曲或 UVW 贴图。它可用于任何类型的对象，但主要为使用粒子系统而设计。

◎ ProBoolean：布尔对象通过对两个或多个其他对象执行布尔运算将它们组合起来。ProBoolean 将大量功能添加到传统的 3ds Max 布尔对象中，如每次使用不同的布尔运算组合多个对象。ProBoolean 还可以自动将布尔结果细分为四边形面，这有助于网格平滑和涡轮平滑。

◎ ProCutter：主要目的是分裂或细分体积。ProCutter 运算结果尤其适合在动态模拟中使用。

◎ 【布尔】：布尔对象通过对其他两个对象执行布尔操作将它们组合起来。

4.1.2 使用布尔运算

【布尔】运算类似于传统的雕刻建模技术，因此，布尔运算建模是许多建模者常用、也是非常喜欢使用的技术。通过使用基本几何体，可以快速、容易地创建任何非有机体的对象。

在数学里，布尔意味着两个集合之间的比较；而在 3ds Max 中，布尔是两个几何体次对象集之间的比较。布尔运算是根据两个已有对象定义一个新的对象。

在 3ds Max 中，根据两个已经存在的对象创建一个布尔组合对象来完成布尔运算，两个存在的对象称为运算对象。

01 打开 3ds Max 2020 软件，在场景中创建一个茶壶和管状体对象，将它们放置在如图 4-33 所示的位置。

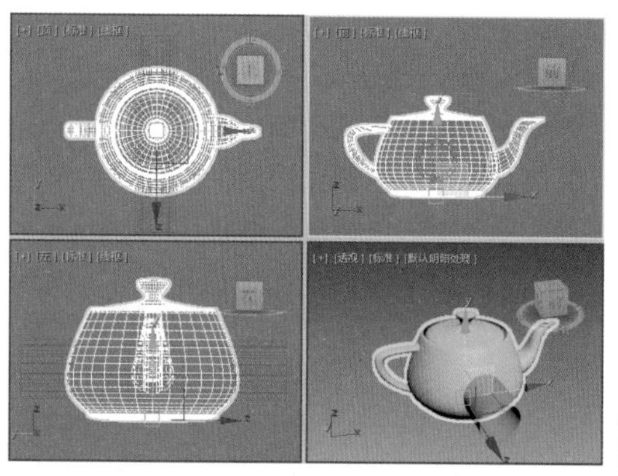

图 4-33

02 在视图中选择创建的茶壶对象，然后选择【创建】 | 【几何体】 | 【复合对象】 | 【布尔】工具，即可进入布尔运算模式，在【布尔参数】卷展栏中单击【添加运算对象】按钮，在场景中拾取管状体对象，并在【运算对象参数】卷展栏中选择【差集】运算方式，布尔后的效果如图 4-34 所示。

图 4-34

1. 【布尔】运算的类型

下面讲解几种常用的布尔运算方式。

1）并集运算

并集运算用于将两个造型合并，相交的部分被删除，成为一个新物体。它与【结合】命令相似，但造型结构已发生变化，相对产生的造型复杂度较低。

在视图中选择创建的圆柱体对象，选择【创建】 |【几何体】 |【复合对象】|【布尔】工具，在【运算对象参数】卷展栏中选择【并集】按钮，然后在【布尔参数】卷展栏中单击【添加运算对象】按钮，在场景中拾取茶壶对象，得到的效果如图 4-35 所示。

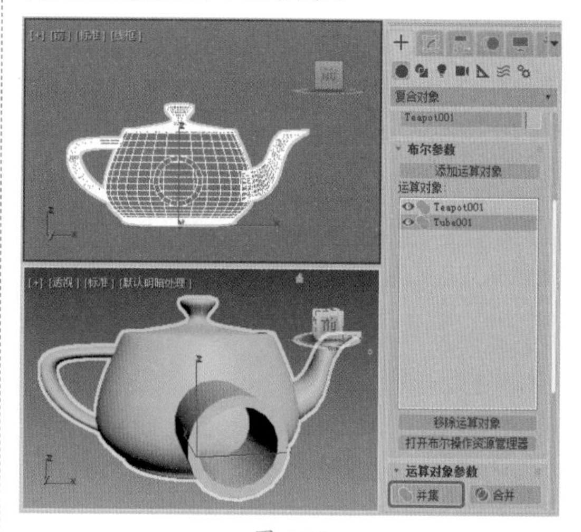

图 4-35

2）交集运算

交集运算用于将两个造型相交的部分保留，不相交的部分删除。

在视图中选择创建的圆柱体对象，选择【创建】 |【几何体】 |【复合对象】|【布尔】工具，在【运算对象参数】卷展栏中选择【交集】按钮，然后在【布尔参数】卷展栏中单击【添加运算对象】按钮，在场景中拾取茶壶对象，得到的效果如图 4-36 所示。

3）差集运算

差集运算用于将两个造型进行相减处理，得到一种切割后的造型。这种方式对两个物体相减的顺序有要求，会得到两种不同的结果。

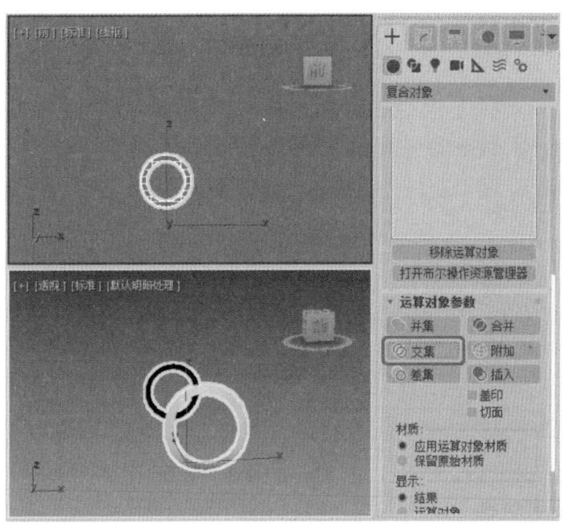

图 4-36

在视图中选择创建的茶壶对象，选择【创建】 | 【几何体】 | 【复合对象】 | 【布尔】工具，在【运算对象参数】卷展栏中选择【差集】按钮，然后在【布尔参数】卷展栏中单击【添加运算对象】按钮，在场景中拾取圆柱体对象，得到的效果如图 4-37 所示。

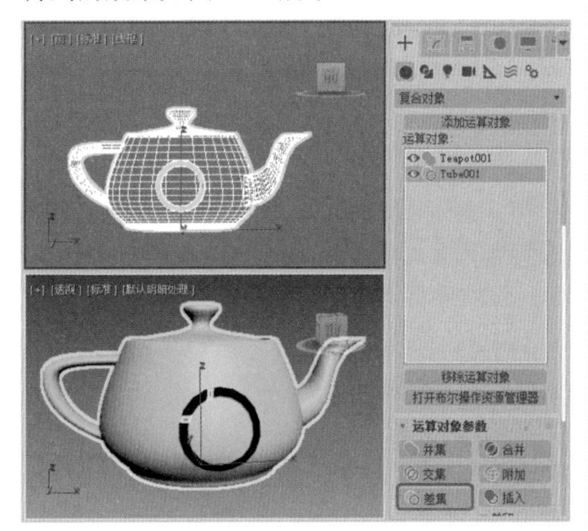

图 4-37

2. ProBoolean

除了上面介绍的布尔运算之外，通过 ProBoolean 也可以实现布尔效果。

◎ 【名称和颜色】：主要是对布尔后的物体进行命名及设置颜色。

◎ 【拾取布尔对象】卷展栏：选择操作对象 B 时，根据在【布尔参数】卷展栏中为布尔对象所提供的几种选择方式，可以将操作对象 B 指定为参考、移动（对象本身）、复制或实例化，如图 4-38 所示。

图 4-38

- ◆ 【开始拾取】按钮：此按钮用于选择布尔操作中的第二个对象。
- ◆ 【参考】：将原始物体的参考复制品作为运算物体 B，以后改变原始物体时，也会同时改变布尔物体中的运算物体 B，但改变运算物体 B 时，不会改变原始物体。
- ◆ 【复制】：将原始物体复制一个作为运算物体 B，不破坏原始物体。
- ◆ 【移动】：将原始物体直接作为运算物体 B，它本身将不存在。
- ◆ 【实例化】：将原始物体的关联复制品作为运算物体 B，以后对两者之一进行修改时都会影响另一个。

◎ 【参数】卷展栏：该卷展栏主要用于显示操作对象的名称，以及布尔运算方式，如图 4-39 所示。

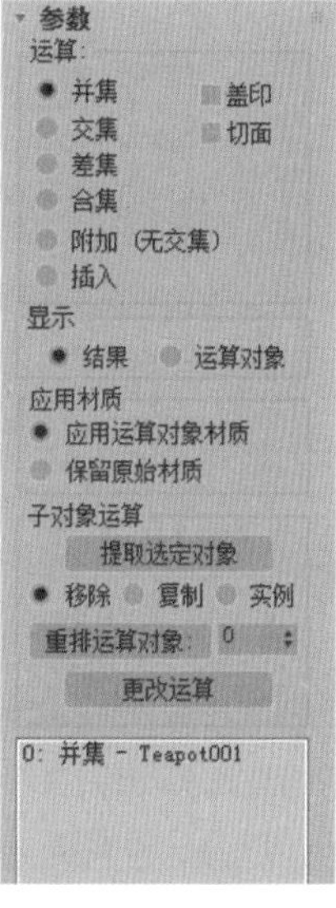

图 4-39

3. 对执行过布尔运算的对象进行编辑

经过布尔运算后的对象，点面分布特别混乱，出错的概率会越来越高，这是由于经布尔运算后的对象会增加很多面片，而这些面是由若干个点相互连接构成，一个新增加的点会与相邻的点连接，这种连接具有一定的随机性。随着布尔运算次数的增加，对象结构变得越来越混乱。这就要求布尔运算的对象最好有多个分段数，这样可以大大减少布尔运算出错的机会。

如果经过布尔运算之后的对象产生不了需要的结果，可以在【修改】命令面板中为其添加修改器，然后对其进行编辑修改。

还可以在修改器堆栈上单击鼠标右键，在弹出的快捷菜单中选择要转换的类型，包括【可编辑网格】、【可编辑样条线】、【可编辑多边形】，如图 4-40 所示，然后对布尔后的对象进行调整即可。

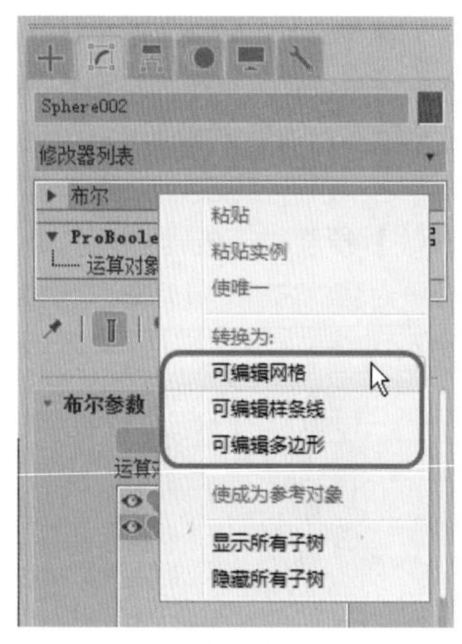

图 4-40

4.2 编辑多边形

编辑多边形是后来发展起来的一种多边形建模技术，在编辑多边形中，多边形物体可以是三角、四边网格，也可是更多边的网格。

4.2.1 公用属性卷展栏

多边形物体也是一种网格物体，在 3ds Max 中将对象转换为多边形对象的方法有以下几种。

（1）选择对象，单击鼠标右键，在弹出的快捷菜单中选择【转换为】|【转换为可编辑多边形】命令，图 4-41 所示。

（2）选择需要转换的对象，切换到【修改】命令面板，选择修改器列表中的【编辑多边形】修改器。

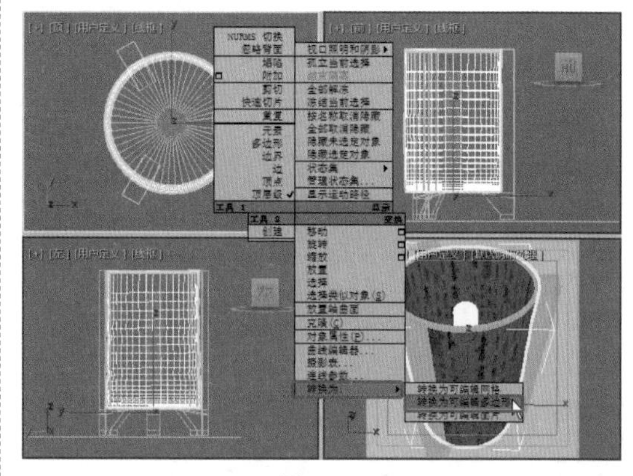

图 4-41

进入可编辑多边形后，可以看到公用的卷展栏，如图 4-42 所示。在【选择】卷展栏中提供了各种选择集的按钮，同时也提供了便于选择集选择的各个选项，下面将对其中的选项进行简单的讲解。

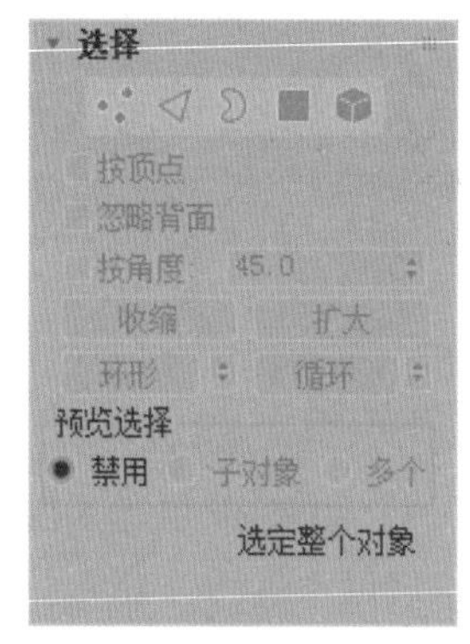

图 4-42

◎ 【顶点】：以顶点为最小单位进行选择。

◎ 【边】：以边为最小单位进行选择。

◎ 【边界】：用于选择开放的边。在该

选择集下，非边界的边不能被选择；单击边界上的任意边时，整个边界线会被选择。

◎ 【多边形】：以四边形为最小单位进行选择。

◎ 【元素】：以元素为最小单位进行选择。

◎ 【按顶点】：启用时，只有通过选择所用的顶点，才能选择子对象。单击顶点时，将选择使用该选定顶点的所有子对象。该功能在【顶点】子对象层级上不可用。

◎ 【忽略背面】：启用后，选择子对象将只影响朝向您的那些对象。禁用（默认值）时，无论可见性或面向方向如何，都可以选择鼠标光标下的任何子对象。如果光标下的子对象不止一个，可反复单击在其中循环切换。同样，禁用【忽略背面】后，无论面对的方向如何，区域选择都包括了所有的子对象。

◎ 【按角度】：只有在将当前选择集定义为【多边形】时，该复选框才可用。勾选该复选框并选择某个多边形时，可以根据复选框右侧的角度设置来选择邻近的多边形。

◎ 【收缩】：单击该按钮可以对当前选择集进行外围方向的收缩选择。

◎ 【扩大】：单击该按钮可以对当前选择集进行外围方向的扩展选择。如图 4-43 所示，左图为选择的多边形；中图为单击【收缩】按钮后的效果；右图为单击【扩大】按钮后的效果。

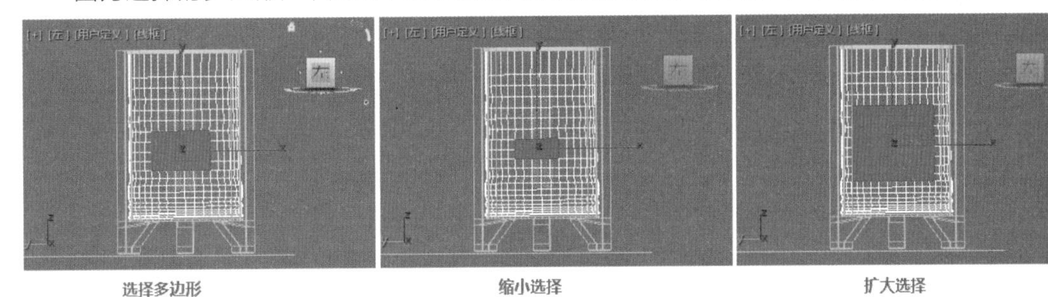

图 4-43

◎ 【环形】：单击该按钮后，与当前选择边平行的边会被选择，如图 4-44 所示，该命令只能用于边或边界选择集。【环形】按钮右侧的和按钮可以在任意方向将边移动到相同环上的其他边的位置，如图 4-45 所示。

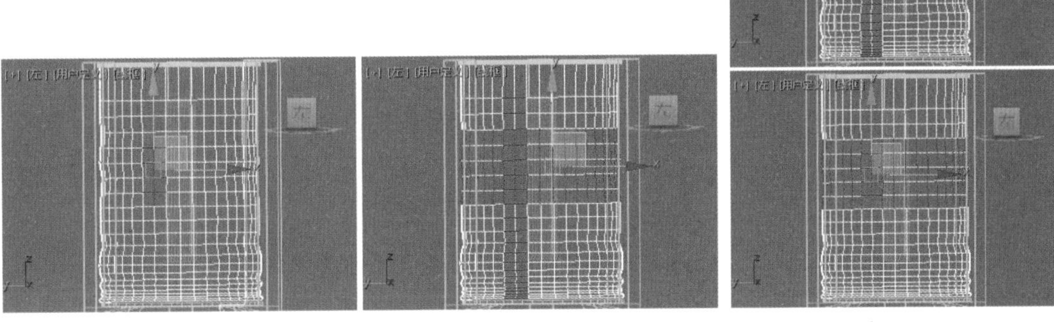

图 4-44　　图 4-45

◎ 【循环】：在选择的边对齐的方向尽可能远地扩展当前选择，如图 4-46 所示。该命令只用于边或边界选择集。【循环】按钮右侧的▲和▼按钮会移动选择边到与它临近平行边的位置。

只有将当前选择集定义为一种模式后，【软选择】卷展栏才变为可用，如图 4-47 所示。【软选择】卷展栏按照一定的衰减值将应用到选择集的移动、旋转、缩放等变换操作传递给周围的次对象。

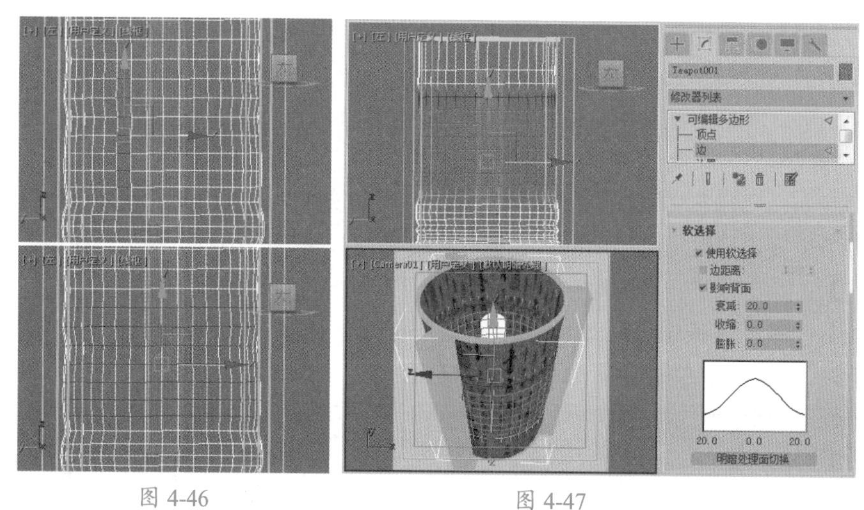

图 4-46　　图 4-47

4.2.2　顶点编辑

多边形对象各种选择集的卷展栏主要包括【编辑顶点】和【编辑几何体】卷展栏。【编辑顶点】主要提供了编辑顶点的命令，在不同的选择集下，它表现为不同的卷展栏。将当前选择集定义为【顶点】，下面将对【编辑顶点】卷展栏进行介绍，如图 4-48 所示。

编辑顶点
移除　断开
挤出　焊接
切角　目标焊接
连接
移除孤立顶点
移除未使用的贴图顶点
权重: 1.0
折缝: 0.0

图 4-48

◎ 【移除】：移除当前选择的顶点。与删除顶点不同，移除顶点不会破坏表面的完整性，移除的顶点周围的点会重新结合，面不会破，如图 4-49 所示。

提示：使用 Delete 键也可以删除选择的点，不同的是，使用 Delete 键在删除选择点的同时会将点所在的面一同删除，模型的表面会产生破洞；使用【移除】按钮不会删除点所在的表面，但会导致模型的外形改变。

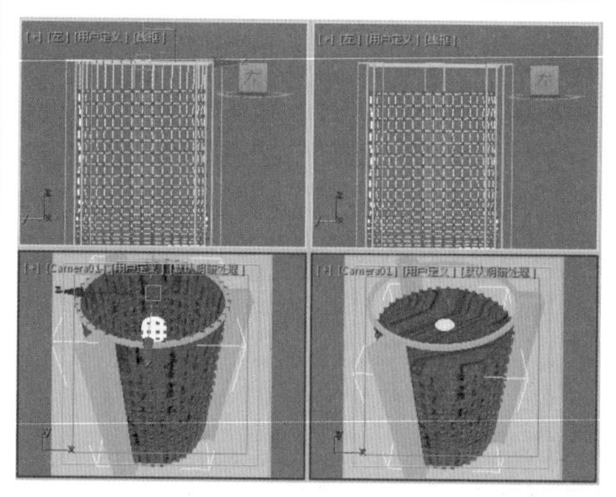

图 4-49

◎ 【断开】：单击此按钮后，会在选择点的位置创建更多的顶点，选择点周围的表面不再共享同一个顶点，每个多边形表面在此位置会拥有独立的顶点。

◎ 【挤出】：单击该按钮，可以在视图中通过手动方式对选择点进行挤出操作。拖动鼠标时，选择点会沿着法线方向在挤出的同时创建出新的多边形面。单击该按钮右侧的■按钮，会弹出【挤出顶点】小盒控件，设置参数后可以得到如图 4-50 所示的图。

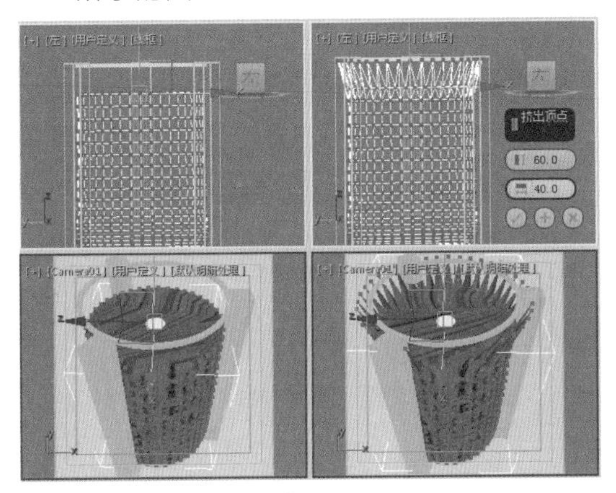

图 4-50

> 提示：默认情况下，单击■按钮后，将会打开小盒控件，如果需要打开对话框，可以在【首选项设置】对话框的【常规】选项卡中取消勾选【启用小盒控件】复选框，然后单击【确定】按钮，则单击■按钮后，将会弹出相应的设置对话框。

◆ 【挤出高度】：设置挤出的高度。

◆ 【挤出基面宽度】：设置挤出的基面宽度。

◎ 【焊接】：用于顶点之间的焊接操作，在视图中选择需要焊接的顶点后，单击该按钮，在阈值范围内的顶点会焊接到一起。如果选择点没有被焊接到一起，可以单击■按钮，会弹出【焊接顶点】小盒控件，如图 4-51 所示。

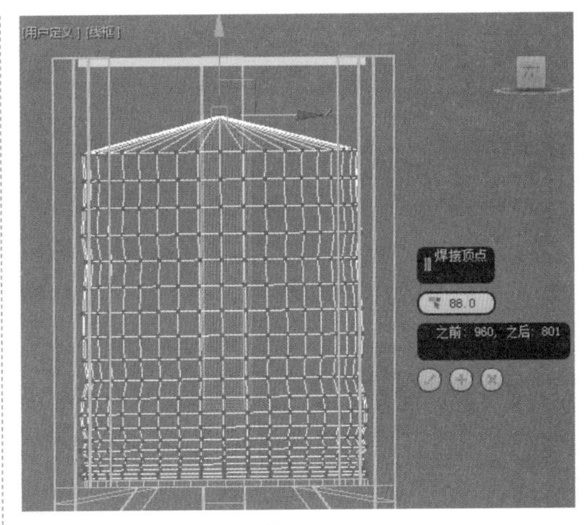

图 4-51

◆ 【焊接阈值】：指定焊接顶点之间的最大距离，在此距离范围内的顶点将被焊接到一起。

◆ 【之前】：显示执行焊接操作前模型的顶点数。

◆ 【之后】：显示执行焊接操作后模型的顶点数。

◎ 【切角】：单击该按钮，拖动选择点会进行切角处理，单击其右侧的■按钮，会弹出【切角顶点】小盒控件，如图 4-52 所示。

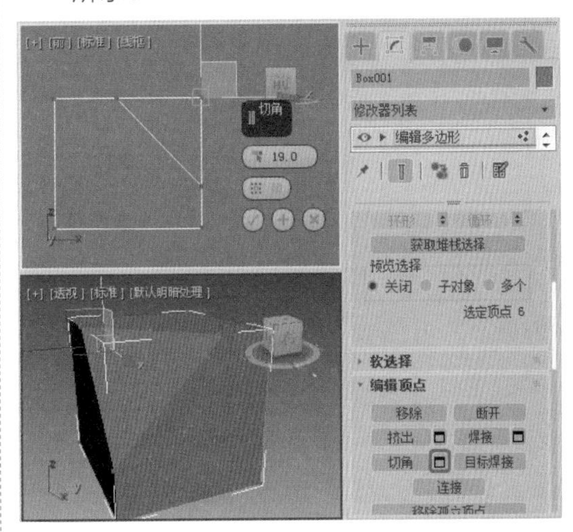

图 4-52

◆ 【切角量】：用于设置切角的大小。

◆ 【打开】：勾选该复选框时，删除切角的区域，保留开放的空间。默认设置为禁用状态。

◎ 【目标焊接】：单击该按钮，在视图中将选择的点拖动到要焊接的顶点上，会自动进行焊接。

◎ 【连接】：用于创建新的边。

◎ 【移除孤立顶点】：单击该按钮后，将删除所有孤立的点，不管是否选择该点。

◎ 【移除未使用的贴图顶点】：没用的贴图顶点可以显示在【UVW 贴图】修改器中，但不能用于贴图，所以单击此按钮可以将这些贴图点自动删除。

◎ 【权重】：设置选定顶点的权重，供 NURMS 细分选项和【网格平滑】修改器使用。增加顶点权重，效果是将平滑时的结果向顶点拉。

4.2.3 边编辑

多边形对象的边与网格对象的边含义是完全相同的，都是在两个点之间起连接作用。将当前选择集定义为【边】，接下来将介绍【编辑边】卷展栏，如图 4-53 所示。与【编辑顶点】卷展栏相比较，它改变了一些选项。

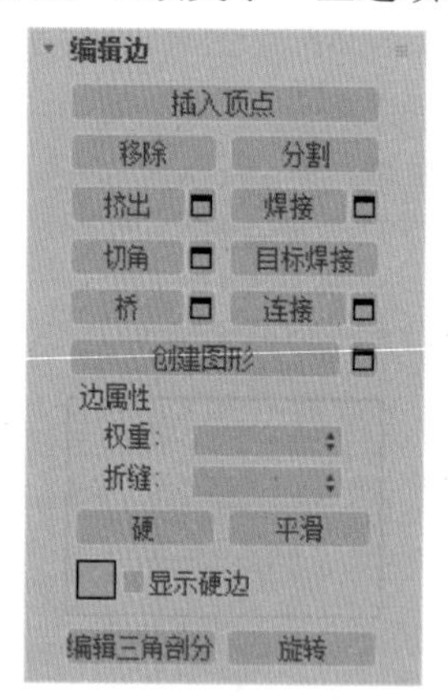

图 4-53

◎ 【插入顶点】：用于手动细分可视的边。

◎ 【移除】：删除选定边并组合使用这些边的多边形。

◎ 【分割】：沿选择边分离网格。该按钮的效果不能直接显示出来，只有在移动分割后才能看到效果。

提示：选择需要删除的顶点或边，单击【移除】按钮或 Backspace 键，临近的顶点和边会重新进行组合形成完整的整体。假如按 Delete 键，则会清除选择的顶点或边，这样会使多边形无法重新组合形成完整的整体，且形成镂空现象。

◎ 【挤出】：在视图中操作时，可以手动挤出。在视图中选择一条边，单击该按钮，然后在视图中进行拖动，如图 4-54 所示。单击该按钮右侧的■按钮，会弹出【挤出边】小盒控件，设置后的效果如图 4-55 所示。

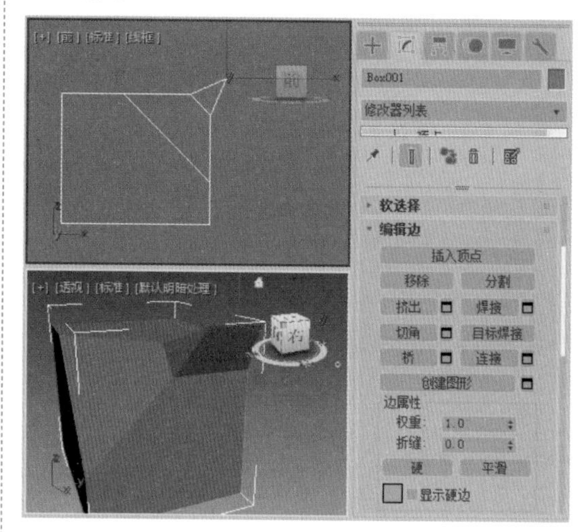

图 4-54

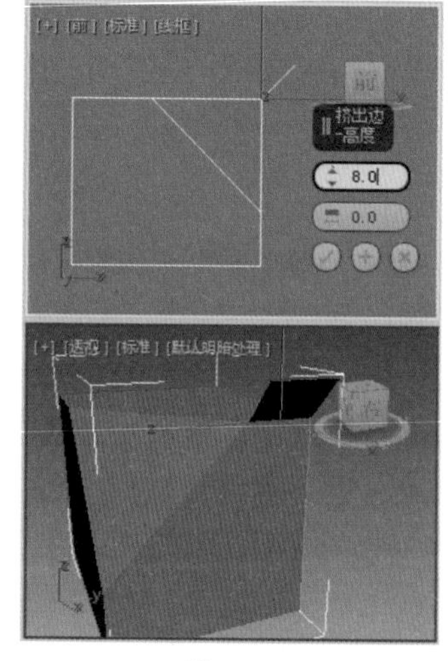

图 4-55

知识链接：小盒控件与对话框

在菜单栏中选择【文件】|【首选项】命令，弹出【首选项设置】对话框，取消勾选【启用小盒控件】复选框，此时单击【挤出】右侧的■按钮，即可弹出【挤出边】对话框，如图 4-56 所示。

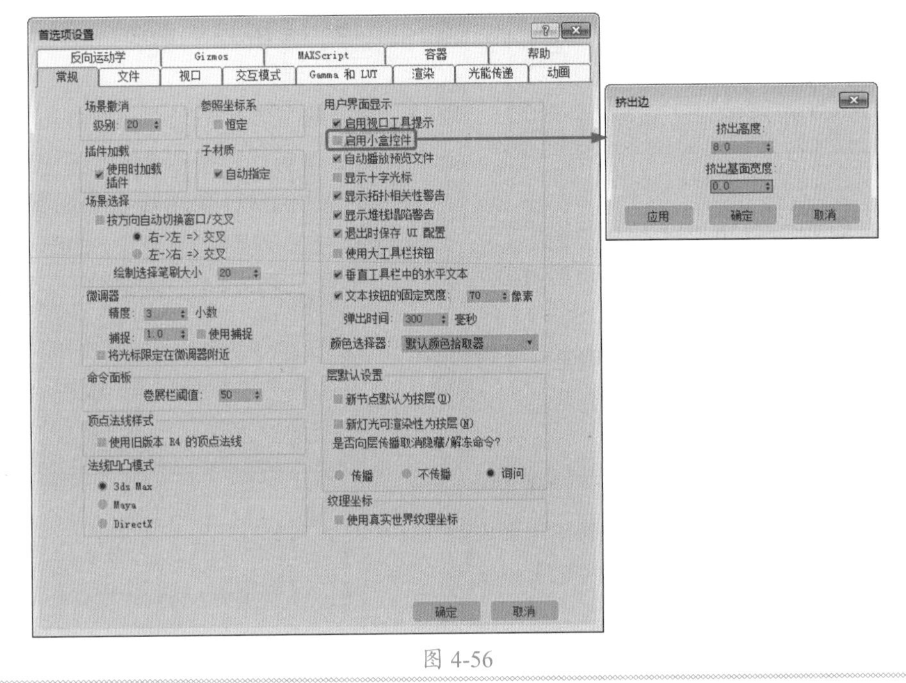

图 4-56

◆ 【挤出高度】：以场景为单位指定挤出的数。

◆ 【挤出基面宽度】：以场景为单位指定挤出基面的大小。

◎ 【焊接】：对边进行焊接。在视图中选择需要焊接的边后，单击该按钮，在阈值范围内的边会焊接到一起。如果选择边没有焊接到一起，可以单击该按钮右侧的■按钮，打开【焊接边】对话框，如图 4-57 所示。它与【焊接点】对话框的设置相同。

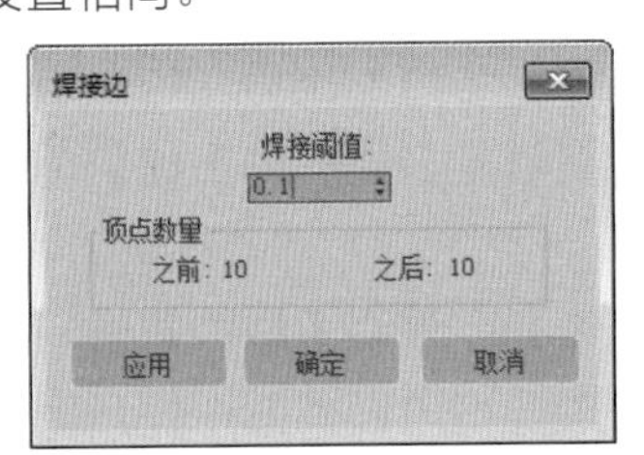

图 4-57

◎ 【切角】：单击该按钮，然后拖动活动对象中的边。如果要采用数字方式对顶点进行切角处理，单击■按钮，在打开的对话框中更改【切角量】值，如图 4-58 所示。

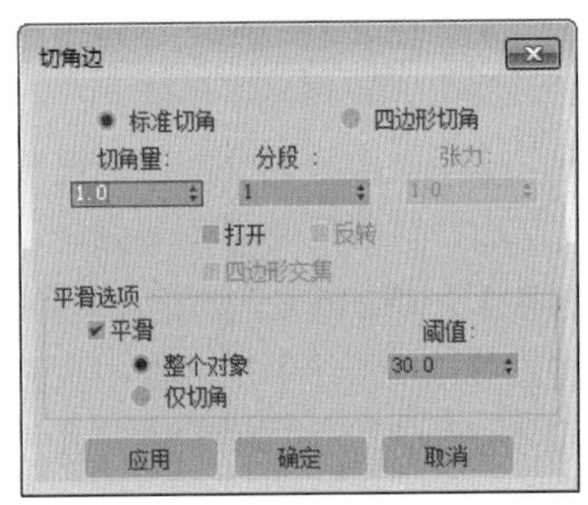

图 4-58

◎ 【目标焊接】：用于选择边并将其焊接到目标边。将光标放在边上时，光标会变为“+”。按住并移动鼠标会出现一条虚线，虚线的一端是顶点，另一端是箭头光标。

◎ 【桥】：使用多边形的【桥】连接对象的边。桥只连接边界边，也就是只在一侧有多边形的边。单击其右侧的■按钮，打开【桥边】对话框，如图 4-59 所示。

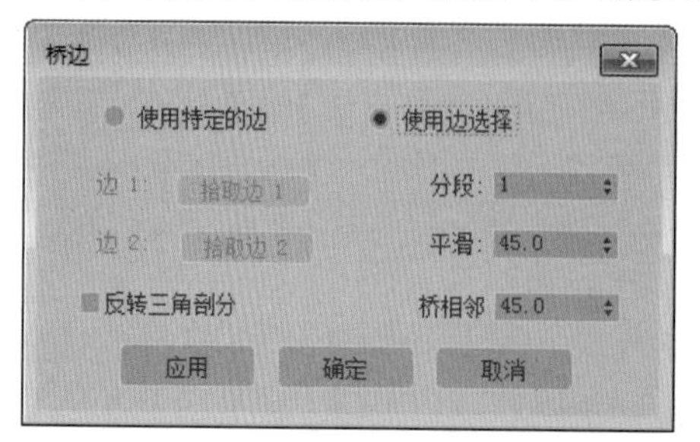

图 4-59

◆ 【使用特定的边】：在该模式下，使用【拾取】按钮来为桥连接指定多边形或边界。

◆ 【使用边选择】：如果存在一个或多个合适的选择，那么选择该选项会立刻将它们连接。

◆ 【边 1】和【边 2】：依次单击【拾取边】按钮，然后在视图中单击边界边。只有在【桥接特定边】模式下才可以使用该选项。

◆ 【分段】：沿着桥边连接的长度指定多边形的数目。

◆ 【平滑】：指定列间的最大角度，在这些列间会产生平滑。

◆ 【桥相邻】：指定可以桥连接的相邻边之间的最小角度。

◆ 【反转三角剖分】：勾选该复选框后，可以反转三角剖分。

◎ 【连接】：单击其右侧的【设置】按钮■，在弹出的【连接边】对话框中设置参数。如图 4-60 所示，在每对选定边之间创建新边。连接对于创建或细化边循环特别有用。

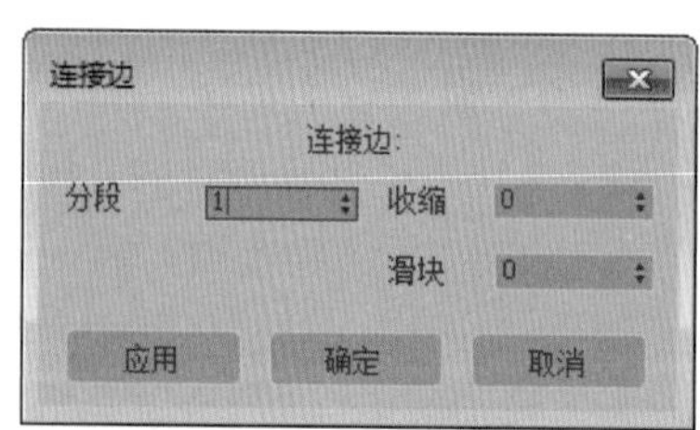

图 4-60

◆ 【分段】：每个相邻选择边之间的新边数。

◆ 【收缩】：新的连接边之间的相对空间。负值使边靠得更近，正值使边离得更远。默认值为 0。

◆ 【滑块】：新边的相对位置。默认值为 0。

◎ 【创建图形】：在选择一个或更多的边后，单击该按钮，将以选择的曲线为模板创建新的曲线。单击其右侧的■按钮，会弹出【创建图形】对话框，如图 4-61 所示。

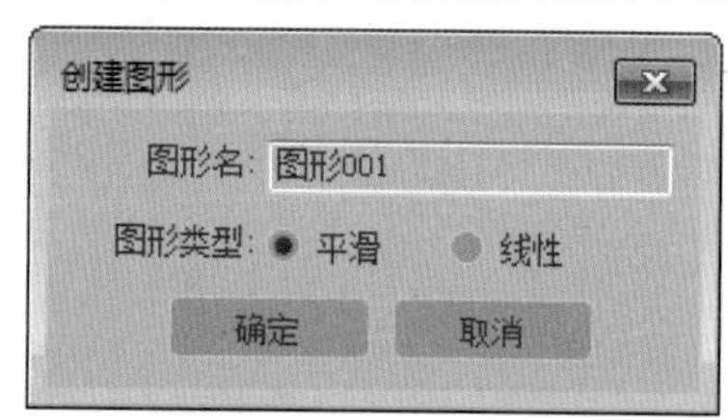

图 4-61

◆ 【图形名】：为新的曲线命名。

◆ 【平滑】：强制线段变成圆滑的曲线，但仍和顶点呈相切状态，无须调节手柄。

◆ 【线性】：顶点之间以直线连接，拐角处无平滑过渡。

◎ 【权重】：设置选定边的权重，供 NURMS 细分选项和【网格平滑】修改器使用。增加边的权重时，可能会远离平滑结果。

◎ 【拆缝】：指定选定的一条边或多条边的折缝范围。在最低设置，边相对平滑。在更高设置，折缝显著可见。如果设置为最高值 1.0，则很难对边执行拆缝操作。

◎ 【编辑三角剖分】：单击该按钮可以查看多边形的内部剖分，可以手动建立内部边来修改多边形内部细分为三角形的方式。

◎ 【旋转】：激活【旋转】时，对角线可以在线框和边面视图中显示为虚线。在【旋转】模式下，单击对角线可以更改它的位置。

4.2.4 边界编辑

【边界】选择集是多边形对象上网格的线性部分，通常由多边形表面上的一系列边依次连接而成。边界是多边形对象特有的次对象属性，通过编辑边界可以大大提高建模的效率。在【编辑边界】卷展栏中提供了针对边界编辑的各种选项，如图 4-62 所示。

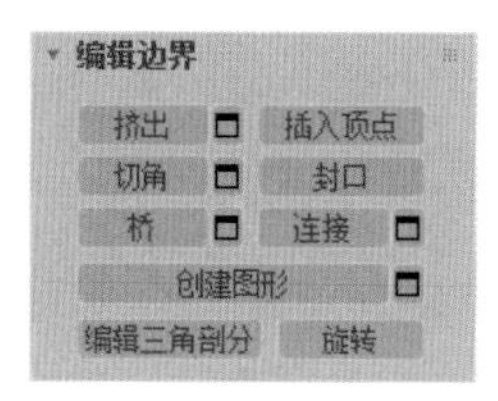

图 4-62

◎ 【挤出】：可以直接在视口中对边界进行手动挤出处理。单击此按钮，然后垂直拖动任何边界，可将其挤出。单击【挤出】右侧的按钮，可以在打开的对话框中进行设置。

◎ 【插入顶点】：是通过顶点来分割边的一种方式，该选项只对所选择的边界中的边有影响，对未选择的边界中的边没有影响。

◎ 【切角】：单击该按钮，然后拖动对象中的边界，再单击该按钮右侧的按钮，可以在打开的【切角边】对话框中进行设置。

◎ 【封口】：使用单个多边形封住整个边界环。

◎ 【桥】：使用该按钮可以创建新的多边形来连接对象中的两个多边形或选定的多边形。

提示：使用【桥】时，始终可以在边界之间建立直线连接。要沿着某种轮廓建立桥连接，可在创建桥后，根据需要应用建模工具。例如，桥连接两个边界，然后使用混合。

◎ 【连接】：在选定边界边之间创建新边，这些边可以通过点相连。

【创建图形】、【编辑三角剖分】、【旋转】与【编辑边】卷展栏中的含义相同，这里就不再介绍。

4.2.5 多边形和元素编辑

【多边形】选择集是通过曲面连接的 3 条或多条边的封闭序列。多边形提供了可渲染的可编辑多边形对象曲面。【元素】与多边形的区别在于元素是多边形对象上所有的连续多边形面的集合，它可以对多边形面进行拉伸和倒角等编辑操作，是多边形建模中最重要也是功能最强大的部分。

【多边形】选择集与【顶点】、【边】和【边界】选择集一样都有自己的卷展栏，【编辑多边形】卷展栏如图 4-63 所示。

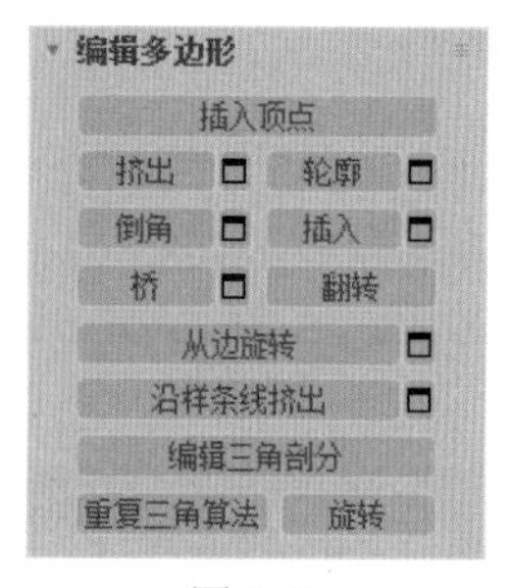

图 4-63

◎ 【插入顶点】：用于手动细分多边形，即使处于【元素】选择集下，同样也适用于多边形。

◎ 【挤出】：直接在视图中操作时，可以执行手动挤出操作。单击该按钮，然后垂直拖动任何多边形，可将其挤出。单击其右侧的按钮，可以打开【挤出多边形】对话框，如图 4-64 所示。

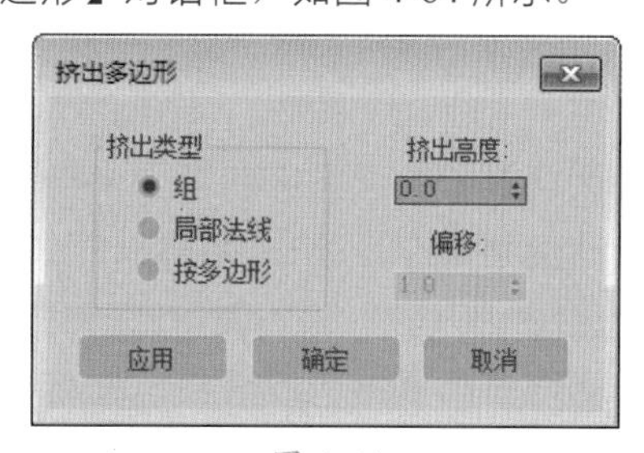

图 4-64

◆ 【组】：沿着每一个连续的多边形组的平均法线执行挤出。如果挤出多个组，每个组将会沿着自身的平均法线方向移动。

◆ 【局部法线】：沿着每个选择的多边形法线执行挤出。

◆ 【按多边形】：独立挤出或倒角每个多边形。

◆ 【挤出高度】：以场景为单位指定挤出的数，可以向外或向内挤出选定的多边形。

◎ 【轮廓】：用于增加或减小每组连续的选定多边形的外边。单击该按钮右侧的■按钮，打开【多边形加轮廓】对话框，如图 4-65 所示。然后可以进行参数设置，得到如图 4-66 所示的效果。

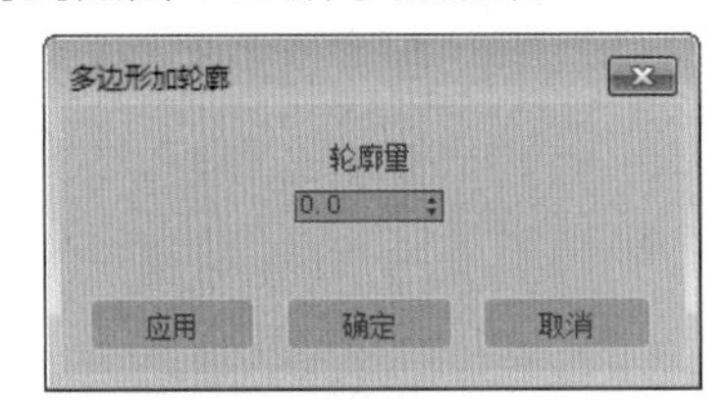

图 4-65

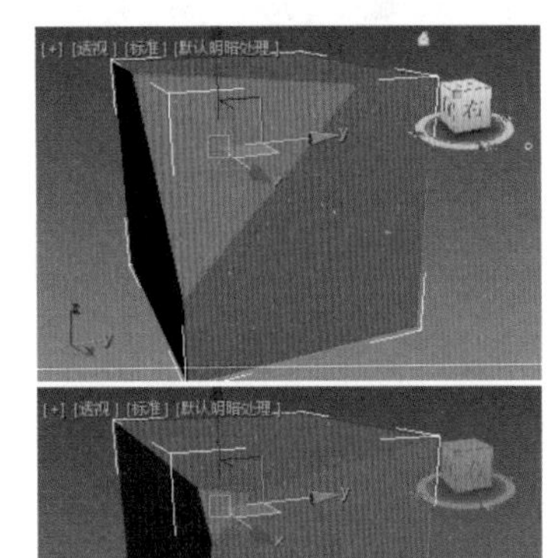

图 4-66

◎ 【倒角】：通过直接在视图中操纵执行手动倒角操作。单击该按钮，然后垂直拖出任何多边形，可将其挤出；释放鼠标，再垂直移动鼠标可设置挤出轮廓。单击该按钮右侧的■按钮，打开【倒角多边形】对话框，并对其进行设置，如图 4-67 所示。

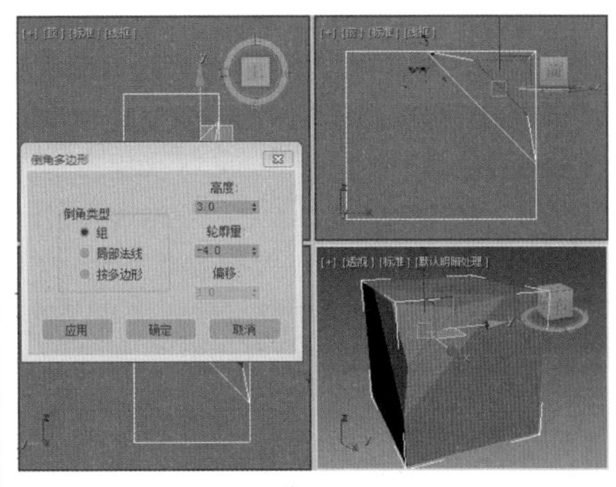

图 4-67

◆ 【组】：沿着每一个连续的多边形组的平均法线执行倒角。

◆ 【局部法线】：沿着每个选定的多边形法线执行倒角。

◆ 【按多边形】：独立倒角每个多边形。

◆ 【高度】：以场景为单位指定挤出的范围。可以向外或向内挤出选定的多边形，具体情况取决于该值是正值还是负值。

◆ 【轮廓量】：使选定多边形的外边界变大或缩小，具体情况取决于该值是正值还是负值。

◎ 【插入】：执行没有高度的倒角操作。可以单击该按钮手动拖动，也可以单击该按钮右侧的■按钮，打开【插入多边形】对话框，设置后的效果如图 4-68 所示。

◆ 【组】：沿着多个连续的多边形进行插入。

◆ 【按多边形】：独立插入每个多边形。

◆ 【插入量】：以场景为单位指定插入的数。

◎ 【桥】：使用多边形的【桥】连接对象上的两个多边形。单击该按钮右侧的■按钮，会弹出【跨越多边形】对话框，如图 4-69 所示。

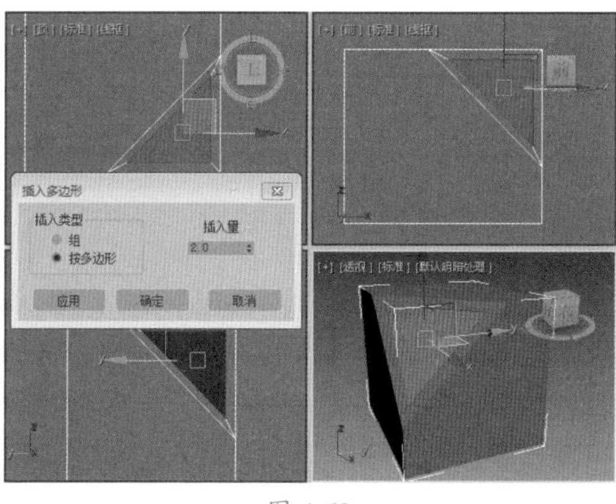

图 4-68

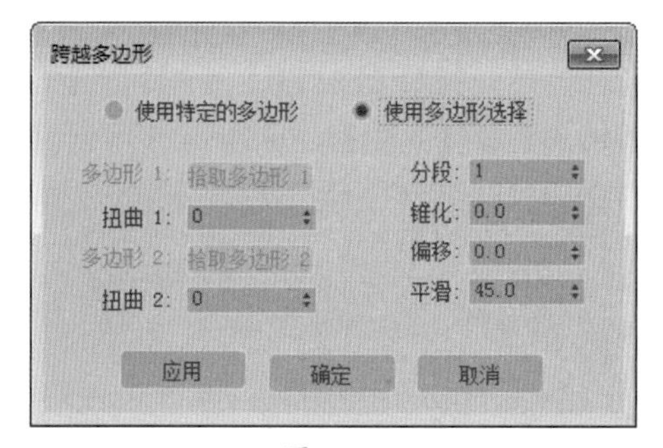

图 4-69

◆ 【使用特定的多边形】：在该模式下，使用【拾取】按钮来为桥连接指定多边形或边界。

◆ 【使用多边形选择】：如果存在一个或多个合适的选择对，那么选择该选项会立刻将它们连接。如果不存在这样的选择对，那么在视口中选择一对子对象将它们连接。

◆ 【多边形 1】和【多边形 2】：依次单击【拾取多边形】按钮，然后在视口中单击多边形或边界边。

◆ 【扭曲 1】和【扭曲 2】：旋转两个选择的边之间的连接顺序。通过这两个控件可以为桥的每个末端设置不同的扭曲量。

◆ 【分段】：沿着桥连接的长度指定多边形的数目。该设置也应用于手动桥连接多边形。

◆ 【锥化】：设置桥宽度距离其中心变大或变小的程度。负值设定将桥中心锥化的更小；正值设定将桥中心锥化的更大。

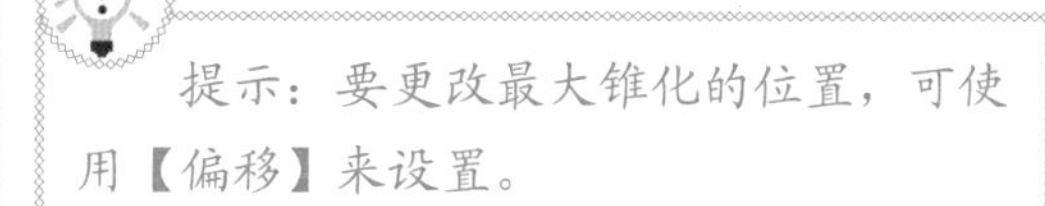

◆ 【偏移】：决定最大锥化量的位置。

◆ 【平滑】：决定列间的最大角度，在这些列间会产生平滑。列是沿着桥的长度扩展的一串多边形。

◎ 【翻转】：反转选定多边形的法线方向，从而使其面向自己。

◎ 【从边旋转】：通过在视口中直接操纵来执行手动旋转操作。选择多边形，并单击该按钮，然后沿着垂直方向拖动任何边，可旋转选定的多边形。如果鼠标光标在某条边上，将会更改为十字形状。单击该按钮右侧的■按钮，打开【从边旋转多边形】对话框，如图 4-70 所示。

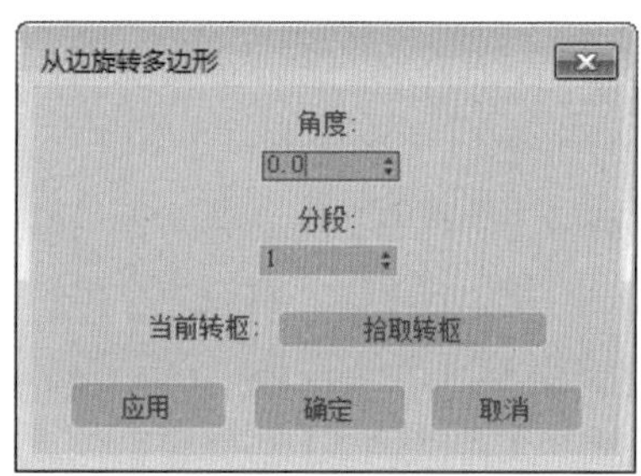

图 4-70

◆ 【角度】：沿着转枢旋转的数量值。可以向外或向内旋转选定的多边形，具体情况取决于该值是正值还是负值。

◆ 【分段】：将多边形数指定到每个细分的挤出侧中。此设置也可以手动旋转多边形。

◆ 【当前转枢】：单击【拾取转枢】按钮，然后单击转枢的边即可。

◎ 【沿样条线挤出】：沿样条线挤出当前选定的内容。单击其右侧的■（设置）按钮，打开【沿样条线挤出多边形】对话框，如图 4-71 所示。

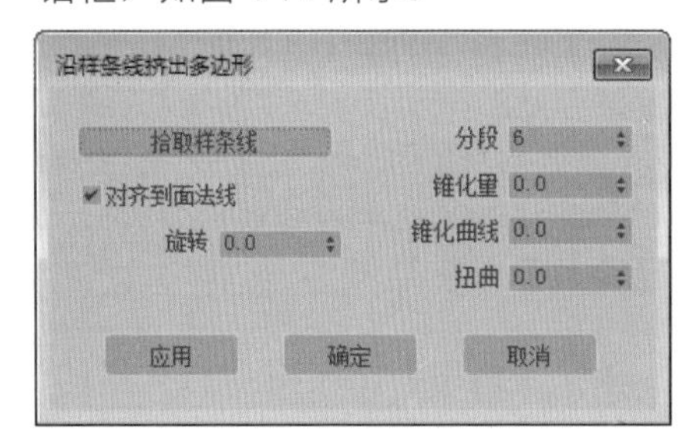

图 4-71

- ◆ 【拾取样条线】：单击此按钮，然后选择样条线，在视口中沿该样条线挤出，样条线对象名称将出现在按钮上。
- ◆ 【对齐到面法线】：将挤出与面法线对齐。多数情况下，面法线与挤出多边形垂直。
- ◆ 【旋转】：设置挤出的旋转。仅当【对齐到面法线】处于勾选状态时才可用。默认设置为 0。范围为 -360~360。
- ◆ 【分段】：用于挤出多边形的细分设置。
- ◆ 【锥化量】：设置挤出沿着其长度变小或变大。锥化挤出的负值设置越小，锥化挤出的正值设置就越大。
- ◆ 【锥化曲线】：设置继续进行的锥化率。
- ◆ 【扭曲】：沿着挤出的长度应用扭曲。

◎ 【编辑三角剖分】：是通过绘制内边修改多边形细分为三角形的方式。

◎ 【重复三角算法】：允许软件对当前选定的多边形执行最佳的三角剖分操作。

◎ 【旋转】：是通过单击对角线修改多边形细分为三角形的方式。

4.3 编辑网格

建造一个形体的方法有很多种，其中最基本也是最常用的方法就是使用【编辑网格】修改器来对构成物体的网格进行编辑创建。从一个基本网格物体，通过对它的子物体进行编辑可生成一个形态复杂的物体。

4.3.1 【顶点】层级

在选定的对象上单击鼠标右键，在弹出的快捷菜单中选择【转换为】|【转换为可编辑网格】选项，这样对象就被转换为可编辑网格物体，如图 4-72 所示。可以看到，在堆栈中对象的名称已经变为了可编辑网格，单击左边的加号展开【可编辑网格】，可以看到各次物体，包括【顶点】、【边】、【面】、【多边形】、【元素】，如图 4-73 所示。

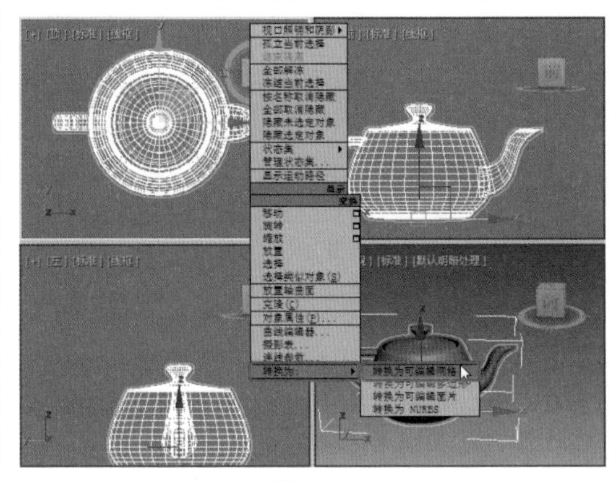

图 4-72

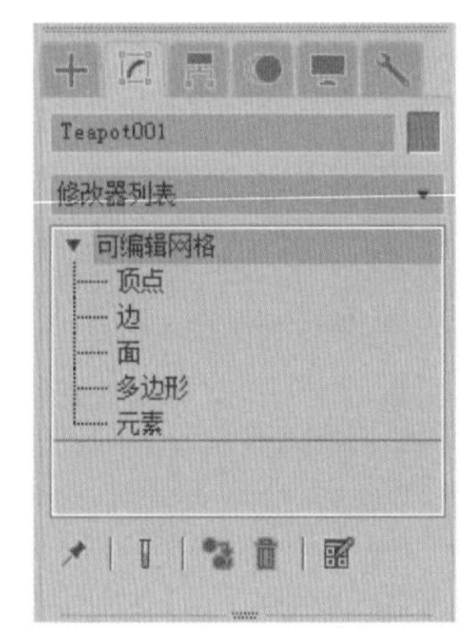

图 4-73

在修改器堆栈中选择【顶点】，进入【顶点】层级，如图 4-74 所示。在【选择】卷展栏上方，横向排列着各个次物体的图标，通过单击这些图标，也可以进入对应的层级。由于此时在【顶点】层级，【顶点】图标呈蓝色高亮显示，选中下方的【忽略背面】复选框，可以避免在选择顶点时选到后面的点，如图 4-75 所示。

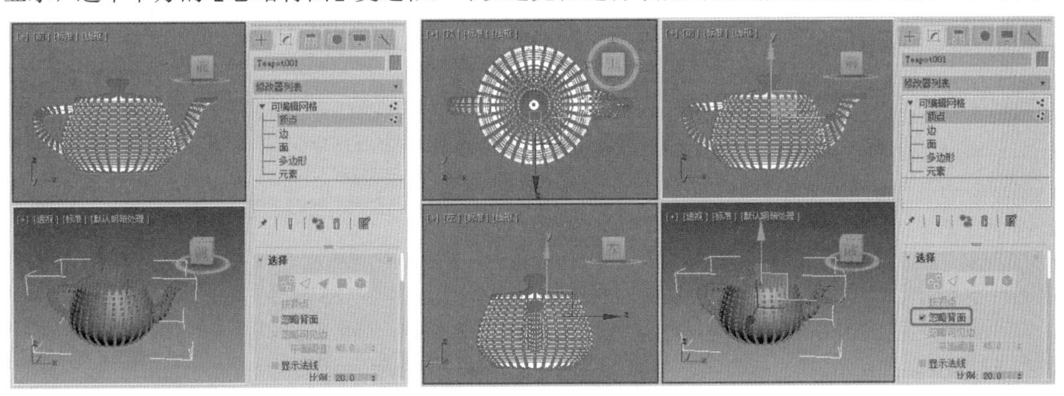

图 4-74　　　　图 4-75

1.【软选择】卷展栏

【软选择】决定了对当前所选顶点进行变换操作时，是否影响其周围的顶点。展开【软选择】卷展栏，如图 4-76 所示。

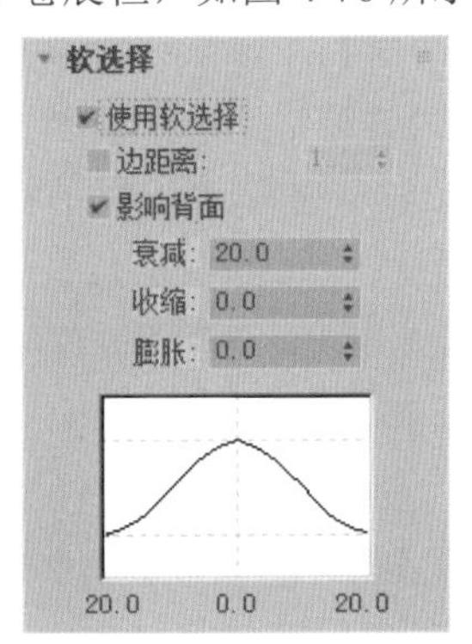

图 4-76

◎　【使用软选择】：在可编辑对象或【编辑】修改器的子对象级别上影响【移动】、【旋转】和【缩放】功能的操作，如果变形修改器在子对象选择上进行操作，那么也会影响应用到对象上的变形修改器的操作(后者也可以应用到【选择】修改器)。启用该选项后，软件将样条曲线变形应用到进行变化的选择周围的未选定子对象上。要产生效果，必须在变换或修改选择之前启用该复选框。

2.【编辑几何体】卷展栏

下面将介绍一下【编辑几何体】卷展栏，如图 4-77 所示。

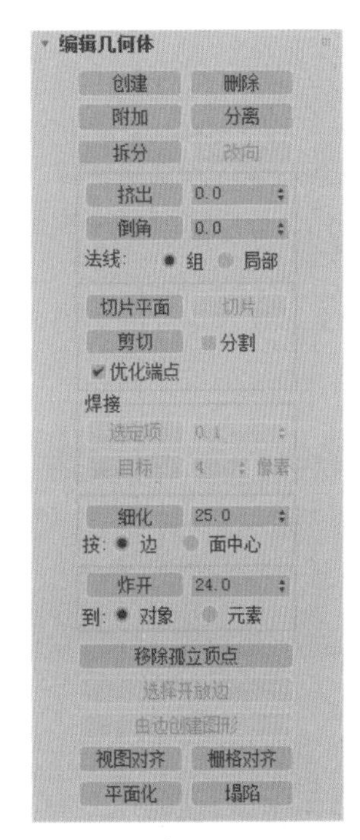

图 4-77

◎　【创建】：可使子对象添加到单个选定的网格对象中。选择对象并单击【创建】按钮后，单击空间中的任何位置可添加子对象。

◎　【附加】：将场景中的另一个对象附加到选定的网格。可以附加任何类型的对象，包括样条线、片面对象和 NURBS 曲面。附加非网格对象时，该对象会转化成网格。

◎　【拆分】：为每一个附加到选定顶点的

面创建新的顶点，可以移动面角使之互相远离它们曾经在原始顶点连接起来的地方。如果顶点是孤立的或者只有一个面使用，则顶点将不受影响。

◎ 【删除】：删除选定的子对象以及附加在上面的任何面。

◎ 【分离】：将选定子对象作为单独的对象或元素进行分离。同时也会分离所有附加到子对象的面。

◎ 【改向】：在边的范围内旋转边。3ds Max 中的所有网格对象都由三角形面组成，但是默认情况下，大多数多边形被描述为四边形，其中有一条隐藏的边将每个四边形分割为两个三角形。【改向】可以更改隐藏边（或其他边）的方向，因此当直接或间接地使用修改器变换子对象时，能够影响图形的变化方式。

◎ 【挤出】：控件可以挤出边或多边形。边挤出与多边形挤出的工作方式相似，可以交互（在子对象上拖动）或数值方式应用挤出，如图 4-78 所示。

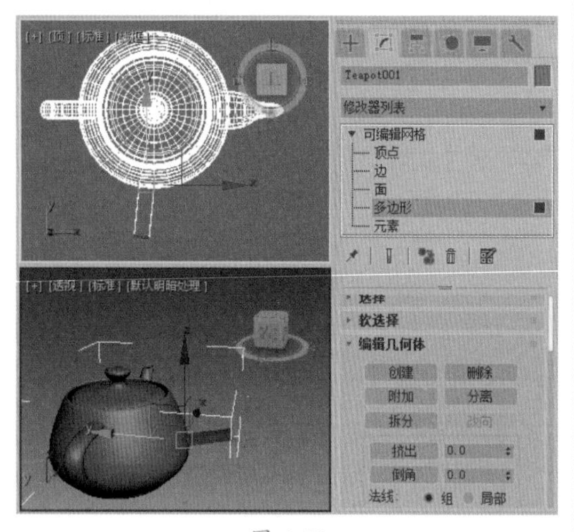

图 4-78

◎ 【倒角】：单击此按钮，然后垂直拖动任何面，可将其挤出。释放鼠标按钮，然后垂直移动鼠标光标，可对挤出对象执行倒角处理。如图 4-79 所示为不同的倒角方向。

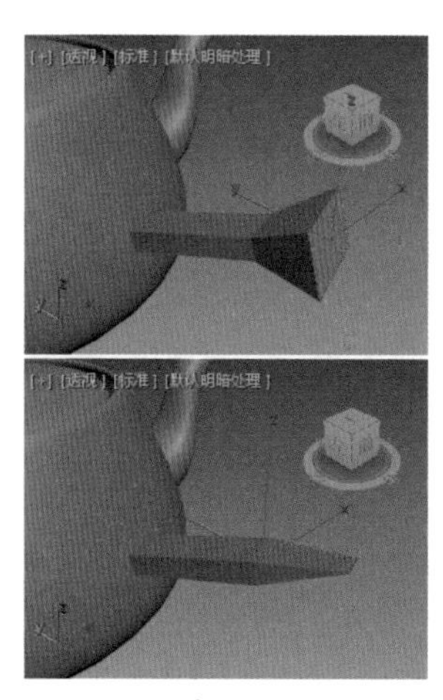

图 4-79

◎ 【组】：沿着每个边的连续组（线）的平均法线执行挤出操作。

◎ 【局部】：将会沿着每个选定面的法线方向进行挤出处理。

◎ 【切片平面】：可以在需要对边执行切片操作的位置处定位和旋转的切片平面创建 Gizmo。这将启用【切片】按钮。

◎ 【切片】：在切片平面位置处执行切片操作。仅当【切片平面】按钮高亮显示时，【切片】按钮可用。

提示：【切片】仅用于选中的子对象。在激活【切片平面】之前要确保选中子对象。

◎ 【剪切】：在任一点切分边，然后在任一点切分第二条边，即可在这两点之间创建一条新边或多条新边。单击第一条边设置第一个顶点，一条虚线跟随光标移动，直到单击第二条边。在切分每一边时，创建一个新顶点。另外，可以双击边再双击点切分边，边的另一部分不可见。

◎ 【分割】：启用时，通过【切片】和【切割】操作，可以在划分边的位置处的点创建两个顶点集。这使删除新面创建孔洞变得很简单，或将新面作为独立元素设置动画。

◎ 【优化端点】：启用此选项后，由附加顶点切分剪切末端的相邻面，以便曲面保持连续性。

◎ 【选定项】：在该按钮的右侧文本框中指定公差范围，然后单击该按钮，此时在这个范围内的所有点都将焊接在一起，如图 4-80 所示。

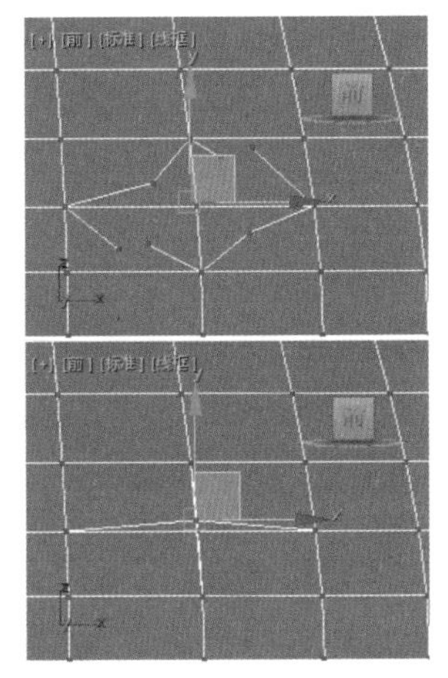

图 4-80

◎ 【目标】：进入焊接模式，可以选择顶点并将它们移来移去。移动时，光标照常变为【移动】光标，但是将光标定位在未选择顶点上时，它就变为“+”的样子。在该点释放鼠标可将所有选定顶点焊接到目标顶点，且选定顶点下落到该目标顶点上。【目标】按钮右侧的文本框设置鼠标光标与目标顶点之间的最大距离（以屏幕像素为单位）。

◎ 【细化】：按下该按钮，会根据其下面的细分方式对选择的表面进行分裂复制，如图 4-81 所示。

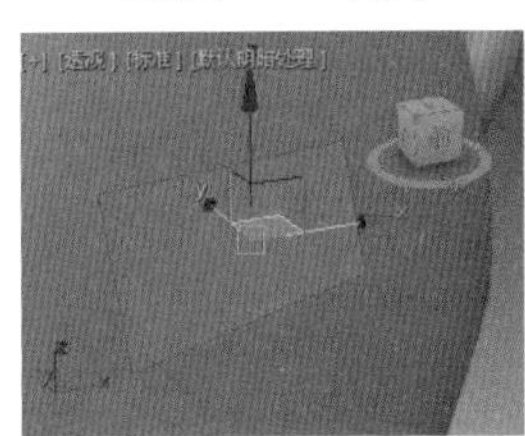
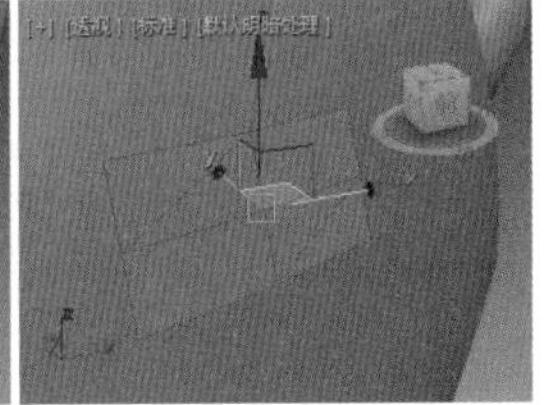

图 4-81

◎ 【边】：根据选择面的边进行分裂复制，通过【细化】按钮右侧的文本框进行调节。

◎ 【面中心】：以选择面的中心为依据进行分裂复制。

◎ 【炸开】：按下该按钮，可以将当前选择面爆炸分离，使它们成为新的独立个体。

◎ 【对象】：将所有面爆炸为各自独立的新对象。

◎ 【元素】：将所有面爆炸为各自独立的新元素，但其仍属于对象本身，这是进行元素拆分的一个路径。

提示：炸开后，只有将对象进行移动才能看到分离的效果。

◎ 【移除孤立顶点】：单击该按钮后，将删除所有孤立的点，不管是否是选中的点。

◎ 【选择开放边】：仅选择物体的边缘线。

◎ 【视图对齐】：单击该按钮后，选择的点或次物体被放置在同一平面，且这一平面平行于选择视图。

◎ 【平面化】：将所有的选择面强制压成一个平面。

◎ 【栅格对齐】：单击该按钮后，选择的点或次物体被放置在同一平面，且这一平面平行于选择视图。

◎ 【塌陷】：将选择的点、线、面、多边形或元素删除，留下一个顶点与四周的面连接，产生新的表面。这种方法不同于删除面，它是将多余的表面吸收掉。

3.【曲面属性】卷展栏

下面将对顶点模式的【曲面属性】卷展栏进行介绍。

◎ 【权重】：显示并可以更改 NURMS 操作的顶点权重。

◎ 【编辑顶点颜色】选项组：用以分配颜色、照明颜色（着色）和选定顶点的 Alpha（透明）值。

- ◆ 【颜色】：设置顶点的颜色。
- ◆ 【照明】：用于明暗度的调节。
- ◆ Alpha：指定顶点透明度，当本文框中的值为 0 时完全透明，为 100 时则完全不透明。

◎ 【顶点选择方式】选项组。

◆ 【颜色】/【照明】：用于指定选择顶点的方式，以颜色或发光度为准进行选择。

◆ 【范围】：设置颜色近似的范围。

◆ 【选择】：选择该按钮后，将选择符合这些范围的点。

4.3.2 【边】层级

【边】指的是面片对象上在两个相邻顶点之间的部分。

在【修改】命令面板的修改器堆栈中，将当前选择集定义为【边】，除了【选择】、【软选择】卷展栏外，其中【编辑几何体】卷展栏与【顶点】模式中的【编辑几何体】卷展栏功能相同。

【曲面属性】卷展栏如图 4-82 所示下面对该卷展栏进行介绍。

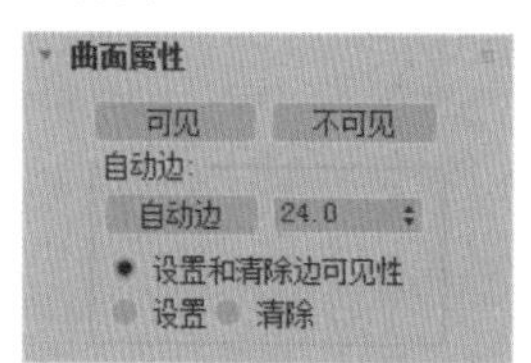

图 4-82

◎ 【可见】：使选中的边显示出来。

◎ 【不可见】：使选中的边不显示出来，并呈虚线显示，如图 4-83 所示。

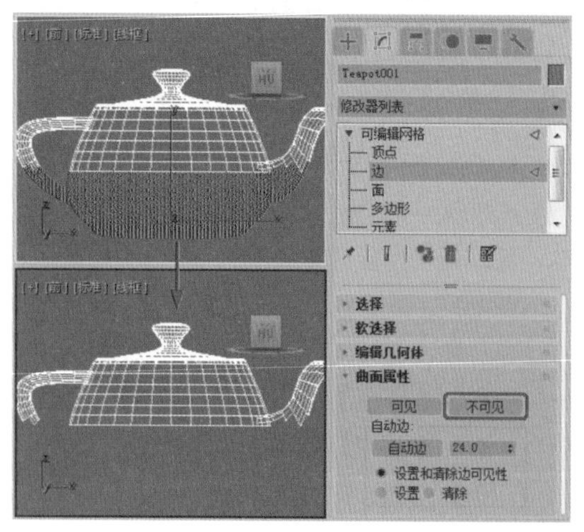

图 4-83

◎ 【自动边】选项组。

◆ 【自动边】：根据共享边的面之间的夹角来确定边的可见性，面之间的角度由该选项右边的微调器设置。

◆ 【设置和清除边可见性】：根据【阈值】设定更改所有选定边的可见性。

◎ 【设置】：当边超过【阈值】设定时，原先可见的边变为不可见；但不清除任何边。

◎ 【清除】：当边小于【阈值】设定时，原先不可见的边可见；不让其他任何边可见。

4.3.3 【面】层级

在【面】层级中可以选择一个和多个面，然后使用标准方法对其进行变换。这一点对于【多边形】和【元素】子对象层级同样适用。

接下来将对它的参数卷展栏进行介绍。下面主要介绍【曲面属性】卷展栏，如图 4-84 所示。

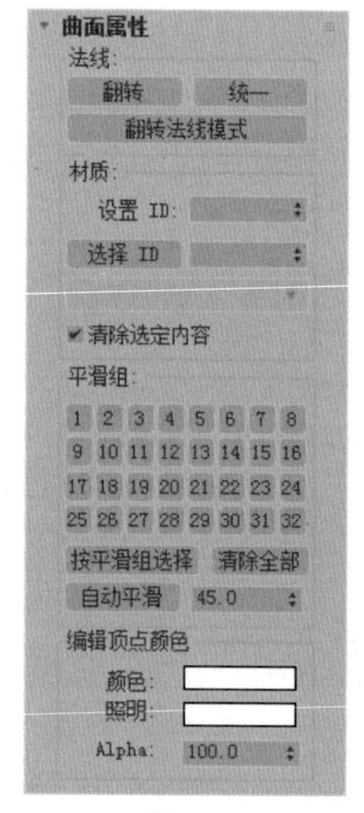

图 4-84

◎ 【法线】选项组。

◆ 【翻转】：将选择面的法线方向进

行反向。

- ◆ 【统一】：将选择面的法线方向统一为一个方向，通常是向外。

◎ 【材质】选项组。

- ◆ 【设置 ID】：如果对物体设置多维材质，在这里为选择的面指定 ID 号。
- ◆ 【选择 ID】：按当前 ID 号，将所有与此 ID 号相同的表面进行选择。
- ◆ 【清除选定内容】：启用时，如果选择新的 ID 或材质名称，将会取消选择以前选定的所有子对象。

◎ 【平滑组】：使用这些控件，可以向不同的平滑组分配选定的面，还可以按照平滑组选择面。

- ◆ 【按平滑组选择】：将所有具有当前光滑组号的表面进行选择。
- ◆ 【清除全部】：删除对面物体指定的光滑组。
- ◆ 【自动平滑】：根据其下的阈值进行表面自动光滑处理。

◎ 【编辑顶点颜色】选项组：使用这些控件，可以分配颜色、照明颜色（着色）和选定多边形或元素中各顶点的 Alpha（透明）值。

- ◆ 【颜色】：单击色块可更改选定多边形或元素中各顶点的颜色。
- ◆ 【照明】：单击色块可更改选定多边形或元素中各顶点的照明颜色。使用该选项，可以更改照明颜色，而不会更改顶点颜色。
- ◆ Alpha：用于向选定多边形或元素中的顶点分配 Alpha（透明）值。

4.3.4 【元素】层级

单击次物体中的【元素】就进入【元素】层级，在此层级中主要是针对整个网格物体进行编辑。

1.【附加】的使用

使用附加可以将其他对象包含到当前正在编辑的可编辑网格物体中，使其成为可编辑网格的一部分，如图 4-85 所示。

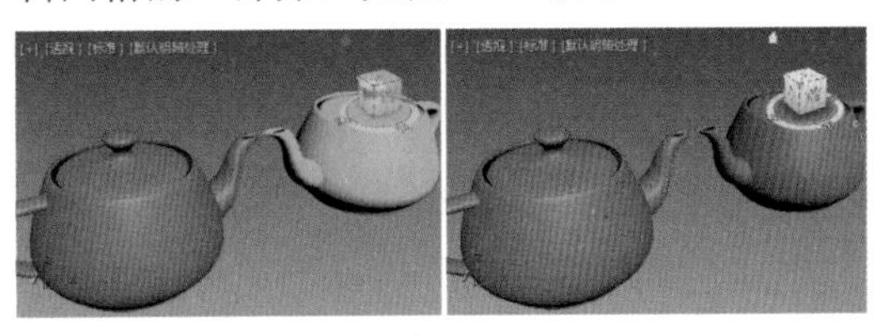

图 4-85

2.【拆分】的使用

拆分的作用和附加的作用相反，它是将可编辑网格物体中的一部分从中分离出去，成为一个独立的对象。通过【拆分】命令，从可编辑网格物体中分离出来，作为一个单独的对象，但是此时被分离出来的并不是原物体，而是另一个可编辑网格物体。

3.【炸开】的使用

炸开能够将可编辑网格物体分解成若干碎片。在单击【炸开】按钮前，如果选中【对象】单选按钮，则分解的碎片将成为独立的对象，即由 1 个可编辑网格物体变为 4 个可编辑网格物体；如果选中【元素】单选按钮，则分解的碎片将作为体层级物体中的一个子层级物体，并不单独存在，即仍然只有一个可编辑网格物体。

【实战】制作排球

本例将介绍如何制作排球。首先使用【长方体】工具绘制长方体，为其添加【编辑网格】修改器，设置 ID，将长方体炸开，然后通过【网格平滑】、【球形化】修改器对长方体进行平滑及球形化处理，通过【面挤出】和【网格平滑】修改器对长方体进行挤压、平滑处理，得到排球的模型，最后为排球添加【多维 / 子材质】即可，效果如图 4-86 所示。

图 4-86

素材	Scenes\Cha04\ 排球素材 .max
场景	Scenes\Cha04\【实战】制作排球 .max
视频	视频教学 \Cha04\【实战】制作排球 .mp4

01 打开【Scenes\Cha04\ 排球素材 .max】素材文件，选择【创建】|【几何体】|【长方体】工具，【前】视图中创建一个【长度】、【宽度】、【高度】、【长度分段】、【宽度分段】、【高度分段】分别为 150、150、150、3、3、3 的长方体，并将它命名为【排球】，如图 4-87 所示。

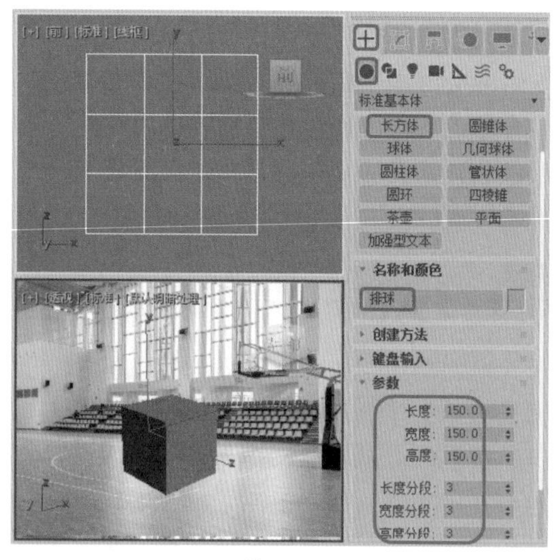

图 4-87

02 进入【修改】命令面板，在【修改器列表】中选择【编辑网格】修改器，将当前选择集定义为【多边形】，然后选择多边形，在【曲面属性】卷展栏中将【材质】下的【设置 ID】设为 1，如图 4-88 所示。

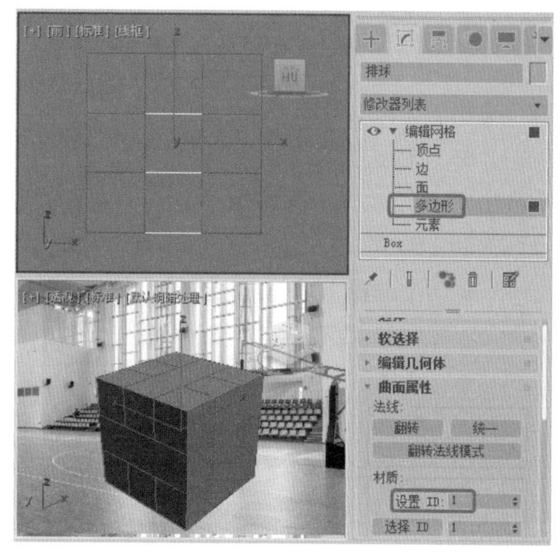

图 4-88

提示：对对象设置 ID 可以将一个整体对象分开进行编辑，方便以后对其设置材质。一般设置【多维 / 子对象】材质首先要给对象设置相应的 ID。

03 在菜单栏中选择【编辑】|【反选】命令，在【曲面属性】卷展栏中将【材质】下的【设置 ID】设为 2，然后再选择【反选】命令，在【编辑几何体】卷展栏中单击【炸开】按钮，在弹出的对话框中将【对象名】设置为【排球】，单击【确定】按钮，如图 4-89 所示。

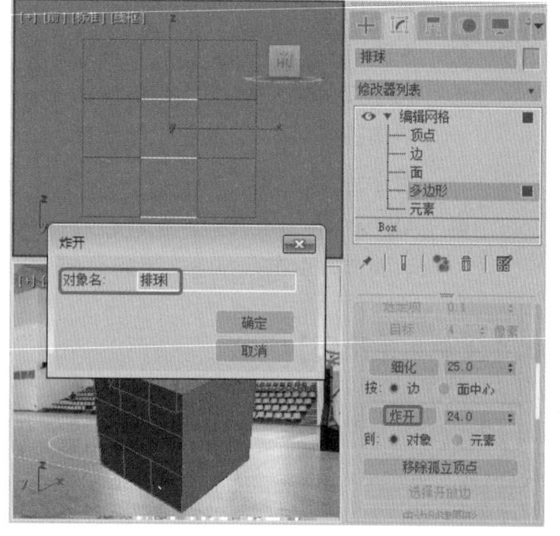

图 4-89

04 退出当前选择集，然后选择所有的【排球】对象，在【修改器】下拉列表中选择【网格平滑】修改器，然后再选择【球形化】修改器，效果如图 4-90 所示。

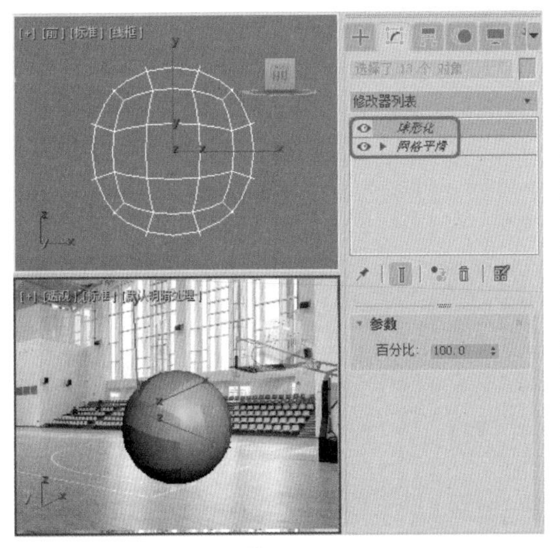

图 4-90

05 为其添加【编辑网格】修改器，将当前选择集定义为【多边形】，按 Ctrl+A 组合键选择所有的多边形，效果如图 4-91 所示。

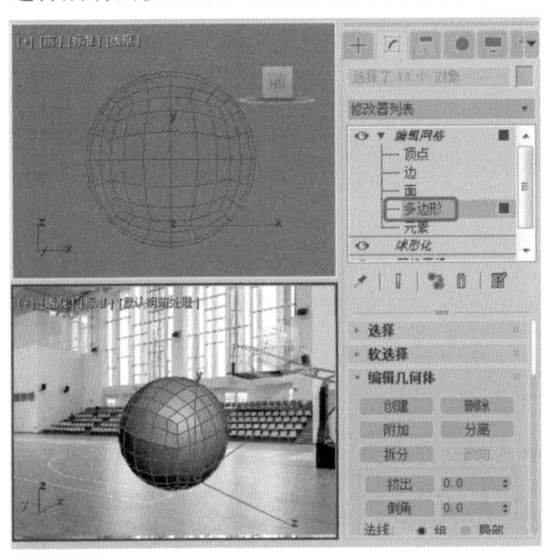

图 4-91

06 选择多边形后，在【修改器列表】中选择【面挤出】修改器，在【参数】卷展栏中将【数量】和【比例】设置为 1、99，如图 4-92 所示。

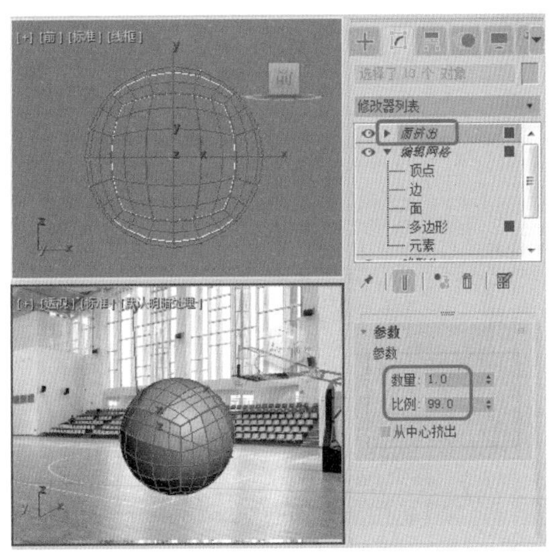

图 4-92

提示：【面挤出】对其下的选择面集合进行积压成型，从原物体表面长处或陷入。

【数量】：设置挤出的数量，当它为负值时，表现为凹陷效果。

【比例】：对挤出的选择面进行尺寸放缩。

07 在【修改器列表】中选择【网格平滑】修改器，在【细分方法】卷展栏中将【细分方法】设置为【四边形输出】，在【细分量】卷展栏中将【迭代次数】设置为 2，如图 4-93 所示。

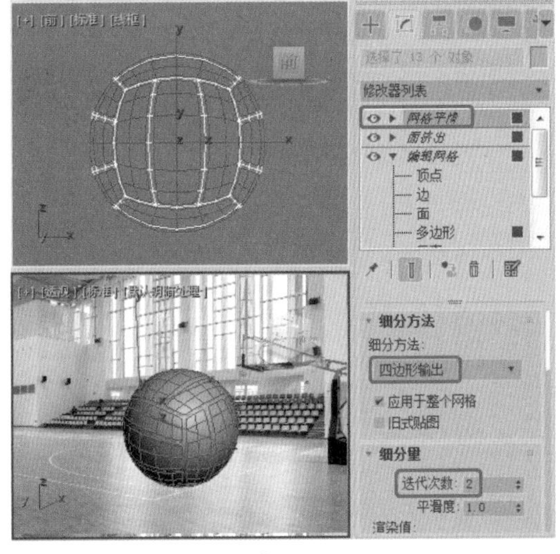

图 4-93

08 按M键打开【材质编辑器】对话框，选择【排球】材质球，将对象指定给选定对象，如图4-94所示。

09 将对话框关闭，显示Plane01平面对象，选中【透视】视图，按C键将【透视】视图转换为【摄影机】视图，调整排球位置，对其进行渲染，效果如图4-95所示。

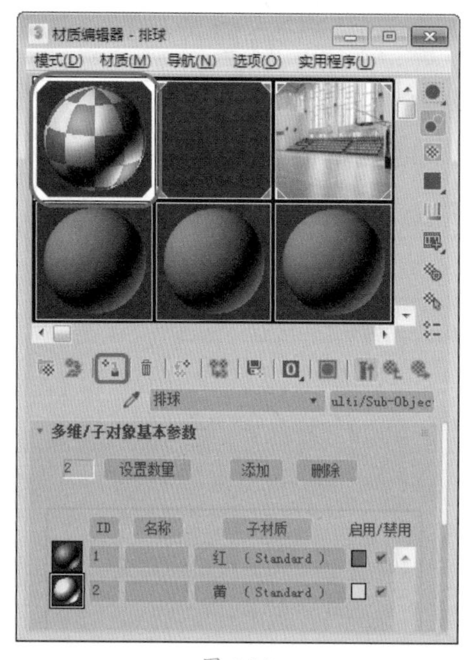

图 4-94

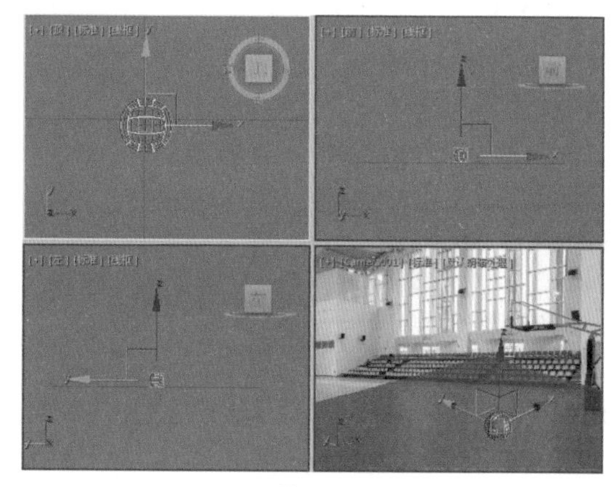

图 4-95

课后项目练习

魔方

魔方，又称为鲁比克方块，是匈牙利布达佩斯建筑学院厄尔诺·鲁比克教授发明的。本案例会介绍魔方的制作方法。

课后项目练习效果展示

完成后的效果如图4-96所示。

图 4-96

课后项目练习过程概要

（1）利用【长方体】制作魔方形状。

（2）为长方体添加【编辑多边形】修改器，并对其进行倒角，设置 ID，最后为其设置材质即可。

素材	Scenes\Cha04\ 魔方素材 .max
场景	Scenes\Cha04\ 魔方 .max
视频	视频教学 \Cha04\ 魔方 .mp4

01 打开【魔方素材 .max】素材文件，如图 4-97 所示。

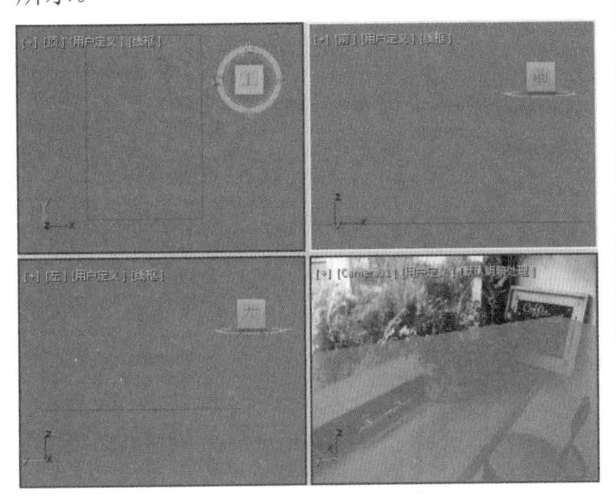

图 4-97

02 选择【创建】|【几何体】|【标准基本体】|【长方体】工具，在【顶】视图中创建一个长方体，将其重命名为【魔方】，在【参数】卷展栏中将【长度】、【宽度】和【高度】均设置为 100，将【长度分段】、【宽度分段】和【高度分段】均设置为 3，如图 4-98 所示。

03 切换到【修改】命令面板，在修改器下拉列表中选择【编辑多边形】选项，添加【编辑多边形】修改器，将当前选择集定义为【多边形】，按 Ctrl+A 组合键选中所有的多边形，在【编辑多边形】卷展栏中单击【倒角】按钮右侧的【设置】按钮，在弹出的对话框中将【倒角类型】设置为【按多边形】，将【高度】设置为 2，将【轮廓量】设置为 -1，如图 4-99 所示。

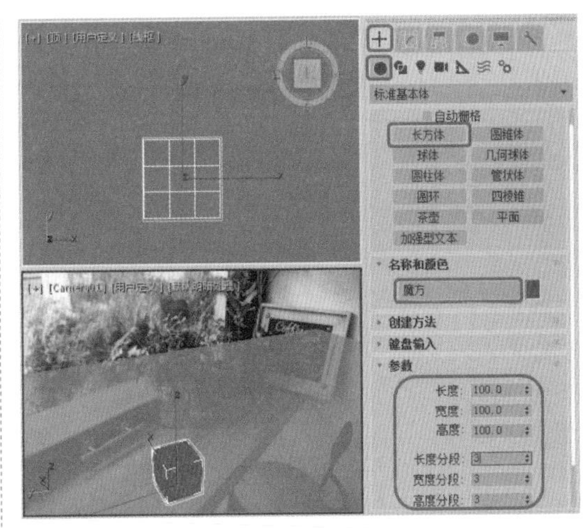

图 4-98

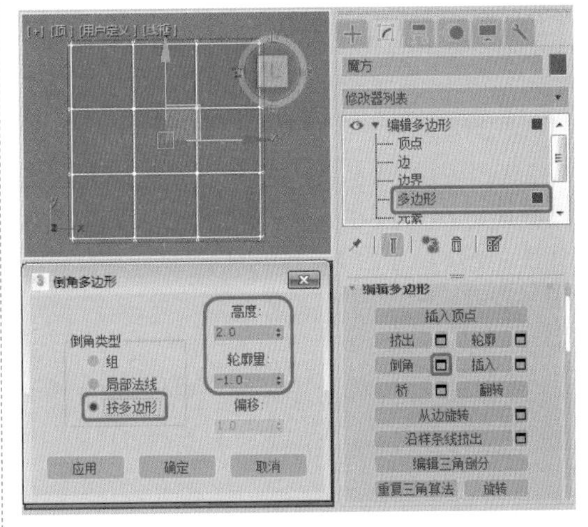

图 4-99

04 单击【确定】按钮，在【顶】视图中选择如图 4-100 所示的九个多边形，在【多边形：材质 ID】卷展栏中将【设置 ID】设置为 1。

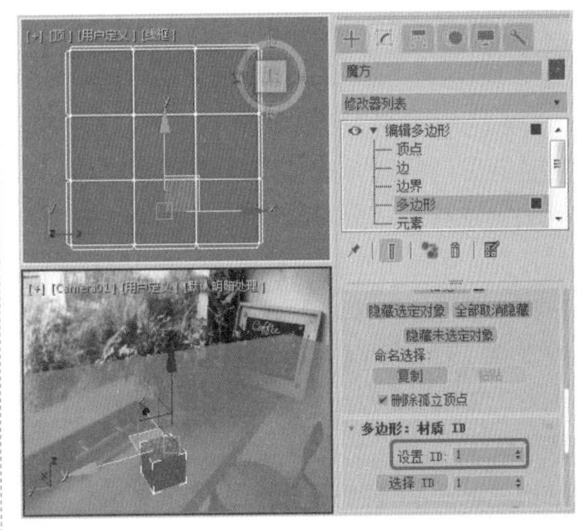

图 4-100

05 在【顶】视图中按B键切换为【底】视图，并且在【底】视图中选中如图4-101所示的多边形，在【多边形：材质ID】卷展栏中将【设置ID】设置为2。

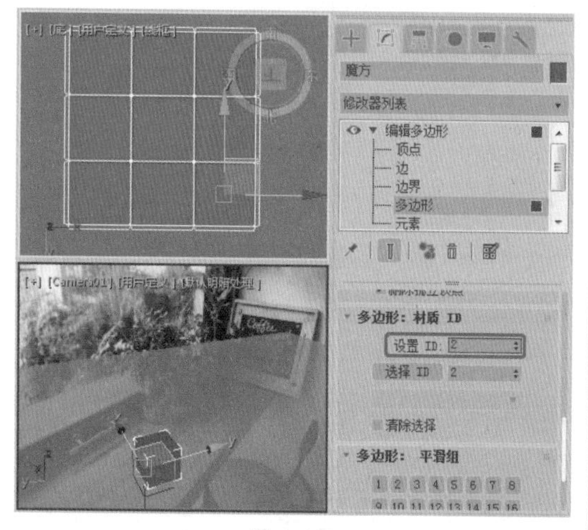

图 4-101

06 使用同样的方法给其他多边形设置ID，如图4-102所示为ID为7的多边形。

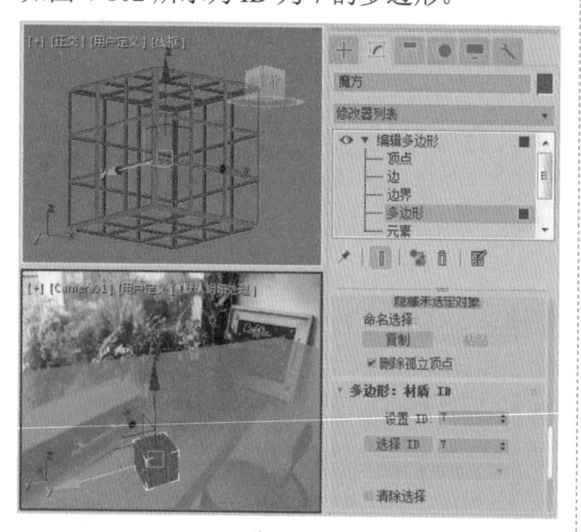

图 4-102

07 退出当前选择集，确认【魔方】对象处于被选中状态，按M键打开【材质编辑器】对话框，选择一个新的材质球，单击Standard按钮，在弹出的【材质/贴图浏览器】对话框中选择【材质】|【标准】|【多维/子对象】选项，如图4-103所示。

08 单击【确定】按钮，弹出【替换材质】对话框，选择【丢弃旧材质】单选按钮，单击【确定】按钮，然后在【多维/子对象基本参数】卷展栏中单击【设置数量】按钮，弹出【设置材质数量】对话框，将【材质数量】设置为7，如图4-104所示。

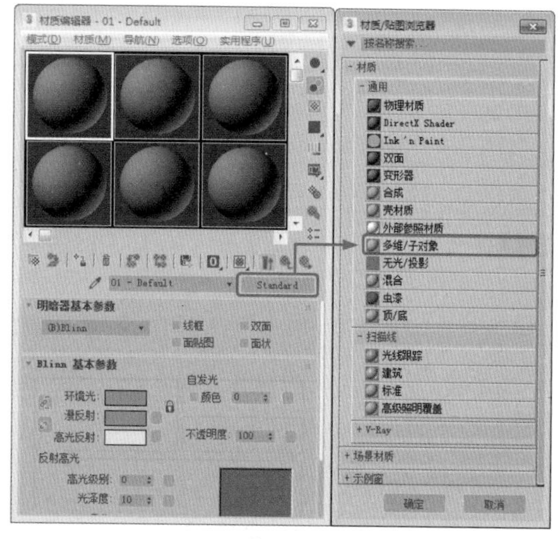

图 4-103

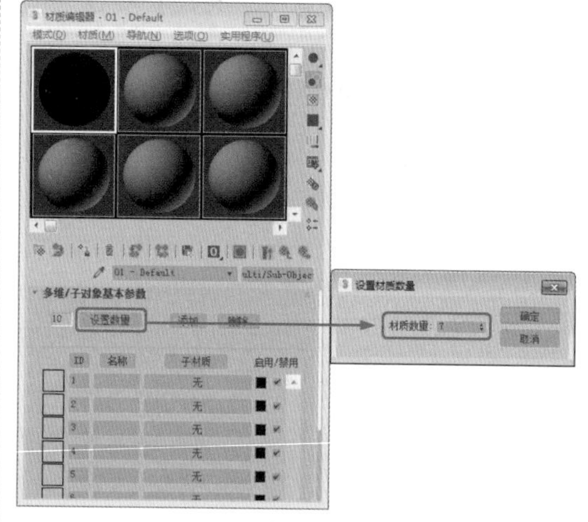

图 4-104

09 单击【确定】按钮，然后单击ID1右侧的子材质按钮，在弹出的【材质/贴图浏览器】对话框中双击【标准】选项，进入子级材质面板，在【明暗器基本参数】卷展栏中将明暗器类型设置为【（A）各向异性】，在【各向异性基本参数】卷展栏中将【环境光】和【漫反射】的RGB值均设置为255、0、0，将【自发光】设置为30，将【漫反射级别】设置为105，将【高光级别】、【光泽度】和【各向异性】分别设置为 95、65 和 85，如图 4-105 所示。

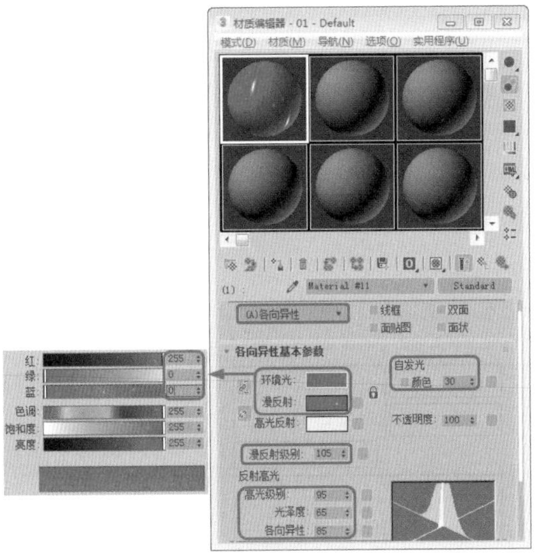

图 4-105

10 单击【转到父对象】按钮，返回父级材质设置面板。在 ID1 右侧的子材质按钮上，按住鼠标左键向下拖动至 ID2 右侧的子材质按钮上，释放鼠标左键，在弹出的【实例（副本）材质】对话框中单击【复制】单选按钮，如图 4-106 所示。

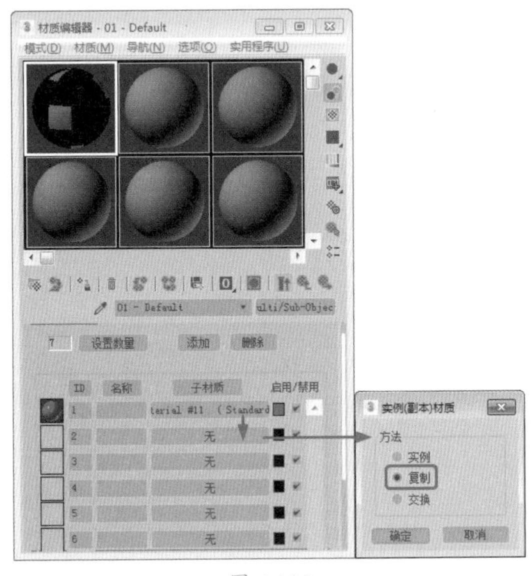

图 4-106

11 单击【确定】按钮，单击 ID2 材质按钮右侧的色块按钮，在弹出的对话框中将 RGB 值设置为 0、201、255，如图 4-107 所示。

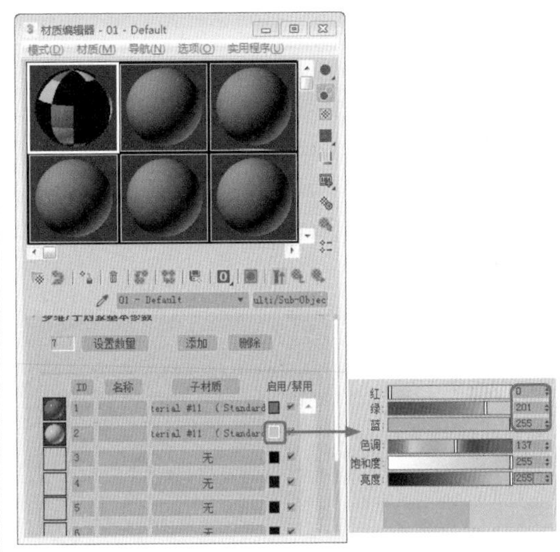

图 4-107

12 单击【确定】按钮。使用同样的方法设置其他材质，在设置完成后单击【将材质指定给选定对象】按钮，将该材质指定给【魔方】对象，并在视图中调整魔方的位置，如图 4-108 所示。

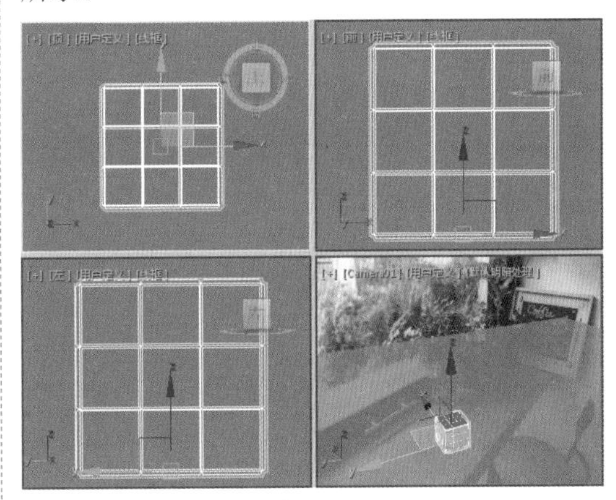

图 4-108

第 05 章

青铜器材质——材质和贴图

本章导读

现实世界的任何物体都有各自的特征，例如纹理、质感、颜色和透明度等，如果想要在 3ds Max 中制作出该特性，就需要用到【材质编辑器】与【材质 / 贴图浏览器】，本章中将对常用材质以及贴图类型进行详细的介绍。

案例精讲
青铜器材质

为了更好地完成本设计案例，现对制作要求及设计内容做如下规划，青铜器材质效果如图5-1所示。

作品名称	青铜器材质
设计创意	调出物体的【环境光】、【漫反射】和【高光反射】，制作出青铜器的光泽度，然后进行贴图设置
主要元素	青铜器
应用软件	3ds Max 2020
素材	Scenes \Cha05\ 青铜器材质素材 .max
场景	Scenes \Cha05\【案例精讲】青铜器材质 .max
视频	视频教学 \Cha05\【案例精讲】青铜器材质 .mp4
青铜器材质欣赏	图 5-1
备注	

01 打开【Scenes\Cha05\ 青铜器材质素材 .max】素材文件，如图 5-2 所示。

02 按 M 键打开【材质编辑器】对话框，选择一个空的样本球，并将其命名为【青铜】，将【明暗器类型】设为（B）Blinn，在【Blinn 基本参数】卷展栏中取消【环境光】和【漫反射】的锁定，将【环境光】的 RGB 值设为 166、47、15，将【漫反射】的 RGB 值设为 51、141、45，将【高光反射】的 RGB 值设为 255、242、188，在【自发光】组中将【颜色】设为 14，在【反射高光】组中将【高光级别】设为 65，将【光泽度】设为 25，如图 5-3 所示。

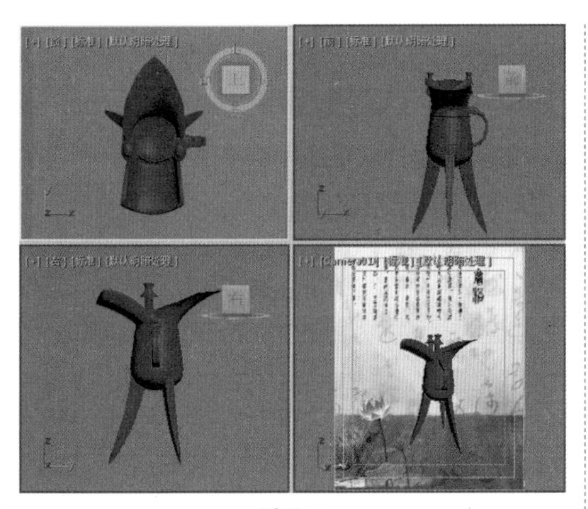

图 5-2

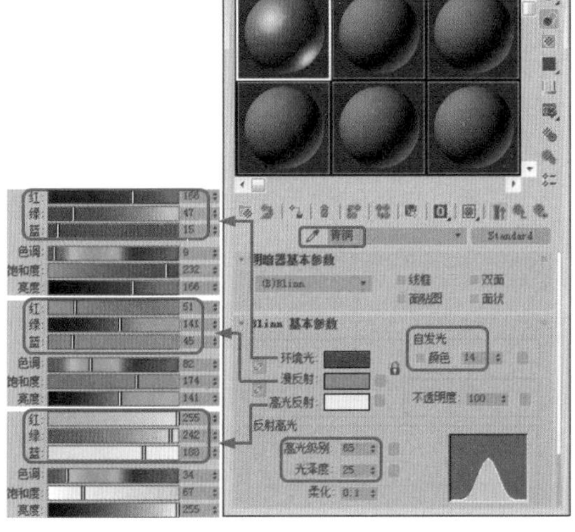

图 5-3

03 展开【贴图】卷展栏，单击【漫反射颜色】右侧的【无贴图】按钮，弹出【材质 / 贴图浏览器】对话框，选择【贴图】|【通用】|【位图】选项，单击【确定】按钮，弹出【选择位图图像文件】对话框，选择 Map\MAP03.jpg 素材文件单击【打开】按钮，进入【位图】材质编辑器中，保持默认值，单击【转到父对象】按钮，将【漫反射颜色】设为 75，如图 5-4 所示。

04 单击【凹凸】后面的【无贴图】按钮，弹出【材质 / 贴图浏览器】对话框，选择【贴图】|【通用】|【位图】选项，单击【确定】按钮，弹出【选择位图图像文件】对话框，选择 Map\MAP03.jpg 素材文件，单击【打开】按钮，进入【位图】材质编辑器中，保持默认值，单击【转到父对象】按钮，在场景中选择青铜酒杯并对其赋予该材质，如图 5-5 所示。

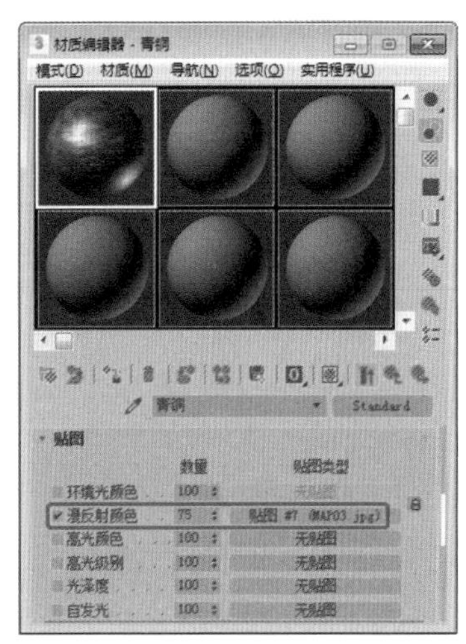

图 5-4

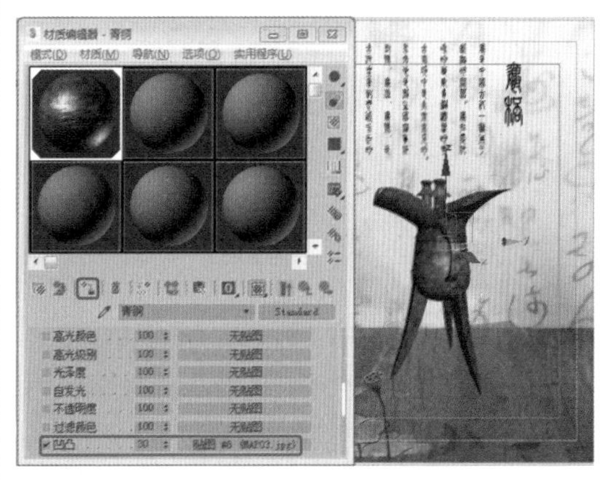

图 5-5

5.1 材质编辑器与明暗器类型

材质编辑器是 3ds Max 重要的组成部分之一，使用它可以定义、创建和使用材质，材质编辑器随着 3ds Max 的不断更新，功能也变得越来越强大，本节介绍材质编辑器与明暗器类型的基本运用方法。

5.1.1 材质编辑器

材质编辑器按照不同的材质特征，可以分为【标准】、【顶/底】、【多维/子对象】、【合成】、【混合】等材质类型。

从整体上看，材质编辑器可以分为菜单栏、材质示例窗、工具按钮和参数控制区4大部分，如图5-6所示。

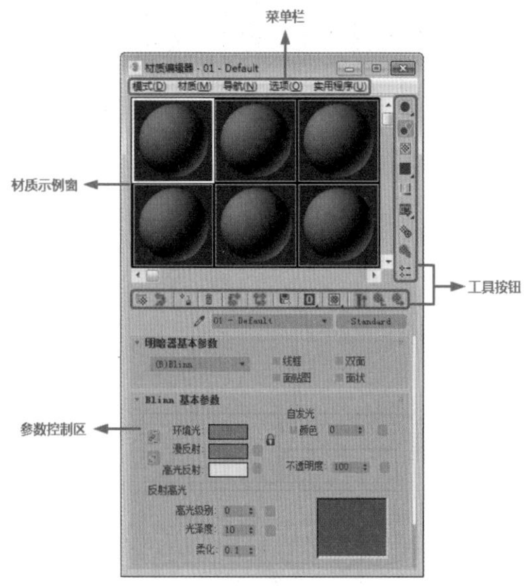

图 5-6

下面将分别对这4大部分进行介绍。

1. 菜单栏

位于材质编辑器的顶端，这些菜单命令与材质编辑器中的图标按钮作用相同。

◎ 【材质】菜单如图5-7所示。

- 【获取材质】：与【获取材质】按钮功能相同。
- 【从对象选取】：与【从对象拾取材质】按钮功能相同。
- 【按材质选择】：与【按材质选择】按钮功能相同。
- 【在ATS对话框中高亮显示资源】：如果活动材质使用的是已跟踪的资源（通常为位图纹理）的贴图，则打开【资源跟踪】对话框，同时资源高亮显示。

图 5-7

- 【指定给当前选择】：与【将材质指定给选定对象】按钮功能相同，将活动示例窗中的材质应用于场景中当前选定的对象。
- 【放置到场景】：与【将材质放入场景】按钮功能相同。
- 【放置到库】：与【放入库】按钮功能相同。
- 【更改材质/贴图类型】：用于改变当前材质/贴图的类型。
- 【生成材质副本】：与【生成材质副本】按钮功能相同。
- 【启动放大窗口】：与右键菜单中的【放大】命令功能相同。
- 【另存为.FX文件】：用于将活动材质另存为FX文件。
- 【生成预览】：与【生成预览】按钮功能相同。
- 【查看预览】：与【播放预览】按钮功能相同。
- 【保存预览】：与【保存预览】按

钮功能相同。

- 【显示最终结果】：与【显示最终结果】按钮功能相同。
- 【视口中的材质显示为】：与【视口中显示明暗处理材质】按钮功能相同。
- 【重置示例窗旋转】：恢复示例窗中材质样本球默认的角度方位，与右键菜单中的【重置旋转】命令功能相同。
- 【更新活动材质】：更新当前材质。

◎ 【导航】菜单如图 5-8 所示。

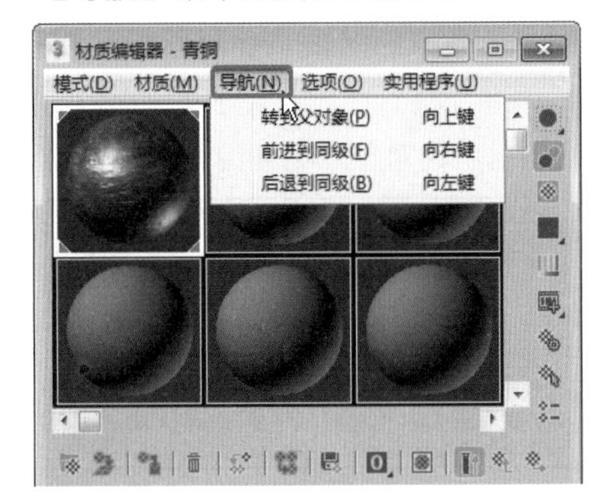

图 5-8

- 【转到父对象】：与【转到父对象】按钮功能相同。
- 【前进到同级】：与【转到下一个同级项】按钮功能相同。
- 【后退到同级】：与【转到下一个同级项】按钮功能相反，返回前一个同级材质。

◎ 【选项】菜单如图 5-9 所示。

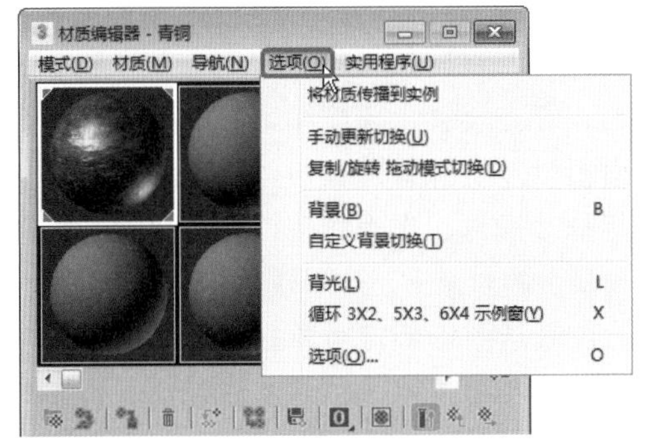

图 5-9

- 【将材质传播到实例】：选择该选项时，当前的材质样本球中的材质将指定给场景中所有互相具有属性的对象；取消选中该选项时，当前材质样本球中的材质将只指定给选择的对象。
- 【手动更新切换】：与【材质编辑器选项】对话框中的【手动更新切换】选项功能相同。
- 【复制 / 旋转拖动模式切换】：相当于右键菜单中的【拖动 / 复制】命令或【拖动 / 旋转】命令。
- 【背景】：与【背景】按钮功能相同。
- 【自定义背景切换】：设置是否显示自定义背景。
- 【背光】：与【背光】按钮功能相同。
- 【循环 3×2、5×3、6×4 示例窗】：功能与右键菜单中的【3×2 示例窗】、【5×3 示例窗】、【6×4 示例窗】选项相似，可以在 3 种材质样本球示例窗模式间循环切换。
- 【选项】：与【选项】按钮功能相同。

◎ 【实用程序】菜单如图 5-10 所示。

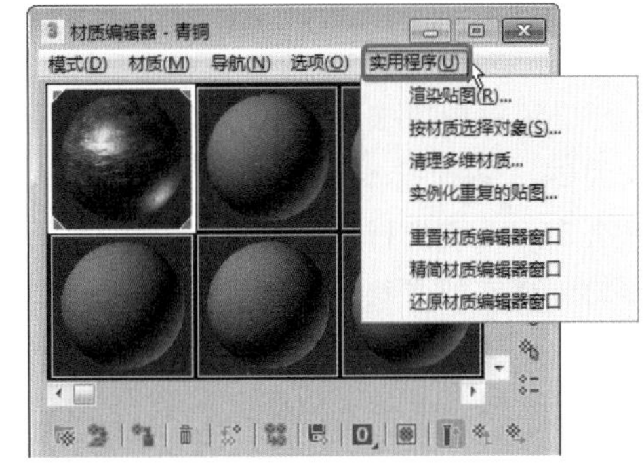

图 5-10

- 【渲染贴图】：与右键菜单中的【渲染贴图】命令功能相同。
- 【按材质选择对象】：与【按材质

选择】按钮功能相同。

- 【清理多维材质】：对【多维 / 子对象】材质进行分析，显示场景中所有包含未分配任何材质 ID 的子材质，可以让用户选择删除任何未使用的子材质，然后合并多维子对象材质。
- 【实例化重复的贴图】：在整个场景中查找具有重复【位图】贴图的材质。如果场景中有不同的材质使用了相同的纹理贴图，那么创建实例将会减少在显卡上重复加载，从而提高显示的性能。
- 【重置材质编辑器窗口】：用默认的材质类型替换材质编辑器中的所有材质。
- 【精简材质编辑器窗口】：将材质编辑器中所有未使用的材质设置为默认类型，只保留场景中的材质，并将这些材质移动到材质编辑器的第一个示例窗中。
- 【还原材质编辑器窗口】：使用前两个命令时，3ds Max 将材质编辑器的当前状态保存在缓冲区中，使用此命令可以利用缓冲区的内容还原材质编辑器的状态。

2. 材质示例窗

材质示例窗用来显示材质的调节效果，默认为 24 个材质样本球，当调节参数时，其效果会立刻反映到材质样本球上，用户可以根据材质样本球来判断材质的效果。示例窗可以变小或变大。示例窗的内容不仅可以是球体，还可以是其他几何体，包括自定义的模型；示例窗的材质可以直接拖动到对象上进行指定。

在示例窗中，窗口都以黑色边框显示，如图 5-11 右图所示。当前正在编辑的材质称为激活材质，它具有白色边框，如图 5-11 左图所示。如果要对材质进行编辑，首先要在材质上单击左键，将其激活。

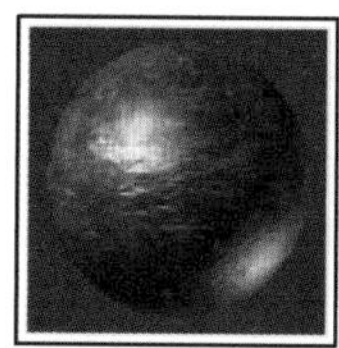
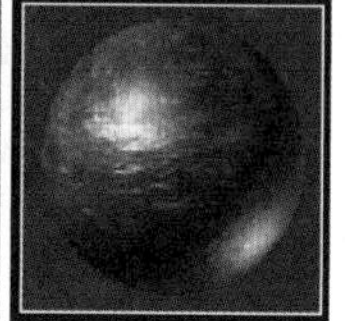

被激活的材质　未激活的材质

图 5-11

对于示例窗中的材质，有一种同步材质的概念：当一个材质指定给场景中的对象，它便成为同步材质，特征是四角有三角形标记，如图 5-12 所示。如果对同步材质进行编辑操作，场景中的对象也会随之发生变化，不需要再进行重新指定。图 5-12 左图所示表示使用该材质的对象在场景中被选择。

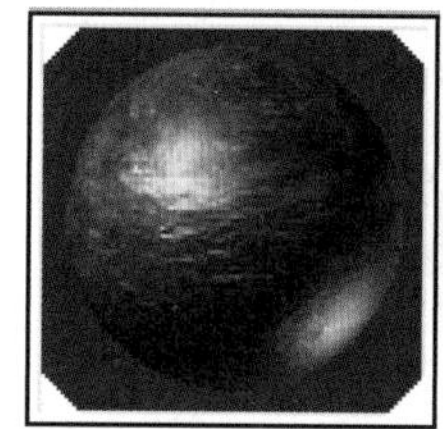
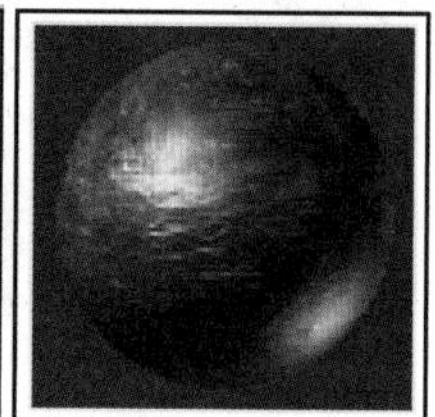

图 5-12

示例窗中的材质可以方便地执行拖动操作，从而进行各种复制和指定活动。将一个材质窗口拖动到另一个材质窗口之上，释放鼠标，即可将它复制到新的示例窗中。对于同步材质，复制后会产生一个新的材质，它已不属于同步材质，因为同一种材质只允许有一个同步材质出现在示例窗中。

材质和贴图的拖动是针对软件内部的全部操作而言的，拖动的对象可以是示例窗、贴图按钮或材质按钮等，它们分布在材质编辑器、灯光设置、环境编辑器、贴图置换命令面板以及资源管理器中，相互之间都可以进行拖动操作。作为材质，还可以直接拖动到场景中的对象上，进行快速指定。

在激活的示例窗中单击鼠标右键，可以弹出一个快捷菜单，如图 5-13 所示。样本球快捷菜单各项说明如下所示。

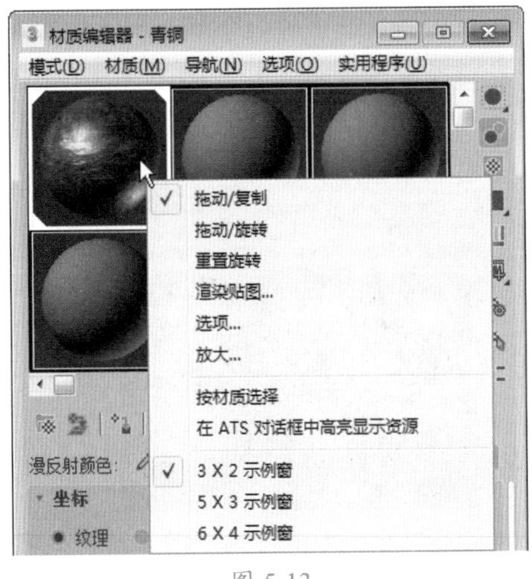

图 5-13

◎　【拖动 / 复制】：这是默认的设置模式，支持示例窗中的拖动复制操作。

◎　【拖动 / 旋转】：这是一个非常有用的工具，选择该选项后，在示例窗中拖动鼠标，可以转动材质样本球，便于观察其他角度的材质效果。在材质样本球内旋转是在三维空间中进行的，而在材质样本球外旋转则是垂直于视平面方向进行的，配合 Shift 键可以在水平或垂直方向上锁定旋转。在具备三键鼠标和 Windows 与 NT 以上级别操作系统的平台上，可以在【拖动 / 复制】模式下单击中键来执行旋转操作，不必进入菜单中选择。

◎　【重置旋转】：恢复示例窗中默认的角度方位。

◎　【渲染贴图】：只对当前贴图层级的贴图进行渲染。如果是材质层级，那么该项不被启用。当贴图渲染为静态或动态图像时，会弹出一个【渲染贴图】对话框，如图 5-14 所示。

提示：当材质样本球处于选中状态，贴图通道处于编辑状态时，【渲染贴图】命令是可用的。

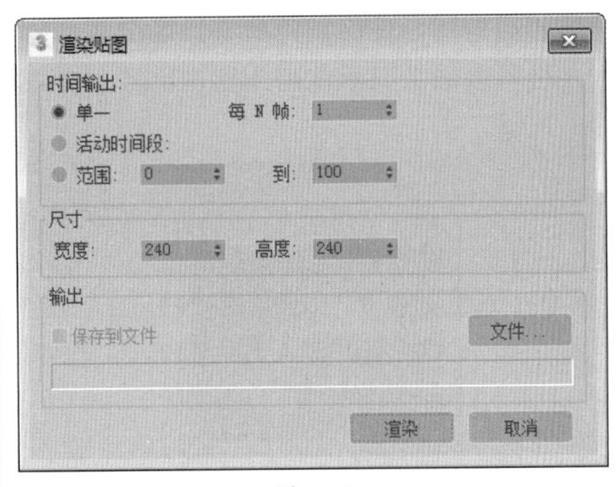

图 5-14

◎　【选项】：选择该选项将弹出如图 5-15 所示的【材质编辑器选项】对话框，主要是控制有关编辑器自身的属性。

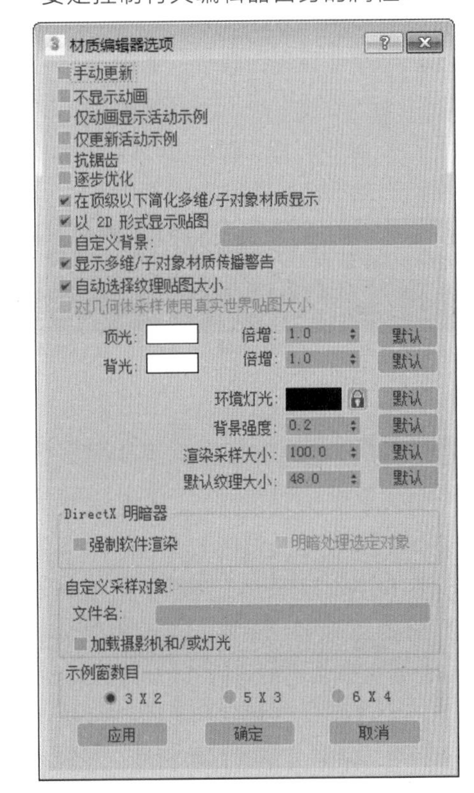

图 5-15

◎　【放大】：可以将当前材质以一个放大的示例窗显示，它独立于材质编辑器，以浮动框的形式存在，这有助于更清楚地观察材质效果，如图 5-16 所示。每一个材质只允许有一个放大窗口，最多可以同时打开 24 个放大窗口。通过拖动它的四角可以任意放大尺寸。这个命令同样可以通过在示例窗上双击鼠标左键来执行。

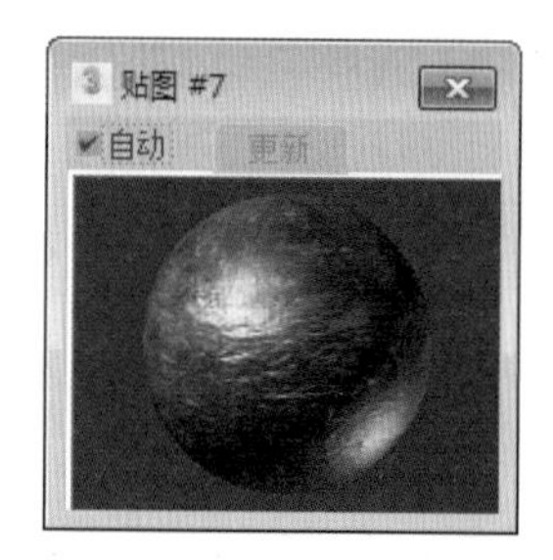

图 5-16

◎ 【3×2 示例窗 /5×3 示例窗 /6×4 示例窗】：用来设计示例窗中各示例小窗显示布局，材质示例窗中一共有 24 个小窗，当以 6×4 方式显示时，它们可以完全显示出来，只是比较小；如果以 5×3 或 3×2 方式显示，可以手动拖动窗口，显示出隐藏在内部的其他示例窗。示例窗不同的显示方式如图 5-17 所示。

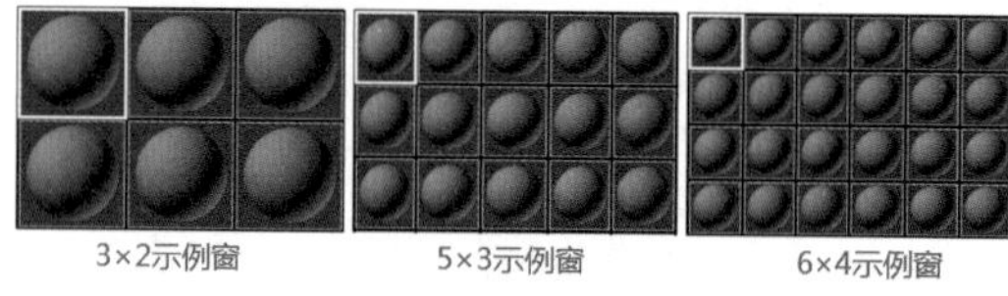

图 5-17

3. 工具栏

示例窗的下方是工具栏，它用来控制各种材质，工具栏上的按钮大多用于材质的指定、保存和层级跳跃。工具栏下面是材质的名称，材质的起名很重要，对于多层级的材质，在此处可以快速地进入其他层级的材质。右侧是一个【类型】按钮，单击该按钮可以打开【材质 / 贴图浏览器】对话框。工具栏如图 5-18 所示。

◎ 【获取材质】按钮：单击【获取材质】按钮，打开【材质 / 贴图浏览器】对话框，如图 5-19 所示，可以进行材质和贴图的选择，也可以调出材质和贴图，从而进行编辑修改。对于【材质 / 贴图浏览器】对话框，可以在不同地方将它打开，不过它们在使用上还有区别，单击按钮【获取材质】按钮，打开的【材质 / 贴图浏览器】对话框是一个浮动性质的对话框，不影响场景的其他操作。

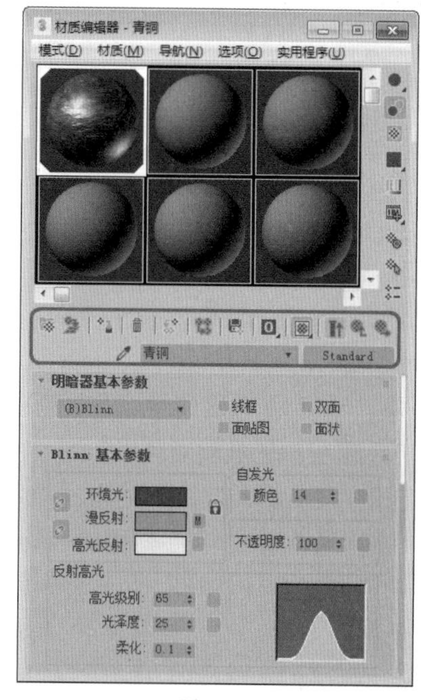

图 5-18

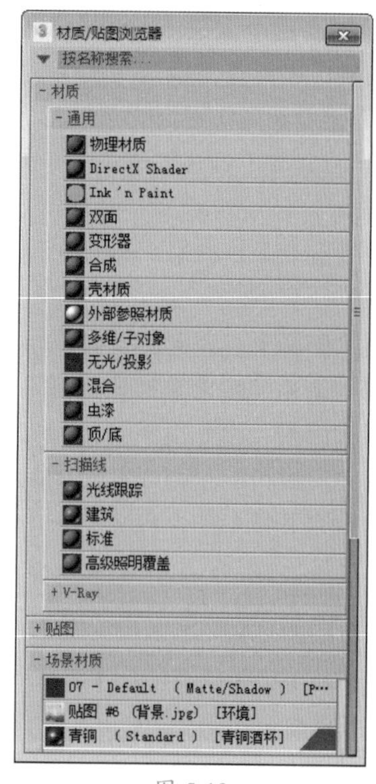

图 5-19

◎ 【将材质放入场景】按钮：在编辑完材质之后将它重新应用到场景中的对象上，允许使用这个按钮是有条件的：①在场景中有对象的材质与当前编辑的材质同名。②当前材质不属于同步材质。

◎ 【将材质指定给选定对象】按钮：将当前激活示例窗中的材质指定给当前选择的对象，同时此材质会变为一个同步材质。贴图材质被指定后，如果对象还未进行贴图坐标的指定，在最后渲染时也会自动进行坐标指定；单击【视口中显示明暗处理材质】按钮，在视图中可以观看贴图效果，同时也会自动进行坐标指定。如果在场景中已有一个同名的材质存在，这时会弹出【指定材质】对话框，如图5-20所示。

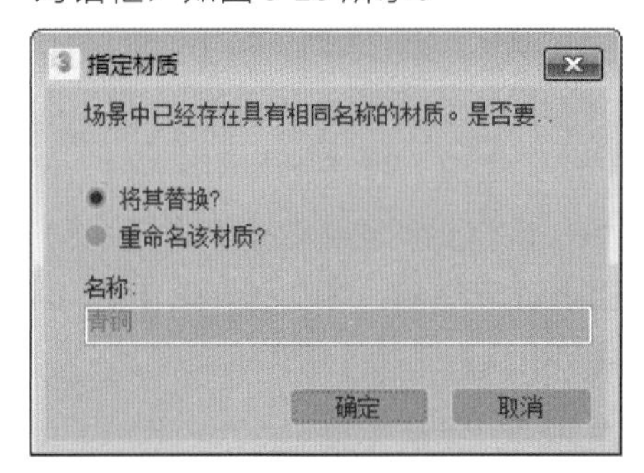

图 5-20

◆ 【将其替换】：这样会以新的材质代替旧有的同名材质。

◆ 【重命名该材质】：将当前材质改为另一个名称。如果要重新进行指定名称，可以在【名称】文本框中输入。

◎ 【重置贴图/材质为默认设置】按钮：对当前示例窗的编辑项目进行重新设置，如果处在材质层级，将恢复为一种标准材质，即灰色轻微反光的不透明材质，全部贴图设置都将丢失；如果处在贴图层级，将恢复为最初始的贴图设置；如果当前材质为同步材质，将弹出【重置材质/贴图参数】对话框，如图5-21所示。在该对话框中选中前一个单选按钮会影响场景中的所有对象，但仍保持为同步材质。选中后一个单选按钮只影响当前示例窗中的材质，变为非同步材质。

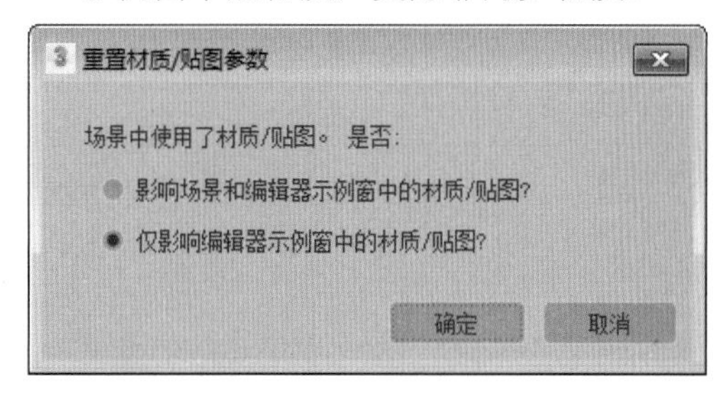

图 5-21

◎ 【生成材质副本】按钮：这个按钮只针对同步材质起作用。单击该按钮，会将当前同步材质复制成一个相同参数的非同步材质，并且名称相同，以便在编辑时不影响场景中的对象。

◎ 【使唯一】按钮：这个按钮可以将贴图关联复制为一个独立的贴图，也可以将一个关联子材质转换为独立的子材质，并对子材质重新命名。通过单击【使唯一】按钮，可以避免在对多维子对象材质中的顶级材质进行修改时，影响到与其相关联的子材质，起到保护子材质的作用。

> 提示：如果将实例化的贴图拖动到材质编辑器示例窗中，则【使唯一】按钮将不可用，因为它没有从唯一与之相关的上下文中清除。此时需要将父级贴图或父级材质之一导入到材质编辑器中，向下浏览到该贴图，然后使该贴图与此父级贴图唯一相关。

◎ 【放入库】按钮：单击该按钮，会将当前材质保存到当前的材质库中，这个操作直接影响到磁盘，该材质会永久保留在材质库中，关机后也不会丢失。单击该按钮后会弹出【放置到库】对话框，在此可以确认材质的名称，如图 5-22 所示。如果名称与当前材质库中的某个材质重名，会弹出【材质编辑器】提示框，如图 5-23 所示。单击【是】按钮或按 Y 键，系统会以新的材质覆盖原有材质，否则不进行保存操作。

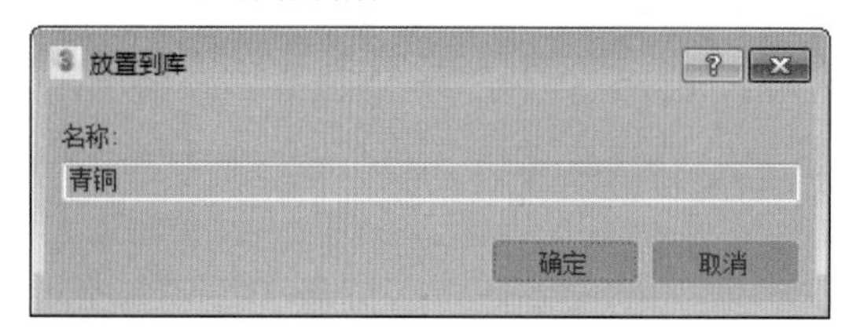

图 5-22

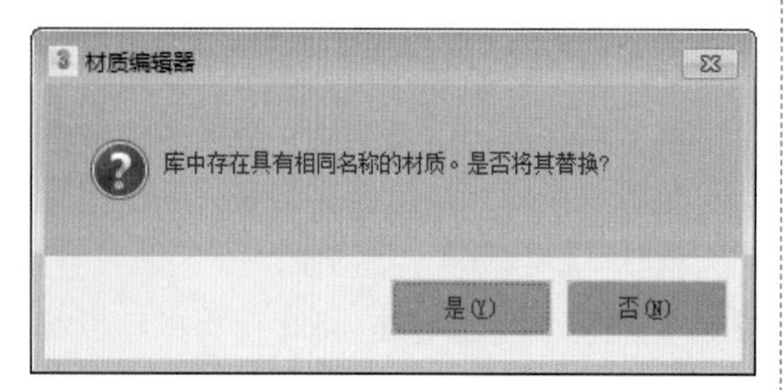

图 5-23

◎ 【材质 ID 通道】按钮：通过材质的特效通道可以在后期视频处理器和 Effects 特效编辑器中为材质指定特殊效果。

◆ 要制作一种发光效果，可以让指定的对象发光，也可以让指定的材质发光。如果要让对象发光，则需要在对象的属性设置框中设置对象通道；如果要让材质发光，则需要通过此按钮指定材质特效通道。

◆ 单击此按钮会展开一个通道选项，这里有 15 个通道可供选择，选择好通道后，在视频后期处理器中加入发光过滤器，在发光过滤器的设置中通过设置【材质 ID】为与材质编辑器中相同的通道号码，即可对此材质进行发光处理。

提示：在视频后期处理器中只认材质 ID 号，所以如果两个不同材质指定了相同的材质特效通道，都会一同进行特技处理。这里有 15 个通道，表示一个场景中只允许有 15 个不同材质的不同发光效果，如果发光效果相同，不同的材质也可以设置为同一材质特效通道，以便视频后期处理器中的制作更为简单。0 通道表示不使用特效通道。

◎ 【视口中显示明暗处理材质】按钮：在贴图材质的贴图层级中此按钮可用，单击该按钮，可以在场景中显示出材质的贴图效果，如果是同步材质，对贴图的各种设置调节也会同步影响场景中的对象，这样就可以很轻松地进行贴图材质的编辑工作。

◎ 视图中能够显示 3D 类程序式贴图和二维贴图，可以通过【材质编辑器】对话框中的【3D 贴图采样比例】对话框对显示结果进行改善。【粒子年龄】和【粒子运动模糊】贴图不能在视图中显示。

提示：虽然即时贴图显示对制作带来了便利，但也为系统增添了负担。如果场景中有很多对象存在，最好不要显示太多的即时贴图，不然会降低显示速度。通过【视图】|【取消激活所有贴图】命令可以将场景中全部即时显示的贴图关闭。

◆ 如果用户的计算机中安装的显卡支持 OpenGL 或 Direct3D 显示驱动程序，便可以在视图中显示多维复合贴图材质，包括【合成】和【混合】贴图。HEIDI driver（Software Z Buffer）驱动程序不支持多维复合贴图材质的即时贴图显示。

◎ 【显示最终结果】按钮：此按钮是针对多维材质或贴图材质等具有多个层级嵌套的材质作用的，在子级层级中单击该按钮，将会显示出最终材质的效果（也就是顶级材质的效果），松开该按钮会显示当前层级的效果。对于贴图材质，系统默认为按下状态，进入贴图层级后仍可看到最终的材质效果。对于多维材质，系统默认为松开状态，在进入子级材质后，可以看到当前层级的材质效果，这有利于对每一个级别材质的调节。

◎ 【转到父对象】按钮：向上移动一个材质层级，只在复合材质的子级层有效。

◎ 【转到下一个同级项】按钮：如果处在一个材质的子级材质中，并且还有其他子级材质，此按钮有效，可以快速移动到另一个同级材质中。例如，在一个多维子对象材质中，有两个子级对象材质层级，进入一个子级对象材质层级后，单击此按钮，即可跳入另一个子级对象材质层级中；对于多维贴图材质也适用。例如，同时有【漫反射】贴图和【凹凸】贴图的材质，在【漫反射】贴图层级中单击此按钮，可以直接进入【凹凸】贴图层级。

◎ 【从对象拾取材质】按钮：单击此按钮后，可以从场景中某一对象上获取其所附的材质，这时鼠标箭头会变为一个吸管，在有材质的对象上单击左键，即可将材质选择到当前示例窗中，并且变为同步材质，这是一种从场景中选择材质的好方法。

◎ 【材质名称列表】Map #0：在编辑器工具行下方正中央，是当前材质的名称输入框，作用是显示并修改当前材质或贴图的名称。在同一个场景中，不允许有同名材质存在。

提示：对于多层级的材质，单击 Map #0 列表框右侧的箭头按钮，可以展开全部层级的名称列表，它们按照由高到低的层级顺序排列，通过选择可以很方便地进入任一层级。

◎ 【类型】Standard：这是一个非常重要的按钮，默认情况下显示 Standard，表示当前的材质类型是标准类型。通过它可以打开【材质 / 贴图浏览器】对话框，从中选择各种材质或贴图类型。如果当前处于材质层级，则只允许选择材质类型；如果处于贴图层级，则只允许选择贴图类型。选择后按钮会显示当前的材质或者贴图类型名称。

◆ 在此处如果选择了一个新的混合材质或贴图，会弹出【替换材质】对话框，如图 5-24 所示。

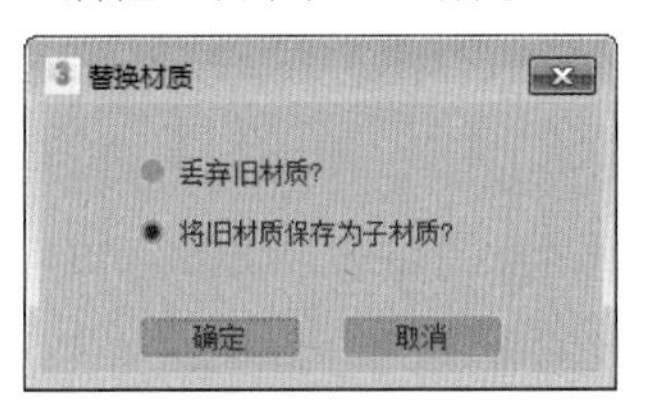

图 5-24

◆ 如果选中【丢弃旧材质】单选按钮，将会丢失当前材质的设置，产生一个全新的混合材质；如果选中【将旧材质保存为子材质】单选按钮，则会将当前材质保留，作为混合材质中的一个子级材质。

4. 工具列

示例窗的右侧是工具列，如图 5-25 所示。

◎ 【采样类型】按钮：用于控制示例窗中样本的形态，包括球体、圆柱体、立方体。

◎ 【背光】按钮：为示例窗中的样本增加一个背光效果，有助于金属材质的调节，如图 5-26 所示。

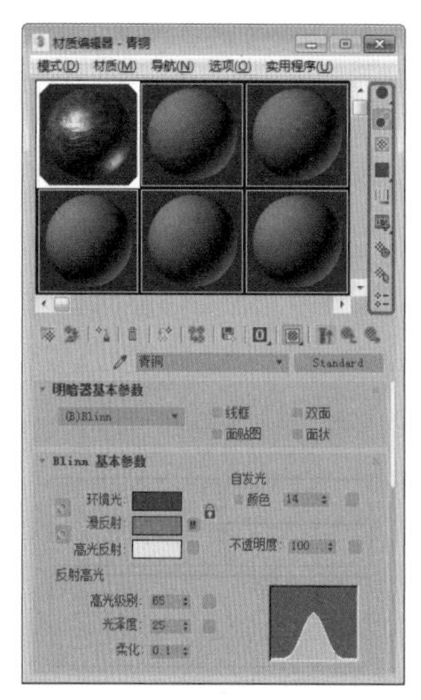

图 5-25

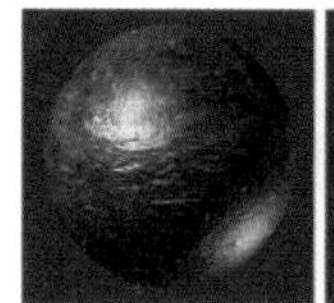 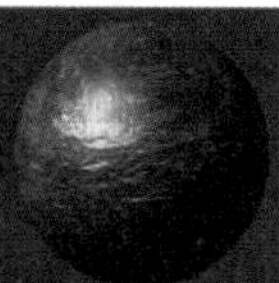

有背光　　无背光

图 5-26

◎　【背景】按钮：为示例窗增加一个彩色方格背景，主要用于透明材质和不透明贴图效果的调节。选择菜单栏中的【选项】|【选项】命令，在弹出的【材质编辑器选项】对话框中单击【自定义背景】右侧的空白框，选择一个图像即可，如果没有正常显示背景，可以选择菜单栏中的【选项】|【背景】命令。如图 5-27 所示为不同背景的效果。

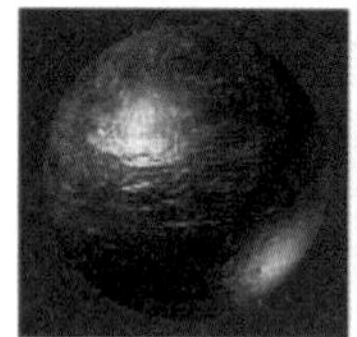 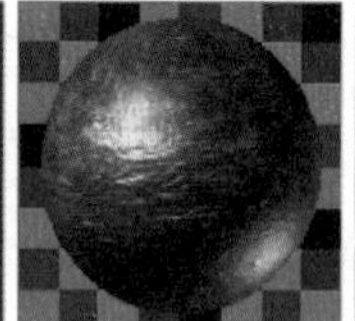 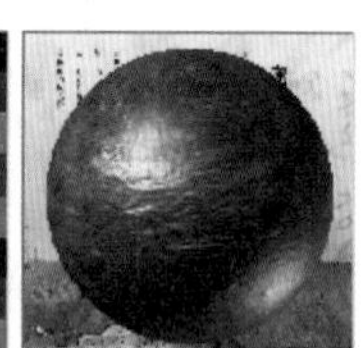

无背景　　透明背景　　自定义背景

图 5-27

◎　【采样 UV 平铺】按钮：用来测试贴图重复的效果，这只改变示例窗中的显示，并不对实际的贴图产生影响，其中包括几个重复级别，效果如图 5-28 所示。

图 5-28

◎　【视频颜色检查】按钮：用于检查材质表面色彩是否超过视频限制，对于 NTSC 和 PAL 制式视频色彩饱和度有一定限制，如果超过这个限制，颜色转化后会变模糊，所以要尽量避免发生此种情况。不过单纯从材质避免还是不够的，最后渲染的效果还决定于场景中的灯光，通过渲染控制器中的视频颜色检查可以控制最后渲染图像是否超过限制。比较安全的做法是将材质色彩的饱和度降低在 85%以下。

◎　【生成预览】按钮：用于制作材质动画的预视效果，对于进行了动画设置的材质，可以使用它来实时观看动态效果，单击它会弹出【创建材质预览】对话框，如图 5-29 所示。

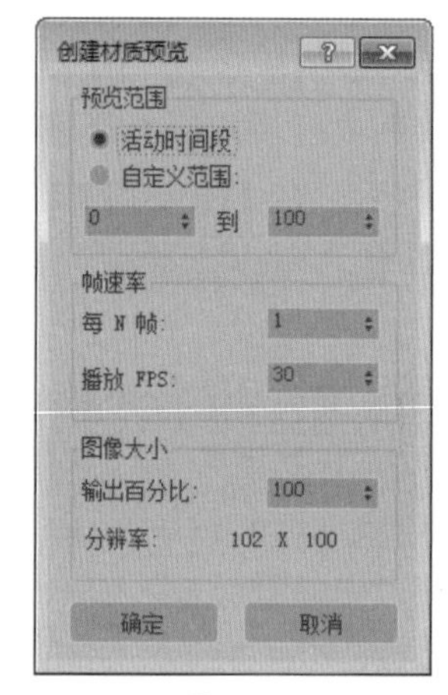

图 5-29

◆　【预览范围】：设置动画的渲染区段。预览范围又分为【活动时间段】和【自定义范围】两部分，选中【活动时间段】单选按钮可以将当前场景的活动时间段作为动画渲染的区段；选中【自定义范围】单选按钮，可以通过下面的文本框指定动画的区域，确定从第几帧到第几帧。

- ◆ 【帧速率】：设置渲染和播放的速度，在【帧速率】选项组中包含【每 N 帧】和【播放 FPS】。【每 N 帧】用于设置预视动画间隔几帧进行渲染；【播放 FPS】用于设置预视动画播放时的速率，N 制式为 30 帧 / 秒，PAL 制式为 25 帧 / 秒。
- ◆ 【图像大小】：设置预视动画的渲染尺寸。在【输出百分比】文本框中可以通过输出百分比来调节动画的尺寸。

◎ 【选项】按钮：单击该按钮即可打开【材质编辑器选项】对话框，与选择【选项】|【选项】命令弹出的对话框一样，如图 5-30 所示。

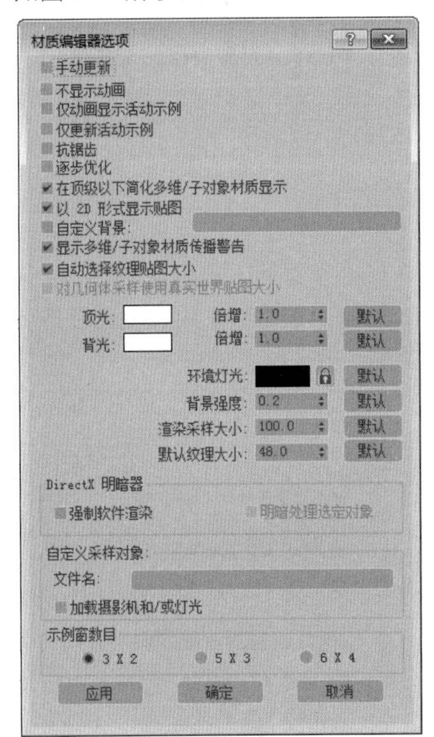

图 5-30

◎ 【按材质选择】按钮：这是一种通过当前材质选择对象的方法，可以将场景中全部附有该材质的对象一同选择（不包括隐藏和冻结的对象）。单击此按钮，激活对象选择对话框，全部附有该材质的对象名称都会高亮显示在这里，单击【选择】按钮即可将它们一同选择。

◎ 【材质 / 贴图导航器】按钮：是一个可以提供材质、贴图层级或复合材质子材质关系快速导航的浮动对话框。用户可以通过在导航器中单击材质或贴图的名称快速实现材质层级操作；反过来，用户在材质编辑器中的当前操作层级，也会反映在导航器中。在导航器中，当前所在的材质层级会以高亮度来显示。如果在导航器中点击一个层级，材质编辑器中也会直接跳到该层级，这样就可以快速地进入每一层级中进行编辑操作了。用户可以直接从导航器中将材质或贴图拖曳到材质样本球或界面的按钮上。

5. 参数控制区

在材质编辑器下部是它的参数控制区，根据材质类型的不同以及贴图类型的不同，其内容也不同。一般的参数控制包括多个项目，它们分别放置在各自的控制面板上，通过伸缩条展开或收起，如果超出了材质编辑器的长度可以通过手动进行上下滑动，与命令面板中的用法相同。

5.1.2 材质 / 贴图浏览器

3ds Max 中的 30 多种贴图按照用法、效果等可以划分为 2D 贴图、3D 贴图、合成器、颜色修改器、其他 5 大类。不同的贴图类型作用于不同的贴图通道，其效果也大不相同，这里着重讲解一些最常用的贴图类型。在材质编辑器的【贴图】卷展栏中单击任意一个贴图通道按钮，都会弹出材质 / 贴图浏览器。

下面将对材质 / 贴图浏览器进行介绍。

1. 材质 / 贴图浏览器

【材质 / 贴图浏览器】提供全方位的材质和贴图浏览选择功能，它会根据当前的情况而变化，如果允许选择材质和贴图，会将两者都显示在列表窗中，否则会仅显示材质或贴图，如图 5-31 所示。

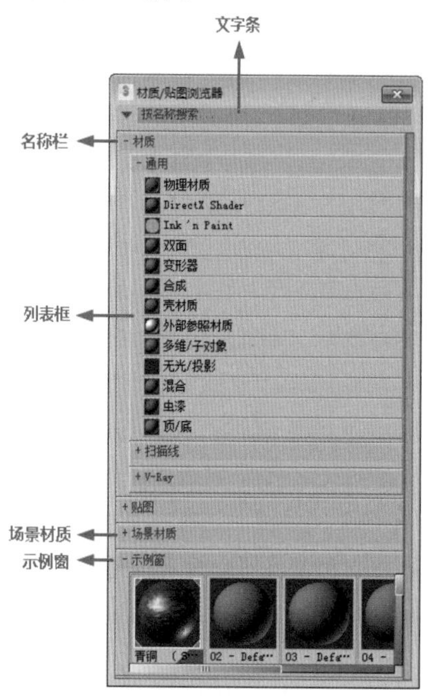

图 5-31

【材质 / 贴图浏览器】有以下功能区域。

◎ 【文字条】：在左上角有一个文本框，用于快速检索材质和贴图，例如在其中输入“合”字，按回车键，将会显示以“合”字开头的材质。

◎ 【名称栏】：文字条下方显示当前选择的材质或贴图的名称，方括号内是其对应的类型。

◎ 【列表框】：右侧最大的空白区域就是列表框，用于显示材质和贴图。材质以球体标志显示；贴图则以方形标志显示。

◎ 【场景材质】：在该列表中将会显示场景中所应用的材质。

◎ 【示例窗】：左上角有一个示例窗，与材质编辑器中的示例窗相同。每当选择一个材质或贴图后，它都会显示出效果，不过仅能以球体样本显示，它也支持拖动复制操作。

2. 列表显示方式

在名称栏上右击鼠标，在弹出的快捷菜单中选择【将组和子组显示为】命令，这里提供了 5 种列表显示类型。

◎ 【小图标】：以小图标方式显示，并在小图标下显示其名称，当鼠标指针停留于其上时，也会显示它的名称，其显示效果如图 5-32 所示。

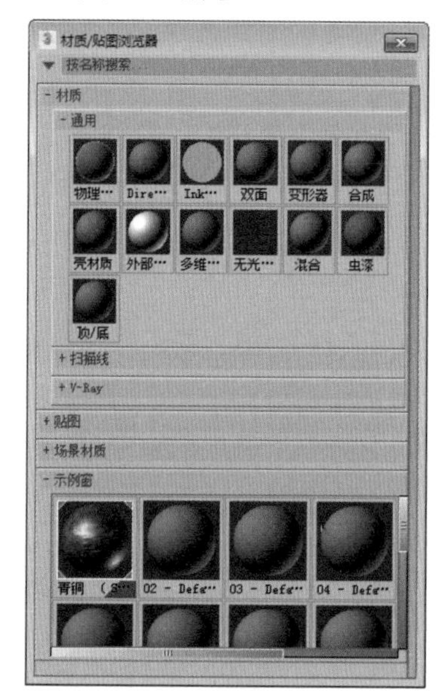

图 5-32

◎ 【中等图标】：以中等图标方式显示，并在中等图标下显示其名称，当鼠标指针停留于其上时，也会显示它的名称，其显示效果如图 5-33 所示。

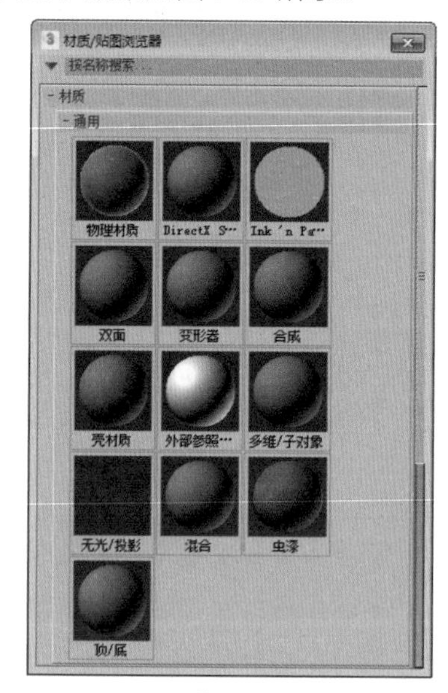

图 5-33

◎ 【大图标】：以大图标方式显示，并在大图标下显示其名称，当鼠标指针停留于其上时，也会显示它的名称，其显示效果如图 5-34 所示。

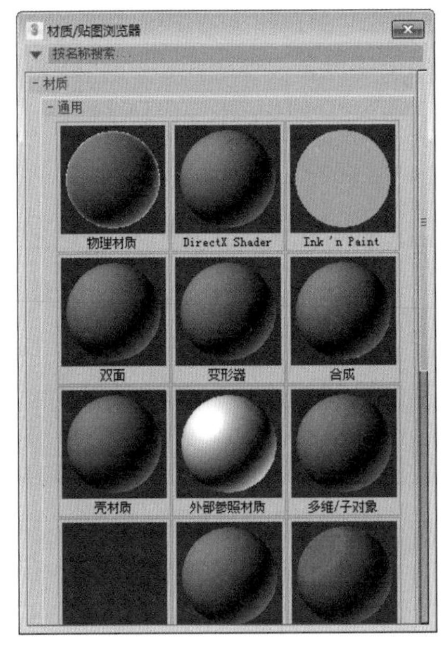

图 5-34

◎ 【图标和文本】：在文字方式显示的基础上，增加了小的彩色图标，可以模糊地观察材质或贴图，其显示效果如图 5-35 所示。

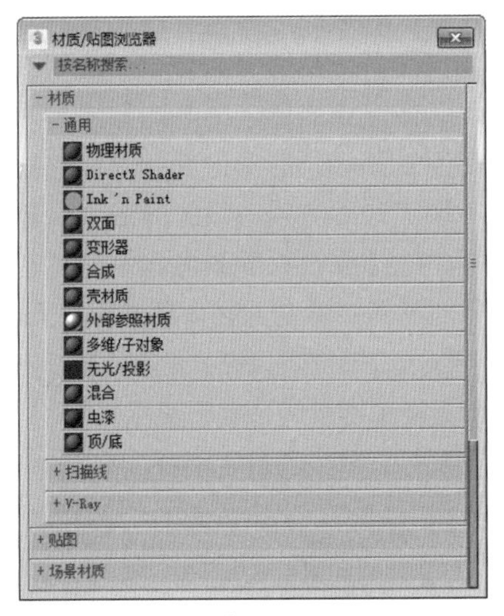

图 5-35

◎ 【文本】：以文字方式显示，按首字母的顺序排列，其显示效果如图 5-36 所示。

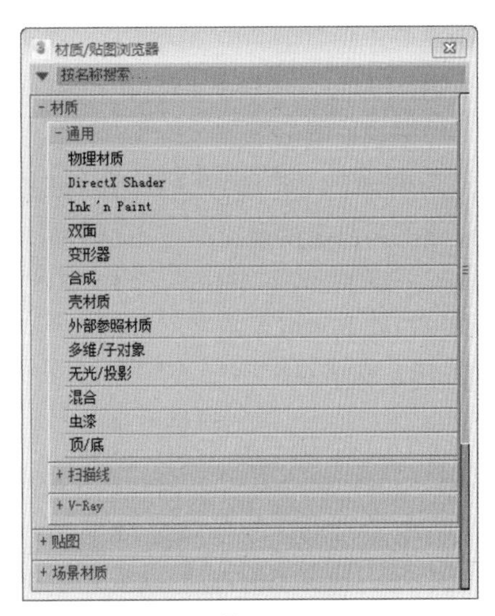

图 5-36

3. 【材质 / 贴图浏览器选项】按钮的应用

在【材质 / 贴图浏览器】对话框中的左上角有一个【材质 / 贴图浏览器选项】按钮，单击该按钮会弹出一个下拉菜单，如图 5-37 所示，下面对该菜单进行详细介绍。

图 5-37

◎ 【打开材质库】：从材质库中获取材质和贴图，允许调入 .mat 或 .max 格式的文件。.mat 是专用材质库文件，.max 是一个场景文件，它会将该场景中的全部材质调入。

◎ 【材质】：勾选该选项后，可在列表框

中显示出材质组。

◎ 【贴图】：勾选该选项后，可在列表框中显示出贴图组。

◎ 【示例窗】：勾选该选项后，可在列表框中显示出示例窗口。

◎ Autodesk Material Library：勾选该选项后，可在列表框中显示 Autodesk Material Library 材质库。

◎ 【场景材质】：勾选该选项后，可在列表框中显示出场景材质组。

◎ 【显示不兼容】：勾选该选项后，可在列表框中显示出与当前活动渲染器不兼容的条目。

◎ 【显示空组】：勾选该选项后，即使是空组也显示出来。

■ 5.1.3 【明暗器基本参数】卷展栏

【明暗器基本参数】卷展栏如图 5-38 所示。其中包括 8 种类型：（A）各向异性、（B）Blinn、（M）金属、（ML）多层、（O）Oren-Nayar-Blinn、（P）Phong、（S）Strauss、（T）半透明明暗器。

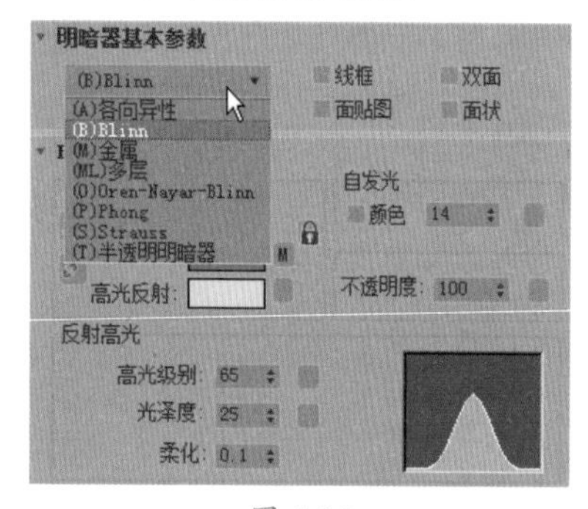

图 5-38

下面主要介绍【明暗器基本参数】卷展栏中的其他 4 项内容。

◎ 【线框】：以网格线框的方式来渲染对象，它只能表现出对象的线架结构，对于线框的粗细，可以通过【扩展参数】中的【线框】项目来调节；【尺寸】值确定它的粗细，可以选择【像素】和【单位】两种单位，如果选择【像素】为单位，对象无论远近，线框的粗细都将保持一致；如果选择【单位】为单位，将以 3ds Max 内部的基本单元作为单位，会根据对象离镜头的远近而发生粗细变化。图 5-39 所示为【线框】渲染效果与未勾选【线框】渲染效果，如果需要更优质的线框，可以对对象使用结构线框修改器。

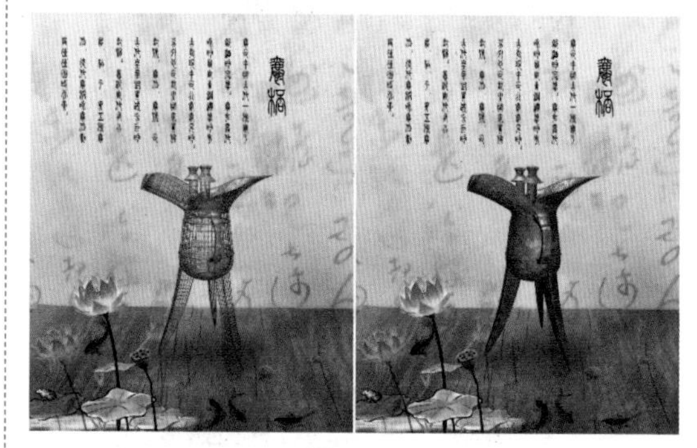

图 5-39

◎ 【双面】：将对象法线相反的一面也进行渲染。通常计算机为了简化计算，只渲染对象法线为正方向的表面（即可视的外表面），这对大多数对象都适用。但有些敞开面的对象，其内壁看不到任何材质效果，这时就必须打开双面设置。图 5-40 所示为两个茶杯，左侧为未勾选【双面】材质的渲染效果；右侧为勾选【双面】材质的渲染效果。使用双面材质会使渲染变慢。最好的方法是对必须使用双面材质的对象使用双面材质，而不要在最后渲染时再打开渲染设置对话框中的【强制双面】渲染属性（它会强行对场景中的全部物体都进行双面渲染，一般发生在出现漏面但又很难查出是哪些模型出问题的情况下使用）。

图 5-40

◎ 【面贴图】：将材质指定给造型的全部面，

如果含有贴图的材质，在没有指定贴图坐标的情况下，贴图会均匀分布在对象的每一个表面上。

◎ 【面状】：将对象的每个表面以平面化进行渲染，不进行相邻面的组群平滑处理。

5.1.4 明暗器类型

1. 各向异性

【各向异性】通过调节两个垂直正交方向上可见高光级别之间的差额，从而实现一种【重折光】的高光效果。这种渲染属性可以很好地表现毛发、玻璃和被擦拭过的金属等模型效果。它的基本参数大体上与 Blinn 相同，只在高光和漫反射部分有所不同，【各向异性基本参数】卷展栏如图 5-41 所示，其材质样本球表现如图 5-42 所示。

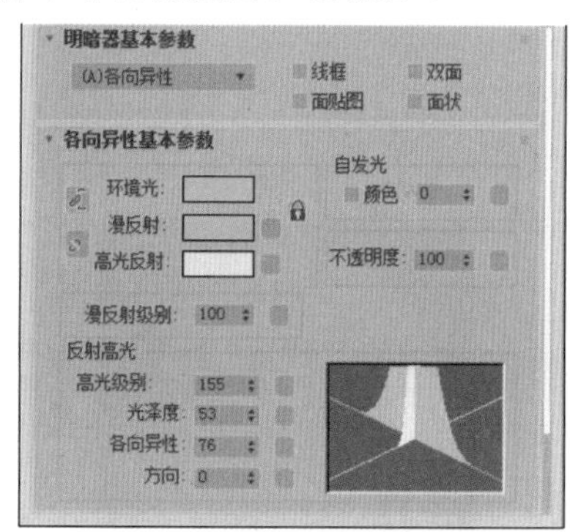

图 5-41

图 5-42

颜色控制用来设置材质表面不同区域的颜色，包括【环境光】、【漫反射】和【高光反射】，调节方法为在区域右侧色块上单击鼠标，打开颜色选择器，从中进行颜色的选择，如图 5-43 所示。这个颜色选择器属于浮动框性质，只要打开一次即可，如果选择另一个材质区域，它也会自动去影响新的区域色彩。在色彩调节的同时，示例窗中和场景中都会进行效果的即时更新显示。

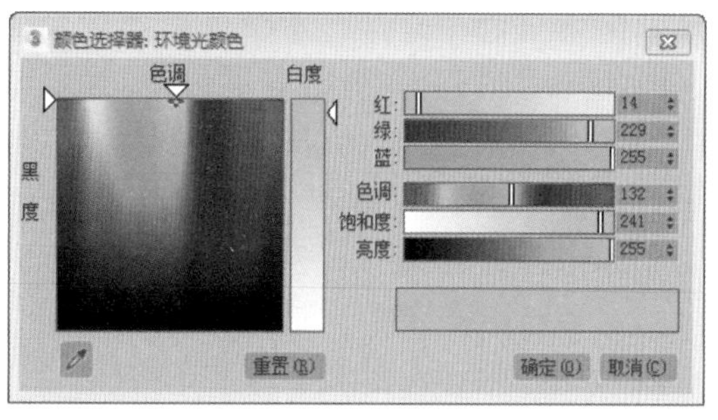

图 5-43

在色块的右侧有个小的空白按钮，单击它们可以直接进入该项目的贴图层级，为其指定相应的贴图，属于贴图设置的快捷操作，另外的 4 个与此相同。如果指定了贴图，小方块上会显示 M 字样，以后单击它可以快速进入该贴图层级。如果该项目贴图目前是关闭状态，则显示小写 m。

左侧有两个锁定钮，用于锁定【环境光】、【漫反射】和【高光反射】3 种材质中的两种（或 3 种全部锁定），单击该按钮后，将会弹出提示对话框，如图 5-44 所示。锁定的目的是使被锁定的两个区域颜色保持一致，调节一个时另一个也会随之变化。

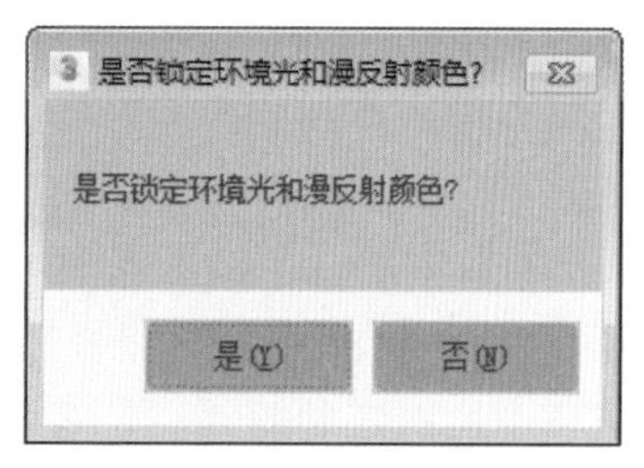

图 5-44

◎ 【环境光】：控制对象表面阴影区的颜色。

◎ 【漫反射】：控制对象表面过渡区的颜色。

◎ 【高光反射】：控制对象表面高光区的颜色。

通常我们所说的对象的颜色是指漫反射，

它提供对象最主要的色彩，使对象在日光或人工光的照明下可视。环境色一般由灯光的光色决定，否则会依赖于漫反射。高光反射与漫反射相同，只是饱和度更强一些。

其他选项介绍如下。

◎ 【自发光】：使材质具备自身发光效果，常用于制作灯泡、太阳等光源对象。100% 的发光度使阴影色失效，对象在场景中不受来自其他对象的投影影响，自身也不受灯光的影响，只表现出漫反射的纯色和一些反光，亮度值 (HSV 颜色值) 保持与场景灯光一致。在 3ds Max 中，自发光颜色可以直接显示在视图中。

> 提示：指定自发光有两种方式。一种是选中前面的复选框，使用带有颜色的自发光；另一种是取消选中复选框，使用可以调节数值的单一颜色的自发光，对数值的调节可以看作是对自发光颜色的灰度比例进行调节。
>
> 要在场景中表现可见的光源，通常是创建一个几何对象，将它和光源放在一起，然后给这个对象指定自发光属性。

◎ 【不透明度】：设置材质的不透明度百分比值，默认值为 100，即不透明材质。降低值使透明度增加，值为 0 时变为完全透明材质。对于透明材质，还可以调节它的透明衰减，这需要在扩展参数中进行调节。

◎ 【漫反射级别】：控制漫反射部分的亮度。增减该值可以在不影响高光部分的情况下增减漫反射部分的亮度，调节范围为 0 ～ 400，默认值为 100。

◎ 【高光级别】：设置高光强度，默认值为 5。

◎ 【光泽度】：设置高光的范围。值越高，高光范围越小。

◎ 【各向异性】：控制高光部分的各向异性和形状。值为 0 时，高光形状呈椭圆形；值为 100 时，高光变形为极窄条状。反光曲线示意图中的一条曲线用来表示【各向异性】的变化。

◎ 【方向】：用来改变高光部分的方向，范围是 0 ～ 9999。

2. Blinn

Blinn 高光点周围的光晕是旋转混合的，背光处的反光点形状为圆形，清晰可见，如增大柔化参数值。Blinn 的反光点将保持尖锐的形态，从色调上来看，Blinn 趋于冷色。【Blinn 基本参数】卷展栏如图 5-45 所示，其材质样本球表现如图 5-46 所示。

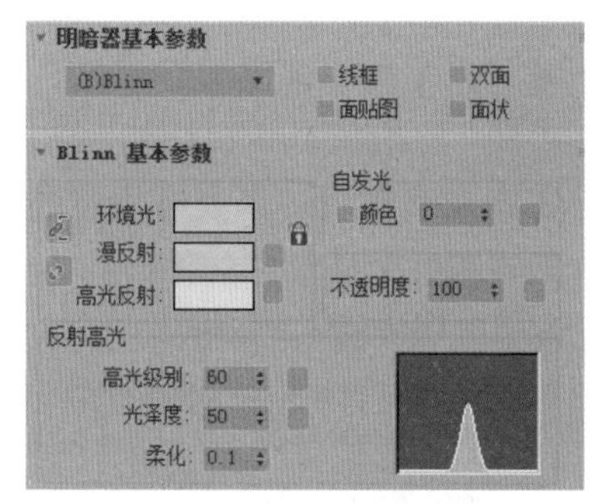

图 5-45

图 5-46

使用【柔化】微调框可以对高光区的反光作柔化处理，使它变得模糊、柔和。如果材质反光度值很低，反光强度值很高，这种尖锐的反光往往在背光处产生锐利的界线，增加【柔化】值可以很好地进行修饰。

其余参数可参照【各向异性基本参数】卷展栏中的介绍。

3. 金属

这是一种比较特殊的明暗器类型，专用

于金属材质的制作，可以提供金属所需的强烈反光。它取消了高光反射色彩的调节，反光点的色彩仅依据于漫反射色彩和灯光的色彩。

由于取消了高光反射色彩的调节，所以在高光部分的高光度和光泽度设置也与 Blinn 有所不同。【高光级别】文本框仍控制高光区域的亮度，而【光泽度】文本框变化的同时将影响高光区域的亮度和大小。【金属基本参数】卷展栏如图 5-47 所示，其材质样本球表现如图 5-48 所示。

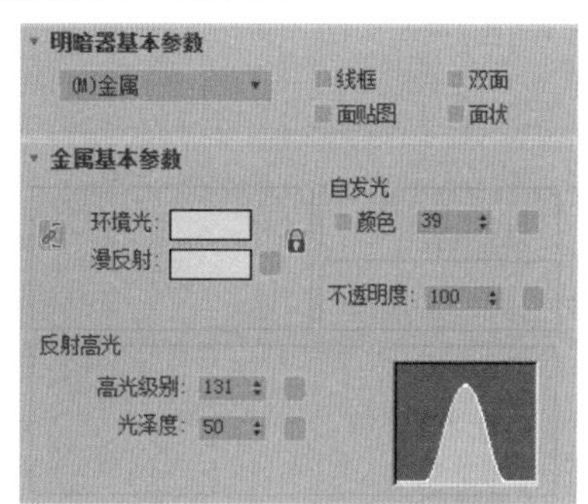

图 5-47

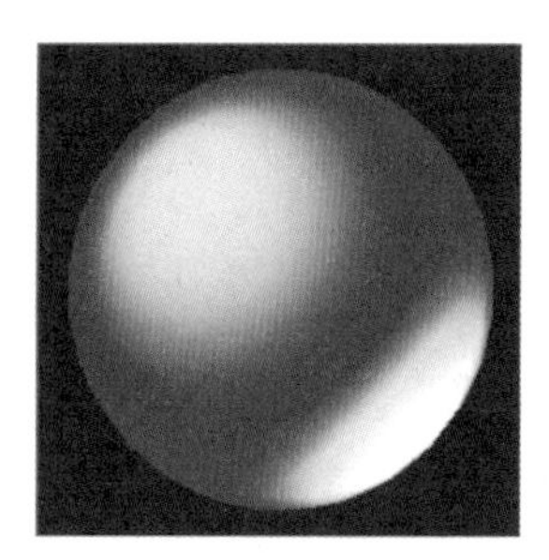

图 5-48

4. 多层

【多层】明暗器与【各向异性】明暗器有相似之处，它的高光区域也属于【各向异性】类型，意味着从不同的角度产生不同的高光尺寸，当【各向异性】值为 0 时，它们基本是相同的，高光是圆形的，和 Blinn、Phong 相同；当【各向异性】值为 100 时，这种高光的各向异性达到最大程度的不同，在一个方向上高光非常尖锐，而另一个方向上光泽度可以单独控制。【多层基本参数】卷展栏如图 5-49 所示，其材质样本球表现如图 5-50 所示。

◎ 【粗糙度】：设置由漫反射部分向阴影色部分进行调和的快慢。提升该值时，表面的不光滑部分随之增加，材质也显得更暗更平。值为 0 时，则与 Blinn 渲染属性没什么差别，默认值为 0。

其余参数请参照前面的介绍。

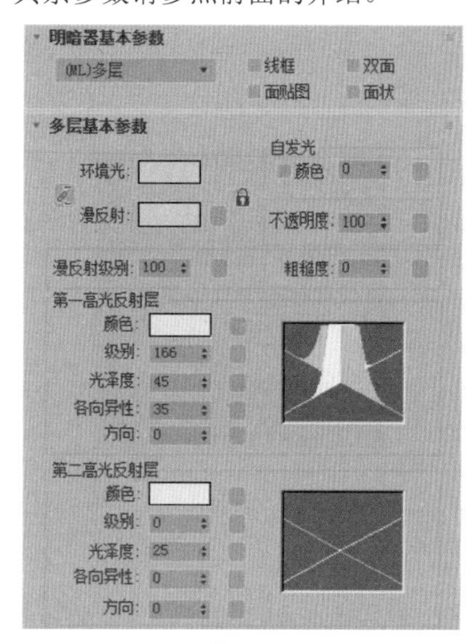

图 5-49

图 5-50

5. Oren-Nayar-Blinn

Oren-Nayar-Blinn 明暗器是 Blinn 的一个特殊变量形式。通过它附加的【漫反射级别】和【粗糙度】设置，可以实现物质材质的效果。这种明暗器类型常用来表现织物、陶制品等不光滑粗糙对象的表面。【Oren-Nayar-Blinn 基本参数】卷展栏如图 5-51 所示，其材质样本球表现如图 5-52 所示。

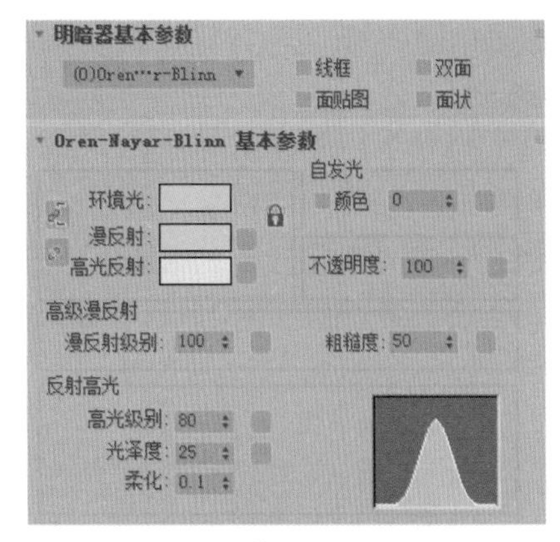

图 5-51

图 5-52

6. Phong

Phong 高光点周围的光晕是发散混合的，背光处的 Phong 反光点为梭形，影响周围的区域较大。如果增大【柔化】参数值，Phong 的反光点趋向于均匀柔和的反光。从色调上看，Phong 趋于暖色，将表现暖色柔和的材质，常用于塑性材质，可以精确地反映出凹凸、不透明、反光、高光和反射贴图效果。【Phong 基本参数】卷展栏如图 5-53 所示，其材质样本球表现如图 5-54 所示。

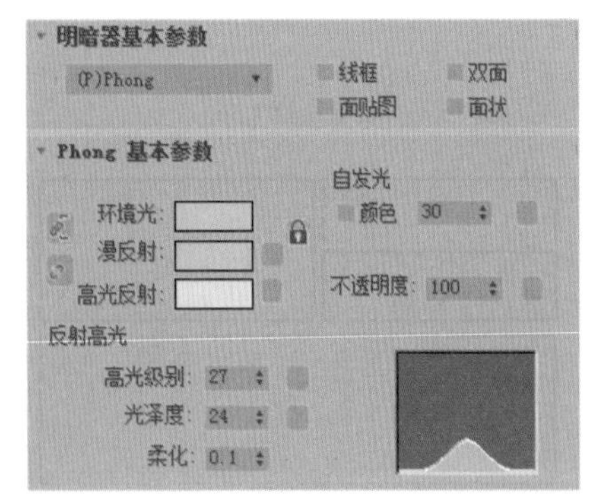

图 5-53

图 5-54

7. Strauss

Strauss 提供了一种金属感的表面效果，比【金属】明暗器更简洁，参数更简单。【Strauss 基本参数】卷展栏如图 5-55 所示，其材质样本球表现如图 5-56 所示。

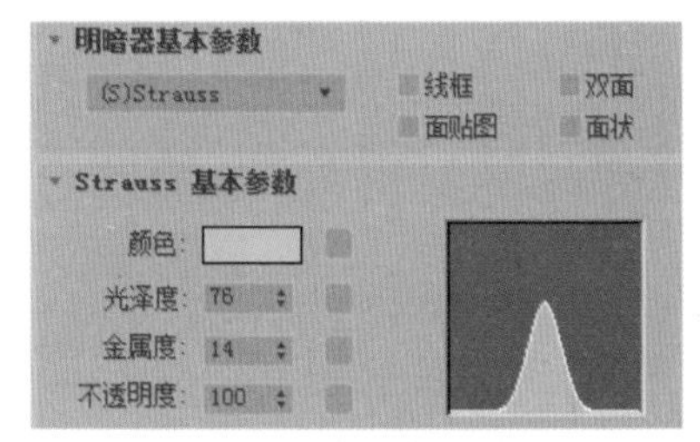

图 5-55

图 5-56

相同的基本参数请参照前面的介绍。

◎ 【颜色】：设置材质的颜色。相当于其他明暗器中的漫反射颜色选项，而高光和阴影部分的颜色则由系统自动计算。

◎ 【金属度】：设置材质的金属表现程度。由于主要依靠高光表现金属程度，所以【金属度】需要配合【光泽度】才能更好地发挥效果。

8. 半透明明暗器

【半透明明暗器】与 Blinn 类似，最大的区别在于能够设置半透明的效果。光线可以穿透这些半透明效果的对象，并且在穿过对象内部时离散。通常【半透明明暗器】用来模拟很薄的对象，例如窗帘、电影银幕、霜或者毛玻璃等效果。如图 5-57 所示为半透明效果。【半透明基本参数】卷展栏如图 5-58 所示。

图 5-57

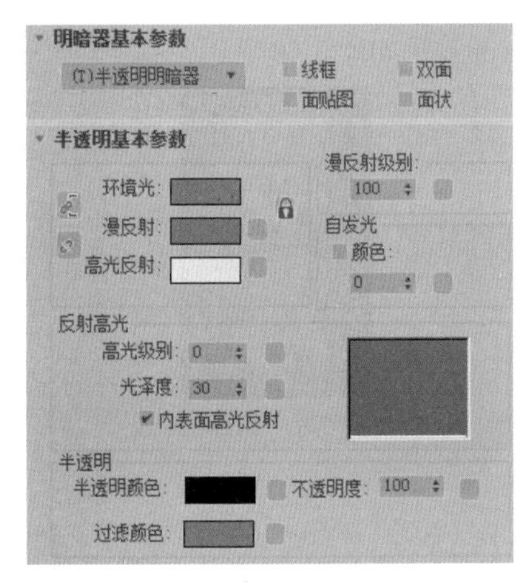

图 5-58

相同的基本参数请参照前面的介绍。

◎ 【半透明颜色】：半透明颜色是离散光线穿过对象时所呈现的颜色。设置的颜色可以不同于过滤颜色，两者互为倍增关系。单击色块选择颜色，右侧的灰色方块用于指定贴图。

◎ 【过滤颜色】：设置穿透材质的光线的颜色。与半透明颜色互为倍增关系。单击色块选择颜色，右侧的灰色方块用于指定贴图。过滤颜色 (或穿透色) 是指透过透明或半透明对象 (如玻璃) 后的颜色。过滤颜色配合体积光可以模拟彩光穿过毛玻璃后的效果，也可以根据过滤颜色为半透明对象产生的光线跟踪阴影配色。

◎ 【不透明度】：用百分率表示材质的透明 / 不透明程度。当对象有一定厚度时，能够产生一些有趣的效果。

除了模拟很薄的对象之外，【半透明明暗器】还可以模拟实体对象次表面的离散，用于制作玉石、肥皂、蜡烛等半透明对象的材质效果。

5.1.5 【扩展参数】卷展栏

【扩展参数】卷展栏对于【标准】材质的所有明暗处理类型都是相同的，但 Strauss 和【半透明】明暗器则例外。【扩展参数】卷展栏如图 5-59 所示。

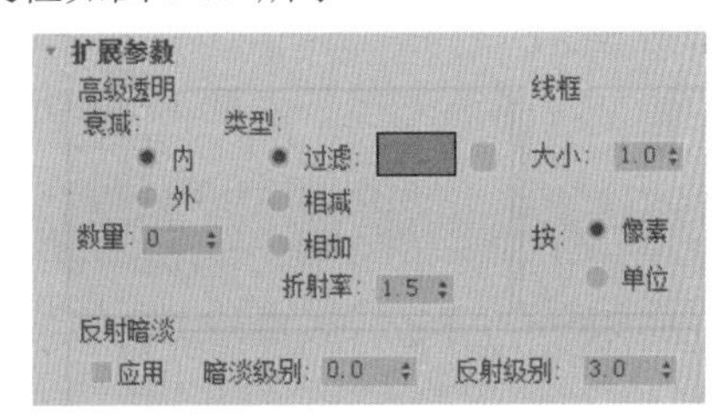

图 5-59

1. 【高级透明】选项组

控制透明材质的透明衰减设置。

◎ 【内】：由边缘向中心增加透明的程度，就像在玻璃瓶中一样。

◎ 【外】：由中心向边缘增加透明的程度，就像在烟雾云中。

◎ 【数量】：最外或最内的不透明度数量。

◎ 【过滤】：计算与透明曲面后面的颜色相乘的过滤色。过滤或透射颜色是通过透明或半透明材质（如玻璃）透射的颜色。单击色样可更改过滤颜色。

◎ 【相减】：从透明曲面后面的颜色中减除。

◎ 【相加】：增加到透明曲面后面的颜色。

◎ 【折射率】：设置带有折射贴图的透明

材质的折射率，用来控制材质折射被传播光线的程度。当设置为 1（空气的折射率）时，看到的对象像在空气中（空气有时也有折射率，例如热空气对景象产生的气浪变形）一样不发生变形；当设置为 1.5（玻璃的折射率）时，看到的对象会产生很大的变形；当折射率小于 1 时，对象会沿着它的边界反射。在真实的物理世界中，折射率是因光线穿过透明材质和眼睛（或者摄影机）时速度不同而产生的，与对象的密度相关。折射率越高，对象的密度也就越大。

表 5-1 所示是最常用的几种物质的折射率。只需记住这几种常用的折射率即可。其实在三维动画软件中，不必严格地遵守物理原理，只要能体现出正常的视觉效果即可。

表 5-1

材质	折射率	材质	折射率
真空	1	玻璃	1.5 ～ 1.7
空气	1.0003	钻石	2.419
水	1.333		

2. 【线框】选项组

在该选项组中可以设置线框的特性。

◎ 【大小】：设置线框的粗细，有【像素】和【单位】两种单位可供选择，

◆ 【像素】：默认设置。用像素度量线框。对于像素选项来说，不管线框的几何尺寸多大，以及对象的位置近还是远，线框都总是有相同的外观厚度。

◆ 【单位】：用 3ds Max 单位测量连线。根据单位，线框在远处变得较细，在近距离范围内较粗，如同在几何体中经过建模一样。

3. 【反射暗淡】选项组

用于设置对象阴影区中反射贴图的暗淡效果。当一个对象表面有其他对象的投影时，这个区域将会变得暗淡。但是一个标准的反射材质却不会考虑到这一点，它会在对象表面进行全方位反射计算，失去了投影的影响，对象变得通体光亮，场景也变得不真实。这时可以打开【反射暗淡】设置，它的两个参数分别控制对象被投影区域和未被投影区域的反射强度，这样我们可以将被投影区域的反射强度值降低，使投影效果表现出来，同时增加未被投影区域的反射强度，以补偿损失的反射效果。启用和未启用【反射暗淡】复选框的效果如图 5-60 示。

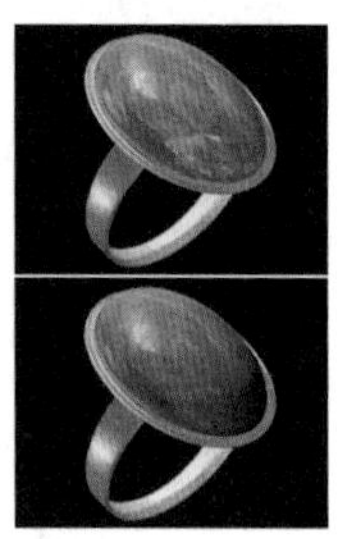

图 5-60

◎ 【应用】：打开此选项，反射暗淡将发生作用，通过右侧的两个值对反射效果产生影响。禁用该选项后，反射贴图材质就不会因为直接灯光的存在或不存在而受到影响。默认设置为禁用。

◎ 【暗淡级别】：设置对象被投影区域的反射强度，值为 1 时，不发生暗淡影响，与不打开此项设置相同；值为 0 时，被投影区域仍表现为原来的投影效果，不产生反射效果；随着值的降低，被投影区域的反射趋于暗淡，而阴影效果趋于强烈。

◎ 【反射级别】：设置对象未被投影区域的反射强度，它可以使反射强度倍增，

远远超过反射贴图强度为 100 时的效果，一般用它来补偿反射暗淡对对象表面带来的影响，当值为 3 时（默认），可以近似达到不打开反射暗淡时不被投影区的反射效果。

5.1.6 【贴图】卷展栏

【贴图】卷展栏包含每个贴图类型的按钮。单击该按钮可以打开【材质 / 贴图浏览器】对话框，这里提供了 30 多种贴图类型，都可以用在不同的贴图方式上，如图 5-61 所示。【贴图】卷展栏能够将贴图或明暗器指定给许多标准材质，还可以在首次显示参数的卷展栏上指定贴图和明暗器：该卷展栏的主要值还可以使用复选框切换参数的明暗器，而无须移除贴图。

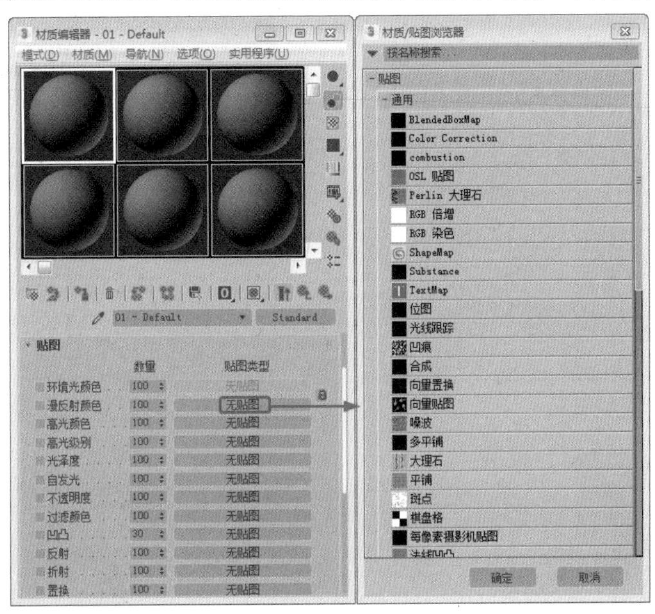

图 5-61

当选择一个贴图类型后，会自动进入其贴图设置层级中，以便进行相应的参数设置。单击【转到父对象】按钮可以返回到贴图方式设置层级，这时该按钮上会出现贴图类型的名称，左侧复选框被选中，表示当前该贴图方式处于活动状态；如果左侧复选框未被选中，会关闭该贴图方式的影响。

【数量】用于确定该贴图影响材质的数量，用完全强度的百分比表示。例如，处在 100% 的漫反射贴图是完全不透光的，会遮住基础材质。为 50% 时，它为半透明，将显示基础材质。

下面将对常用的【贴图】卷展栏中的选项进行介绍。

1. 环境光颜色

为对象的阴影区指定位图或程序贴图，默认它是与【漫反射】贴图锁定，如果想对它进行单独贴图，应先在基本参数区中打开【漫反射】右侧的锁定按钮，解除它们之间的锁定。这种阴影色贴图一般不单独使用，默认它是与【漫反射】贴图联合使用，以表现最佳的贴图纹理。需要注意的是，只有在环境光值设置高于默认的黑色时，阴影色贴图才可见。可以通过选择【渲染】|【环境】命令打开【环境和效果】对话框调节环境光的级别，如图 5-62 所示，如图 5-63 所示为对环境光颜色使用贴图。

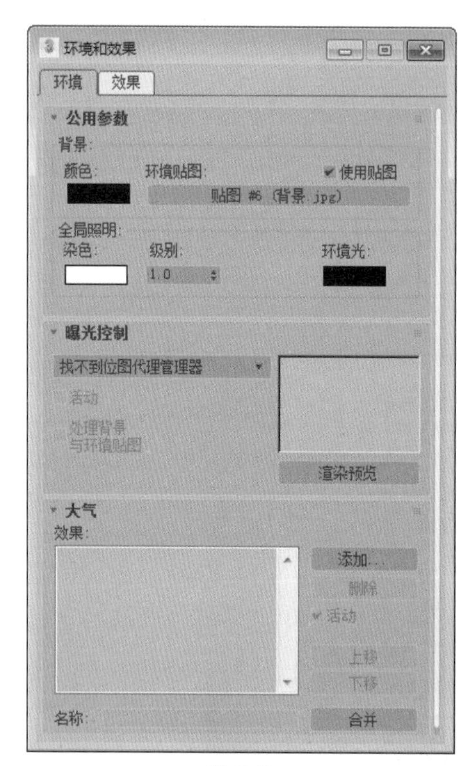

图 5-62

图 5-63

2. 漫反射颜色

主要用于表现材质的纹理效果，当值为100% 时，会完全覆盖漫反射的颜色，这就好像在对象表面油漆绘画一样，例如为墙壁指定砖墙的纹理图案，就可以产生砖墙的效果。制作中没有严格的要求非要将漫反射贴图与环境光贴图锁定在一起，通过对漫反射贴图和环境光贴图分别指定不同的贴图，可以制作出很多有趣的融合效果。但如果漫反射贴图用于模拟单一的表面，就需要将漫反射贴图和环境光贴图锁定在一起。如图 5-64 所示是应用【漫反射颜色】贴图后的效果。

图 5-64

◎ 【漫反射级别】：该贴图参数只存在于【各向异性】、【多层】、Oren-Nayar- Blinn 和【半透明明暗器】 4 种明暗器类型下，主要通过位图或程序贴图来控制漫反射的亮度。贴图中白色像素对漫反射没有影响，黑色像素则将漫反射亮度降为 0，处于两者之间的颜色依此对漫反射亮度产生不同的影响。如图 5-65 所示是应用【漫反射级别】贴图后的对比效果。

图 5-65

◎ 【漫反射粗糙度】：该贴图参数只存在于【多层】和 Oren-Nayar-Blinn 两种明暗器类型下，它主要通过位图或程序贴图来控制漫反射的粗糙程度。贴图中白色像素增加粗糙程度，黑色像素则将粗糙程度降为 0，处于两者之间的颜色依此对漫反射粗糙程度产生不同的影响。如图 5-66 所示是为花瓶添加【漫反射粗糙度】贴图后的效果。

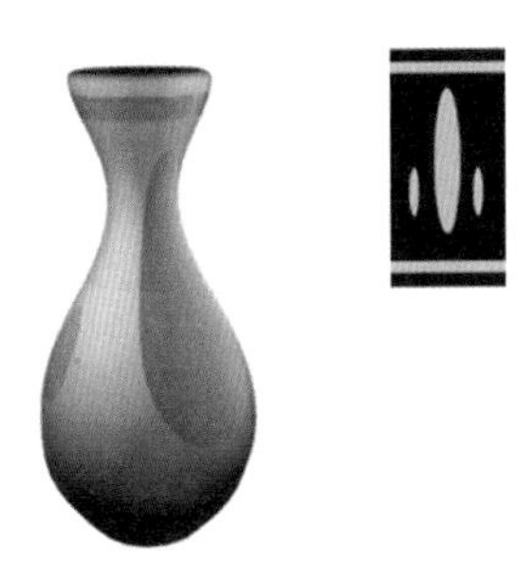

图 5-66

3. 不透明度

可以通过在【不透明度】材质组件中使用位图文件或程序贴图来生成部分透明的对象。贴图的浅色（较高的值）区域渲染为不透明；深色区域渲染为透明；之间的值渲染为半透明，如图 5-67 所示。

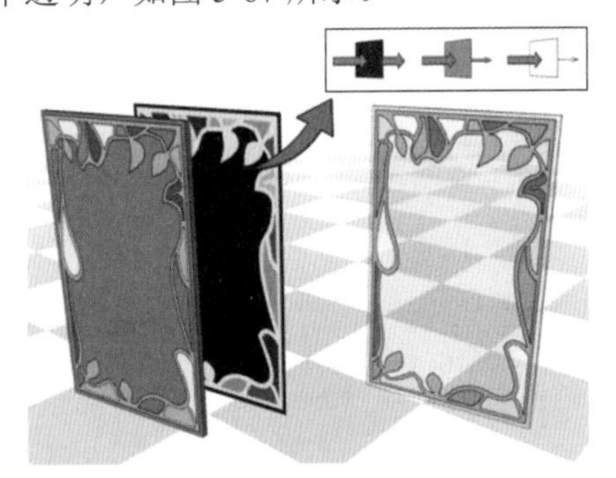

图 5-67

将不透明度贴图的【数量】设置为 100，应用于所有贴图，透明区域将完全透明。将【数量】设置为 0，等于禁用贴图。中间的【数量】值与【基本参数】卷展栏上的【不透明度】值混合，图的透明区域将变得更加不透明。

> 提示：反射高光应用于不透明度贴图的透明区域和不透明区域，用于创建玻璃效果。如果使透明区域看起来像孔洞，也可以设置高光度的贴图。

4. 凹凸

通过图像的明暗强度来影响材质表面的光滑程度，从而产生凹凸的表面效果，白色图像产生凸起，黑色图像产生凹陷，中间色产生过渡。这种模拟凹凸质感的优点使渲染速度很快，但这种凹凸材质的凹凸部分不会产生阴影投影，在对象边界上也看不到真正的凹凸。对于一般的砖墙、石板路面，它可以产生真实的效果。但是如果凹凸对象很清晰地靠近镜头，并且要表现出明显的投影效果，应该使用置换，利用图像的明暗度真实地改变对象造型，但需要花费大量的渲染时间。如图 5-68 所示为两种不同凹凸对象后的效果。

图 5-68

> 提示：在视图中不能预览凹凸贴图的效果，必须渲染场景才能看到凹凸效果。

凹凸贴图的强度值可以调节到 999，但是过高的强度会带来不正确的渲染效果。如果发现渲染后高光处有锯齿或者闪烁，应使用【超级采样】进行渲染。

5. 反射

反射贴图是很重要的一种贴图方式。要想制作出光洁亮丽的质感，必须熟练掌握反射贴图的使用，如图 5-69 所示。在 3ds Max 中有 3 种不同的方式制作反射效果。

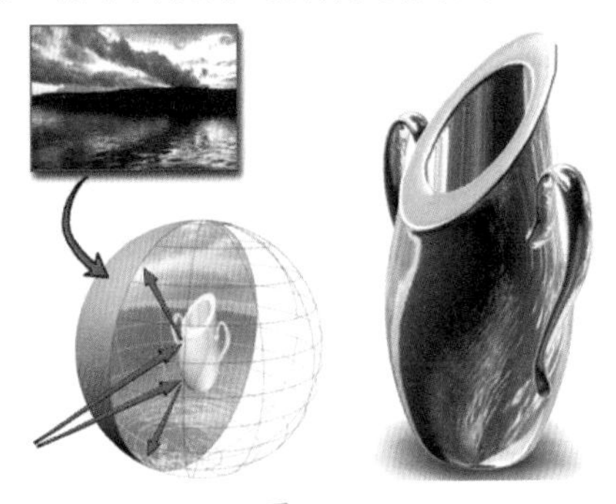

图 5-69

◎ 基础贴图反射：指定一张位图或程序贴图作为反射贴图，这种方式是最快的一种运算方式，但也是最不真实的一种方式。对于模拟金属材质来说，尤其是片头中闪亮的金属字，虽然看不清反射的内容，但只要亮度够高即可，它最大的优点是渲染速度快。

◎ 自动反射：自动反射方式根本不使用贴图，它的工作原理是由对象的中央向周围观察，并将看到的部分贴到表面上。具体方式有两种，即【反射/折射】贴图方式和【光线跟踪】贴图方式。【反射/折射】贴图方式并不像光线跟踪那样追踪反射光线，真实地计算反射效果，而是采用一种六面贴图方式模拟反射效果，在空间中产生6个不同方向的90°视图，再分别按不同的方向将6张视图投影在场景对象上，这是早期版本提供的功能。【光线跟踪】是模拟真实反射形成的贴图方式，计算结果最接近真实，也是最花费时间的一种方式，这是早在3ds Max R2版本时就已经引入的一种反射算法，效果真实，但渲染速度慢，目前一直在随版本更新进行速度优化和提升，不过比起其他第三方渲染器(例如mental ray、VRay)的光线跟踪，计算速度还是慢很多。

◎ 平面镜像反射：使用【平面镜】贴图类型作为反射贴图。这是一种专门模拟镜面反射效果的贴图类型，就像现实中的镜子一样，反射所面对的对象，属于早期版本提供的功能。因为在没有光线跟踪贴图和材质之前。【反射/折射】这种贴图方式没法对纯平面的模型进行反射计算，因此追加了【平面镜】贴图类型来弥补这个缺陷。

设置反射贴图时不用指定贴图坐标，因为它们锁定的是整个场景，而不是某个几何体。反射贴图不会随着对象的移动而变化，但如果视角发生了变化，贴图会像真实的反射情况那样发生变化。反射贴图在模拟真实环境场景中的主要作用是为毫无反射的表面添加一点反射效果。贴图的强度值控制反射图像的清晰程度，值越高，反射也越强烈。默认的强度值与其他贴图设置一样为100%。不过对于大多数材质表面，降低强度值通常能获得更为真实的效果。例如一张光滑的桌子表面，首先要体现出的是它的木质纹理，其次才是反射效果。一般反射贴图都伴随着使用【漫反射】等纹理贴图，在【漫反射】贴图为100%的同时轻微加一些反射效果，可以制作出非常真实的场景。

在【基本参数】中增加光泽度和高光强度，可以使反射效果更真实。此外，反射贴图还受【漫反射】、【环境光】颜色值的影响，颜色越深，镜面效果越明显，即便是贴图强度为100时也是如此。反射贴图仍然受到漫反射、阴影色和高光色的影响。

对于Phong和Blinn渲染方式的材质，【高光反射】的颜色强度直接影响反射的强度，值越高，反射也越强，值为0时反射会消失。对于【金属】渲染方式的材质，则是【漫反射】影响反射的颜色和强度，【漫反射】的颜色(包括漫反射贴图)能够倍增来自反射贴图的颜色，漫反射的颜色值(HSV模式)控制着反射贴图的强度——颜色值为255，反射贴图强度最大；颜色值为0，反射贴图不可见。

6. 折射

折射贴图用于模拟空气和水等介质的折射效果，使对象表面产生对周围景物的映象。但与反射贴图所不同的是，它所表现的是透过对象所看到的效果。折射贴图与反射贴图一样，锁定视角而不是对象，不需要指定贴图坐标，当对象移动或旋转时，折射贴图效果不会受到影响。具体的折射效果还受折射率的控制，【扩展参数】面板中的【折射率】

参数控制材质折射透射光线的严重程度，值为1时代表真空(空气)的折射率，不产生折射效果；大于1时为凸起的折射效果，多用于表现玻璃；小于1时为凹陷的折射效果，对象沿其边界进行反射(如水底的气泡效果)。默认设置为1.5(标准的玻璃折射率)。不同参数的折射率效果如图5-70所示。

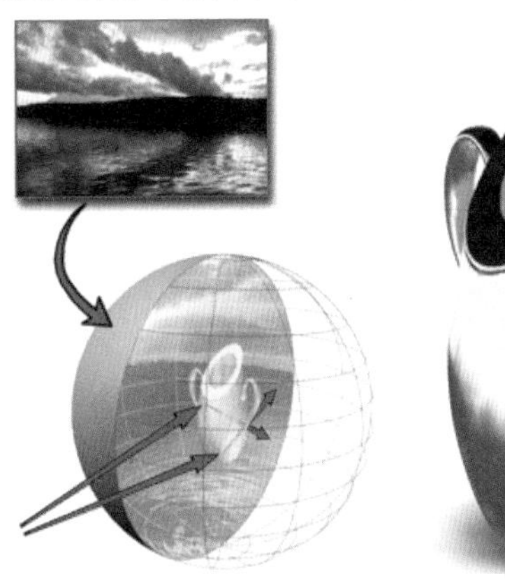

图 5-70

在现实世界中，折射率的结果取决于光线穿过透明对象时的速度，以及眼睛或摄影机所处的媒介，其中影响关系最密切的是对象的密度，对象密度越大，折射率越高。在3ds Max中，可以通过贴图对象的折射率进行控制，而受贴图控制的折射率值总是在1(空气中的折射率)和设置的折射率值之间变化。例如，设置折射率的值为3，并且使用黑白噪波贴图控制折射率，则对象渲染时的折射率会在1～3之间进行设置，高于空气的密度；而相同条件下，设置折射率的值为0.5时，对象渲染时的折射率会在0.5～1之间进行设置，类似于水下拍摄密度低于水的对象效果。

通常使用【反射/折射】贴图作为折射贴图，但这只能产生对场景或背景图像的折射表现。如果想反映对象之间的折射表现(如插在水杯中的吸管会发生弯折现象)，应使用【光线跟踪】贴图方式或【薄壁折射】贴图方式。

【薄壁折射】贴图方式可以产生类似放大镜的折射效果。

5.2 复合材质

本节讲解混合材质、多维/子对象材质、光线跟踪材质的使用方法。

5.2.1 混合材质

混合材质是指在曲面的单个面上将两种材质进行混合。可通过设置【混合量】参数来控制材质的混合程度，该参数可以用来绘制材质变形功能曲线，以控制随时间混合两个材质的方式。

混合材质的创建方法如下。

01 激活材质编辑器中的某个示例窗。

02 单击Standard按钮，在弹出的【材质/贴图浏览器】对话框中选择【混合】选项，然后单击【确定】按钮，如图5-71所示。

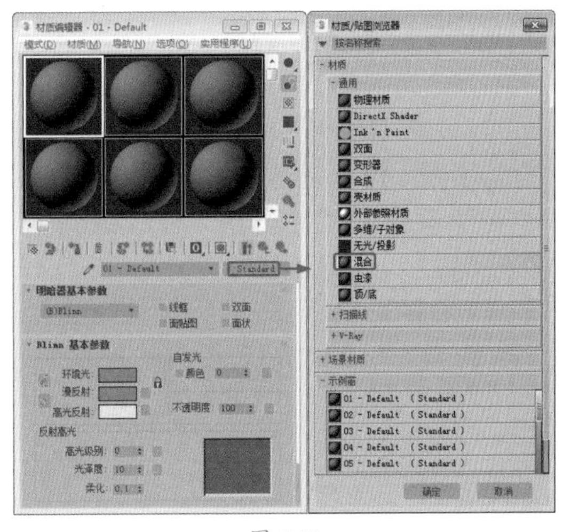

图 5-71

03 弹出【替换材质】对话框，该对话框询问用户将示例窗中的材质丢弃还是保存为子材质，如图5-72所示。在该对话框中选择一种类型，然后单击【确定】按钮，进入【混合基本参数】卷展栏中，如图5-73所示。可以在该卷展栏中设置参数。

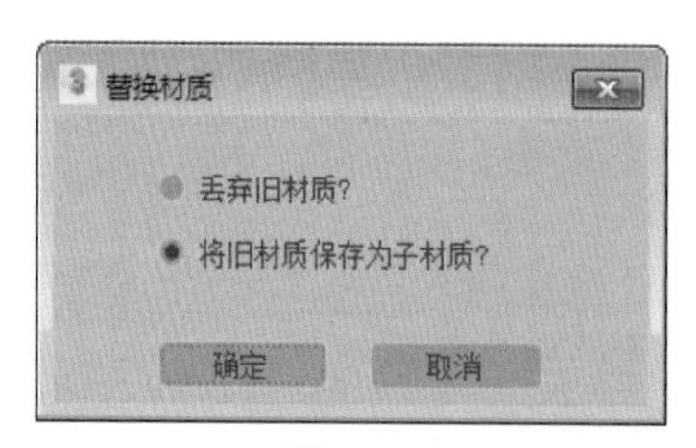

图 5-72

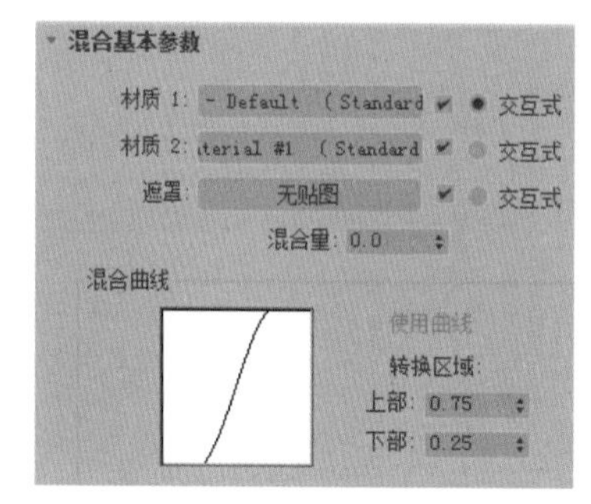

图 5-73

◎ 【材质 1】/【材质 2】：设置两个用来混合的材质。使用复选框来启用和禁用材质。

◎ 【交互式】：在视图中以【真实】方式交互渲染时，用于选择哪一个材质显示在对象表面。

◎ 【遮罩】：设置用做遮罩的贴图。两个材质之间的混合度取决于遮罩贴图的强度。遮罩较明亮（较白）区域显示更多的【材质 1】，而遮罩较暗（较黑）区域则显示更多的【材质 2】。使用复选框来启用或禁用遮罩贴图。

◎ 【混合量】：确定混合的比例（百分比）。0 表示只有【材质 1】在曲面上可见；100 表示只有【材质 2】可见。如果已指定【遮罩】贴图，并且选中了【遮罩】复选框，则此选项不可用。

◆ 【混合曲线】选项组：混合曲线影响进行混合的两种颜色之间变换的渐变或尖锐程度。只有指定遮罩贴图后，才会影响混合。

◆ 【使用曲线】：确定【混合曲线】是否影响混合。只有指定并激活遮罩时，该复选框才可用。

◆ 【转换区域】：用来调整【上部】和【下部】的级别。如果这两个值相同，那么两个材质会在一个确定的边上接合。

5.2.2 多维 / 子对象材质

使用【多维 / 子对象】材质可以采用几何体的子对象级别分配不同的材质。方法是创建多维材质，将其指定给对象并使用【网格选择】修改器选中面，然后选择多维材质中的子材质指定给选中的面。

如果该对象是可编辑网格，可以拖放材质到面的不同选中部分，并随时构建一个【多维 / 子对象】材质。

子材质 ID 不取决于列表的顺序，可以输入新的 ID 值。

单击【材质编辑器】对话框中的【使唯一】按钮，将一个实例子材质构建为一个唯一的副本。

【多维 / 子对象基本参数】卷展栏如图 5-74 所示。

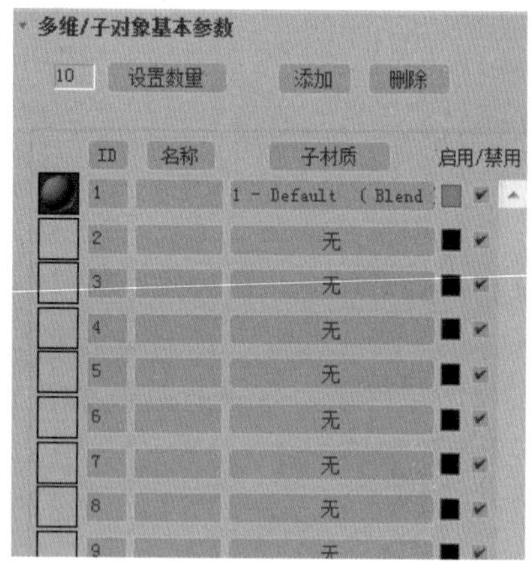

图 5-74

◎ 【设置数量】：设置拥有子级材质的数目，注意如果减少数目，会将已经设置的材质丢失。

◎ 【添加】：添加一个新的子材质。新材质默认的 ID 号在当前 ID 号的基础上递增。

◎ 【删除】：删除当前选择的子材质。可以通过撤销命令取消删除。

◎ ID：单击该按钮将列表排序，其顺序开始于最低材质 ID 的子材质，结束于最高材质 ID。

◎ 【名称】：单击该按钮后，按名称栏中指定的名称进行排序。

◎ 【子材质】：按子材质的名称进行排序，子材质列表中每个子材质有一个单独的材质项。该卷展栏一次最多显示 10 个子材质；如果材质数超过 10 个，则可以通过右边的滚动栏滚动列表。列表中的每个子材质包含以下控件。

◎ 材质样本球：提供子材质的预览，单击材质样本球图标可以对子材质进行选择。

◎ 【ID 号】：显示指定给子材质的 ID 号，同时还可以在这里重新指定 ID 号。如果输入的 ID 号有重复，系统会提出警告，如图 5-75 所示。

图 5-75

◎ 【名称】：可以在这里输入自定义的材质名称。

◎ 【子材质】按钮：该按钮用来选择不同的材质作为子级材质。右侧颜色按钮用来确定材质的颜色，它实际上是该子级材质的【漫反射】值。最右侧的复选框可以对单个子级材质进行启用和禁用的开关控制。

【实战】为礼盒添加多维次物体材质

本例将介绍多维次物体材质的制作，首先设置模型的 ID 面，然后通过多维 / 子对象材质来表现其效果，效果如图 5-76 所示。

图 5-76

素材	Scenes\Cha05\ 礼盒材质素材 .max
场景	Scenes\Cha05\【实战】为礼盒添加多维次物体材质 .max
视频	视频教学 \Cha05\【实战】为礼盒添加多维次物体材质 .mp4

01 按 Ctrl+O 组合键，打开【Scenes\Cha05\ 礼盒材质素材 .max】素材文件，如图 5-77 所示。

图 5-77

02 在场景中选择【礼盒】对象，切换到【修改】命令面板，在修改器下拉列表中选择【编辑多边形】修改器，将当前选择集定义为【多边形】，在视图中选择正面和背面，在【多边形：材质 ID】卷展栏的【设置 ID】文本框中输入 1，按 Enter 键确认，如图 5-78 所示。

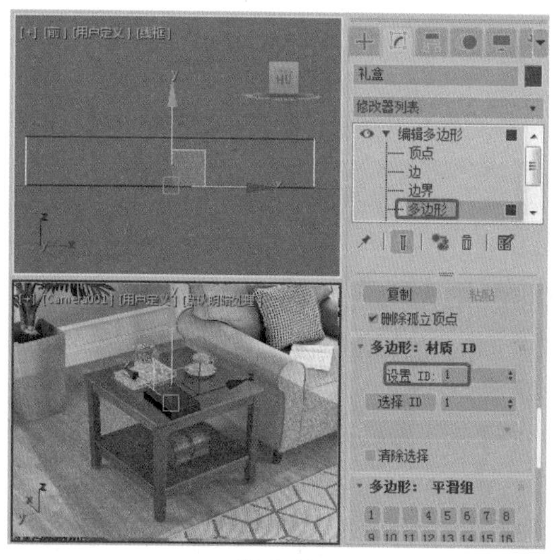

图 5-78

提示：【设置 ID】用于向选定的多边形分配特殊的材质 ID 编号，以供多维 / 子对象材质和其他应用一同使用。可用微调器或用键盘输入数字。可用的 ID 总数是 65535。

【选择 ID】用于选择与相邻 ID 字段中指定的【材质 ID】对应的多边形。输入或使用该微调器指定 ID，然后单击【选择 ID】按钮。

03 在视图中选择如图 5-79 所示的面，在【多边形：材质 ID】卷展栏的【设置 ID】文本框中输入 2，按 Enter 键确认。

04 在视图中选择如图 5-80 所示的面，在【多边形：材质 ID】卷展栏的【设置 ID】文本框中输入 3，按 Enter 键确认。

05 关闭当前选择集，按 M 键打开【材质编辑器】对话框，选择一个新的材质样本球，并单击 Standard 按钮，在弹出的【材质 / 贴图浏览器】对话框中选择【多维 / 子对象】材质，如图 5-81 所示。

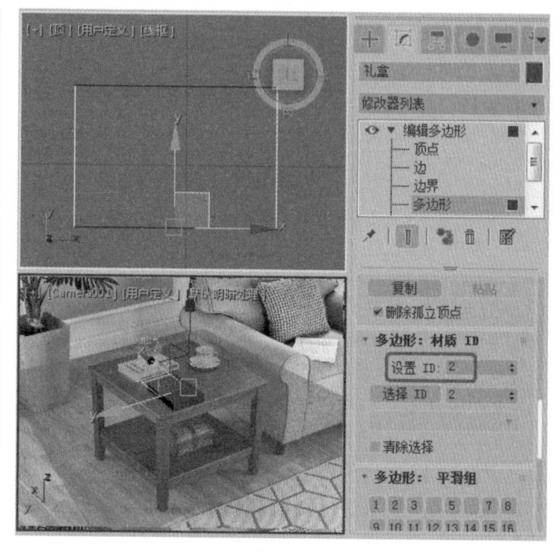

图 5-79

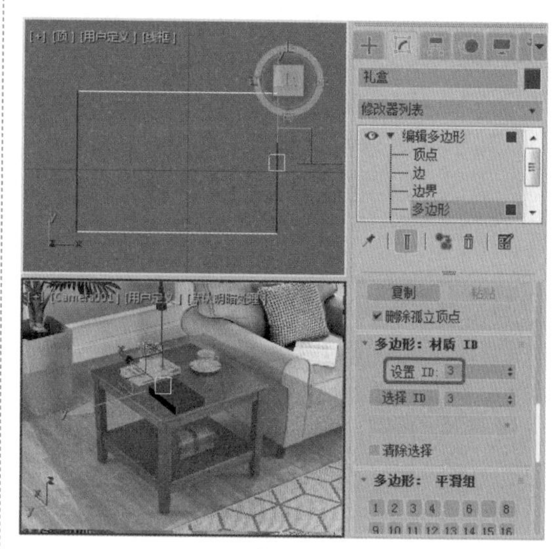

图 5-80

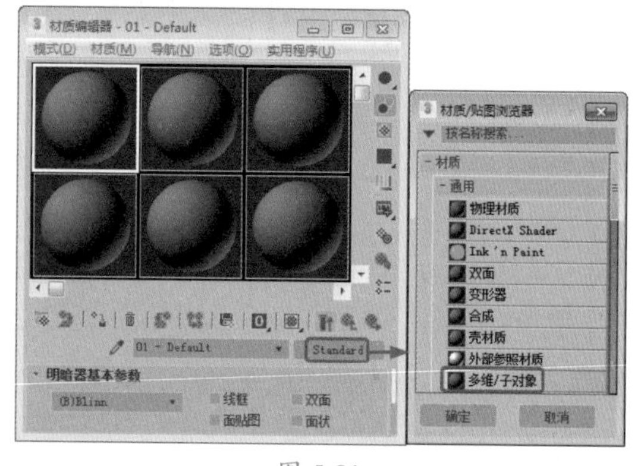

图 5-81

06 单击【确定】按钮，在弹出的【替换材质】对话框中选中【将旧材质保存为子材质】单选按钮，单击【确定】按钮，如图 5-82 所示。

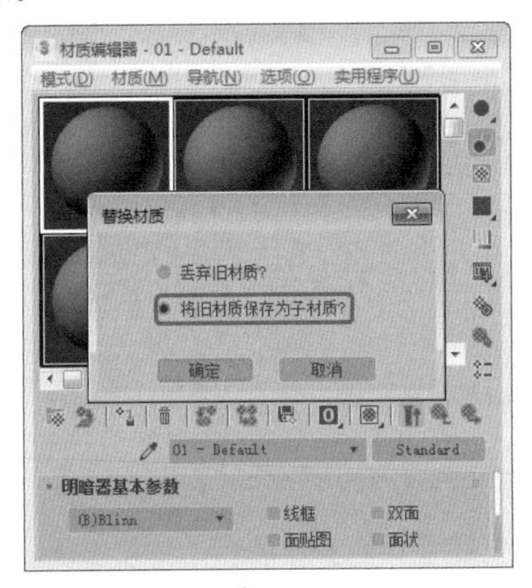

图 5-82

提示：【多维 / 子对象】材质用于将多种材赋予物体的各个次对象，在物体表面的不同位置显示不同的材质。该材质是根据次对象的 ID 号进行设置的，使用该材质前，首先要给物体的各个次对象分配 ID 号。

07 在【多维 / 子对象基本参数】卷展栏中单击【设置数量】按钮，在弹出的对话框中将【材质数量】设置 3，单击【确定】按钮，如图 5-83 所示。

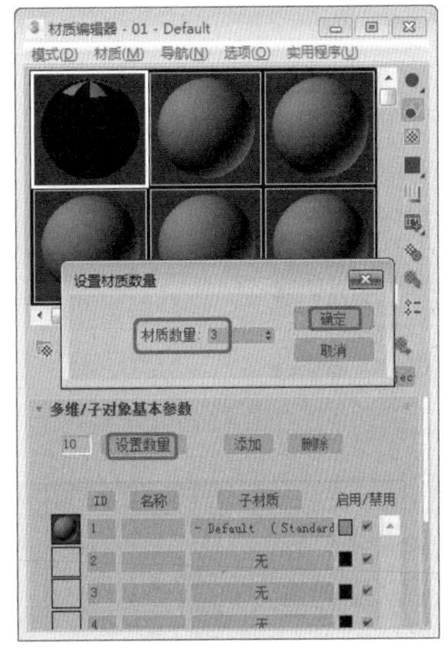

图 5-83

08 在【多维 / 子对象基本参数】卷展栏中单击 ID1 右侧的【子材质】按钮，在【Blinn 基本参数】卷展栏中将【环境光】和【漫反射】的 RGB 值设置为 255、187、80，将【自发光】设置为 80，在【反射高光】选项组中将【高光级别】和【光泽度】分别设置为 20、10，如图 5-84 所示。

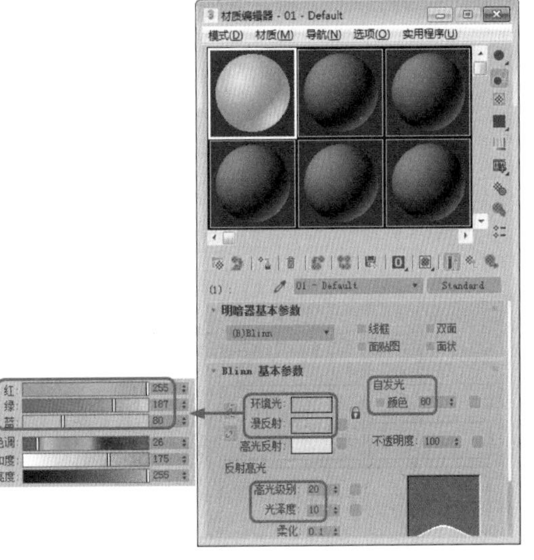

图 5-84

09 在【贴图】卷展栏中，单击【漫反射颜色】右侧的【无贴图】按钮，在弹出的【材质 / 贴图浏览器】对话框中选择【位图】贴图，单击【确定】按钮，如图 5-85 所示。

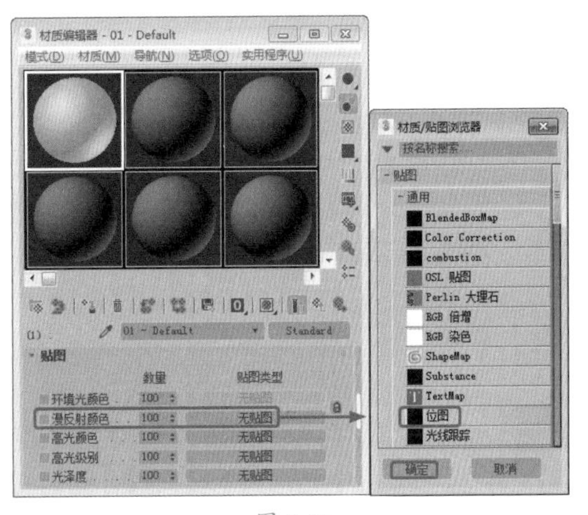

图 5-85

10 在弹出的对话框中打开素材【1副本.tif】文件，在【坐标】卷展栏中使用默认参数，如图5-86所示。

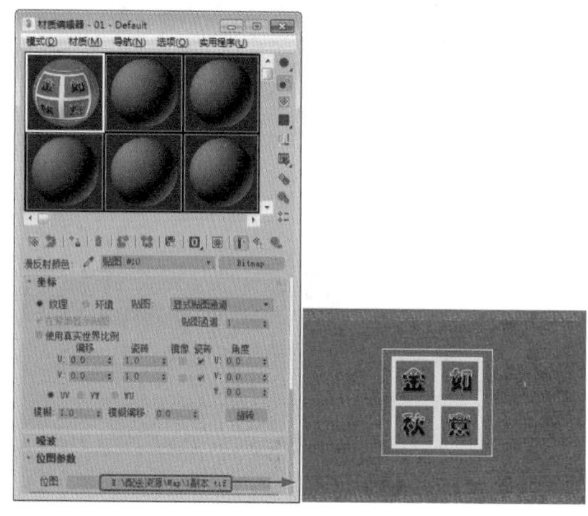

图 5-86

11 单击【转到父对象】按钮，在【贴图】卷展栏中，将【漫反射颜色】右侧的材质按钮拖曳到【凹凸】右侧的材质按钮上，在弹出的对话框中单击【复制】单选按钮，并单击【确定】按钮，如图5-87所示。

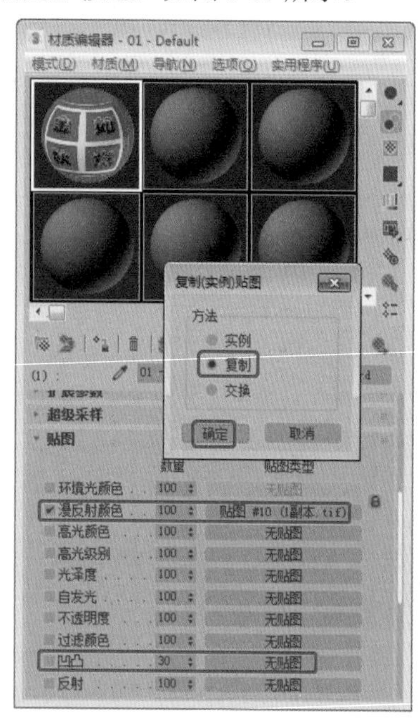

图 5-87

12 单击【视口中显示明暗处理材质】按钮和【将材质指定给选定对象】按钮，指定材质后的效果如图5-88所示。

图 5-88

13 单击【转到父对象】按钮，在【多维/子对象基本参数】卷展栏中单击ID2右侧的【子材质】按钮，在弹出的【材质/贴图浏览器】对话框中选择【标准】材质，单击【确定】按钮，如图5-89所示。

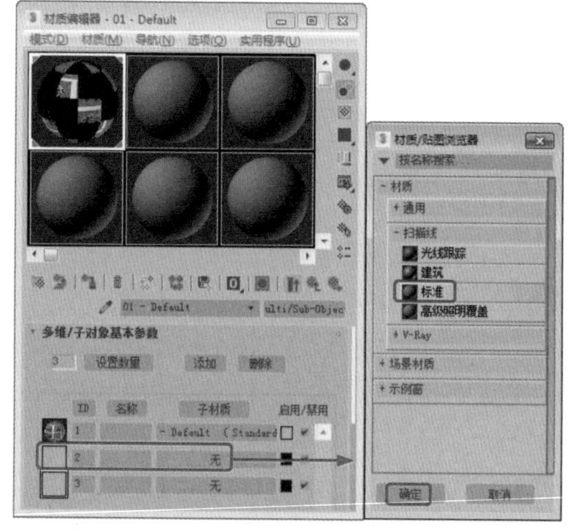

图 5-89

14 在【Blinn基本参数】卷展栏中将【环境光】和【漫反射】的RGB值设置为255、186、0，将【自发光】设置为80，在【反射高光】选项组中，将【高光级别】和【光泽度】分别设置为20、10，如图5-90所示。

15 在【贴图】卷展栏中单击【漫反射颜色】右侧的【无贴图】按钮，在弹出的对话框中双击【位图】贴图，再在弹出的对话框中打开素材【2副本.tif】文件，在【坐标】卷展栏中将【角度】下的W设置为180，如图5-91所示。

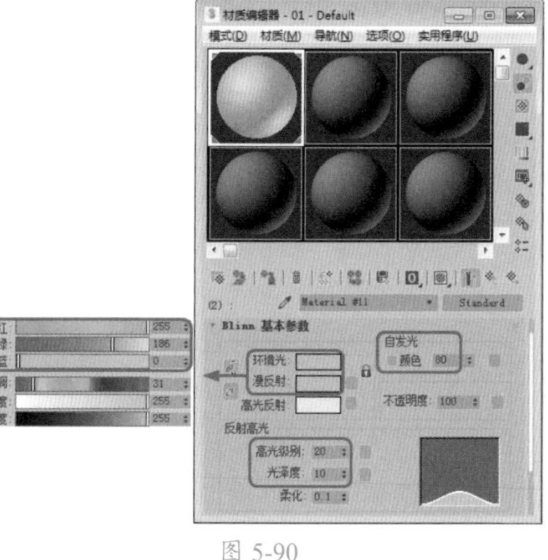

图 5-90

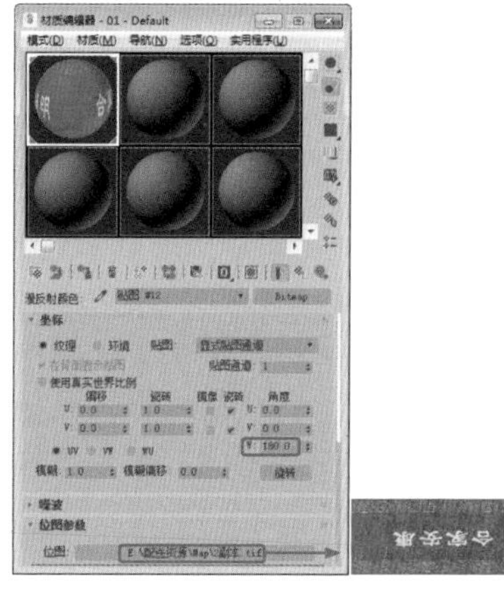

图 5-91

提示：【自发光】参数的设置可以使材质具备自身发光效果，常用于制作灯泡、太阳等光源对象。100%的发光度使阴影色失效，对象在场景中不受到来自其他对象的投影影响，自身也不受灯光的影响，只表现出漫反射的纯色和一些反光，亮度值（HSV 颜色值）保持与场景灯光一致。在 3ds Max 中，自发光颜色可以直接显示在视图中。

指定自发光有两种方式。一种是勾选前面的复选框，使用带有颜色的自发光；另一种是取消勾选复选框，使用可以调节数值的单一颜色的自发光，对数值的调节可以看作是对自发光颜色的灰度比例进行调节。

16 单击【转到父对象】按钮，在【贴图】卷展栏中，将【漫反射颜色】右侧的材质按钮拖曳到【凹凸】右侧的材质按钮上，在弹出的对话框中选中【复制】单选按钮，并单击【确定】按钮，指定材质后的效果如图 5-92 所示。

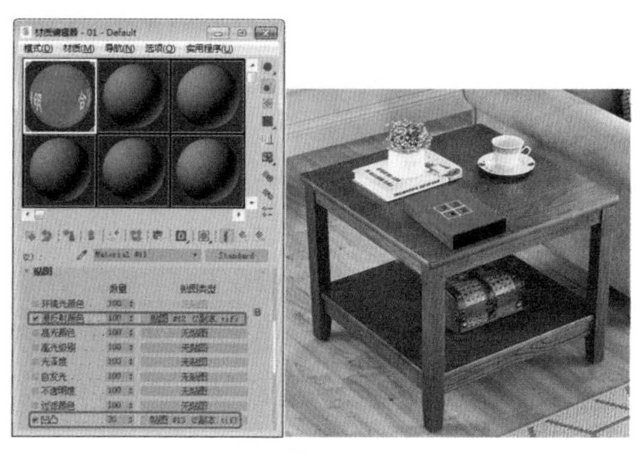

图 5-92

17 使用前面介绍的方法设置 ID3 的材质，如图 5-93 所示。

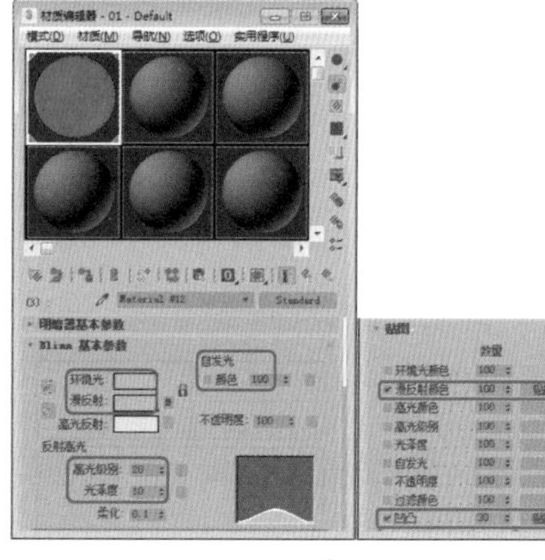

图 5-93

5.2.3　光线跟踪材质

光线跟踪基本参数与标准材质基本参数内容相似，但实际上光线跟踪材质的颜色构成与标准材质大相径庭。

与标准材质一样，可以为光线跟踪颜色分量和各种其他参数使用贴图。色样和参数右侧的小按钮用于打开【材质 / 贴图浏览器】对话框，从中可以选择对应类型的贴图。这些快捷方式在【贴图】卷展栏中也有对应的按钮。如果已经将一个贴图指定给这些颜色之一，则按钮显示字母 M，大写的 M 表示已指定和启用对应贴图，小写的 m 表示已指定该贴图，但它处于非活动状态。【光线跟踪基本参数】卷展栏如图 5-94 所示。

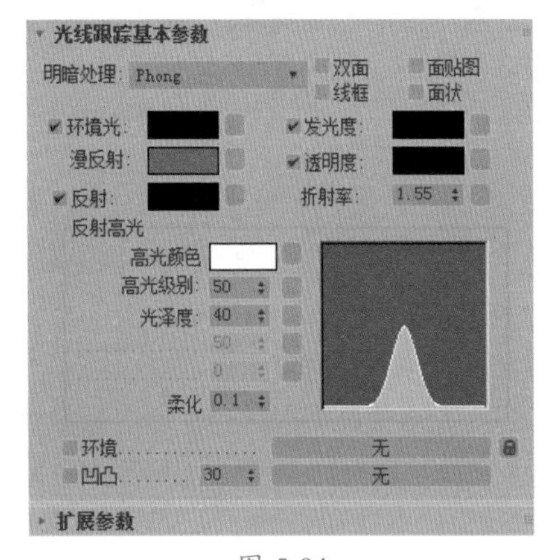

图 5-94

◎　【明暗处理】：在下拉列表中可以选择一个明暗器。【明暗处理】选项组中显示的明暗器的控件包括 Phong、Blinn、【金属】、Oren-Nayar-Blinn 和【各向异性】5 种方式。

◎　【双面】：与标准材质相同。选中该复选框时，在面的两侧着色和进行光线跟踪。在默认情况下，对象只有一面，以便提高渲染速度。

◎　【面贴图】：将材质指定给模型的全部面。如果是一个贴图材质，则无须贴图坐标，贴图会自动指定给对象的每个表面。

◎　【线框】：与标准材质中的线框属性相同，选中该复选框时，在线框模式下渲染材质。可以在【扩展参数】卷展栏中指定线框大小。

◎　【面状】：将对象的每个表面作为平面进行渲染。

◎　【环境光】：与标准材质的环境光含义完全不同，对于光线跟踪材质，它控制材质吸收环境光的多少，如果将它设为纯白色，即为在标准材质中将环境光与漫反射锁定。默认为黑色。启用名称左侧的复选框时，显示环境光的颜色，通过右侧的色块可以进行调整；禁用复选框时，环境光为灰度模式，可以直接输入或者通过调节按钮设置环境光的灰度值。

◎　【漫反射】：代表对象反射的颜色，不包括高光反射。反射与透明效果位于过渡区的最上层，当反射为 100%（纯白色）时，漫反射色不可见，默认为 50% 的灰度。

◎　【反射】：设置对象高光反射的颜色，即经过反射过滤的环境颜色，颜色值控制反射的量。与环境光一样，通过勾选或取消勾选 反射: 复选框，可以设置反射的颜色或灰度值。此外，第二次勾选复选框，可以为反射指定【菲涅尔】镜像效果，它可以根据对象的视角为反射对象增加一些折射效果。

◎　【发光度】：与标准材质的自发光设置近似（禁用则变为自发光设置），只是不依赖于【漫反射】进行发光处理，而是根据自身颜色来决定所发光的颜色。用户可以为一个【漫反射】为蓝色的对象指定一个红色的发光色，默认为黑色。右侧的灰色按钮用于指定贴图。禁用左侧的复选框，【发光度】选项变为【自发光】选项，通过微调按钮可以调节发光色的灰度值。

◎　【透明度】：与标准材质中的 Filter 过滤色相似，它控制在光线跟踪材质背后经过颜色过滤所表现的色彩，黑色为完全不透明，白色为完全透明。将【漫反射】与【透明度】都设置为完全饱和的色彩，可以得到彩色玻璃的材质。禁用后，对象仍折射环境光，不受场景中其他对象的影响。右侧的灰块按钮用于指定贴图。取消勾选左侧的复选框后，可以通过微调按钮调整透明色的灰度值。

◎ 【折射率】：设置材质折射光线的强度，默认值为 1.55。

◎ 【反射高光】选项组：控制对象表面反射区反射的颜色，根据场景中灯光颜色的不同，对象反射的颜色也会发生变化。

◎ 【高光颜色】：设置高光反射灯光的颜色，将它与【反射】颜色都设置为饱和色可以制作出彩色铬钢效果。

◎ 【高光级别】：设置高光区域的强度，值越高，高光越明亮，默认为 5。

◎ 【光泽度】：影响高光区域的大小。光泽度越高，高光区域越小，高光越锐利。默认为 25。

◎ 【柔化】：柔化高光效果。

◎ 【环境】：允许指定一张环境贴图，用于覆盖全局环境贴图。默认的反射和透明度使用场景的环境贴图，一旦在这里进行环境贴图的设置，将会取代原来的设置。利用这个特性，可以单独为场景中的对象指定不同的环境贴图，或者在一个没有环境的场景中为对象指定虚拟的环境贴图。

◎ 【凹凸】：这与标准材质的凹凸贴图相同。单击该按钮可以指定贴图，使用微调器可更改凹凸量。

课后项目练习

为瓷器添加材质

下面通过【材质编辑器】对话框为瓷器添加材质。

课后项目练习效果展示

效果如图 5-95 所示。

图 5-95

课后项目练习过程概要

（1）通过【材质编辑器】对话框中的【环境光】和【漫反射】、【自发光】制作出白色瓷器的材质。

（2）通过【反射高光】选项组中的【高光级别】、【光泽度】制作出瓷器的光泽质感，然后将材质指定给瓷器对象。

素材	Scenes\Cha05\ 瓷器材质素材 .max
场景	Scenes\Cha05\ 为瓷器添加材质 .max
视频	视频教学 \Cha05\ 为瓷器添加材质 .mp4

01 按 Ctrl+O 组合键，在弹出的对话框中打开【Scenes\Cha05 瓷器材质素材 .max】素材文件，如图 5-96 所示。

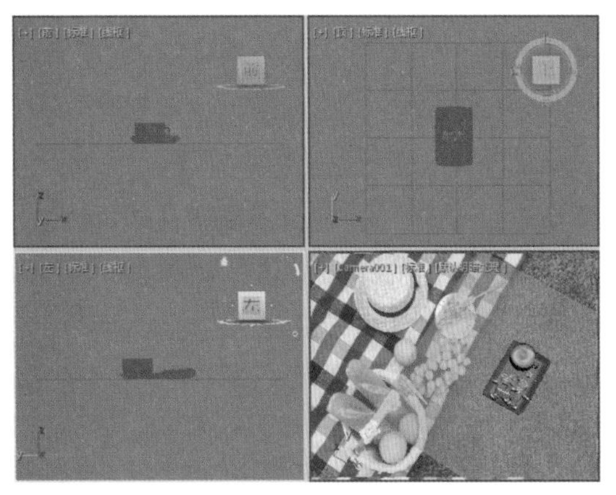

图 5-96

02 按 M 键，弹出【材质编辑器】对话框，选择新的材质样本球，将其重新命名为【白色瓷器】，将【环境光】和【漫反射】的颜色设置为【白色】，将【自发光】设置为 35，将【反射高光】选项组中的【高光级别】设置为 100，将【光泽度】设置为 83，如图 5-97 所示。

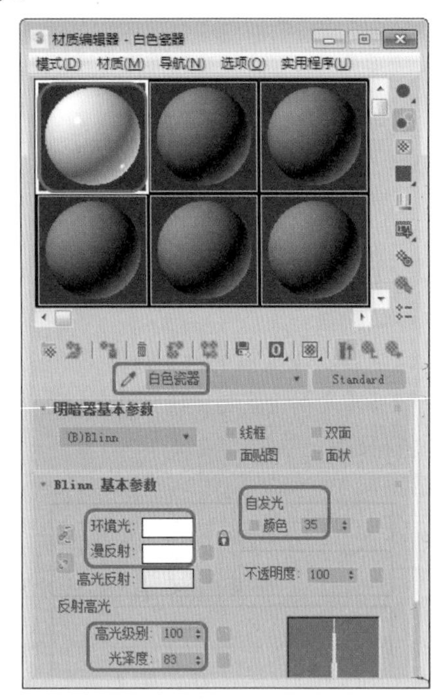

图 5-97

03 按 H 键，弹出【从场景选择】对话框，选择如图 5-98 所示的图形对象。

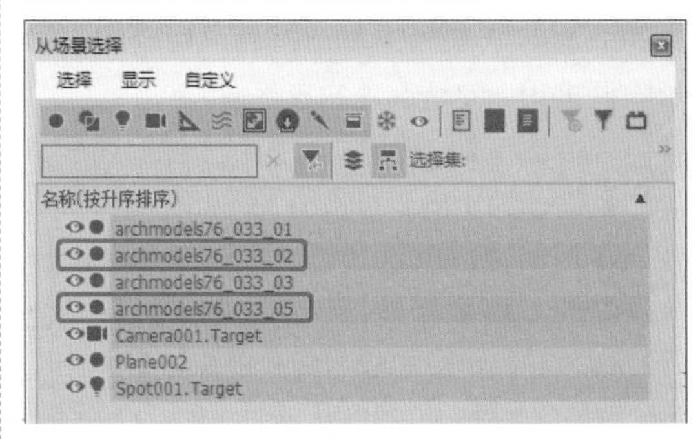

图 5-98

04 单击【确定】按钮，单击【将材质指定给选定对象】按钮，将材质指定给选定对象，如图 5-99 所示。渲染摄影机视图查看效果，然后将场景文件保存即可。

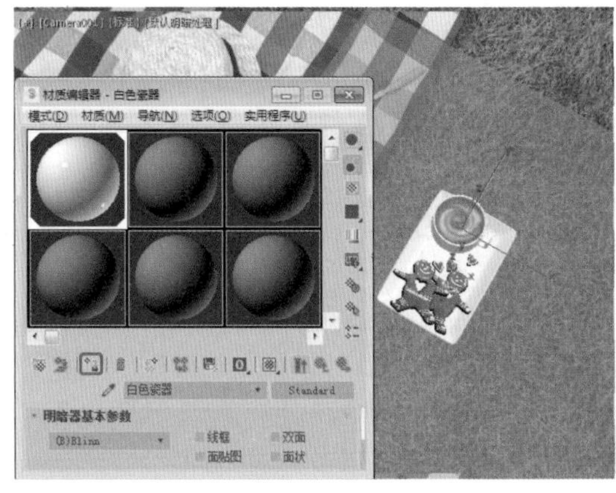

图 5-99

第 06 章

平移动画——摄影机

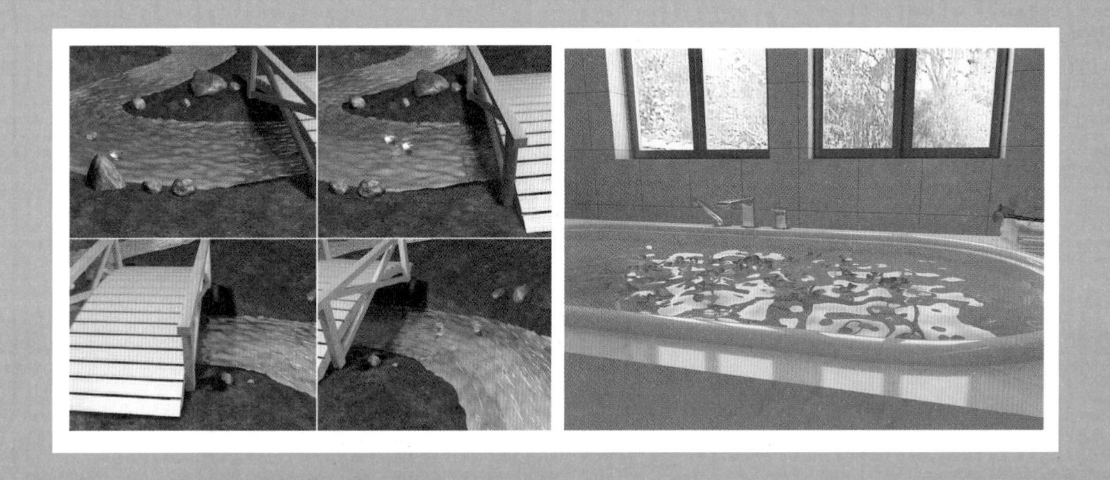

本章导读

利用 3ds Max 将模型创建完成后，可以利用摄影机对其进行表现。通过本章的学习，可以对摄影机表现有一定的认识，方便以后效果图的制作。

案例精讲
平移动画

为了更好地完成本设计案例，现对制作要求及设计内容做如下规划，效果如图 6-1 所示。

作品名称	平移动画
设计创意	（1）首先在场景中创建一架摄影机。 （2）为摄影机添加运动动画效果，产生平移效果
主要元素	（1）小桥。 （2）小河。 （3）摄影机
应用软件	3ds Max 2020
素材	Scenes\Cha06\ 平移素材 .max
场景	Scenes \Cha06\【案例精讲】平移动画 .max
视频	视频教学 \Cha06\【案例精讲】平移动画 .mp4
平移动画效果欣赏	图 6-1
备注	

01 打开【平移素材 .max】素材文件，如图 6-2 所示。

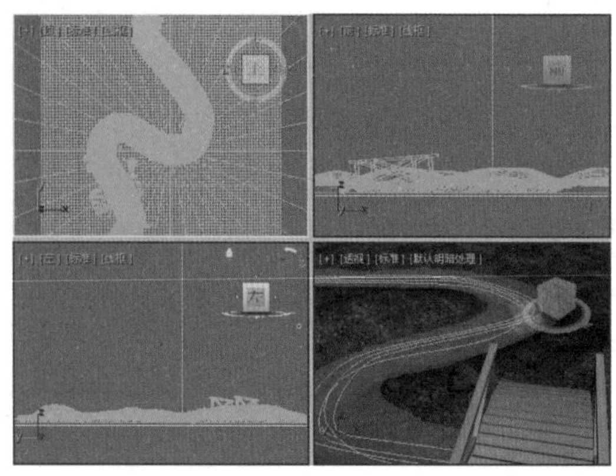

图 6-2

02 选择【创建】|【摄影机】|【目标】工具，在【顶】视图中按住鼠标进行拖动，创建一个摄影机，如图 6-3 所示。

03 激活【透视】视图，按 C 键将其转换为摄影机视图，切换至【修改】命令面板，在【参数】卷展栏中将【镜头】设置为 50，在视图中调整摄影机的位置，如图 6-4 所示。

04 将时间滑块拖曳至第 100 帧位置处，单击【自动关键点】按钮，在视图中调整摄影机的位置，如图 6-5 所示。

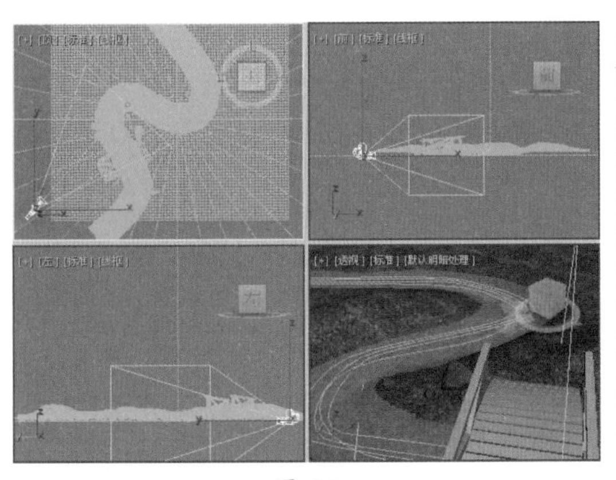

图 6-3

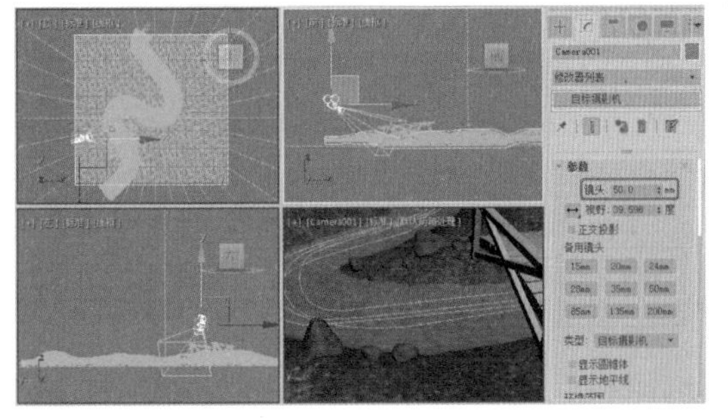

图 6-4

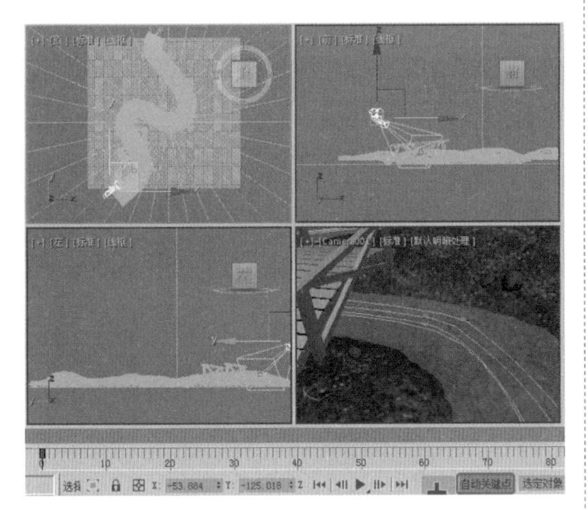

图 6-5

05 调整完成后，单击【自动关键点】按钮，对完成后的场景进行渲染即可。

6.1 摄影机的基本设置

创建一个摄影机之后，可以设置视口以显示摄影机的观察点。使用【摄影机】视口可以调整摄影机，就好像您正在通过其镜头进行观看。【摄影机】视口对于编辑几何体和设置渲染的场景非常有用。多个摄影机可以提供相同场景的不同视图。

6.1.1 认识摄影机

选择【创建】|【摄影机】工具，进入【摄影机】面板，可以看到【物理】、【目标】和【自由】三种类型的摄影机，如图 6-6 所示。

图 6-6

◎ 【物理】：将场景框架与曝光控制以及对真实世界摄影机进行建模的其他效果相集成。

◎ 【目标】：用于查看目标对象周围的区域。它有摄影机、目标点两部分，可以很容易地单独进行控制调整，如图 6-7 所示。

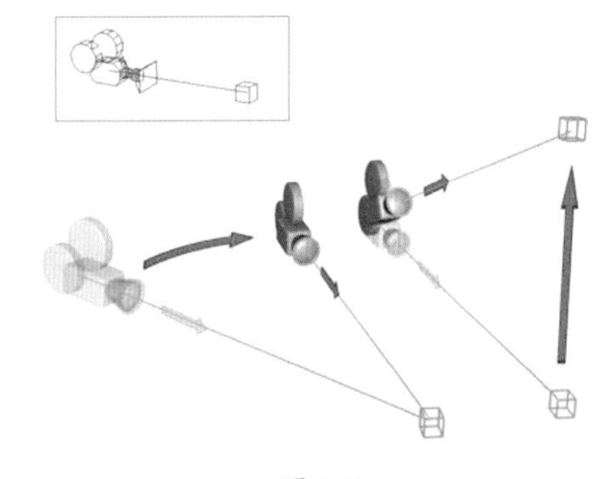

图 6-7

◎ 【自由】：自由摄影机用于在摄影机指向的方向查看区域。与目标摄影机不同，它有两个用于目标和摄影机的独立图标。自由摄影机由单个图标表示，如图 6-8 所示，为的是更轻松设置动画。

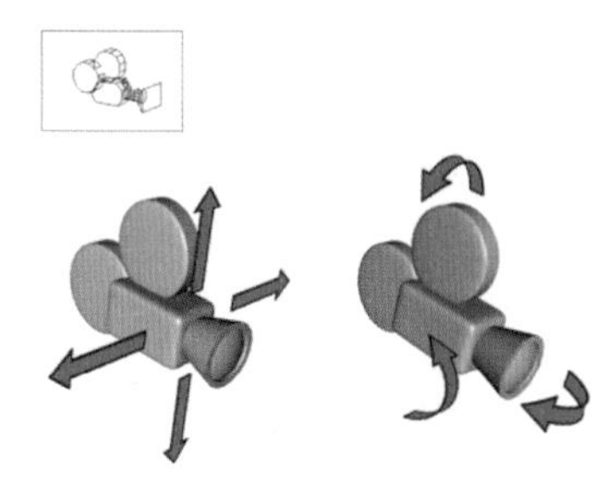

图 6-8

6.1.2 摄影机对象的命名

当我们在视图中创建多个摄影机时，系统会以 Camera001、Camera002 等名称自动为摄影机命名。在制作一个大型场景时，如一个大型建筑效果图或复杂动画的表现时，随着场景变得越来越复杂，要记住哪一个摄影机聚焦于哪一个镜头也变得越来越困难，这时如果按照其表现的角度或方位进行命名，如【Camera 正视】、【Camera 左视】、【Camera 鸟瞰】等，在进行视图切换的过程中会减少失误，从而提高工作效率。

6.1.3 摄影机视图的切换

【摄影机】视图就是被选中的摄影机的视图。在一个场景中创造若干个摄影机，激活任意一个视图，在视图标签上单击鼠标右键，从弹出的对话框中选择【摄影机】列表下的任一摄影机，如图 6-9 所示，这样该视图就变成当前摄影机视图。

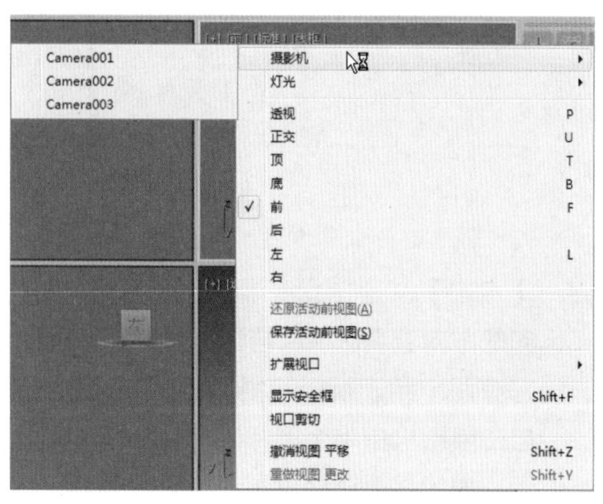

图 6-9

在一个多摄影机场景中，如果其中的一个摄影机被选中，按 C 键，该摄影机会自动被选中，不会出现【选择摄影机】对话框；如果没有选择的摄影机，【选择摄影机】对话框将会出现，如图 6-10 所示。

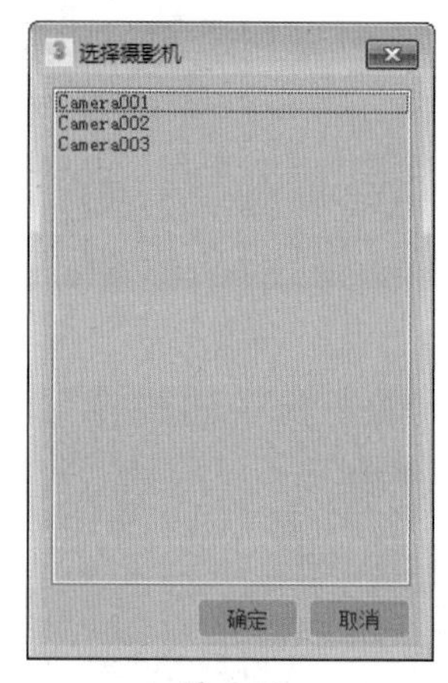

图 6-10

6.1.4 摄影机共同的参数

两种摄影机的绝大部分参数设置是相同的，【参数】卷展栏如图 6-11 所示。下面将对其进行简单的介绍。

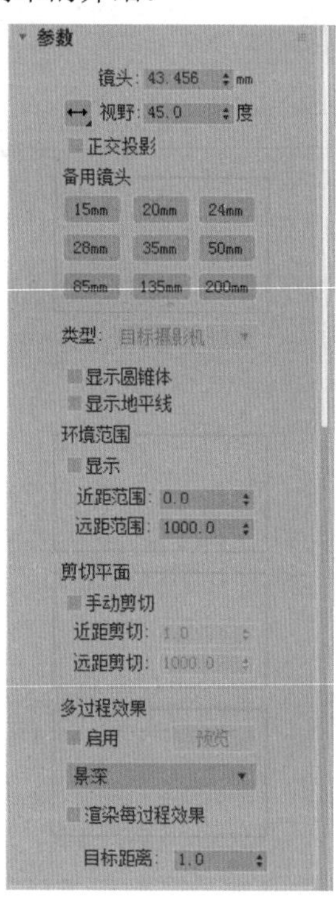

图 6-11

1.【参数】卷展栏

◎ 【镜头】：以毫米为单位设置摄影机的焦距。使用【镜头】微调器来指定焦距值，而不是指定在【备用镜头】选项组中按钮上的预设备用值。

> 提示：更改【渲染设置】对话框上的【光圈宽度】值也会更改镜头微调器的值。这样并不会通过摄影机更改视图，但将更改【镜头】值和 FOV 值之间的关系，也将更改摄影机锥形光线的纵横比。

◎ 【水平】：水平应用视野。

◎ 【垂直】：垂直应用视野。

◎ 【对角线】：在对角线上应用视野，从视口的一角到另一角。

◎ 【视野】：决定摄影机查看区域的宽度（视野）。当【视野方向】为水平（默认设置）时，视野参数直接设置摄影机的地平线的弧形，以度为单位进行测量。也可以设置【视野方向】来垂直或沿对角线测量 FOV。

◎ 【正交投影】：勾选该复选框，摄影机视图就好像【用户】视图一样；取消勾选该复选框，摄影机视图就像【透视】视图一样。

◎ 【备用镜头】选项组：使用该选项组中提供的预设值设置摄影机的焦距（以毫米为单位）。

◎ 【类型】：用于改变摄影机的类型。

- ◆ 【显示圆锥体】：显示摄影机视野定义的锥形光线（实际上是一个四棱锥）。锥形光线出现在其他视口，但不出现在摄影机视口中。
- ◆ 【显示地平线】：显示地平线。在摄影机视口中的地平线层级显示一条深灰色的线条。

◎ 【环境范围】选项组。

- ◆ 【显示】：以线框的形式显示环境存在的范围。
- ◆ 【近距范围】：设置环境影响的近距距离。
- ◆ 【远距范围】：设置环境影响的远距距离。

◎ 【剪切平面】选项组。

- ◆ 【手动剪切】：勾选该复选框可以定义剪切平面。
- ◆ 【近距剪切】和【远距剪切】：分别用来设置近距剪切平面与远距离平面的距离，剪切平面能去除场景几何体的某个断面，能看到几何体的内部。如果想产生楼房、车辆等的剖面图或带切口的视图时，可以使用该选项。

◎ 【多过程效果】选项组。

- ◆ 【启用】：勾选该复选框后，用于效果的预览或渲染。取消勾选该复选框后，不渲染该效果。
- ◆ 【预览】：单击该按钮后，能够在激活的摄影机视图预览景深或运动模糊效果。
- ◆ 【渲染每过程效果】：勾选该复选框后，如果指定任何一个，则将渲染效果应用于多重过滤效果的每个过程（景深或运动模糊）。取消勾选该复选框后，将在生成多重过滤效果的通道之后只应用渲染效果。默认设置为禁用状态。

◎ 【目标距离】：使用自由摄影机，将点设置为用作不可见的目标，便可以围绕该点旋转摄影机。使用目标摄影机时，它表示摄影机和其目标之间的距离。

2.【景深参数】卷展栏

当在【多过程效果】选项组中选择了【景深】效果后，会出现相应的景深参数，如图 6-12 所示。

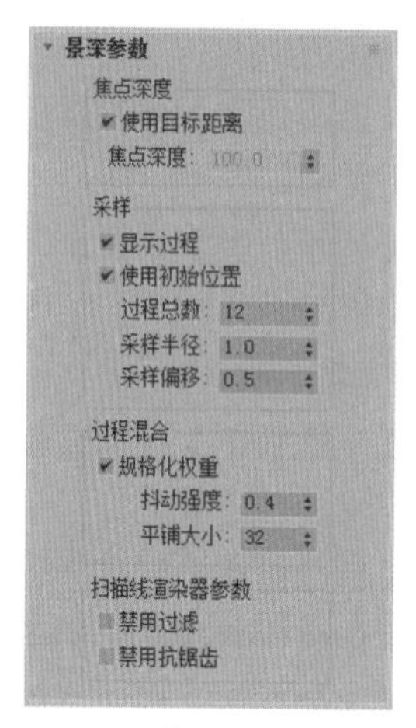

图 6-12

◎ 【焦点深度】选项组。

- ◆ 【使用目标距离】：勾选该复选框，以摄影机目标距离作为摄影机进行偏移的位置；取消勾选该复选框，以【焦点深度】的值进行摄影机偏移。
- ◆ 【焦点深度】：当【使用目标距离】处于禁用状态时，设置距离偏移摄影机的深度。范围为 0~100，其中 0 为摄影机的位置，100 是极限距离。默认设置为 100。

◎ 【采样】选项组。

- ◆ 【显示过程】：勾选该复选框后，渲染帧窗口显示多个渲染通道。取消勾选该复选框后，该帧窗口只显示最终结果。此控件对于在摄影机视口中预览景深无效，默认设置为启用。
- ◆ 【使用初始位置】：勾选该复选框后，在摄影机的初始位置渲染第一个过程；取消勾选该复选框后，第一个渲染过程像随后的过程一样进行偏移，默认为勾选。
- ◆ 【过程总数】：用于生成效果的过程数。增加此值可以增加效果的精确性，但会增加渲染时间，默认设置为 12。
- ◆ 【采样半径】：通过移动场景生成模糊的半径。增加该值将增加整体模糊效果，减小该值将减少模糊，默认设置为 1。
- ◆ 【采样偏移】：设置模糊靠近或远离【采样半径】的权重值。增加该值，将增加景深模糊的数量级，提供更均匀的效果。减小该值，将减小数量级，提供更随机的效果。偏移的范围为 0～1，默认设置为 0.5。

◎ 【过程混合】选项组。

- ◆ 【规格化权重】：使用随机权重混合的过程可以避免出现例如条纹这些人工效果。当勾选【规格化权重】复选框后，将权重规格化，会获得较平滑的结果。当取消勾选复选框后，效果会变得清晰一些，但通常颗粒状效果更明显，默认设置为启用。
- ◆ 【抖动强度】：控制应用于渲染通道的抖动程度。增加此值会增加抖动量，并且生成颗粒状效果，尤其在对象的边缘上，默认值为 0.4。
- ◆ 【平铺大小】：设置抖动时图案的大小。此值是一个百分比，0 是最小的平铺，100 是最大的平铺，默认设置为 32。

◎ 【扫描线渲染器参数】选项组。

- ◆ 【禁用过滤】：勾选该复选框后，禁用过滤过程，默认设置为禁用状态。
- ◆ 【禁用抗锯齿】：勾选该复选框后，禁用抗锯齿，默认设置为禁用状态。

6.2 控制摄影机

创建摄影机后，通常需要将摄影机或其目标移到固定的位置。可以用各种工具为摄影机定位，但在很多情况下，在摄影机视图中调节会简单一些。下面将分别讲述使用摄影机视图进行导航控制和变换摄影机操作。

6.2.1 使用摄影机视图进行导航控制

对于【摄影机】视图，系统在视图控制

区提供了专门的导航工具，用来控制摄影机视图的各种属性，如图6-13所示。使用摄影机导航控制可以提供许多控制功能和灵活性。

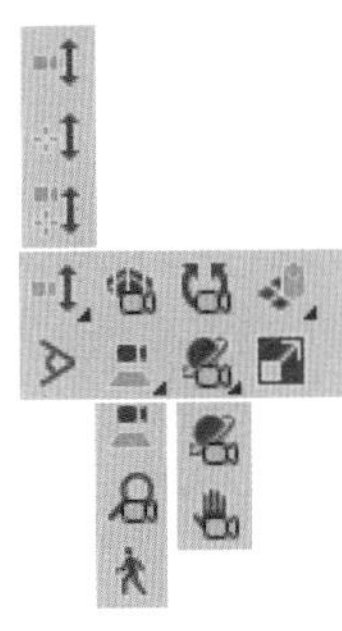

图 6-13

摄影机导航工具的功能说明如下所述。

◎ 【推拉摄影机】按钮：沿视线移动摄影机的出发点，保持出发点与目标点之间连线的方向不变，使出发点在此线上滑动，这种方式不改变目标点的位置，只改变出发点的位置。

◎ 【推拉目标】按钮：沿视线移动摄影机的目标点，保持出发点与目标点之间连线的方向不变，使目标点在此线上滑动，这种方式不会改变摄影机视图中的影像效果，但有可能使摄影机反向。

◎ 【推拉摄影机+目标】按钮：沿视线同时移动摄影机的目标点与出发点，这种方式产生的效果与【推拉摄影机】相同，只是保证了摄影机本身形态不发生改变。

◎ 【透视】按钮：以推拉出发点的方式来改变摄影机的【视野】镜头值，配合Ctrl键可以增加变化的幅度。

◎ 【侧滚摄影机】按钮：沿着垂直与视平面的方向旋转摄影机的角度。

◎ 【视野】按钮：固定摄影机的目标点与出发点，通过改变视野取景的大小来改变FOV镜头值，这是一种调节镜头效果的好方法，起到的效果其实与Perspective（透视）+Dolly Camera（推拉摄影机）相同。

◎ 【平移摄影机】按钮：在平行与视平面的方向上同时平移摄影机的目标点与出发点，配合Ctrl键可以加速平移变化，配合Shift键可以锁定在垂直或水平方向上平移。

◎ 【2D平移缩放模式】：在2D平移缩放模式下，平移或缩放视口，而无须更改渲染帧。

◎ 【穿行】：使用穿行导航，可通过一组快捷键在视口中移动，正如在众多视频游戏中的3D世界中导航一样。

◎ 【环游摄影机】按钮：固定摄影机的目标点，使出发点绕着它进行旋转观测，配合Shift键可以锁定在单方向上的旋转。

◎ 【摇移摄影机】按钮：固定摄影机的出发点，使目标点进行旋转观测，配合Shift键可以锁定在单方向上的旋转。

6.2.2 变换摄影机

在3ds Max中所有作用于对象（包括几何体、灯光、摄影机等）的位置、角度、比例的改变都被称为变换。摄影机及其目标的变换与场景中其他对象的变换非常相像。正如前面所提到的，许多摄影机视图导航命令能用其局部坐标中的变换摄影机来代替。

虽然摄影机导航工具能很好地变换摄影机参数，但对于摄影机的全局定位来说，使用标准的变换工具更合适一些。锁定轴向后，也可以像摄影机导航工具那样使用标准变换工具。摄影机导航工具与标准摄影机变换工具最主要的区别是，标准变换工具可以同时在两个轴上变换摄影机，而摄影机导航工具只允许沿一个轴进行变换。

提示：在变换摄影机时不要缩放摄影机，缩放摄影机会使摄影机基本参数显示错误值。目标摄影机只能绕其局部坐标Z轴旋转，绕其局部坐标X或Y轴旋转没有效果。自由摄影机不像目标摄影机那样受旋转限制。

课后项目练习

室内摄影机

本案例会介绍室内摄影机的创建。

课后项目练习效果展示

完成后的效果如图 6-14 所示。

图 6-14

课后项目练习过程概要

（1）在视图中创建摄影机。

（2）将【透视】视图转换为摄影机视图，并调整摄影机的位置。

素材	Scenes\Cha06\ 浴室素材 .max
场景	Scenes\Cha06\ 室内摄影机 .max
视频	视频教学 \Cha06\ 室内摄影机 .mp4

01 打开【浴室素材 .max】素材文件，如图 6-15 所示。

02 选择【创建】|【摄影机】|【目标】工具，在【顶】视图中按住鼠标进行拖动，创建一个摄影机，在【参数】卷展栏中将【镜头】设置为 28，如图 6-16 所示。

03 选择【透视】视图，按 C 键将其转换为摄影机视图，在工具栏中单击【选择并移动】工具，在视图中对摄影机进行调整，效果如图 6-17 所示。

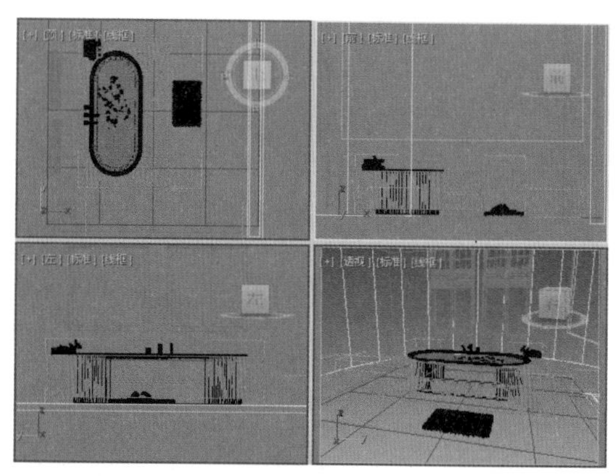

图 6-15

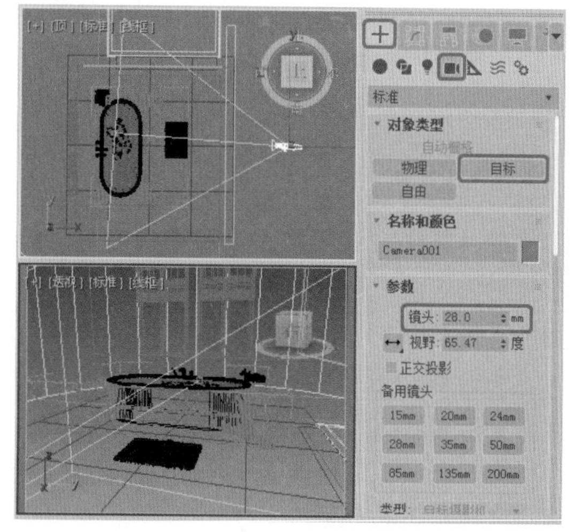

图 6-16

图 6-17

第 07 章

灯光摇曳动画——灯光

本章导读

利用 3ds Max 将模型创建完成后，可以利用灯光和摄影机对其进行表现。本章的重点是灯光，其中讲解了聚光灯、泛光灯以及天光的设置。

案例精讲
灯光摇曳动画

为了更好地完成本设计案例，现对制作要求及设计内容做如下规划，效果如图 1-1 所示。

作品名称	灯光摇曳动画
设计创意	在建筑下方打一盏聚光灯，通过设置关键帧制作出类似探照灯左右摇摆照射的效果，在摇曳的时候速度不要太快，否则影响动画效果。
主要元素	（1）大楼模型。 （2）目标聚光灯
应用软件	3ds Max 2020
素材	Scenes \Cha07\ 灯光摇曳动画素材 .max
场景	Scenes \Cha07\【案例精讲】灯光摇曳动画 .max
视频	视频教学 \Cha07\【案例精讲】灯光摇曳动画 .mp4
灯光摇曳动画欣赏	图 7-1
备注	

01 启动 3ds Max 2020 后，打开【Scenes\Cha07\灯光摇曳动画 .max】素材文件，如图 7-2 所示。

02 选择【创建】|【灯光】|【标准】|【自由聚光灯】工具，在【前】视图中创建一盏【自由聚光灯】，切换至【修改】命令面板，在【强度/颜色/衰减】卷展栏中将【倍增】设置为 0.8，在【聚光灯参数】卷展栏中勾选【显示光锥】复选框，将【聚光区/光束】、【衰减区/区域】设置为 23、52，如图 7-3 所示。

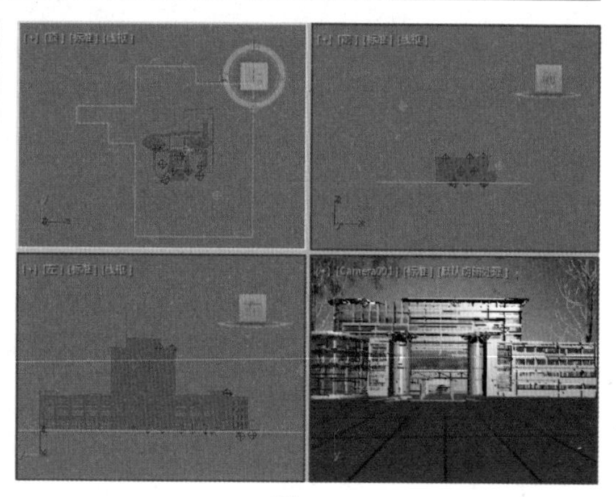

图 7-2

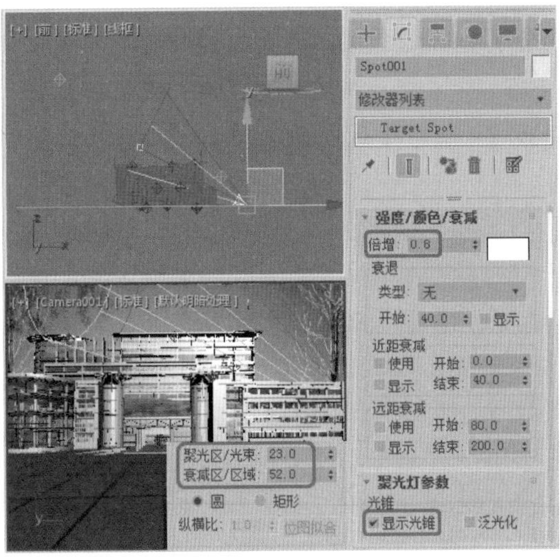

图 7-3

03 打开【设置关键点】模式设置关键点，将时间滑块调整至 0 帧，在视图中调整目标聚光灯的位置，单击【设置关键点】按钮+，如图 7-4 所示。

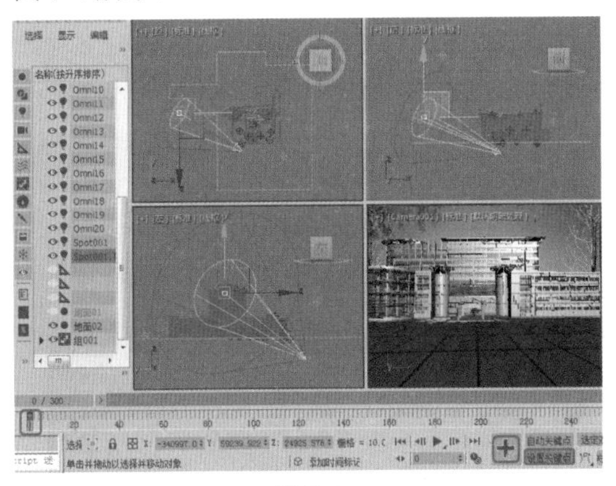

图 7-4

04 将时间滑块调整至 140 帧，在视图中调整目标聚光灯的位置，单击【设置关键点】按钮+，如图 7-5 所示。

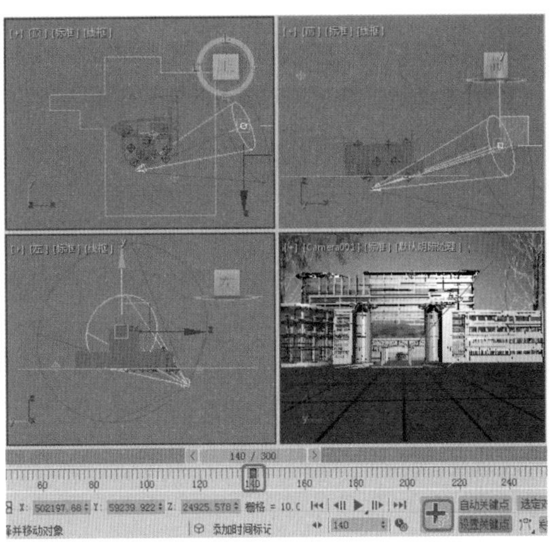

图 7-5

提示：一定要选择目标聚光灯的目标一端，然后单击【设置关键点】按钮+。

05 将时间滑块调整至 300 帧，在视图中调整目标聚光灯的位置，单击【设置关键点】按钮+，如图 7-6 所示。

06 设置完成后，关闭【设置关键点】模式，可拖动时间滑块预览效果。

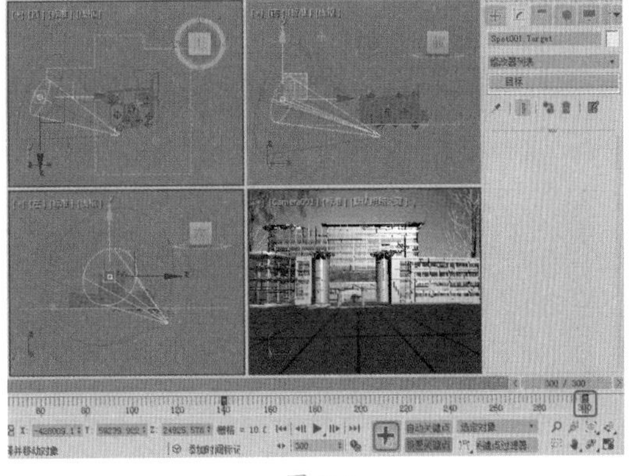

图 7-6

知识链接：照明的基础知识

光线是画面视觉信息与视觉造型的基础，没有光便无法体现物体的形状、质感和颜色。

为当前场景创建平射式的白色照明或使用系统的默认设置是一件非常容易的事情，然而，平射式的照明通常对当前场景中对象的特别之处或奇特的效果不会有任何的帮助。如果调整场景的照明，使光线与当前的气氛或环境相配合，就可以强化场景的效果，使其更加真实地出现在我们的视野中。

在设置灯光时，首先应当明确场景要模拟的是自然照明效果还是人工照明效果，然后在场景中创建灯光效果。下面将对自然光、人造光、环境光、标准的照明方式以及阴影进行介绍。

1. 自然光、人造光和环境光

（1）自然光

自然光也就是阳光，它是来自单一光源的平行光线，照明方向和角度会随着时间、季节等因素的变化而改变。晴天时阳光的色彩为淡黄色 (RGB：250、255、175)；而多云时发蓝色；阴雨天时发暗灰色，大气中的颗粒会将阳光呈现为橙色或褐色；日出或日落时的阳光发红或为橙色。天空越晴朗，物体产生的阴影越清晰，阳光照射的立体效果越突出。

在 3ds Max 中提供了多种模拟阳光的方式，如标准灯光中的【平行光】，无论是目标平行光还是自由平行光，一盏就足以作为日照场景的光源。如图 7-7 所示的效果就是模拟晴天时的阳光照射。将平行光源的颜色设置为白色，降低亮度，还可以用来模仿月光效果。

（2）人造光

无论是室内还是室外效果，都会使用多盏灯光，如图 7-8 所示。人造光首先要明确场景中的主体，然后单独为一个主体设置一盏明亮的灯光，称为【主灯光】，将其置于主体的前方稍稍偏上。除了【主灯光】以外，还需要设置一盏或多盏灯光用来照亮背景和主体的侧面，称为【辅助灯光】，亮度要低于【主灯光】。这些【主灯光】和【辅助灯光】不但能够强调场景的主题，同时还加强了场景的立体效果。用户还可以为场景的次要主体添加照明灯光，舞台术语称为【附加灯】，亮度通常高于【辅助灯光】，低于【主灯光】。在 3ds Max 2020 中，目标聚光灯通常是最好的【主灯光】，无论是聚光灯还是泛光灯，都适合作为【辅助灯光】，环境光则是另一种补充照明光源。

图 7-7

图 7-8

（3）环境光

环境光是照亮整个场景的常规光线。这种光具有均匀的强度，并且属于均质漫反射，它不具有可辨别的光源和方向。

默认情况下，场景中没有环境光，如果在带有默认环境光设置的模型上检查最深黑色的阴影，无法辨别出曲面，因为它没有任何灯光照亮。场景中的阴影不会比环境光的颜色暗，这就是通常要将环境光设置为黑色 (默认色) 的原因，如图 7-9 所示。

设置默认环境光颜色的方法有以下两种。

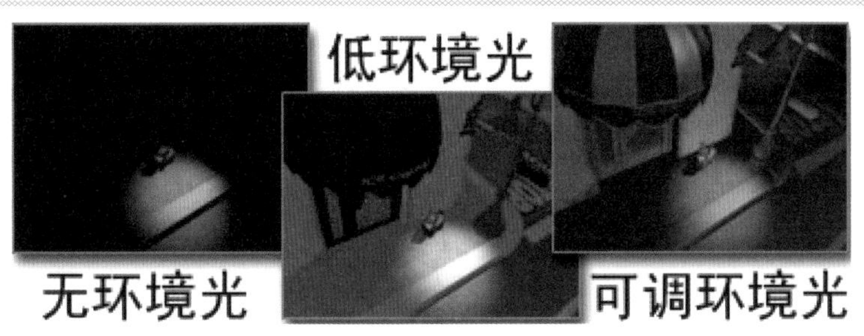

图 7-9

◎ 选择【渲染】|【环境】命令，在打开的【环境和效果】对话框中，可以设置环境光的颜色，如图 7-10 所示。

◎ 在菜单栏中选择»|【自定义】|【首选项】命令，在打开的【首选项设置】对话框中切换到【渲染】选项卡，然后在【默认环境灯光颜色】选项组中使用色块设置环境光的颜色，如图 7-11 所示。

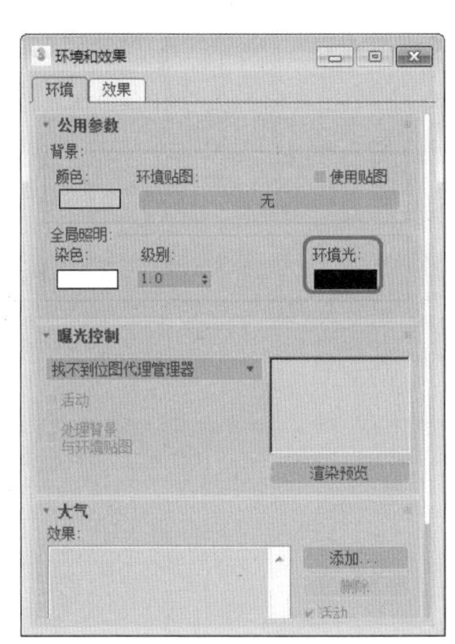

图 7-10

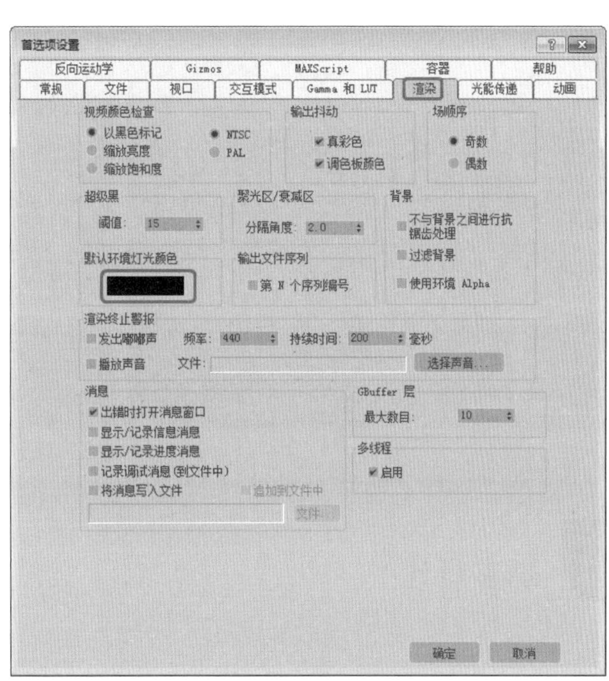

图 7-11

2. 标准的照明方法

在 3ds Max 中进行照明，一般使用标准的照明，也就是三光源照明方案和区域照明方案。所谓的标准照明，就是在一个场景中使用一个主要的灯和两个次要的灯，主要的灯用来照亮场景，次要的灯用来照亮局部，这是一种传统的照明方法。

在场景中最好以聚光灯作为主光灯，一般使聚光灯与视平线之间的夹角为 30° ～ 45°，与摄影机的夹角为 30° ～ 45°，将其投向主物体，它的光照强度较大，能把主物体从背景中充分地凸现出来，通常将其设置为投射阴影。

在场景中，在主灯的反方向创建的灯光称为背光。这个照明灯光在设置时可以在当前对象的上方（高于当前场景对象），并且此光源的光照强度要等于或者小于主光。背光的主要作用是使对象从背景中脱离出来，从而使得物体显示其轮廓，并且展现场景的深度。

最后要讲的是辅光源。辅光的主要用途是用来控制场景中最亮区域和最暗区域间的对比度。应当注意的是，设置中亮的辅光将产生平均的照明效果，而设置较暗的辅光则增加场景效果的对比度，使场景产生不稳定的感觉。一般情况下，辅光源放置的位置要靠近摄影机，以便产生平面光和柔和的照射效果。另外，也可以使用泛光灯作为辅光源应用于场景中，而泛光灯在系统中设置的基本目的就是作为一个辅光。在场景中远距离设置大量的不同颜色和低亮度的泛光灯是非常常见的，这些泛光灯混合在模型中将弥补主灯照射不到的区域。

如图 7-12 所示的场景显示的就是标准的照明方式，渲染后的效果如图 7-13 所示。

有时一个大的场景不能有效地使用三光源照明，那么就要使用其他的方法来进行照明。当一个大区域分为几个小区域时，可以使用区域照明，这样每个小区域都会单独地被照明。可以根据重要性或相似性来选择区域，当一个区域被选择之后，可以使用基本三光源照明方法。但是，有些区域照明并不能产生合适的气氛，这时就需要使用一种自由照明方案。

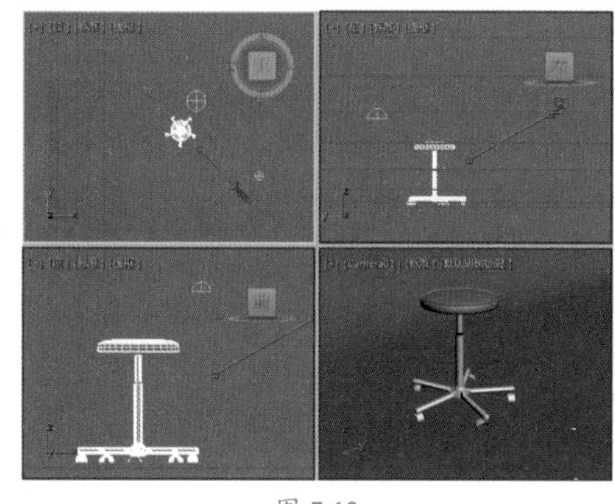

图 7-12

图 7-13

7.1 基本灯光

使用 3ds Max 将模型创建完成后，通过灯光可以模拟环境光的照射，使效果更加具有真实感，本节讲解泛光灯及天光的使用方法，其次了解灯光参数卷展栏的作用。

7.1.1 泛光灯

泛光灯向四周发散光线，标准的泛光灯用来照亮场景，它的优点是易于建立和调节，不用考虑是否有对象在范围外而不被照射；缺点就是不能创建太多，否则显得无层次感。泛光灯用于将辅助照明添加到场景中，或模拟点光源。

泛光灯可以投射阴影和投影，单个投射阴影的泛光灯等同于 6 盏聚光灯的效果，从中心指向外侧。另外泛光灯常用来模拟灯泡、台灯等光源对象。如图 7-14 所示，场景中创建了一盏泛光灯，它可以产生明暗关系的对比。

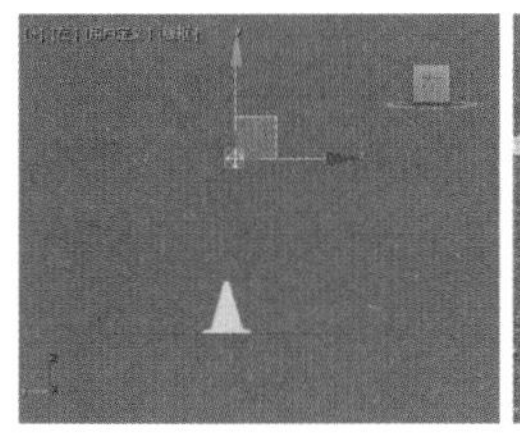

图 7-14

■ 7.1.2　天光

【天光】能够模拟日光照射效果。在 3ds Max 中有好几种模拟日光照射效果的方法，但如果配合【照明追踪】渲染方式的话，【天光】往往能产生最生动的效果，如图 7-15 所示。【天光参数】卷展栏如图 7-16 所示。

> 提示：使用 mental ray 渲染器渲染时，天光照明的对象显示为黑色，除非启用最终聚集。

图 7-15

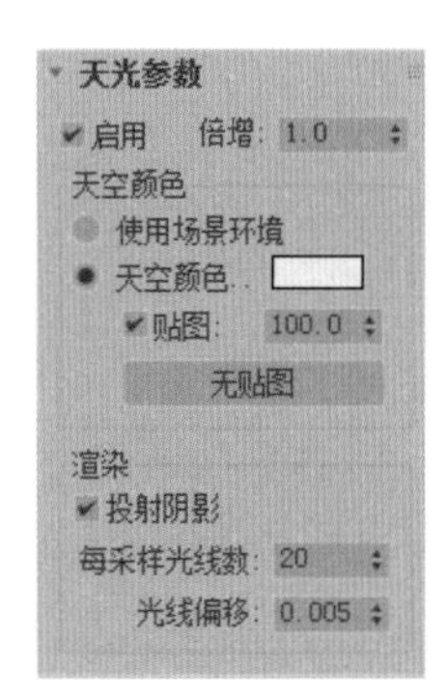

图 7-16

◎　【启用】：用于开关天光对象。

◎　【倍增】：指定正数值或负数值来增减灯光的能量，例如输入 2，表示灯光亮度增强 2 倍。使用这个参数提高场景亮度时，有可能会引起颜色过亮，还可能产生视频输出中不可用的颜色，所以除非是制作特定案例或特殊效果，否则选择 1。

【天空颜色】选项组。天空模拟成一个圆屋顶的样子覆盖在场景上，如图 7-17 所示。用户可以在这里指定天空的颜色或贴图。

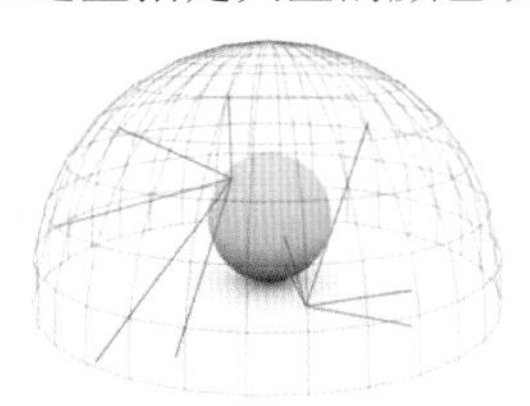

图 7-17

- ◆ 【使用场景环境】：使用【环境和效果】对话框设置颜色为灯光颜色，只在【照明追踪】方式下才有效。
- ◆ 【天空颜色】：点击右侧的色块显示颜色选择器，从中调节天空的色彩。
- ◆ 【贴图】：通过指定贴图影响天空颜色。左侧的复选框用于设置是否使用贴图，下方的空白按钮用于指定贴图，右侧的文本框用于控制贴图的使用程度（低于 100% 时，贴图会与天空颜色进行混合）。

◎　【渲染】选项组：用来定义天光的渲染属性，只有在使用默认扫描线渲染器，并且不使用高级照明渲染引擎时，该组参数才有效。

- ◆ 【投射阴影】：勾选该复选框，天光可以投射阴影。
- ◆ 【每采样光线数】：设置场景中每个采样点上天光的光线数。较高的值使天光效果比较细腻，并有利于减少动画画面的闪烁，但较高的值会增加渲染时间。
- ◆ 【光线偏移】：定义对象上某一点的投影与该点的最短距离。

■ 7.1.3　灯光的共同参数卷展栏

在 3ds Max 中，除了【天光】之外，所有的灯光对象都共享一套控制参数，它们控制着灯光的最基本特征，包括【常规参数】【强度/颜色/衰减】【高级效果】【阴影参数】【阴影贴图参数】和【大气和效果】等卷展栏。

1.【常规参数】卷展栏

【常规参数】卷展栏主要控制对灯光的开启与关闭、排除或包含阴影方式。在【修改】命令面板中，【常规参数】还可以用于控制灯光目标物体，改变灯光类型。【常规参数】卷展栏如图 7-18 所示。

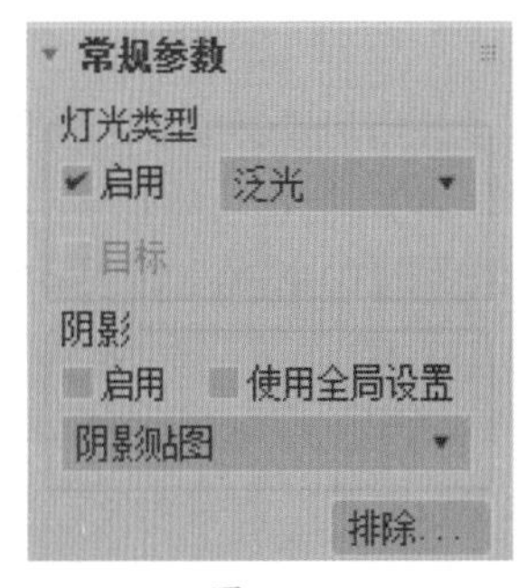

图 7-18

（1）【灯光类型】选项组。

◎ 【启用】：用来启用和禁用灯光。当【启用】选项处于启用状态时，使用灯光着色和渲染以照亮场景。当【启用】选项处于禁用状态时，进行着色或渲染时不使用该灯光。默认设置为启用。

◎ 泛光：可以对当前灯光的类型进行改变，如果当前选择的是【泛光】，可以在聚光灯、平行灯和泛光灯之间进行转换。

◎ 【目标】：勾选该复选框，灯光将成为目标。灯光与其目标之间的距离显示在复选框的右侧。对于自由灯光，可以设置该值。对于目标灯光，可以通过禁用该复选框或移动灯光及灯光的目标对象对其进行更改。

（2）【阴影】选项组。

◎ 【启用】：开启或关闭场景中的阴影使用。

◎ 【使用全局设置】：勾选该复选框，将会把下面的阴影参数应用到场景中的投影灯上。

◎ 阴影贴图：决定当前灯光使用哪种阴影方式进行渲染，其中包括【高级光线跟踪】、【mental ray 阴影贴图】、【区域阴影】、【阴影贴图】和【光线跟踪阴影】5 种。

◎ 【排除】：单击该按钮，在打开的【排除/包含】对话框中，设置场景中的对象不受当前灯光的影响，如图 7-19 所示。

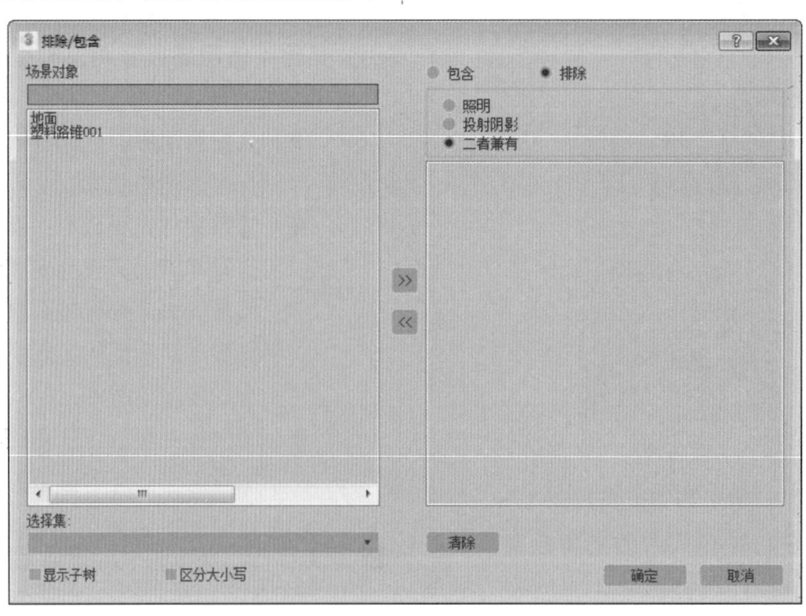

图 7-19

如果要设置个别物体不产生或不接受阴影，可以选择物体，单击鼠标右键，在弹出的快捷菜单中选择【对象属性】命令，在弹出的【对象属性】对话框中取消【接收阴影】或【投影阴影】复选框的勾选，如图 7-20 所示。

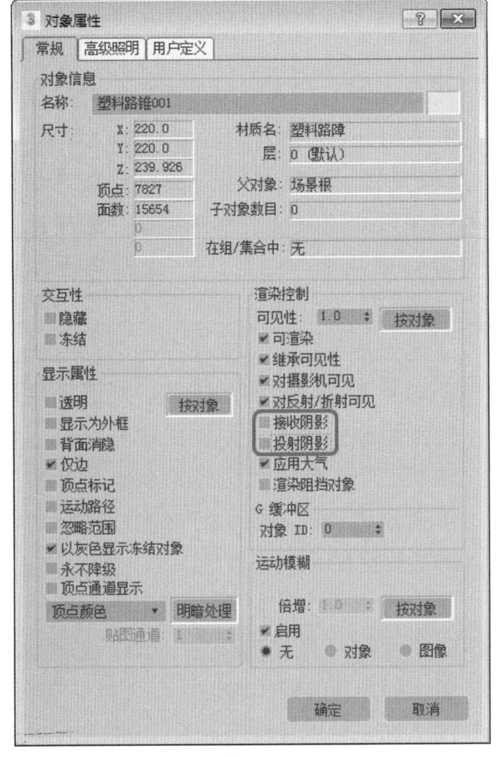

图 7-20

2. 【强度 / 颜色 / 衰减】卷展栏

【强度 / 颜色 / 衰减】卷展栏是标准的附加参数卷展栏，如图 7-21 所示。它主要对灯光的颜色、强度以及灯光的衰减进行设置。

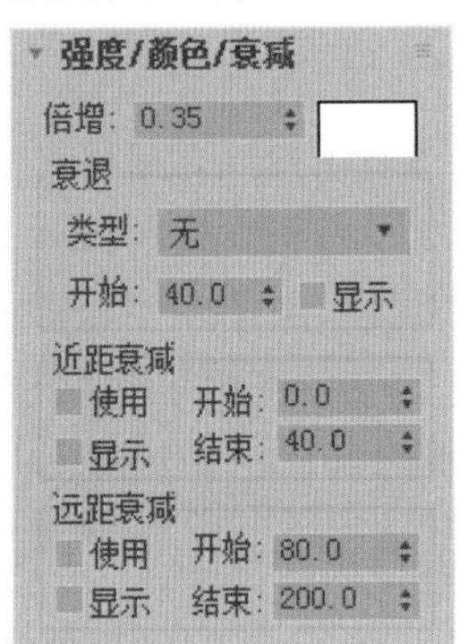

图 7-21

◎ 【倍增】：对灯光的照射强度进行控制，标准值为 1，如果设置为 2，则照射强度会增加 1 倍。如果设置为负值，将会产生吸收光的效果。通过这个选项增加场景的亮度可能会造成场景曝光，还会产生视频无法接受的颜色，所以除非是特殊效果或特殊情况，否则应尽量设置为 1。

◎ 【色块】：用于设置灯光的颜色。

（1）【衰退】选项组：用来降低远处灯光照射强度。

◎ 【类型】：在其右侧有 3 个衰减选项。

- ◆ 【无】：不产生衰减。
- ◆ 【倒数】：以倒数方式计算衰减，计算公式为 L（亮度）=RO/R，RO 为使用灯光衰减的光源半径或使用了衰减时的近距结束值，R 为照射距离。
- ◆ 【平方反比】：计算公式为 L（亮度）=（RO/R）^{2}，这是真实世界中的灯光衰减，也是光度学灯光的衰减公式。

◎ 【开始】：该选项定义了灯光不发生衰减的范围。

◎ 【显示】：显示灯光进行衰减的范围。

（2）【近距衰减】选项组。

◎ 【使用】：决定被选择的灯光是否使用它被指定的衰减范围。

◎ 【开始】：设置灯光开始淡入的位置。

◎ 【显示】：如果勾选该复选框，在灯光的周围会出现表示灯光衰减开始和结束的圆圈，如图 7-22 所示。

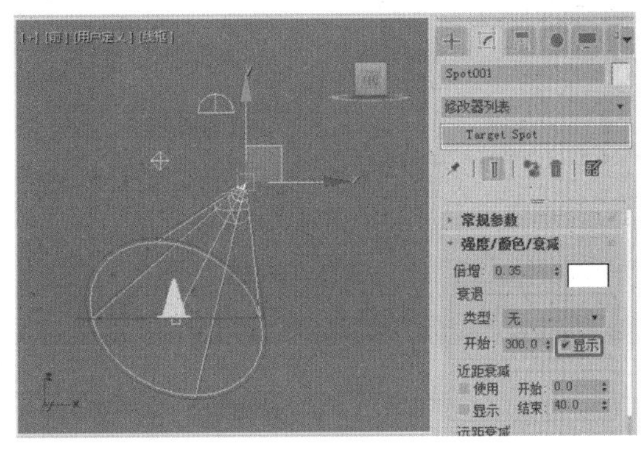

图 7-22

◎ 【结束】：设置灯光衰减结束的地方，也就是灯光停止照明的距离。在【开始】和【结束】之间灯光按线性衰减。

【远距衰减】选项组

◎ 【使用】：决定灯光是否使用它被指定的衰减范围。

◎ 【开始】：该选项定义了灯光不发生衰减的范围，只有在比【开始】更远的照射范围灯光才开始发生衰减。

◎ 【显示】：勾选该复选框会出现表示灯光衰减开始和结束的圆圈。

◎ 【结束】：设置灯光衰减结束的地方，也就是灯光停止照明的距离。

3. 【高级效果】卷展栏

【高级效果】卷展栏提供了灯光影响曲面方式的控件，也包括很多微调和投影灯的设置，卷展栏如图 7-23 所示。

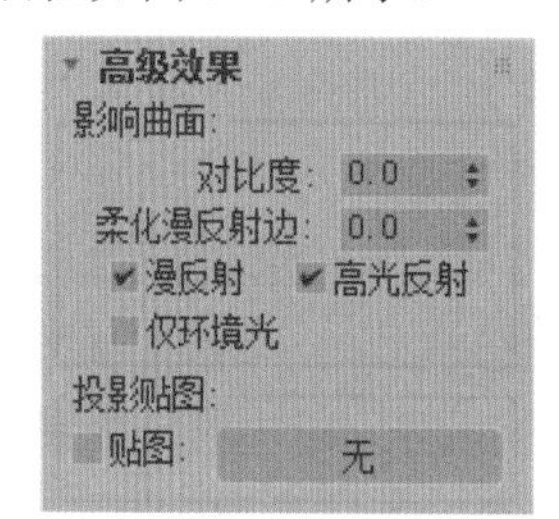

图 7-23

可以通过选择要投射灯光的贴图，使灯光对象成为一个投影。投射的贴图可以是静止的图像或动画，如图 7-24 所示。

图 7-24

各项参数功能如下。

（1）【影响曲面】选项组。

◎ 【对比度】：光源照射在物体上，会在物体的表面形成高光区、过渡区、阴影区和反光区。

◎ 【柔化漫反射边】：柔化过渡区与阴影表面之间的边缘，避免产生清晰的明暗分界。

◎ 【漫反射】：漫反射区就是从对象表面的亮部到暗部的过渡区域。默认状态下，此选项处于选取状态，这样光线才会对物体表面的漫反射产生影响。如果此项没有被选取，则灯光不会影响漫反射区域。

◎ 【高光反射】：也就是高光区，是光源在对象表面上产生的光点。此选项用来控制灯光是否影响对象的高光区域。默认状态下，此选项为选取状态。如果取消对该选项的选择，灯光将不影响对象的高光区域。

◎ 【仅环境光】：勾选该复选框，照射对象将反射环境光的颜色。默认状态下，该选项为非选取状态。

图 7-25 所示是【漫反射】、【高光反射】和【仅环境光】3 种渲染效果。

图 7-25

（2）【投影贴图】选项组。

◎ 【贴图】：勾选该复选框，可以通过右侧的【无】按钮为灯光指定一个投影图形，它可以像投影机一样将图形投影到照射的对象表面。当使用一个黑白位图进行投影时，黑色将光线完会挡住，白色对光线没有影响。

4. 【阴影参数】卷展栏

【阴影参数】卷展栏中的参数用于控制阴影的颜色、浓度以及是否使用贴图来代替颜色作为阴影，如图 7-26 所示。

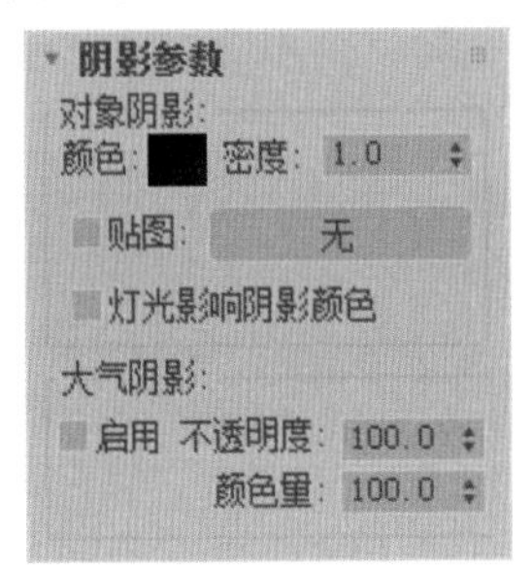

图 7-26

其各项目的功能说明如下。

（1）【对象阴影】选项组。

◎ 【颜色】：用于设置阴影的颜色。

◎ 【密度】：设置较大的数值产生一个粗糙、有明显的锯齿状边缘的阴影；相反阴影的边缘会变得比较平滑。图 7-27 所示为不同的数值所产生的阴影效果。

◎ 【贴图】：勾选该复选框可以对对象的阴影投射图像，但不影响阴影以外的区域。在处理透明对象的阴影时，可以将透明对象的贴图作为投射图像投射到阴影中，以创建更多的细节，使阴影更真实。

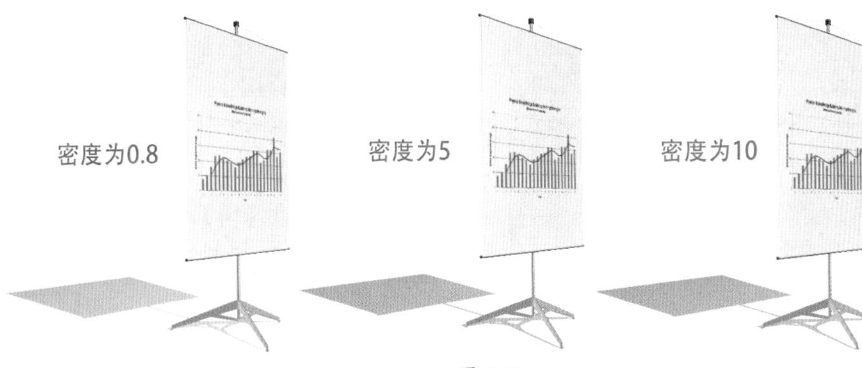

图 7-27

◎ 【灯光影响阴影颜色】：勾选此复选框后，将灯光颜色与阴影颜色（如果阴影已设置贴图）混合起来，默认设置为禁用状态。如图 7-28 所示设置阴影颜色。

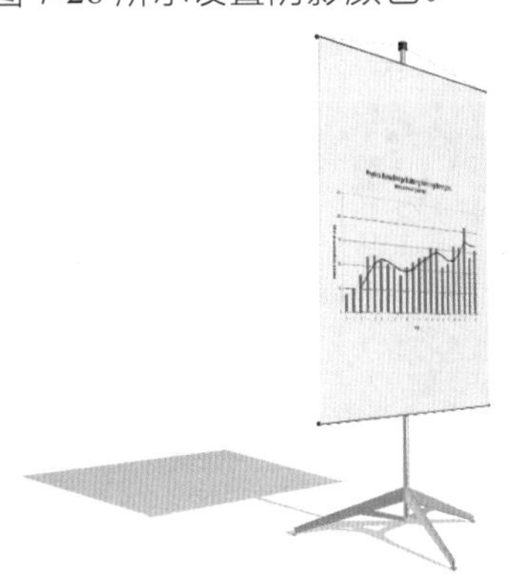

图 7-28

（2）【大气阴影】选项组：用于控制允许大气效果投射阴影，如图 7-29 所示。

◎ 【启用】：如果勾选该复选框，当灯光穿过大气时，大气投射阴影。

◎ 【不透明度】：调节大气阴影的不透明度的百分比数值。

◎ 【颜色量】：调整大气的颜色和阴影混合的百分比数值。

图 7-29

7.2 聚光灯

本节讲解目标聚光灯和自由聚光灯的区别以及使用方法。

7.2.1 目标聚光灯

目标聚光灯可以产生一个锥形的照射区域，区域外的对象不受灯光的影响。目标聚光灯可以通过投射点和目标点进行调节，其方向性非常好，对阴影的塑造能力很强。使用目标聚光灯作为体光源可以模仿各种锥形的光柱效果。勾选【Overshoot（泛光化）】复选框还可以将其作为泛光灯来使用。创建目标聚光灯的场景如图 7-30 所示。

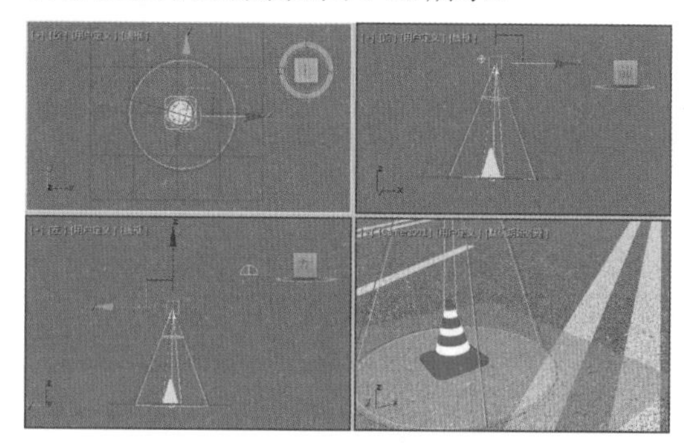

图 7-30

【实战】酒店大堂灯光

本例将制作酒店大堂灯光，通过目标聚光灯模拟大堂灯光的映射，完成后的效果如图 7-31 所示。

图 7-31

素材	Scenes\Cha07\ 酒店大堂灯光素材 .max
场景	Scenes\Cha07\【实战】酒店大堂灯光 .max
视频	视频教学 \Cha07\【实战】酒店大堂灯光 .mp4

01 启动 3ds Max 2020 后，打开【Scenes\Cha07\酒店大堂灯光素材 .max】素材文件，如图 7-32 所示。

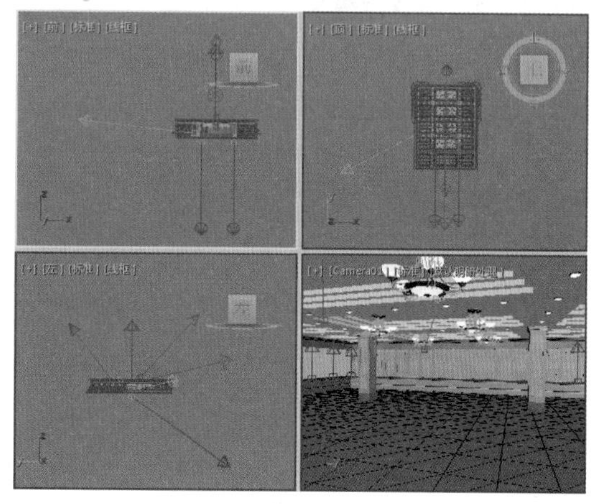

图 7-32

02 选择【创建】|【灯光】|【标准】|【目标聚光灯】工具，在【前】视图中创建一盏【自由聚光灯】，切换至【修改】命令面板，在【强度 / 颜色 / 衰减】卷展栏中将【倍增】设置为 0.5，将【颜色】的 RGB 值设置为 248、248、248，将【开始】设置为 1.6，将【近距衰减】下方的【开始】、【结束】设置为 0、0.098，将【远距衰减】下方的【开始】、【结束】设置为 98.5、157.5，在【聚光灯参数】卷展栏中将【聚光区 / 光束】、【衰减区 / 区域】设置为 39、62.5，如图 7-33 所示。

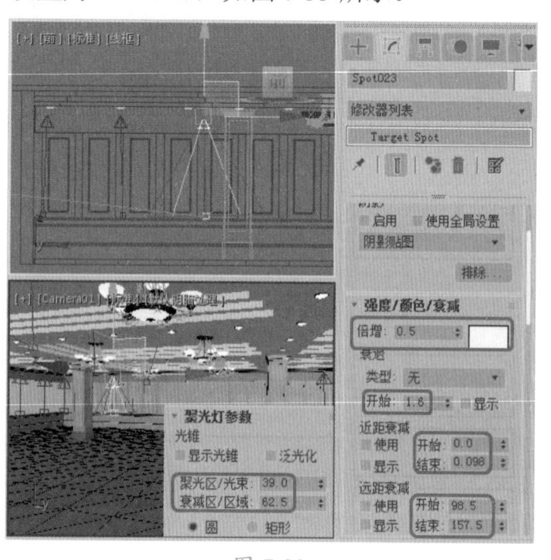

图 7-33

03 按住 Shift 键，在【前】视图中将制作的目标聚光灯向右进行移动，复制出 4 盏灯光，适当调整目标聚光灯的位置，如图 7-34 所示。

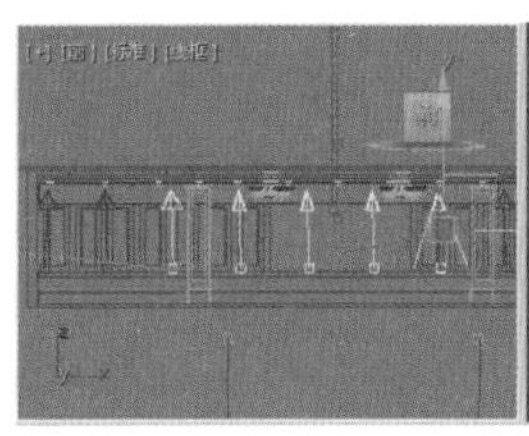
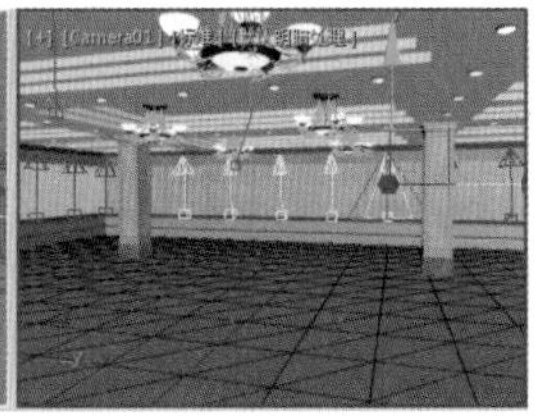

图 7-34

04 制作完成后按 F9 键进行渲染即可。

7.2.2 自由聚光灯

【自由聚光灯】产生锥形照射区域，它是一种受限制的目标聚光灯，因为只能控制它的整个图标，而无法在视图中分别对发射点和目标点调节。它的优点是不会在视图中改变投射范围，特别适用于一些动画的灯光，例如摇晃的船桅灯、晃动的手电筒、舞台上的投射灯等。

课后项目练习

太阳升起动画

本案例介绍使用泛光灯制作太阳升起的动画。

课后项目练习效果展示

完成后的效果如图 7-35 所示。

图 7-35

课后项目练习过程概要

（1）通过为泛光灯添加镜头效果来模拟太阳。

（2）通过设置关键帧来制作太阳升起动画。

素材	Scenes\Cha07\ 太阳升起动画素材 .max
场景	Scenes\Cha07\ 太阳升起动画 .max
视频	视频教学 \Cha07\ 太阳升起动画 .mp4

01 打开【Scenes\Cha07\ 太阳升起动画素材 .max】素材文件，如图 7-36 所示。

图 7-36

02 在命令面板中选择【创建】|【灯光】|【泛光】工具，然后在视图中创建一盏泛光灯，适当调整灯光的位置，如图 7-37 所示。

03 确认创建的泛光灯处于被选中状态，切换到【修改】命令面板，在【强度 / 颜色 / 衰减】卷展栏中，将【倍增】的值设置为 0.7，将灯光颜色的 RGB 值设置为 255、255、228，如图 7-38 所示。

图 7-37

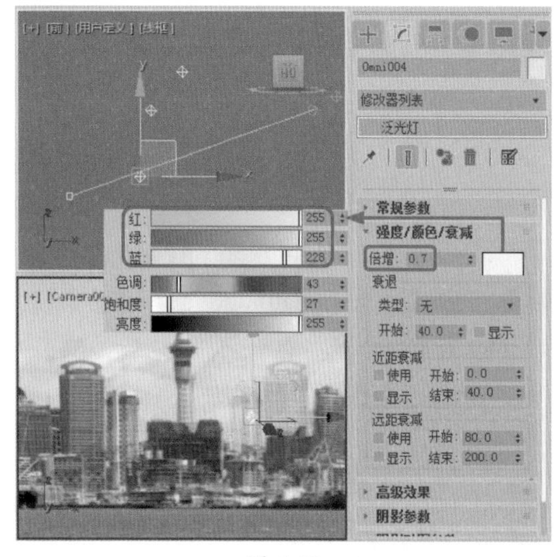

图 7-38

04 在【大气和效果】卷展栏中，单击【添加】按钮，弹出【添加大气或效果】对话框，选择【镜头效果】选项，单击【确定】按钮，即可添加镜头效果，如图 7-39 所示。

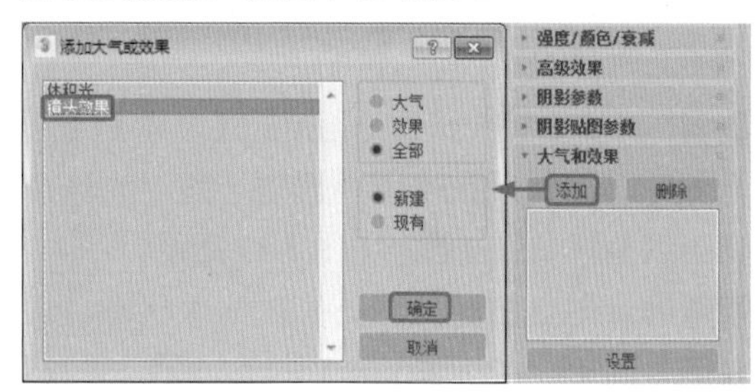

图 7-39

05 选择要添加的镜头效果，单击【设置】按钮，弹出【环境和效果】窗口，在【镜头效果参数】卷展栏中为泛光灯添加【光晕】效果，如图 7-40 所示。

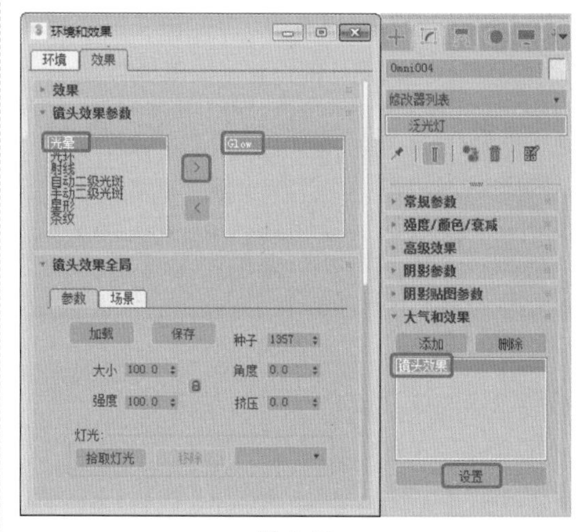

图 7-40

06 在【光晕元素】卷展栏中，将【大小】的值设置为 45，将【强度】的值设置为 160，取消勾选【光晕在后】复选框，如图 7-41 所示。

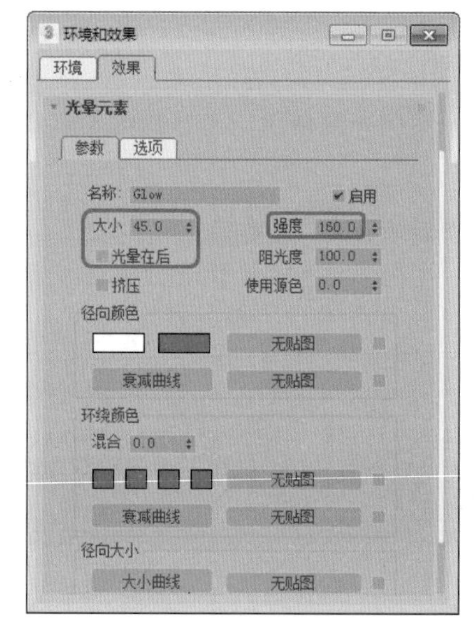

图 7-41

07 将时间滑块拖动到第 300 帧位置，单击【自动关键点】按钮，然后使用【选择并移动】工具在【前】视图中调整泛光灯的位置，如图 7-42 所示。

08 在【强度 / 颜色 / 衰减】卷展栏中，将【倍增】的值设置为 1，将灯光颜色的 RGB 值分别设置为 255、255、166，如图 7-43 所示。

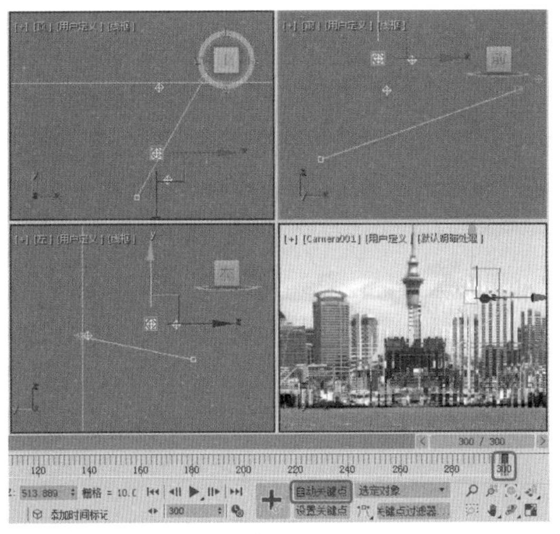
图 7-42

图 7-43

09 再次单击【自动关键点】按钮，将其关闭。然后设置动画的渲染参数，渲染动画。当渲染到第10帧时，动画效果如图7-44所示。

图 7-44

10 当渲染到第200帧时，动画效果如图7-45所示。

图 7-45

第 08 章

机械臂捡球动画——动画制作

本章导读

本章主要讲解如何利用约束和控制器制作动画，其中详细讲解了路径约束、注视约束、链接约束等约束路径和噪波控制器、线性控制器等控制器是如何制作动画的。通过本章的学习，可以对动画的制作有更进一步的认识。

案例精讲
机械臂捡球动画

为了更好地完成本设计案例，现对制作要求及设计内容做如下规划，效果如图 8-1 所示。

作品名称	机械臂捡球动画
设计创意	（1）通过关键帧设置出机械臂的运动路径。 （2）通过【链接约束】将球体绑定到一个对象上，这样就可以减少关键帧的设置
主要元素	（1）机械臂。 （2）球体
应用软件	3ds Max 2020
素材	Scenes \Cha08\ 机械臂捡球动画素材 .max
场景	Scenes \Cha08\【案例精讲】机械臂捡球动画 .max
视频	视频教学 \Cha08\【案例精讲】机械臂捡球动画 .mp4
机械臂捡球动画欣赏	图 8-1
备注	

01 启动软件后打开【Scenes \Cha08\ 机械臂捡球动画素材 .max】素材文件，如图 8-2 所示。

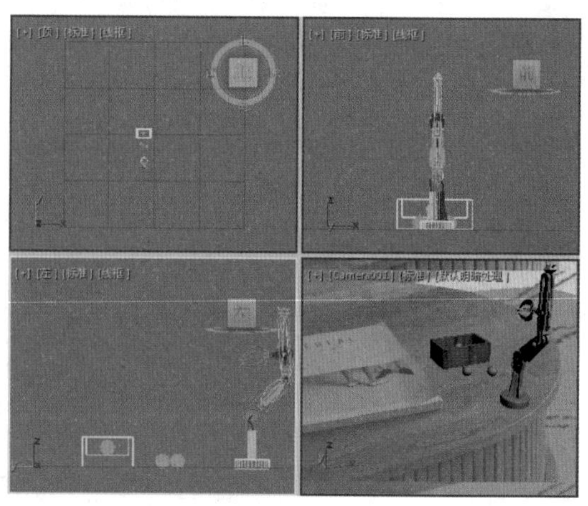

图 8-2

02 激活【左】视图，单击【自动关键点】按钮，开启动画记录模式。将时间滑块移动到第 40 帧位置，按 H 键打开【从场景选择】对话框，选择【机械臂 1】单击【确定】按钮，如图 8-3 所示。

03 激活【左】视图，在工具栏中选择【选择并旋转】工具，对【机械臂 1】对象进行旋转，此时系统会自动添加关键帧，如图 8-4 所示。

图 8-3

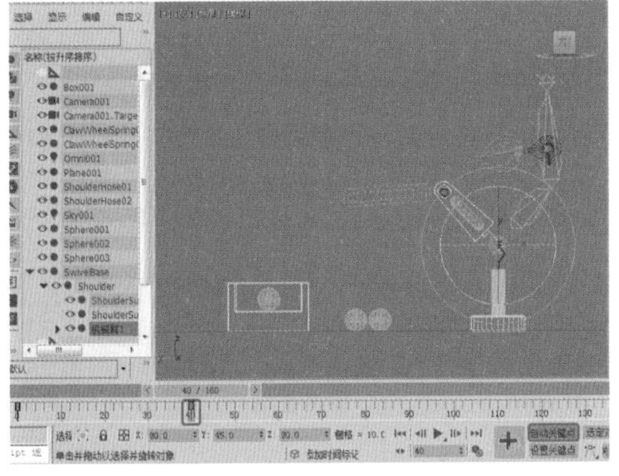

图 8-4

04 选择【链接 01】对象，使用【选择并移动】和【选择并旋转】工具对【链接 01】对象进行位置和角度调整，完成后的效果如图 8-5 所示。

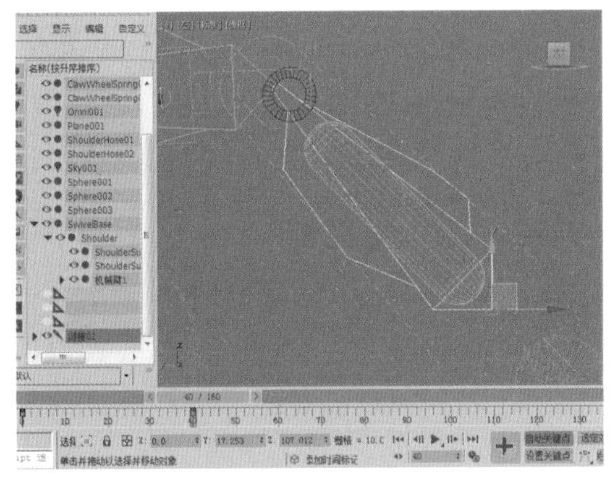

图 8-5

05 此时【链接 01】对象在移动时和【机械臂 01】对象不协调，使用【选择并移动】和【选择并旋转】工具分别在第 13、20、33 帧位置对【链接 01】对象进行调整，完成后的效果如图 8-6 所示。

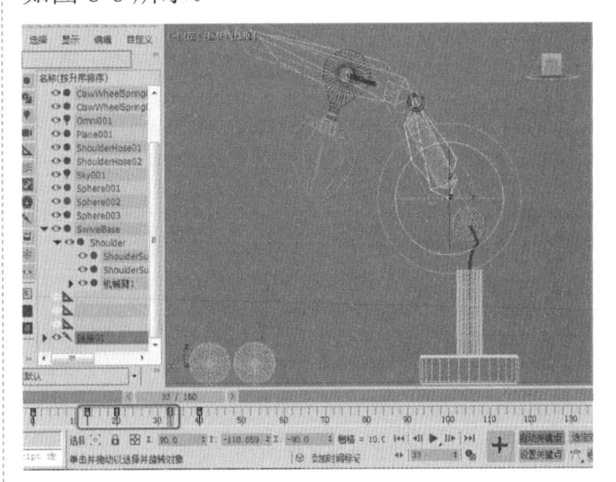

图 8-6

06 关闭【自动关键点】模式，单击【设置关键点】按钮，开启手动设置关键点，将时间滑块移动到第 40 帧位置，选择【抓手 01】对象，单击【设置关键点】按钮+，在第 40 帧位置添加关键帧，如图 8-7 所示。

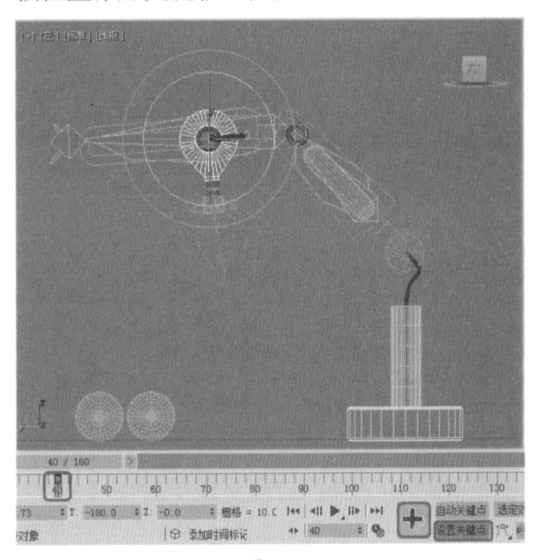

图 8-7

07 将时间滑块移动到第 60 帧位置，使用【选择并移动】工具对【抓手 01】对象调整位置，并单击【设置关键点】按钮，添加关键帧，如图 8-8 所示。

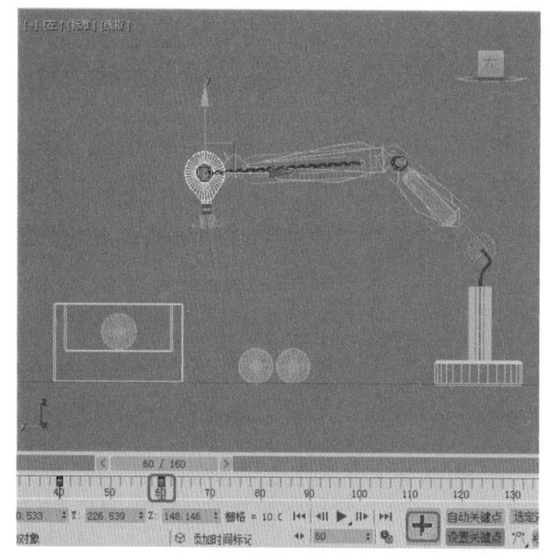

图 8-8

08 将时间滑块移动到第 70 帧位置，使用【选择并旋转】工具，对【抓手 01】对象进行旋转，单击【设置关键点】按钮，添加关键帧，如图 8-9 所示。

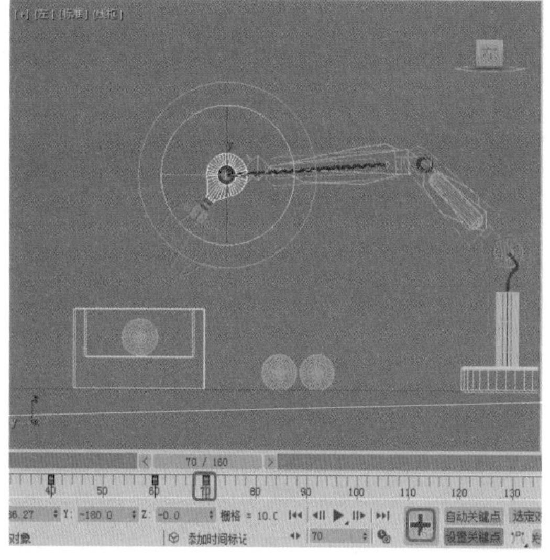

图 8-9

09 在场景中选择【软管】对象，切换到【修改】命令面板，在【软管参数】卷展栏中单击【拾取顶部对象】按钮，在场景中拾取【软管上】对象，单击【拾取底部对象】按钮，在场景中拾取【软管下】对象，如图 8-10 所示。

10 将时间滑块移动到第 70 帧位置，选择【软管下】对象，单击【设置关键点】按钮，添加关键帧，如图 8-11 所示。

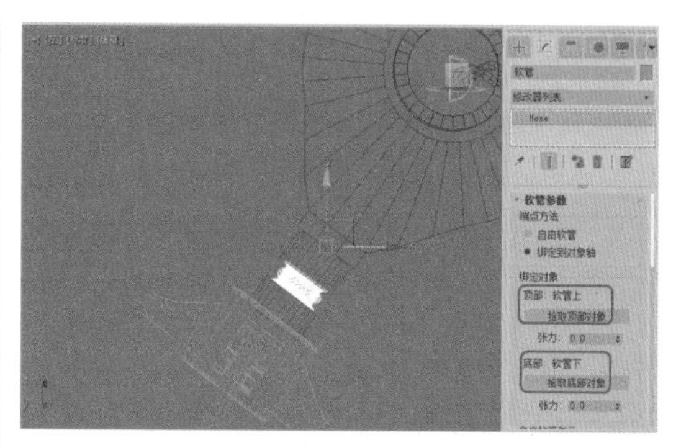

图 8-10

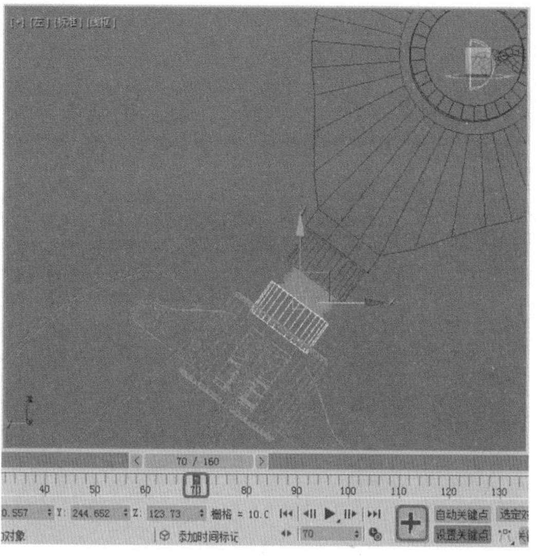

图 8-11

11 将时间滑块移动到第 90 帧位置，调整【软管下】对象的位置，并单击【设置关键点】按钮，对其添加关键帧，如图 8-12 所示。

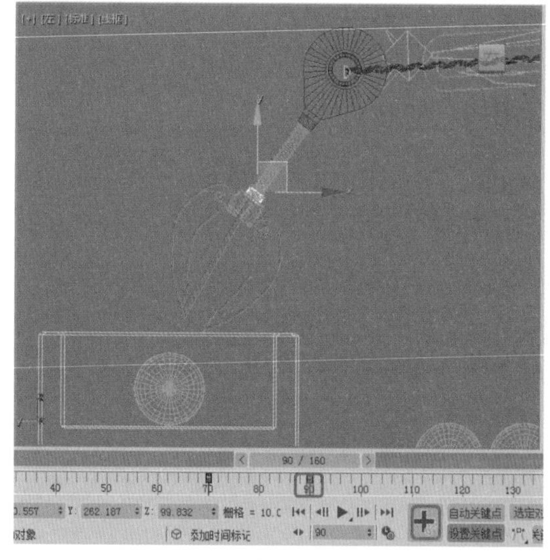

图 8-12

12 将时间滑块移动到第 85 帧位置，分别选择 Line001 和 Line004 对象，单击【设置关键点】按钮，分别对两个对象添加关键帧，如图 8-13 所示。

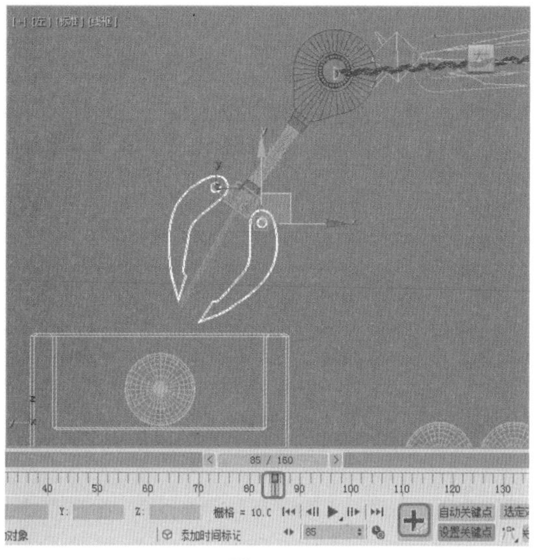

图 8-13

13 将时间滑块移动到第 100 帧位置，使用【选择并旋转】工具对 Line001 和 Line004 对象进行适当旋转，并添加关键帧，如图 8-14 所示。

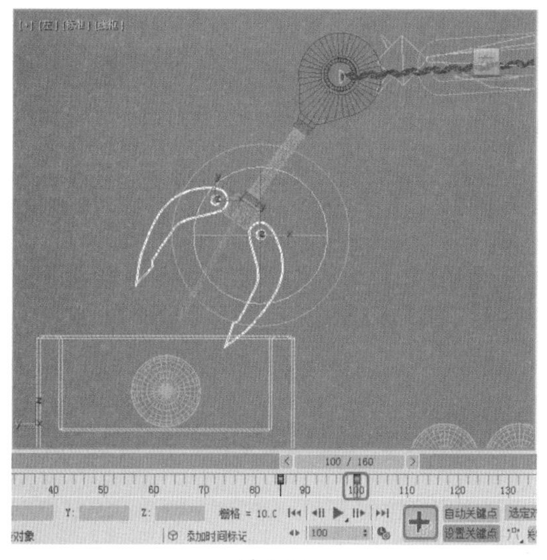

图 8-14

14 将时间滑块移动到第 110 帧位置，调整【软管下】的位置，如图 8-15 所示。

15 在场景中选择 Sphere003 对象，确认当前时间滑块在 100 帧位置，调整球体的位置，单击【设置关键点】按钮，对球体创建一个关键帧，如图 8-16 所示。

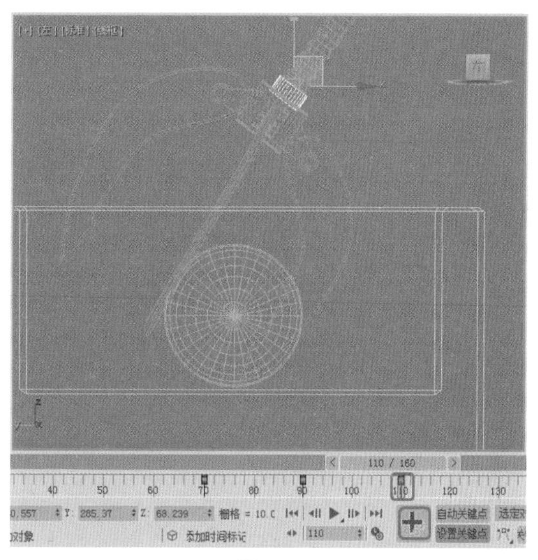

图 8-15

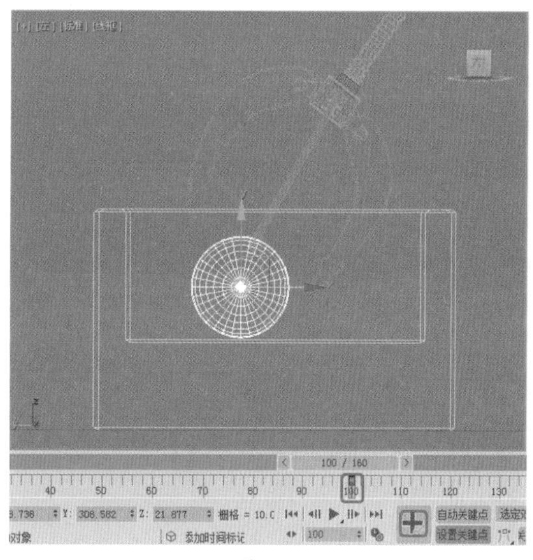

图 8-16

16 将时间滑块移动到第 110 帧位置，使用【选择并旋转】工具对 Line001 和 Line004 对象进行适当旋转，并添加关键帧，如图 8-17 所示。

17 将时间滑块移动到第 130 帧位置，选择【软管下】调整对象的位置，并添加关键帧，如图 8-18 所示。

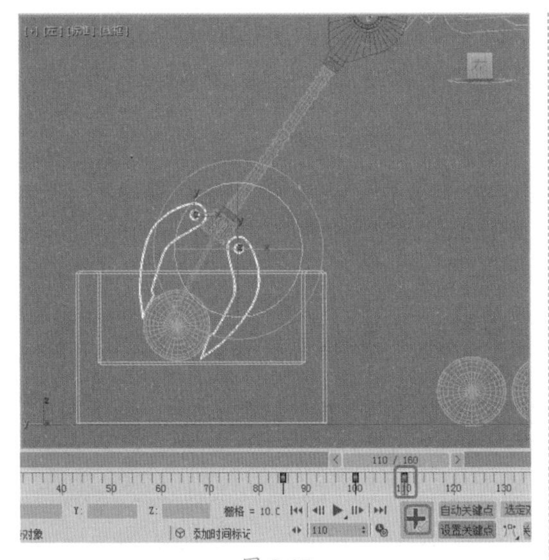

图 8-17

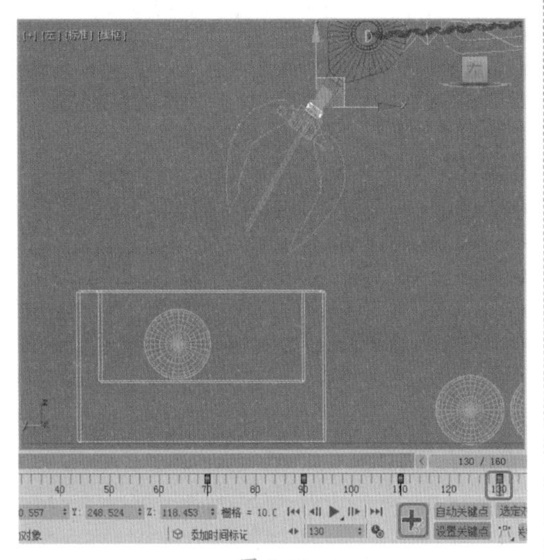

图 8-18

18 选择 Sphere003 球体对象，将时间滑块移动到第 110 帧位置，在菜单栏选择【动画】|【约束】|【链接约束】命令，然后在场景中拾取【软管下】对象，如图 8-19 所示。

19 将时间滑块移动到第 109 帧位置，在【链接参数】卷展栏中单击【链接到世界】按钮，如图 8-20 所示。

20 关闭动画记录模式，对场景动画进行输出。

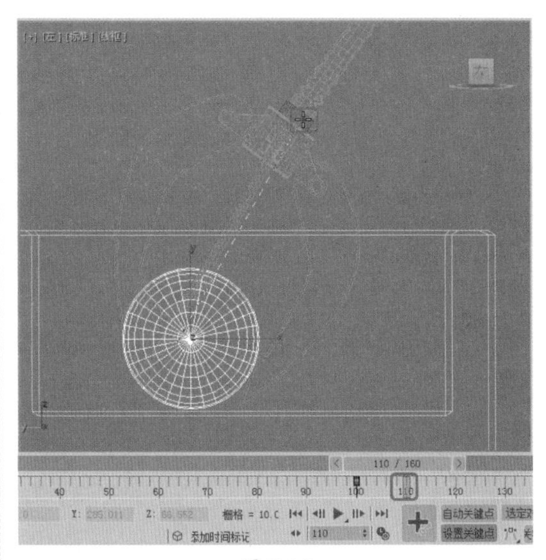

图 8-19

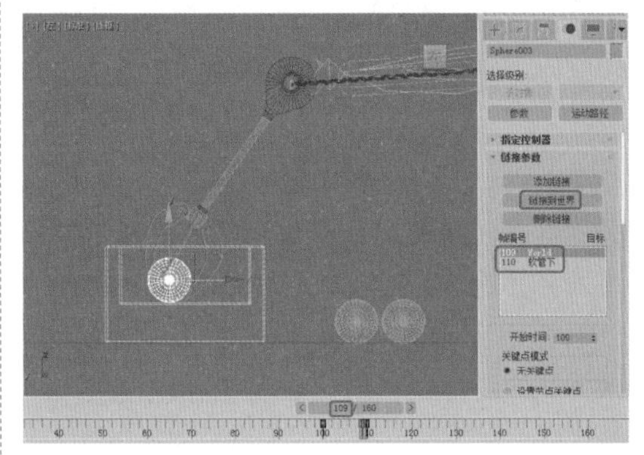

图 8-20

8.1 常用动画控制器

本节讲解 3ds Max 常用动画控制器，其中包括 Bezier 控制器、线性动画控制器、噪波动画控制器、列表动画控制器、波形控制器。

8.1.1 Bezier 控制器

Bezier 控制器是一个比较常用的动画控制器。它可以在两个关键帧之间进行插值计算，并可以使用一个可编辑的样条曲线进行控制动作插补计算，也可以通过调整关键点的控制手柄来调整物体的运动效果。

下面通过一个例子来学习如何调整 Bezier 变换的切线类型。

01 重置一个新的场景文件。在场景中创建一个茶壶，如图 8-21 所示。

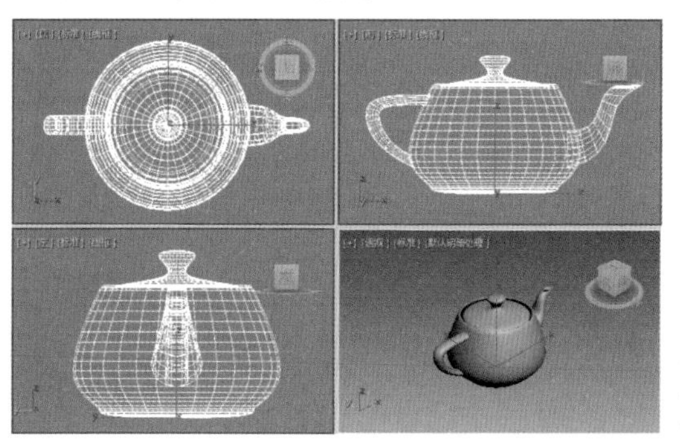

图 8-21

02 单击【自动关键点】按钮，拖曳时间滑块到第 20 帧处，并在视图中调整茶壶的位置，进入【运动】面板，单击【运动路径】按钮，即可显示运动轨迹，如图 8-22 所示。

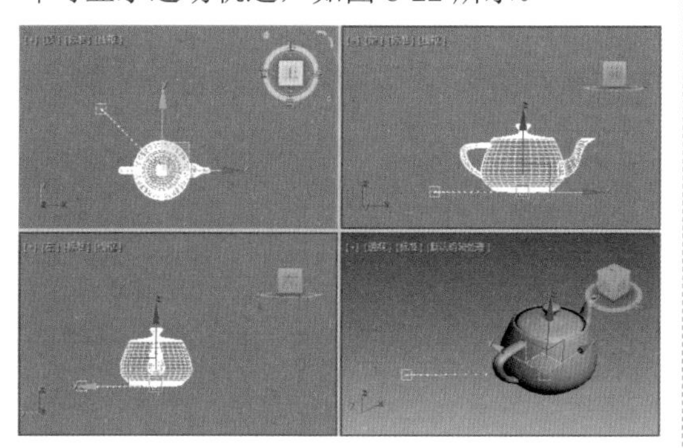

图 8-22

03 将时间滑块拖曳到第 40 帧处，并在场景中调整茶壶的位置，如图 8-23 所示。

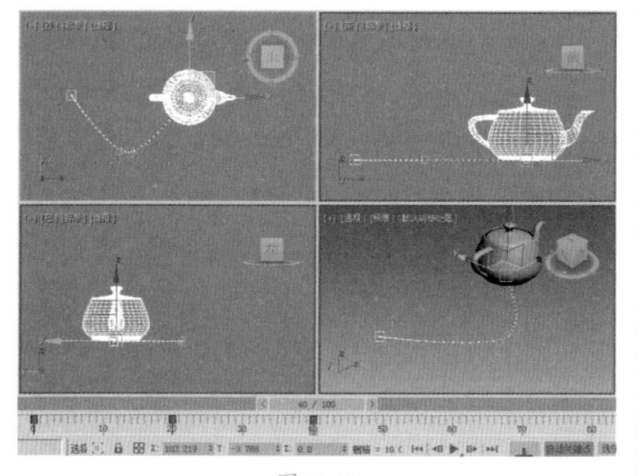

图 8-23

04 依次类推，设置完成后单击【自动关键点】按钮，如图 8-24 所示。

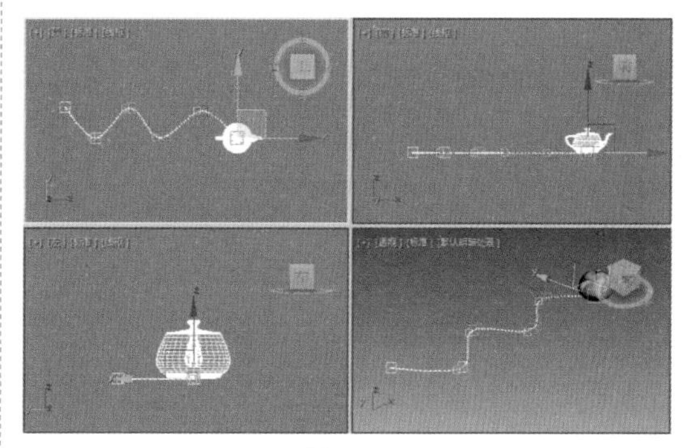

图 8-24

05 进入【运动】命令面板，单击【参数】按钮，将时间滑块拖曳到第 40 帧处，在【关键点信息（基本）】卷展栏中单击【输出】下方的切线方式按钮，在弹出的列表中选择如图 8-25 所示的切线方式。执行操作后，即可发现运动轨迹已经发生了变化。

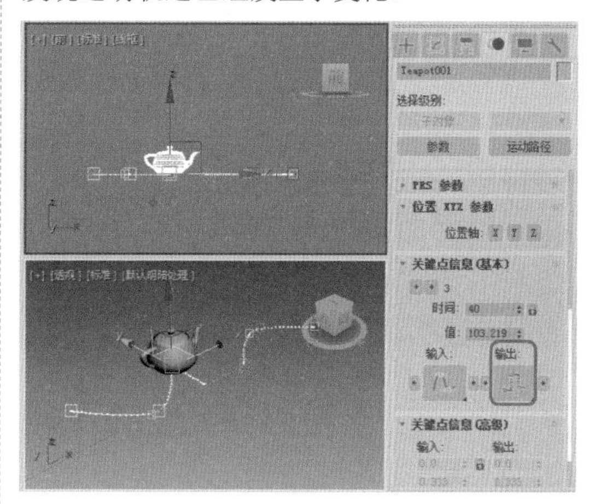

图 8-25

8.1.2 线性动画控制器

线性动画控制器可以均匀分配关键帧之间的数值变化，从而产生均匀变化的插补过渡帧。通常情况下使用线性控制器来创建一些非常机械的、规则的动画效果，例如匀速变化的色彩变换动画或类似球体、木偶等做出的动作。

下面通过一个例子来学习添加和使用线性动画控制器的方法。

01 重置一个新的场景文件，在视图中创建一个半径为30的茶壶，选择【运动】命令面板，单击【运动路径】按钮，然后单击【自动关键点】按钮，将时间滑块拖曳到第10帧处，在视图中拖动茶壶，如图8-26所示。

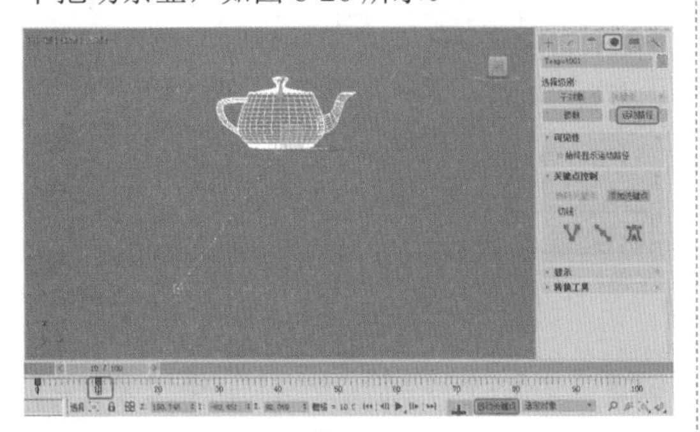

图 8-26

02 将时间滑块拖曳到第20帧处，在视图中对茶壶进行拖动，如图8-27所示。

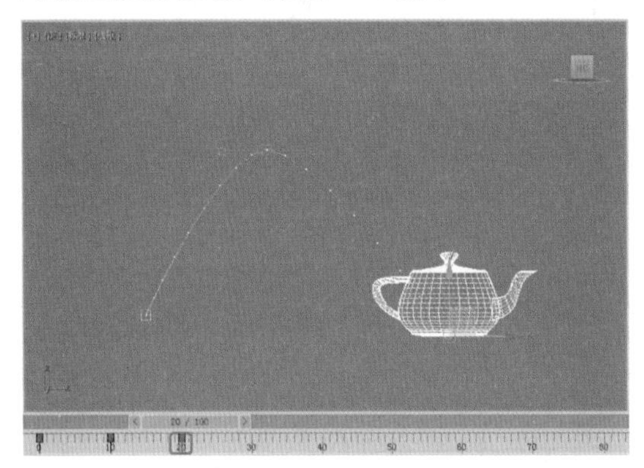

图 8-27

03 依次类推，设置完成后，单击【自动关键点】按钮，设置完成后的运动轨迹如图8-28所示。

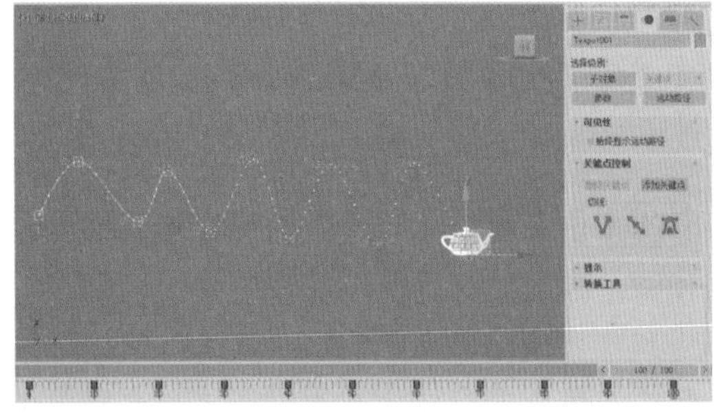

图 8-28

04 在【运动】命令面板中单击【参数】按钮，在【指定控制器】卷展栏中选择【位置】，然后单击【指定控制器】按钮，在弹出的【指定位置控制器】对话框中选择【线性位置】，如图8-29所示。

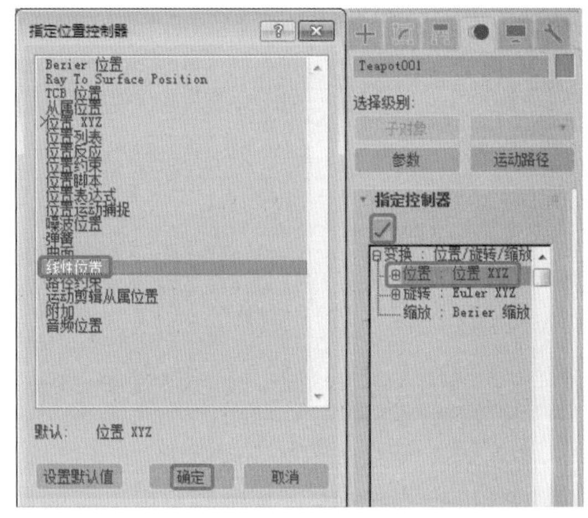

图 8-29

05 单击【确定】按钮，在【运动】命令面板中单击【运动路径】按钮，即可发现运动轨迹变化，如图8-30所示。

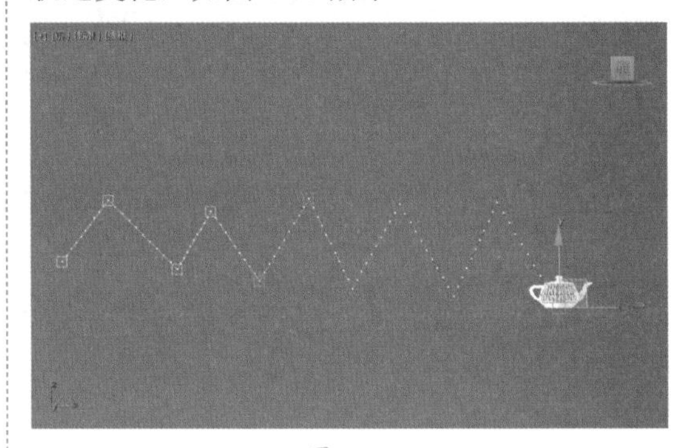

图 8-30

提示：使用线性动画控制器时并不会显示属性面板，保存在线性关键帧中的信息只是动画的时间以及动画数值等。

8.1.3 噪波动画控制器

使用噪波动画控制器可以模拟震动运动的效果，例如，用手上下移动物体产生的震动。噪波动画控制器能够产生随机的动作变化，用户可以使用一些控制参数来控制噪波曲线，模拟出极为真实的震动运动，如山石滑坡、地震等。噪波动画控制器的控制参数如下。

◎ 【种子】：产生随机的噪波曲线，用于设置各种不同的噪波效果。

◎ 【频率】：设置单位时间内的振动次数，频率越大，振动次数越多。

◎ 【分形噪波】：利用一种叫作分形的算法计算噪波的波形，使噪波曲线更加不规则。

◎ 【粗糙度】：改变分形噪波曲线的粗糙度，数值越大，曲线越不规则。

◎ 【强度】：控制噪波波形在 3 个方向上的范围。

◎ 【渐入 / 渐出】：可以设置在动画的开始和结束处，噪波强度由浅到深或由深到浅的渐入渐出方式。对话框中的数值用于设置在动画的多少帧处达到噪波的最大值或最小值。

◎ 【特征曲线图】：显示所设置的噪波波形。

8.1.4 列表动画控制器

使用列表动画控制器可以将多个动画控制器结合成一个动画控制器，从而实现复杂的动画控制效果。

将列表动画控制器指定给属性后，当前的控制器就会被移动到列表动画控制器的子层级中，成为动画控制器列表中的第 1 个子控制器。同时还会生成一个名为【可用】的属性，作为向列表中添加的动画控制器占位准备。

下面通过一个例子来练习列表动画控制器的使用方法。

01 重置一个新的场景，在视图中创建一个半径为 25 的球体，单击【自动关键点】按钮，将时间滑块拖曳到第 100 帧处，在【顶】视图中向右拖动球体，如图 8-31 所示。

02 单击【自动关键点】按钮，选择【运动】命令面板，单击【运动路径】按钮，即可发现球体的运动轨迹如图 8-32 所示。

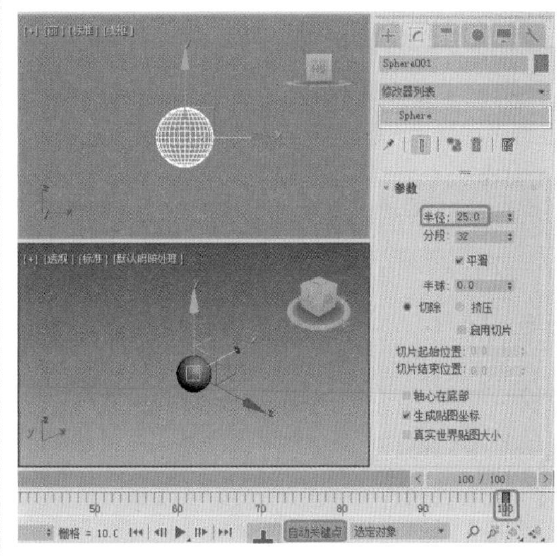

图 8-31

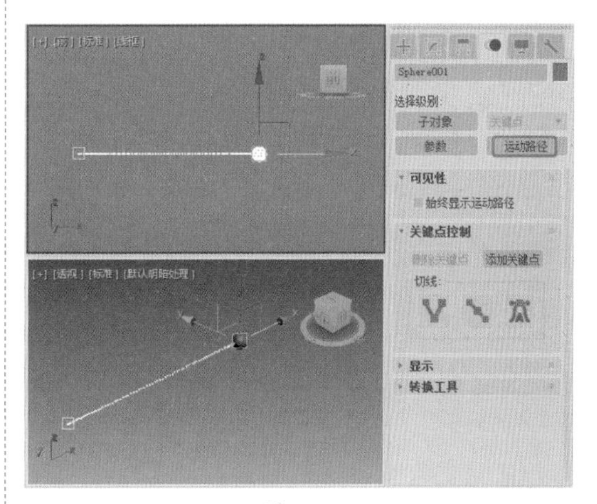

图 8-32

03 单击【参数】按钮，在【指定控制器】卷展栏中选择【位置】，然后单击【指定控制器】按钮，在弹出的对话框中选择【位置列表】，如图 8-33 所示。

04 单击【确定】按钮，在【指定控制器】卷展栏中单击【位置】选项左侧的加号按钮，展开控制器层级，选择【可用】选项，如图 8-34 所示。

05 单击【指定控制器】按钮，在弹出的【指定位置控制器】对话框中选择【噪波位置】，如图 8-35 所示。

图 8-33

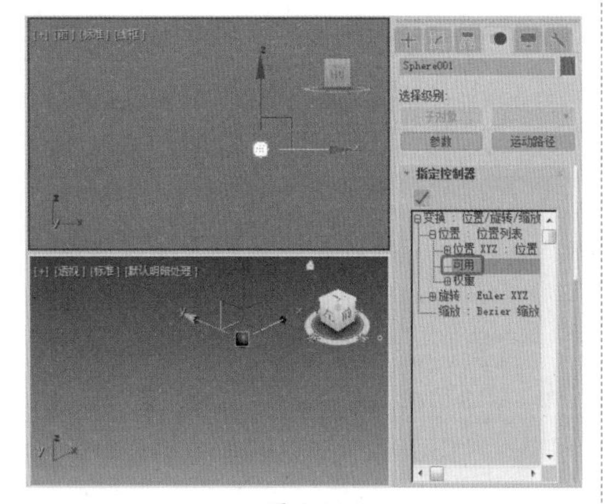

图 8-34

图 8-35

06 单击【确定】按钮，将弹出的【噪波控制器】对话框关闭即可，单击【运动路径】按钮，即可发现球体的运动轨迹发生了变化，如图 8-36 所示。

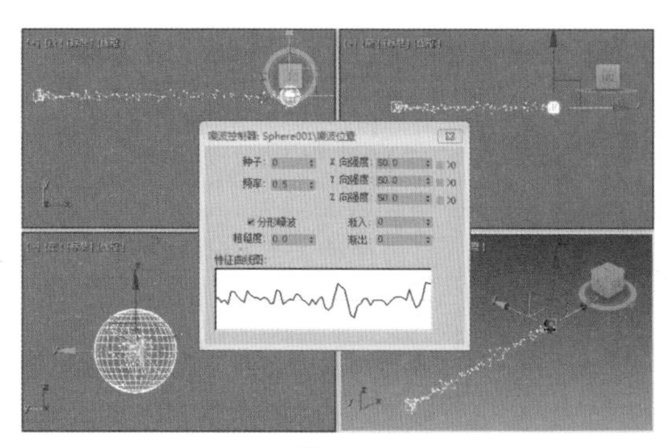

图 8-36

提示：创建完动画后，如果不满意，可以对动画控制器的参数进行修改，方法是右击【指定控制器】卷展栏中相应的动画控制器，在弹出的快捷菜单中选择【属性】命令，就会打开相应的动画控制器对话框，此时可以设置各种参数。

8.1.5 波形控制器

波形控制器是浮动的控制器，提供规则和周期波形。

下面通过一个例子来练习波形控制器的使用方法。

01 重置一个新的场景，在视图中创建一个球体，如图 8-37 所示。

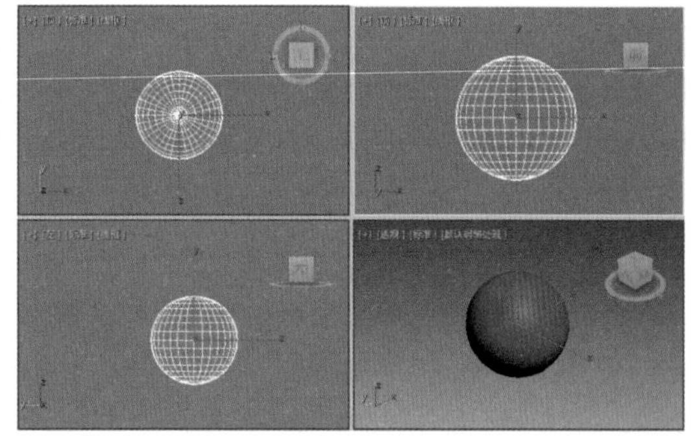

图 8-37

02 切换到【运动】命令面板，在【指定控制器】卷展栏中，选择【位置】下的【Z 位置：Bezier 浮点】选项，并单击【指定控制器】按钮，弹出【指定浮点控制器】对话框，选择【波形浮点】选项，并单击【确定】按钮，如图 8-38 所示。

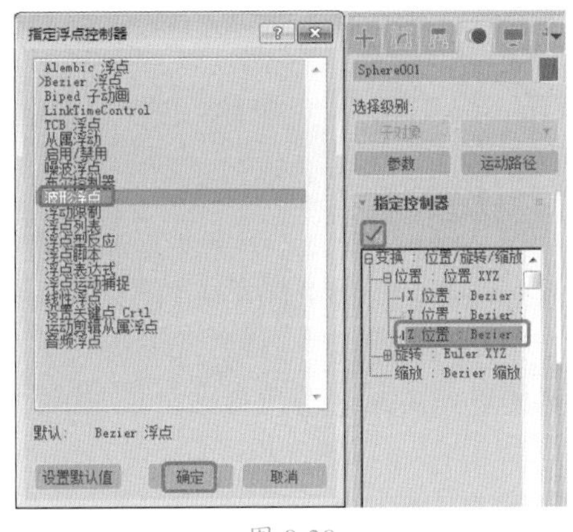

图 8-38

03 在弹出对话框的【波形】选项组中设置【周期】为 50，【振幅】为 30，在【效果】选项组中，选中【钳制上方】单选按钮，在【垂直偏移】选项组中选中【自动 >0】单选按钮，如图 8-39 所示。

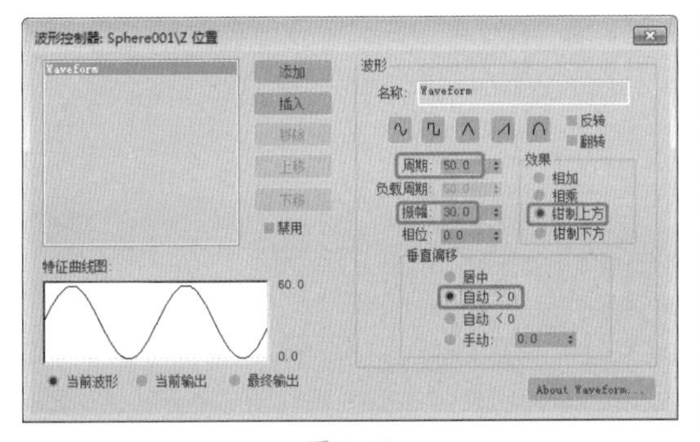

图 8-39

04 关闭对话框，返回到【指定控制器】卷展栏中，即可查看添加【波形控制器】，如图 8-40 所示。单击动画控制区中的【播放动画】按钮，即可查看效果。

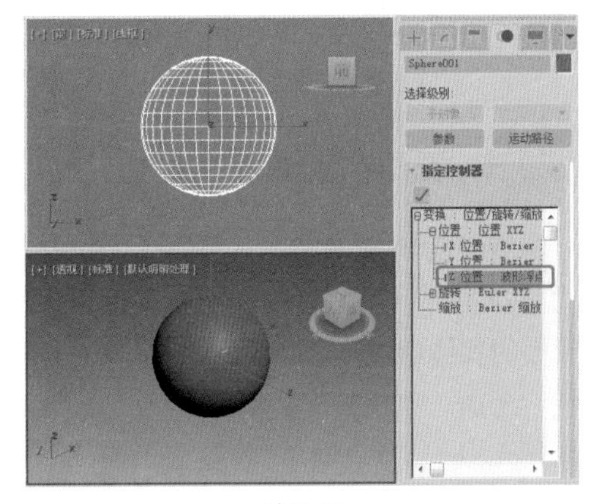

图 8-40

8.2 约束动画

下面讲解约束动画的使用方法，其中包括链接约束动画、附着约束动画、表面约束动画、路径约束动画、位置约束动画、方向约束动画以及注视约束动画。

8.2.1 链接约束动画

使用链接约束来创建物体始终链接到其他物体上的动画，可以使物体继承其对应目标物体的位置、角度和缩放等动画属性。例如，创建一个球在两手之间传递的动画，假设在第 0 帧时球在左手上，当两手运动到第 30 帧时相遇，此时将球链接到右手上，继而随之继续运动。

下面通过制作一个实例来学习链接约束的使用方法。

01 打开【Scenes\Cha08\ 素材 1.max】素材文件，如图 8-41 所示。

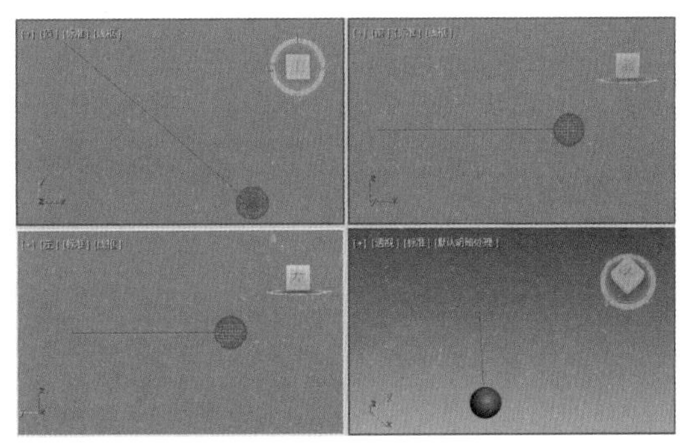

图 8-41

02 在场景中选择球体对象，并在菜单栏中选择【动画】|【约束】|【链接约束】命令，如图 8-42 所示。

03 拖曳鼠标指针至 Line001 上，并单击鼠标左键，如图 8-43 所示。

04 链接约束后，单击动画控制区中的【播放动画】按钮，查看效果如图 8-44 所示。

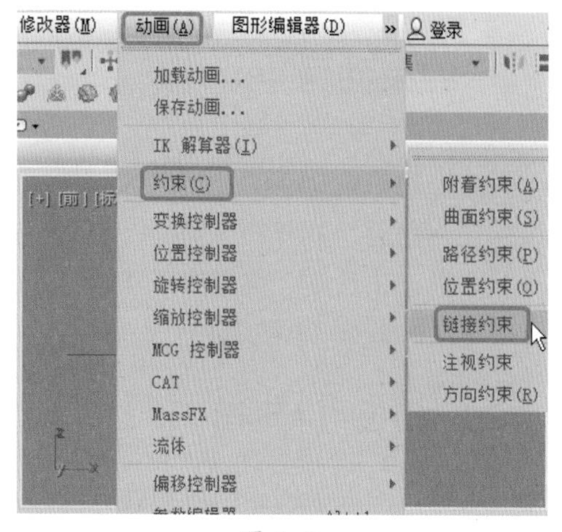

图 8-42

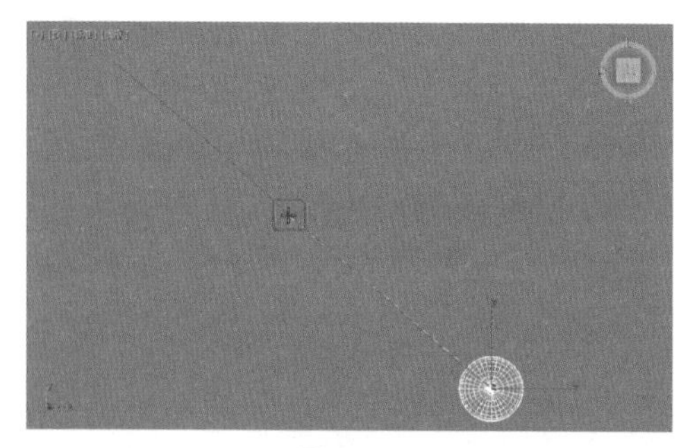

图 8-43

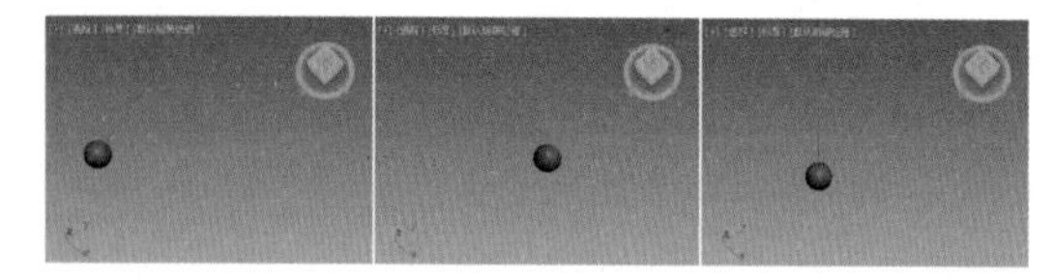

图 8-44

8.2.2 附着约束动画

附着约束是一种位置约束，它将一个对象的位置附着到另一个对象的面上，目标对象不用必须是网格，但必须能转化为网格。下面通过一个实例来介绍附着约束动画。

01 打开【Scenes\Cha08\素材 2.max】素材文件，如图 8-45 所示。

02 在场景中选择 Sphere001 对象，并在菜单栏中执行【动画】|【约束】|【附着约束】命令，如图 8-46 所示。

03 拖动鼠标指针至 Cylinder001 上，单击鼠标左键，附着约束后，单击动画控制区中【播放动画】按钮，查看动画效果，如图 8-47 所示。

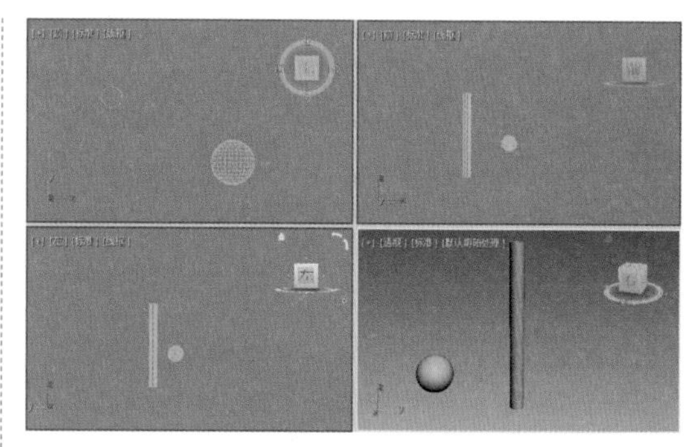

图 8-45

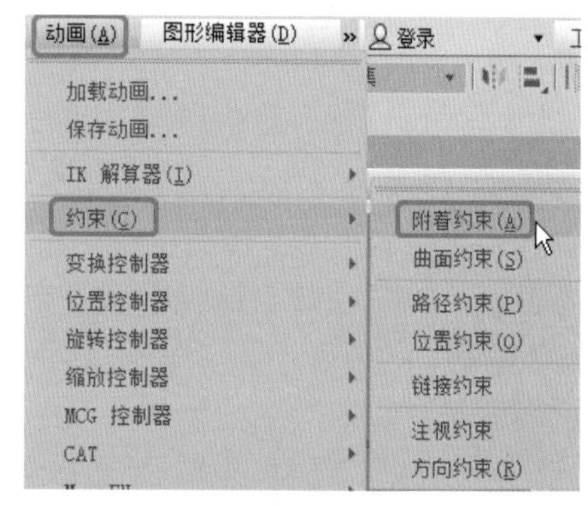

图 8-46

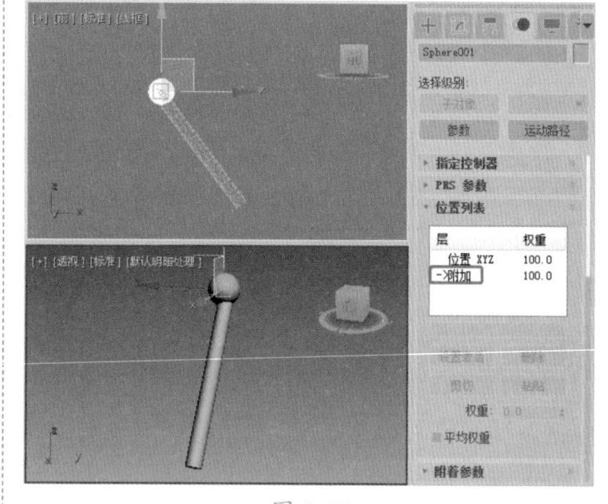

图 8-47

8.2.3 表面约束动画

使用表面约束可以将一个物体的运动轨迹约束在另外一个物体的表面。可以用作约束表面的物体包括：球体、管状体、圆柱体、圆环、平面、放样物体、NURBS 物体。这些表面都是具有“可视化”参数的表面，不包括精确的网格表面。例如，使皮球在山路上滚动或者让汽车行驶在崎岖不平的路面上等。

下面通过一个小例子来学习表面约束的使用。

01 重置一个新的场景，在【顶】视图中创建一个【半径 1】、【半径 2】分别为 30、30，【高度】和【圈数】为 206、5 的螺旋线，如图 8-48 所示。

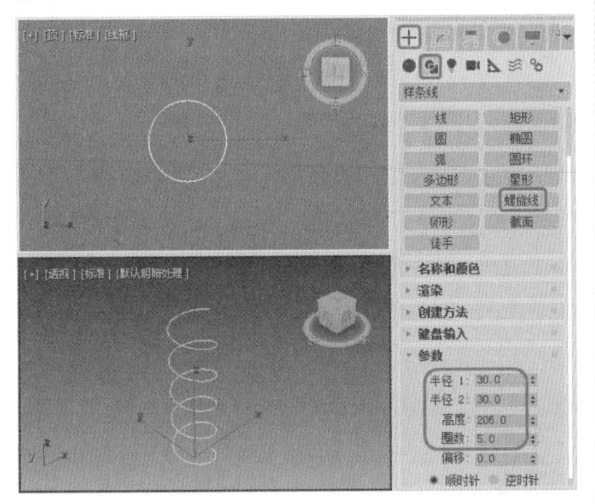

图 8-48

02 在视图中创建一个【半径】为 1.5 的圆，并在视图中调整其位置，选择【创建】|【几何体】|【复合对象】|【放样】工具，在【创建方法】卷展栏中单击【获取路径】按钮，在【前】视图中拾取路径，如图 8-49 所示。

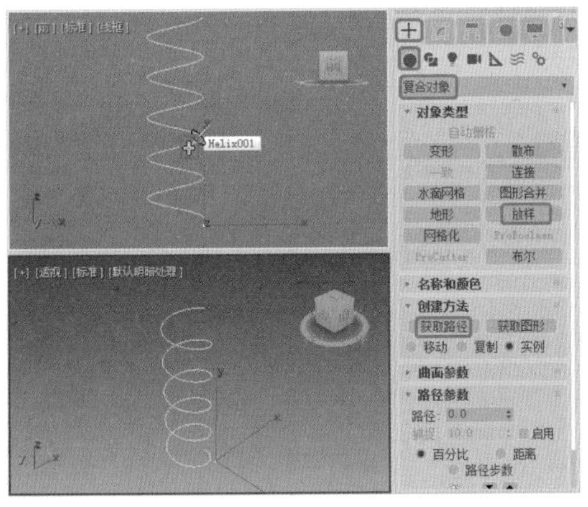

图 8-49

03 选择【创建】|【几何体】|【标准基本体】|【球体】工具，在【前】视图中创建一个【半径】为 7 的球体，如图 8-50 所示。

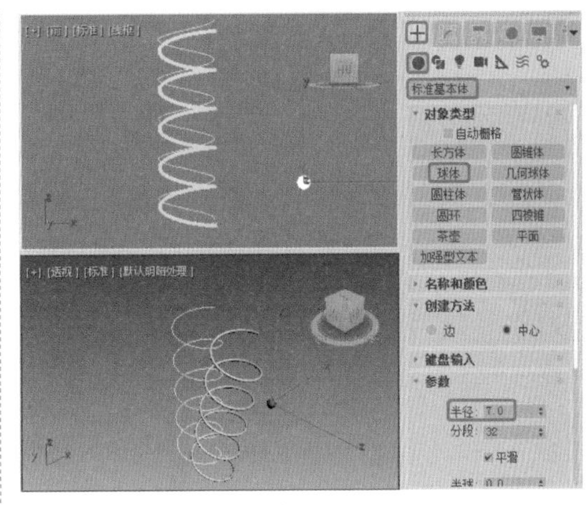

图 8-50

04 选中所创建的球体，选择【运动】命令面板，单击【参数】按钮，在【指定控制器】卷展栏中选择【位置】，单击【指定控制器】按钮，在弹出的对话框中选择【曲面】，如图 8-51 所示。

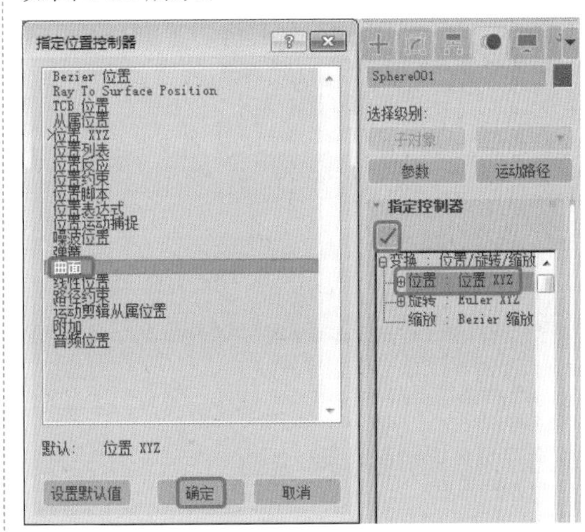

图 8-51

05 单击【确定】按钮，在【曲面控制器参数】卷展栏中单击【拾取曲面】按钮，在【前】视图中拾取放样后的螺旋线，如图 8-52 所示。

06 在动画控制区中单击【自动关键点】按钮，将时间滑块拖曳到第 100 帧处，在【曲面控制器参数】卷展栏的【U 向位置】和【V 向位置】文本框中输入 50、100，如图 8-53 所示。

07 单击【自动关键点】按钮，单击【播放动画】按钮，即可发现球体会随着放样出的螺旋线进行运动。

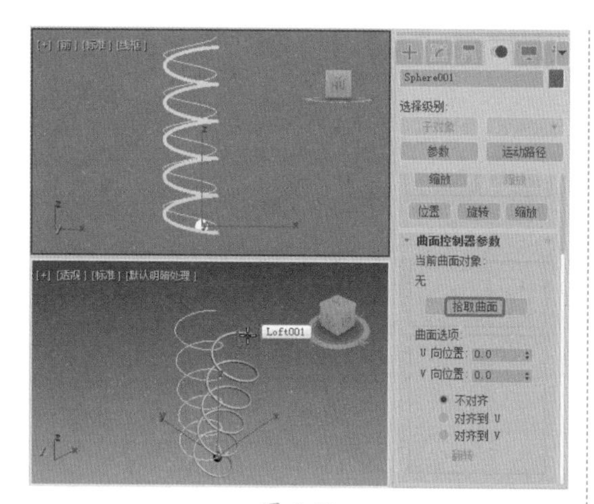

图 8-52

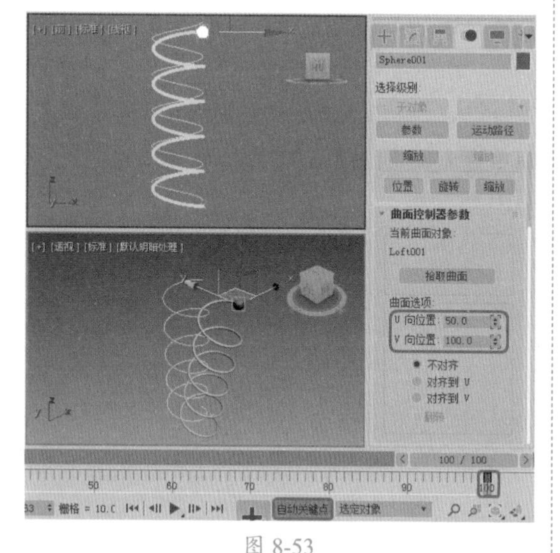

图 8-53

8.2.4 路径约束动画

使用运动路径约束可以将物体的运动轨迹控制在一条曲线或多条曲线的平均距离位置上，其约束的路径可以是任何类型的样条曲线，曲线的形状决定了被约束物体的运动轨迹。被约束物体可以使用各种标准的运动类型，如位置变换、角度旋转或缩放变形等。

下面通过一个小例子来学习路径约束动画的使用。

01 重置一个新的场景，在视图中随意创建一条线，如图 8-54 所示。

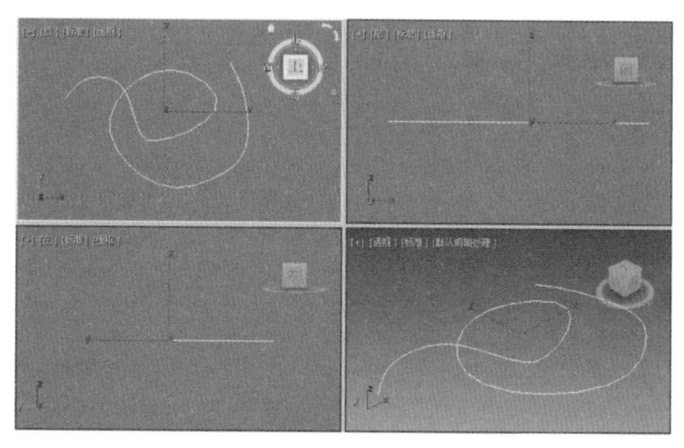

图 8-54

02 在【顶】视图中创建一个球体，并调整其位置，选择【运动】命令面板，单击【参数】按钮，在【指定控制器】卷展栏中选择【位置】，单击【指定控制器】按钮，在弹出的对话框中选择【路径约束】，如图 8-55 所示。

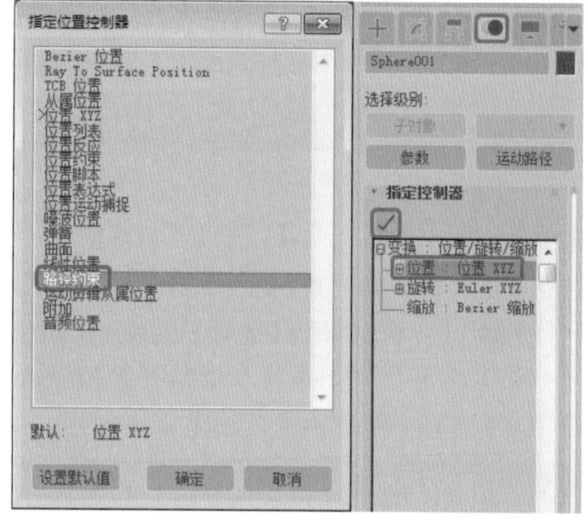

图 8-55

03 单击【确定】按钮，在【路径参数】卷展栏中单击【添加路径】按钮，在视图中选择绘制的线作为球体运动的路径，如图 8-56 所示。

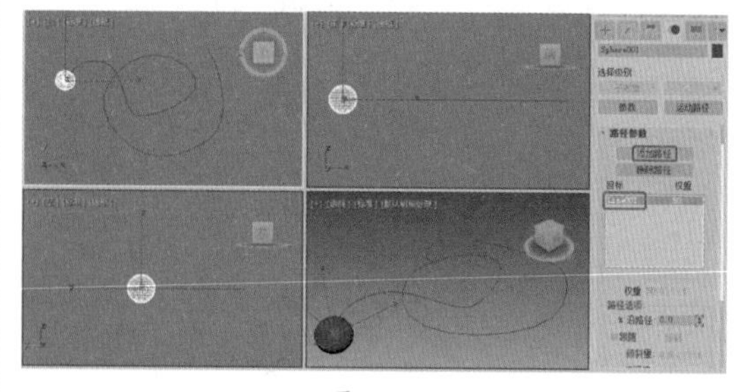

图 8-56

04 单击【运动路径】按钮，即可发现球体的运动轨迹与绘制的线相同，如图 8-57 所示。

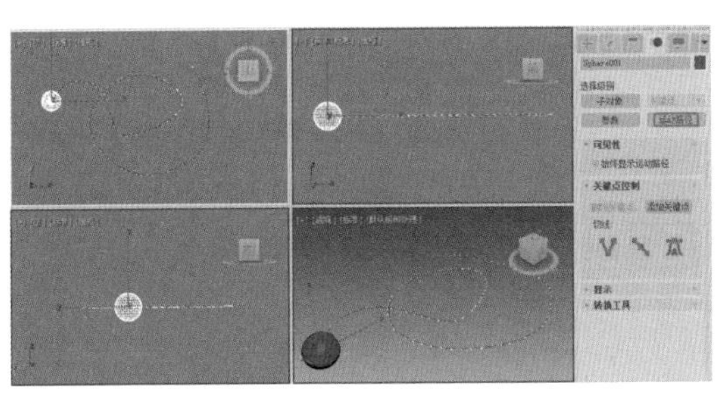

图 8-57

【实战】飘落的树叶

本例将使用路径约束制作落叶动画，选中其中一片落叶对象后，将路径绑定到线段上，单击【自动关键点】按钮，打开关键帧动画模式，然后使用【选择并移动】工具和【选择并旋转】工具设置各个关键帧动画。完成后的效果如图 8-58 所示。

图 8-58

素材	Scenes\Cha08\飘落的落叶素材.max
场景	Scenes\Cha08\【实战】飘落的树叶.max
视频	视频教学\Cha08\【实战】飘落的树叶.mp4

01 打开【Scenes\Cha08\飘落的树叶素材.max】素材文件，如图 8-59 所示。

02 选择树叶对象 Plane01，切换至【运动】命令面板，展开【指定控制器】选项卡，选择【位置：位置 XYZ】选项，单击【指定控制器】按钮，在弹出的对话框中选择【路径约束】选项，如图 8-60 所示。

03 单击【确定】按钮，展开【路径参数】选项卡，单击【添加路径】按钮，拾取 Line001 线段，如图 8-61 所示。

04 使用相同的方法为 Plane02 树叶对象添加 Line002 路径，如图 8-62 所示。

图 8-59

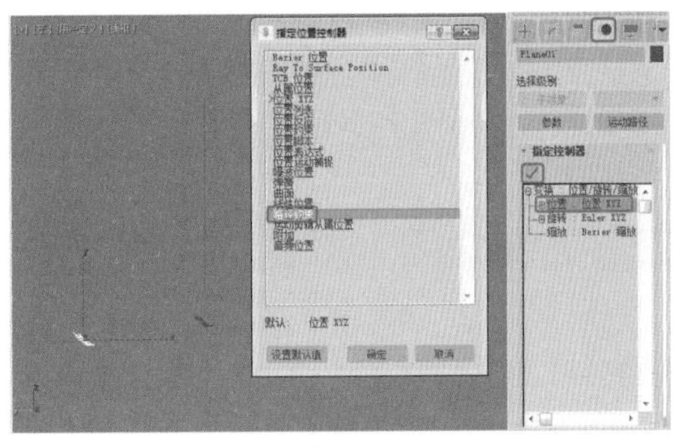

图 8-60

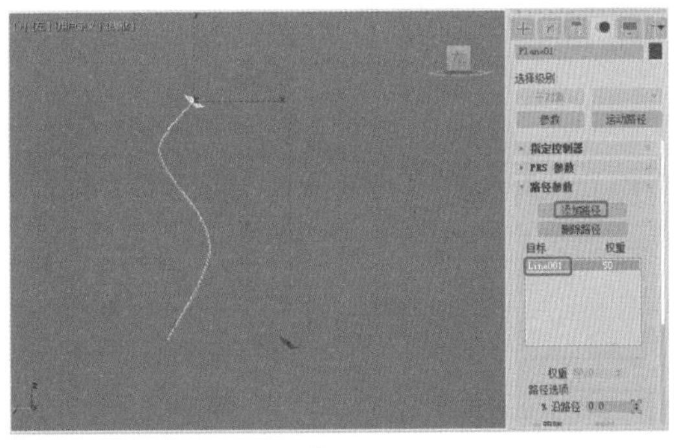

图 8-61

图 8-62

05 在第 80 帧位置单击【自动关键点】按钮，打开关键帧动画模式，选择树叶对象 Plane01，在【左】视图中使用【选择并旋转】工具对其进行旋转，如图 8-63 所示。

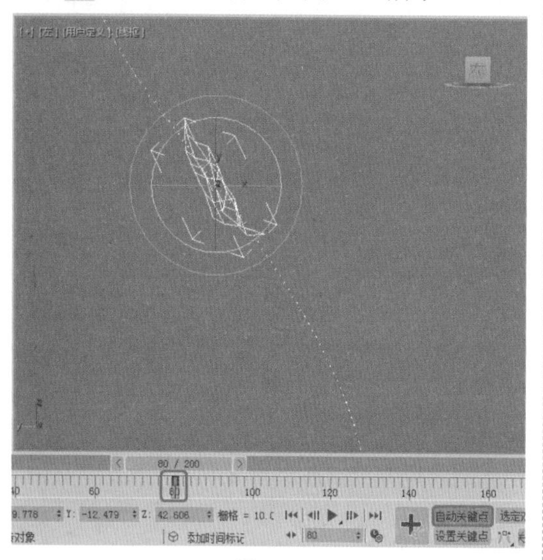

图 8-63

06 将时间滑块调整至第 100 帧位置处，选择树叶对象 Plane01，使用【选择并旋转】工具对其进行旋转，如图 8-64 所示。

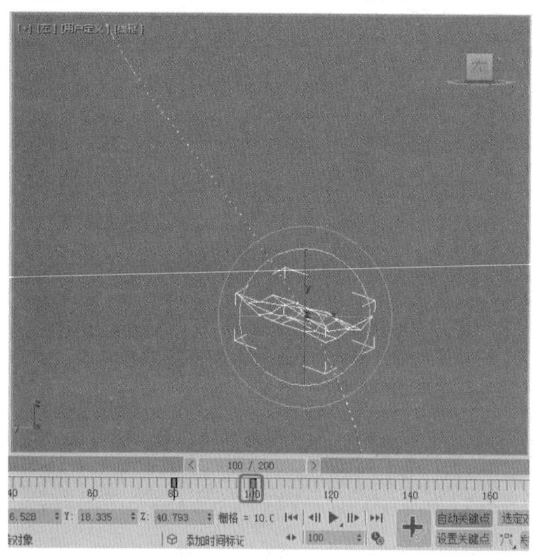

图 8-64

07 将时间滑块调整至第 130 帧位置处，选择树叶对象 Plane01，使用【选择并旋转】工具对其进行旋转，如图 8-65 所示。

08 将时间滑块调整至第 160 帧位置处，选择树叶对象 Plane01，使用【选择并旋转】工具对其进行旋转，如图 8-66 所示。

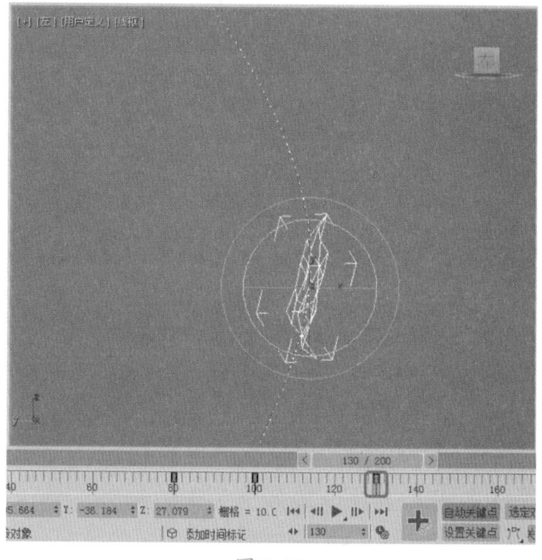

图 8-65

图 8-66

09 将时间滑块调整至第 180 帧位置处，选择树叶对象 Plane01，使用【选择并旋转】工具对其进行旋转，如图 8-67 所示。

10 使用同样的方法对树叶对象 Plane02 进行旋转调整，制作落叶树落的效果，如图 8-68 所示。

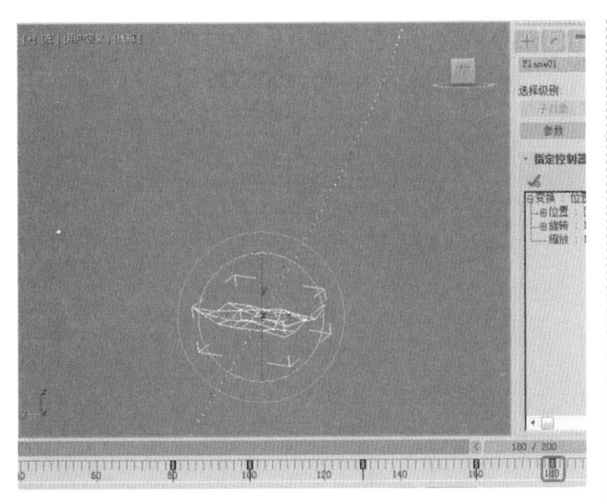

图 8-67

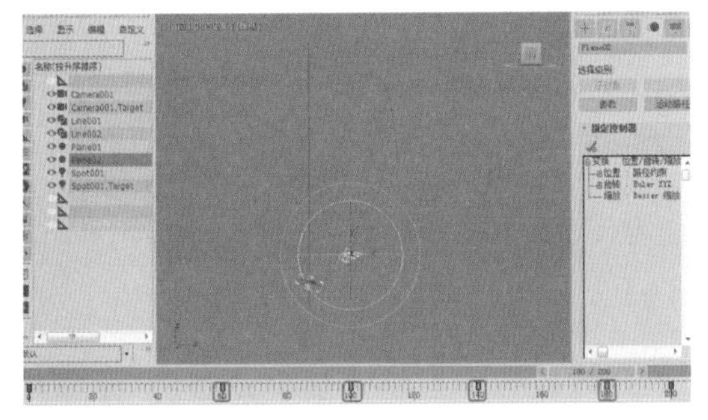

图 8-68

8.2.5 位置约束动画

使用位置约束可以迫使一个物体跟随另一个物体的位置或锁定在多个物体按照比重计算的平均位置。要设置位置约束，必须具备一个物体以及另外一个或多个目标物体，物体被指定位置约束后，就开始被约束在目标物体的位置上。如果目标物体运动，会使当前物体跟随运动。每个目标物体都具有一个比重属性来决定它的影响程度，比重为0时相当于没有影响，任何大于0的比重都会使目标物体影响所约束的物体。利用这个比重参数甚至可以制作动态影响的动画，如击打一个棒球。

下面通过一个小例子来学习位置约束动画的使用。

01 重置一个新的场景，在视图中创建一个【半径】为15的球体，如图8-69所示。

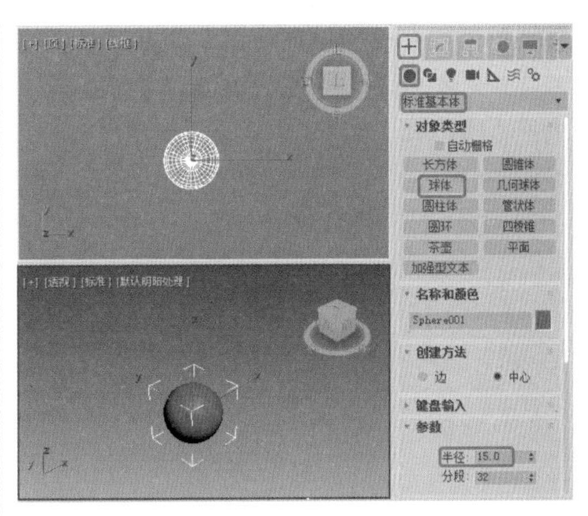

图 8-69

02 选择工具栏中的【选择并移动】工具，配合键盘上的Shift键，在【顶】视图中选择球体并向右进行拖动，在弹出的【克隆选项】对话框中单击【复制】单选按钮，在【副本数】文本框中输入2，如图8-70所示。

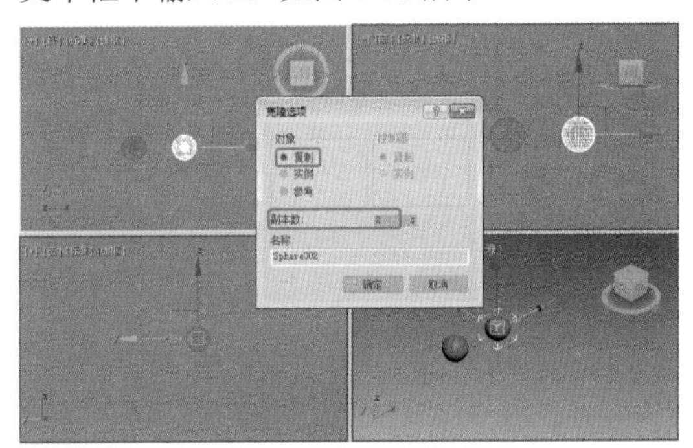

图 8-70

03 单击【确定】按钮，即可复制两个球体，在【顶】视图中创建一个【半径1】、【半径2】为56、46的圆环和【长度】、【宽度】为92、100的矩形，如图8-71所示。

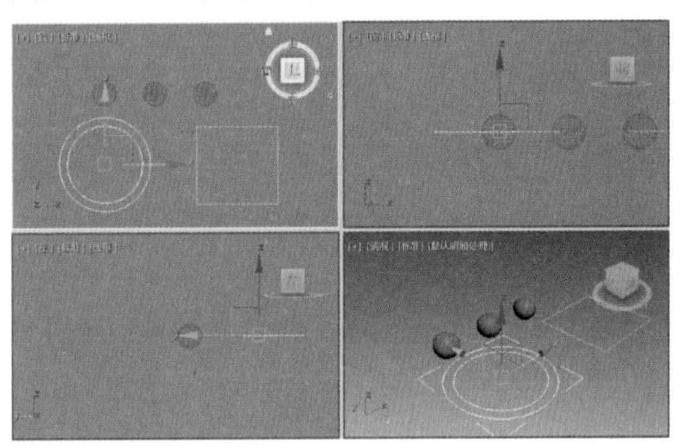

图 8-71

04 在【顶】视图中选择最左边的球体，选择【运动】命令面板，在【指定控制器】卷展栏中选择【位置】，单击【指定控制器】按钮，在弹出的对话框中选择【路径约束】，如图 8-72 所示。

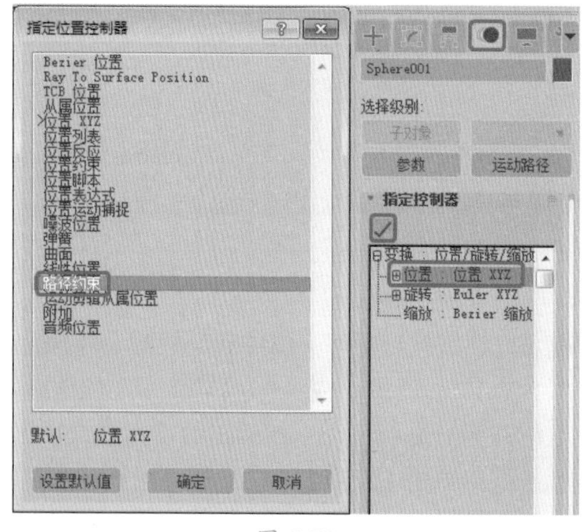

图 8-72

05 单击【确定】按钮，在【路径参数】卷展栏中单击【添加路径】按钮，在所创建的圆环上单击，如图 8-73 所示。

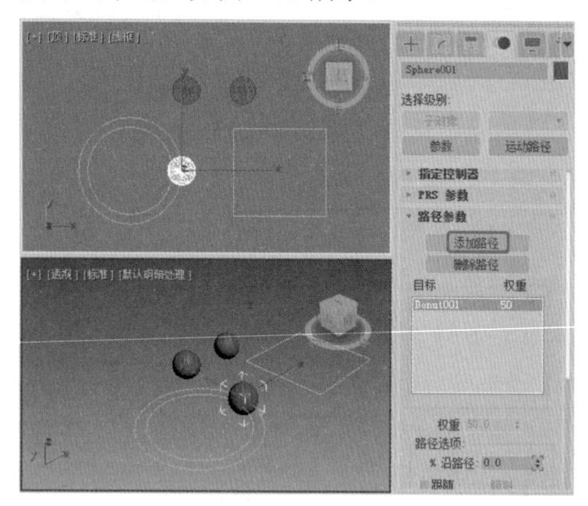

图 8-73

06 使用同样的方法将最右侧的球体约束到矩形上，选择中间的球体，在【指定控制器】卷展栏中选择【位置】，单击【指定控制器】按钮，在弹出的对话框中选择【位置约束】，如图 8-74 所示。

07 单击【确定】按钮，在【位置约束】卷展栏中单击【添加位置目标】按钮，然后分别在两个球体上单击，如图 8-75 所示。

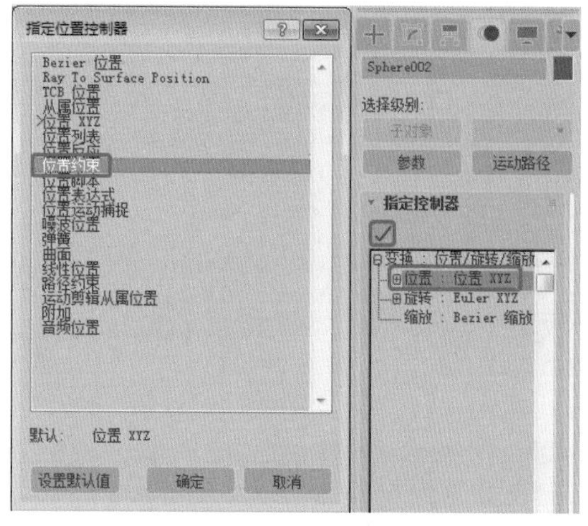

图 8-74

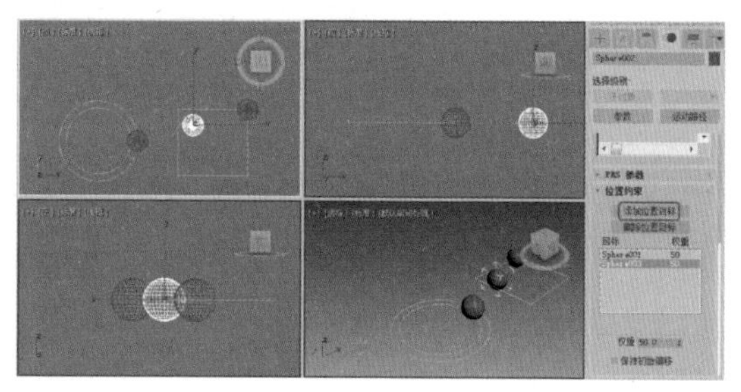

图 8-75

08 单击【播放动画】按钮 0，观察中间的球体受到左、右两个物体的位置约束。

8.2.6 方向约束动画

使用方向约束时，可以使物体方向始终保持与一个物体或多个物体方向的平均值相一致，被约束的物体可以是任何可转动物体。当指定方向约束后，被约束物体将继承目标物体的方向，但是此时就不能利用手动的方法对物体进行旋转了。

下面通过一个小例子来学习方向约束动画的使用。

01 重置一个新的场景，在视图中创建两个半径为 21 的茶壶，如图 8-76 所示。

02 使用【线】工具在【顶】视图中创建两条线，如图 8-77 所示。

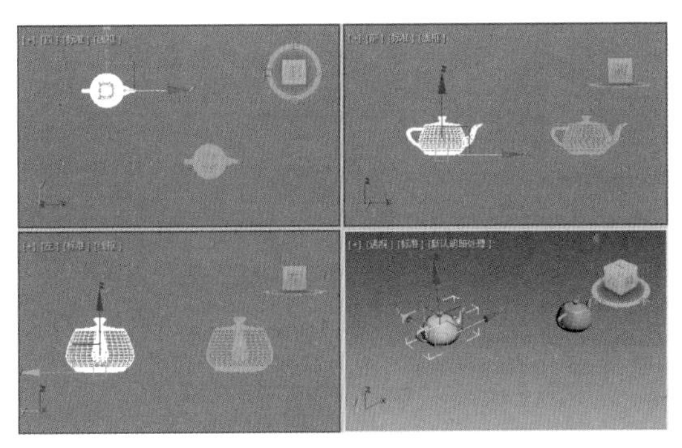

图 8-76

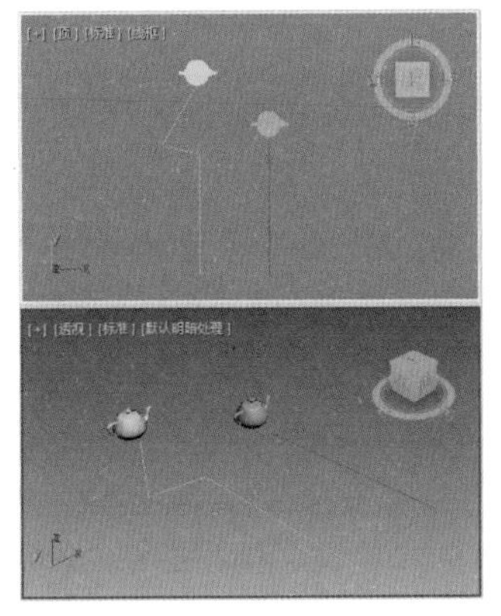

图 8-77

03 选择左侧的茶壶，选择【运动】命令面板，在【指定控制器】对话框中选择【位置】，单击【指定控制器】按钮，在弹出的对话框中选择【路径约束】，如图 8-78 所示。

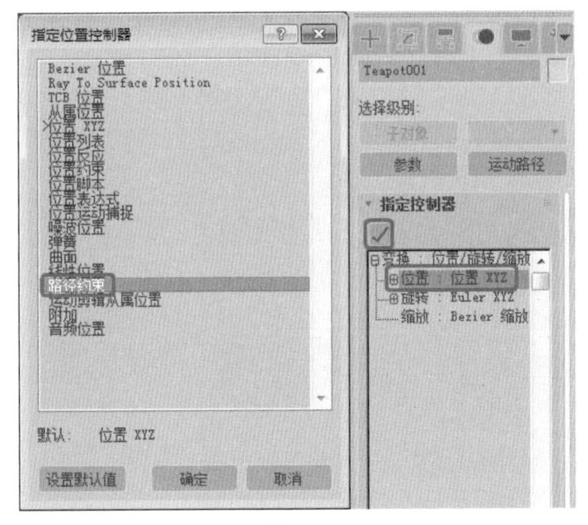

图 8-78

04 单击【确定】按钮，在【路径参数】卷展栏中单击【添加路径】按钮，在视图中拾取左侧线段为运动路径，再单击【添加路径】按钮，在【路径参数】卷展栏的【路径选项】选项组中勾选【跟随】复选框，并单击【轴】选项组中的 Y 单选按钮，如图 8-79 所示。

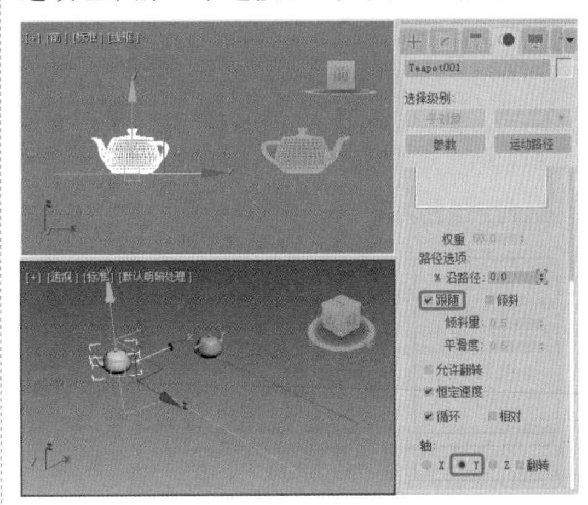

图 8-79

05 使用同样的方法为右侧的茶壶添加路径约束并进行设置，再次选中左侧的茶壶，在【指定控制器】卷展栏中选择【旋转】，单击【指定控制器】按钮，在弹出的对话框中选择【方向约束】，如图 8-80 所示。

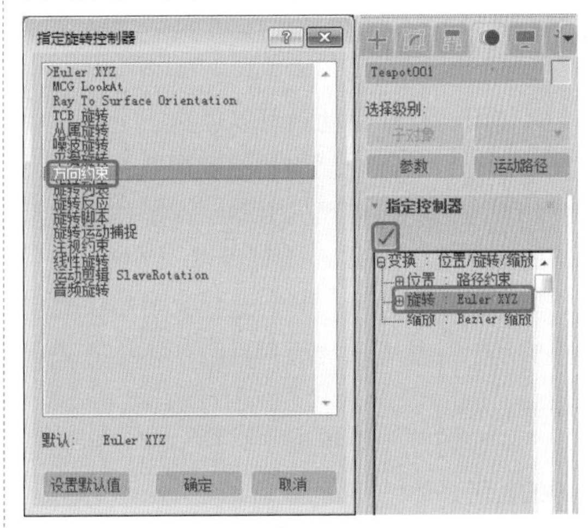

图 8-80

06 单击【确定】按钮，在【方向约束】卷展栏中单击【添加方向目标】按钮，在视图中单击右侧的茶壶，如图 8-81 所示。

07 在动画控制区中单击【播放动画】按钮，即可看到左侧的茶壶不仅沿着运动轨迹进行前进，而且还会受到右侧茶壶角度的影响，约束效果如图 8-82 所示。

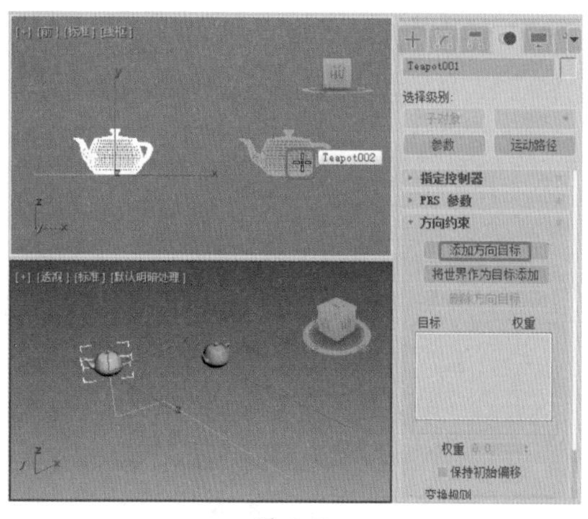

图 8-81

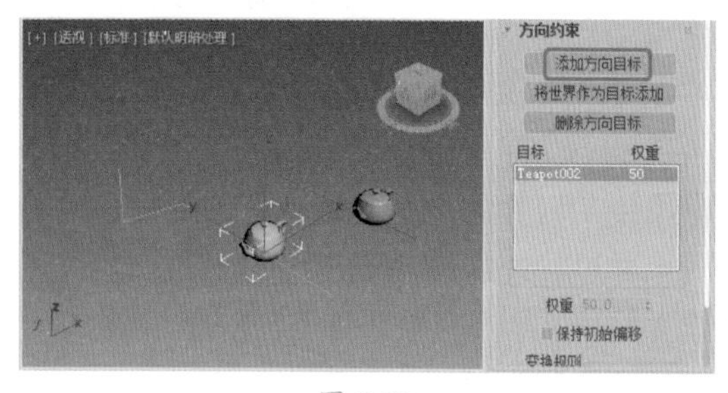

图 8-82

■ 8.2.7 注视约束动画

使用注视约束动画可以锁定一个物体的旋转，使它的某一轴向始终朝向目标物体。例如，向日葵始终面向太阳。在制作人物眼部的动画时，就可以为眼球设置一个辅助点，让眼球始终看向辅助点。这样只要制作辅助点的动画，就可以实现角色眼球始终盯住辅助点了。

下面通过一个小例子来学习注视约束动画的使用。

01 重置一个新的场景，在【顶】视图中创建一个半径 1、半径 2 为 119、88 的星形和一个半径为 18 的茶壶，再在视图中创建一个半径为 15 的球体，并在视图中调整其位置，如图 8-83 所示。

02 在视图中选择球体，选择【运动】命令面板，在【指定控制器】卷展栏中选择【位置】，单击【指定控制器】按钮，在弹出的对话框中选择【路径约束】，如图 8-84 所示。

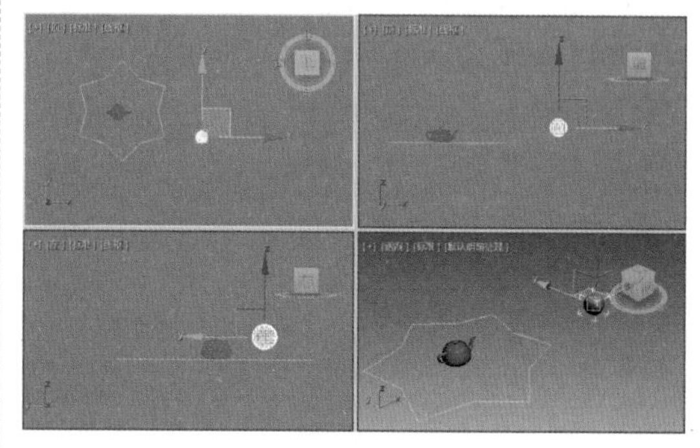

图 8-83

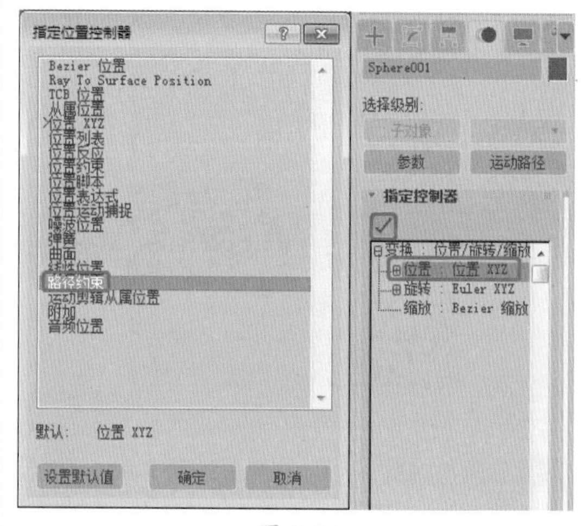

图 8-84

03 单击【确定】按钮，在【路径参数】卷展栏中单击【添加路径】按钮，在所创建的星形上单击，如图 8-85 所示。

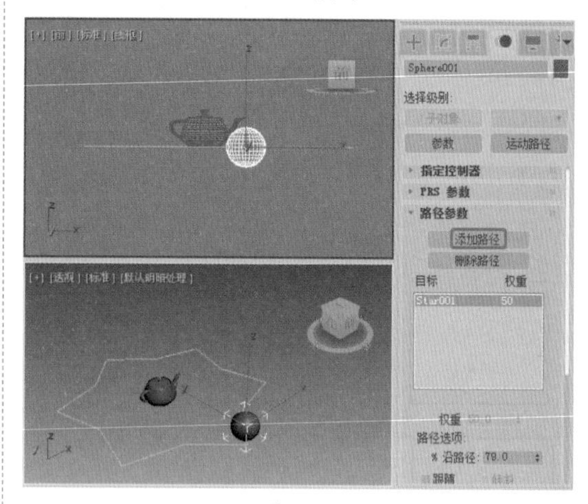

图 8-85

04 再单击【添加路径】按钮，在视图中选择茶壶，在【指定控制器】卷展栏中选择【旋转】，单击【指定控制器】按钮，在弹出的对话框中选择【注视约束】，如图 8-86 所示。

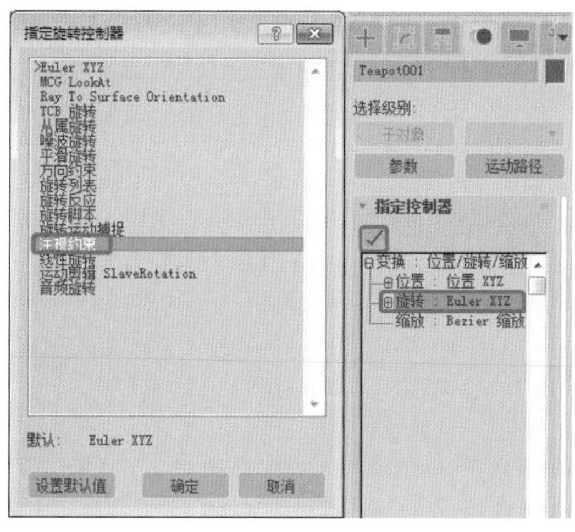

图 8-86

05 单击【确定】按钮，在【注视约束】卷展栏中单击【添加注视目标】按钮，在场景中拾取球体，如图 8-87 所示。

06 在动画控制区中单击【播放动画】按钮，即可发现茶壶会随着球体的运动而改变方向。

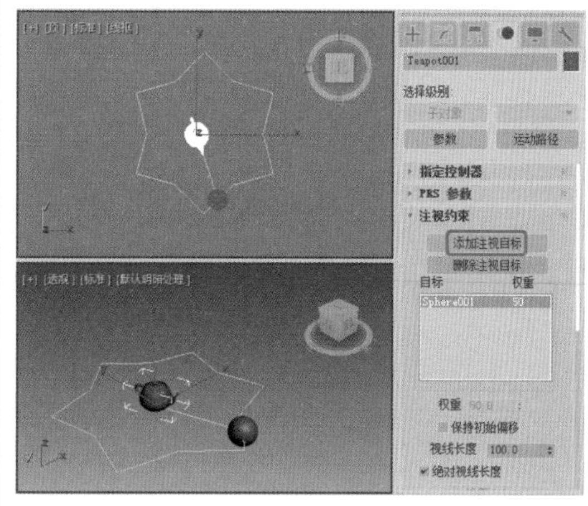

图 8-87

8.3 轨迹视图

3ds Max 提供了将场景对象的各种动画设置以曲线图表方式显示的功能，这种曲线图只有在【轨迹视图】对话框中可以看到和修改。

8.3.1 轨迹视图层级

单击工具栏中的【曲线编辑器】按钮，将打开当前场景的轨迹视图的曲线编辑器模式，如图 8-88 所示。

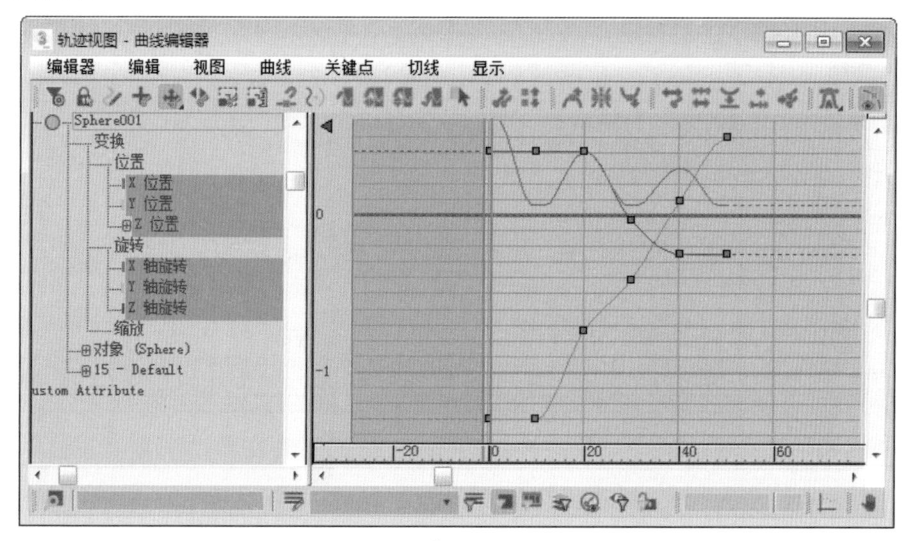

图 8-88

在轨迹视图的曲线编辑器模式中，允许用户以图形化的功能曲线形式对动画进行调整，用户可以很容易地查看并控制动画中的物体运动，设置并调整运动轨迹。曲线编辑器模式包含菜单栏、工具栏、控制器窗口和一个关键帧窗口，其中包括时间标尺、导航等。

摄影表模式是另一种关键帧编辑模式，可以在轨迹视图中选择【编辑器】|【摄影表】命令，进入【摄影表】视图中，如图 8-89 所示，切换到摄影表模式。在这种模式中，关键帧以时间块的形式显示，用户可以在这种模式下进行显示关键帧、插入关键帧、缩放关键帧及所有其他关于动画时间设置的操作。

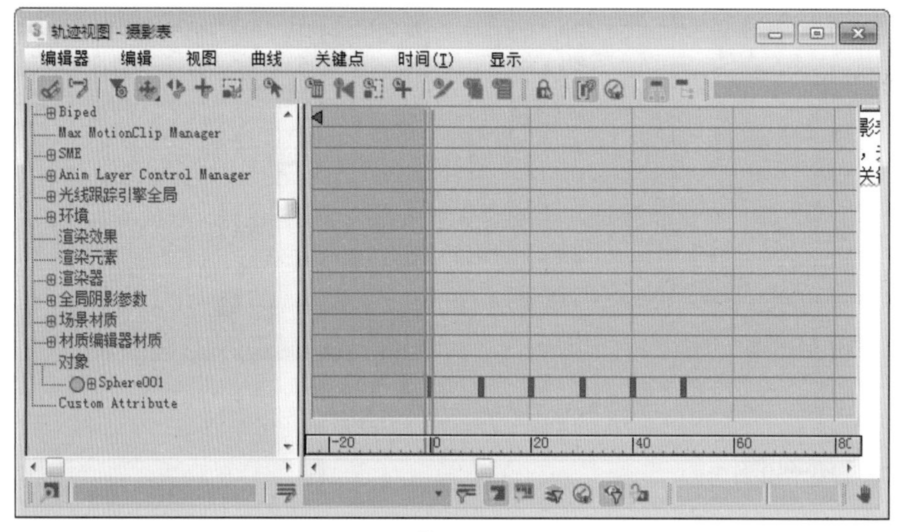

图 8-89

摄影表又包含两种模式，编辑关键点和编辑范围，摄影表模式下的关键帧显示为矩形框，可以方便地识别关键帧。

8.3.2 轨迹视图工具

【轨迹视图】窗口上方含有操作项目、通道和功能曲线等各种工具。默认的曲线编辑器模式下的工具栏如图 8-90 所示。

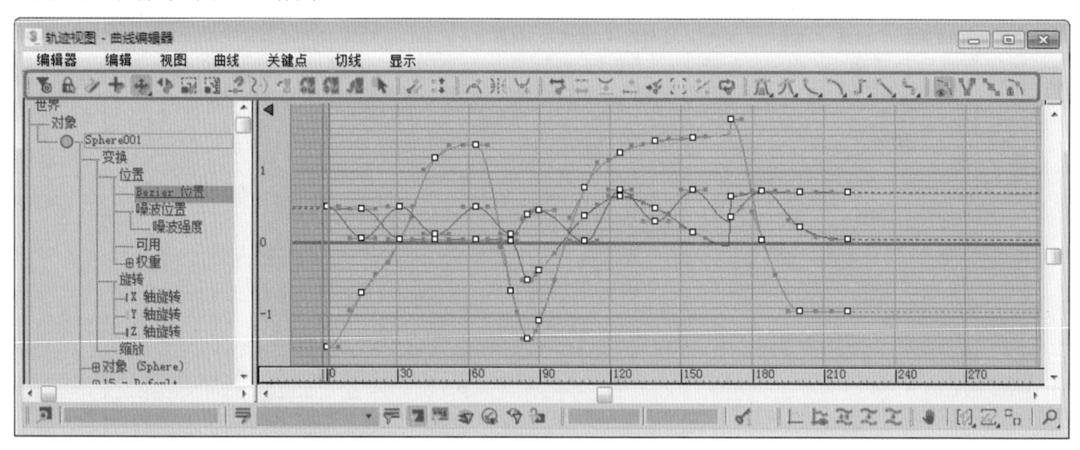

图 8-90

选择【模式】|【摄影表】命令，切换到摄影表模式下的工具栏，如图 8-91 所示。

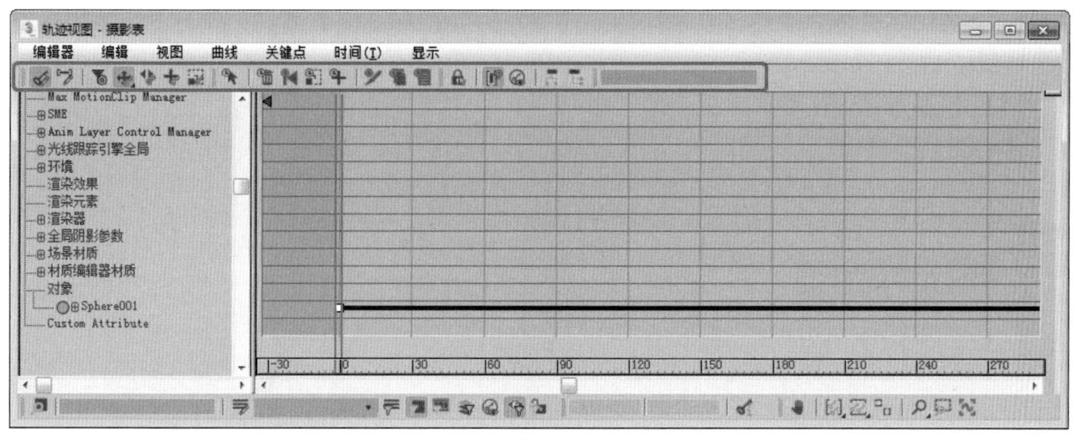

图 8-91

在曲线编辑器模式下的菜单栏中右击鼠标，在弹出的快捷菜单中选择【显示工具栏】|【全部】命令，如图 8-92 所示，即可显示全部的工具栏。

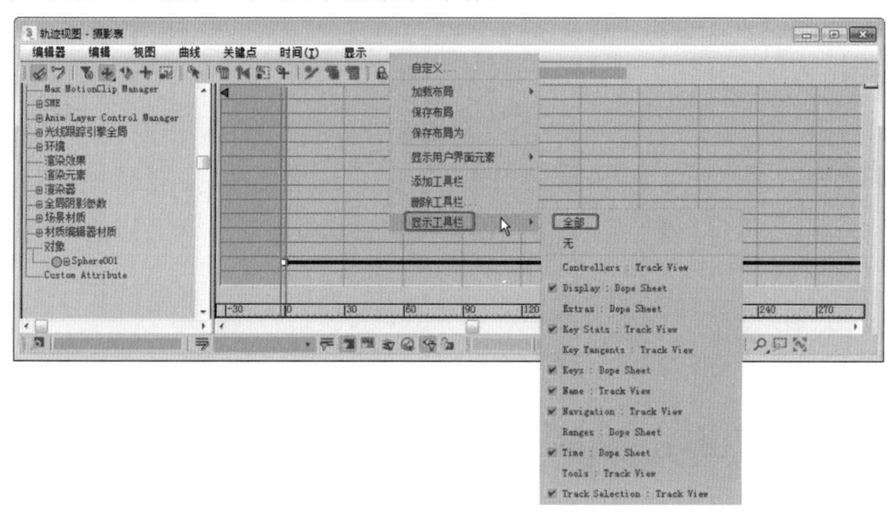

图 8-92

在曲线编辑器模式下单击工具栏中的【参数曲线超出范围类型】按钮，将会弹出【参数曲线超出范围类型】对话框，如图 8-93 所示，在对话框中可以看到所选关键帧的参数曲线越界类型，共有 6 种，可以选择其中的一种。

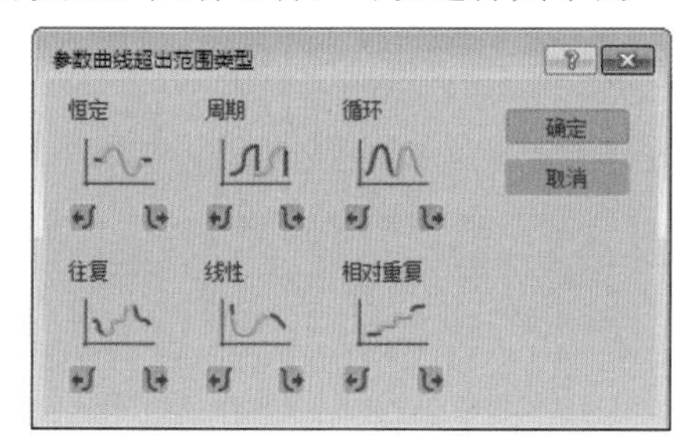

图 8-93

◎ 【恒定】方式：把确定的关键帧范围的两端部分设置为常量，使物体在关键帧范围以外不产生动画。系统在默认情况下，使用常量方式。

◎ 【周期】方式：使当前关键帧范围的动画呈周期性循环播放，但要注意如果开始与结束的关键帧设置不合理，会产生跳跃效果。

◎ 【循环】方式：使当前关键帧范围的动画重复播放，此方式会将动画首尾对称连接，不会产生跳跃效果。

◎ 【往复】方式：使当前关键帧范围的动画播放后再反向播放，如此反复，就像一个乒乓球被两个运动员以相同的方式打来打去。

◎ 【线性】方式：使物体在关键帧范围的两端成线性运动。

◎ 【相对重复】方式：在一个范围内重复相同的动画，但是每个重复会根据范围末端的值有一个偏移，使用相对重复来创建在重复时彼此构建的动画。

课后项目练习

钟表动画

本例将讲解设置钟表指针关键帧和用曲线编辑器制作钟表动画。

课后项目练习效果展示

完成后的效果如图 8-94 所示。

图 8-94

课后项目练习过程概要

（1）调整钟表指针旋转角度，并设置关键帧。

（2）在曲线编辑器中设置【超出范围的类型】参数，模拟钟表运动动画。

素材	Scenes\Cha08\ 钟表动画素材 .max
场景	Scenes\Cha08\ 钟表动画 .max
视频	视频教学 \Cha08\ 钟表动画 .mp4

01 启动软件后打开【Scenes \Cha08\ 钟表动画素材 .max】素材文件，如图 8-95 所示。

02 在工具选项栏中右击【角度捕捉切换】按钮，弹出【栅格和捕捉设置】对话框，切换到【选项】选项卡，将【角度】设为 6，按 Enter 键将该对话框关闭，如图 8-96 所示。

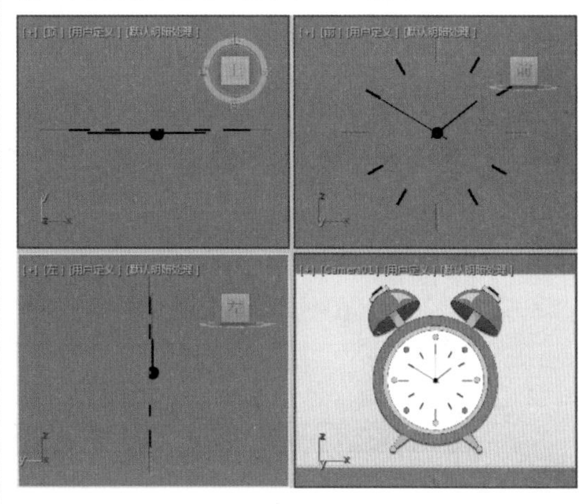

图 8-95

提示：通过设置捕捉的角度，在通过【选择并旋转】工具对对象进行调整时，系统会根据设置的捕捉角度进行旋转。

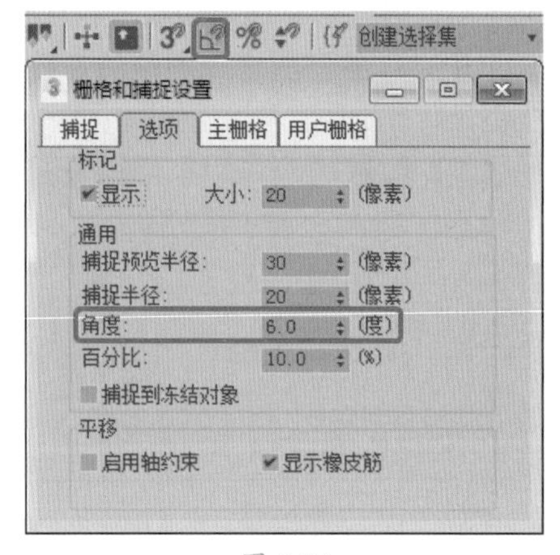

图 8-96

03 单击【设置关键点】按钮，开启关键帧记录，选择【分针】对象，将时间滑块移动到第 0 帧处，单击【设置关键点】按钮，创建关键帧，如图 8-97 所示。

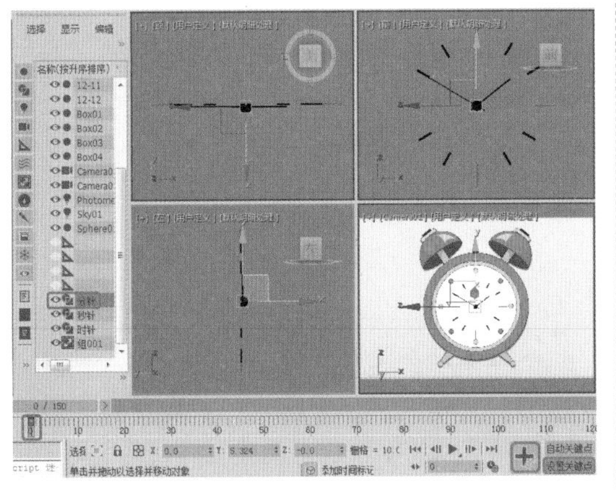

图 8-97

04 将时间滑块移动到第 60 帧位置，用【选择并旋转】工具选择分针，在【前】视图中沿 Z 轴拖动鼠标，此时指针会自动旋转 6 度，单击【设置关键点】按钮，添加关键帧，如图 8-98 所示。

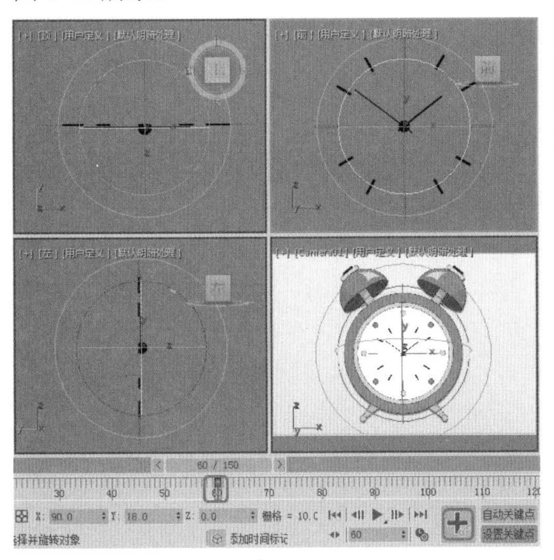

图 8-98

05 选择【秒针】对象，将时间滑块移动到第 0 帧处，单击【设置关键点】按钮，添加关键帧，如图 8-99 所示。

06 将时间滑块移动到第 1 帧处位置，使用【选择并旋转】工具沿 Z 轴顺时针拖动鼠标，此时旋转角度为 6 度，单击【设置关键点】按钮，添加关键帧，如图 8-100 所示。

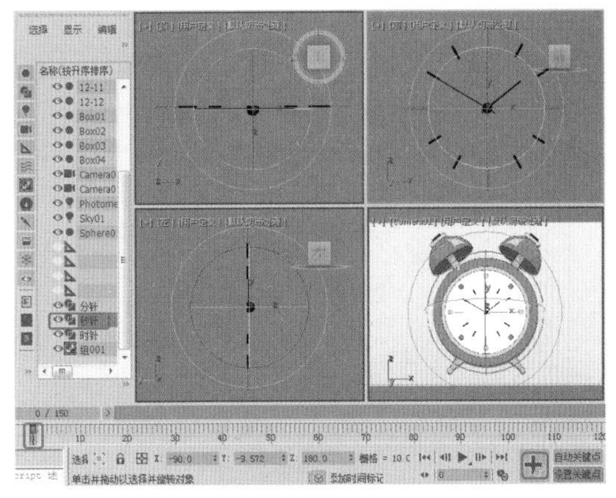

图 8-99

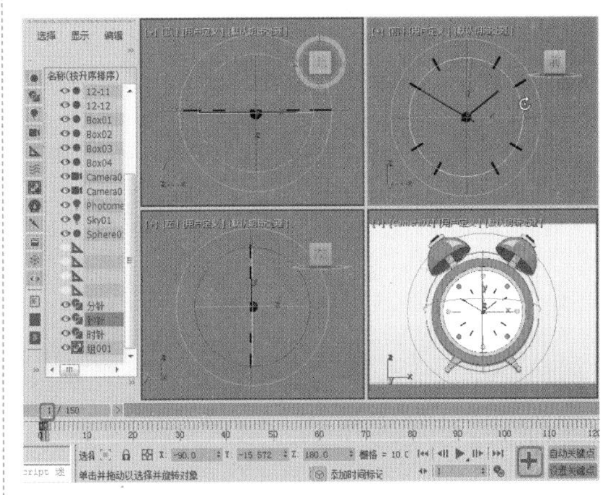

图 8-100

07 单击【曲线编辑器】按钮，打开【轨迹视图 - 曲线编辑器】对话框，选择【X 轴旋转】、【Y 轴旋转】、【Z 轴旋转】的所有关键帧，如图 8-101 所示。

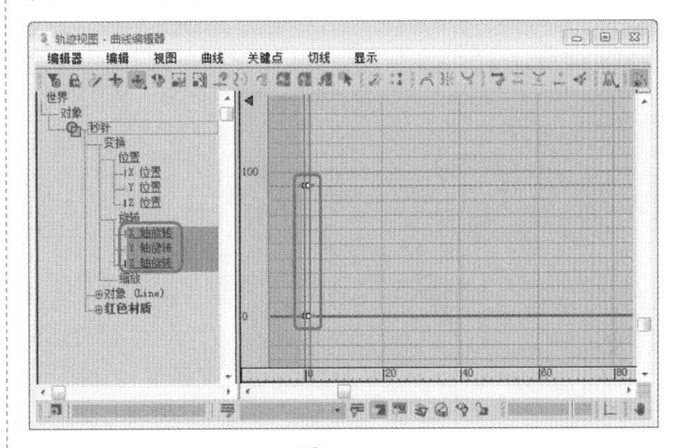

图 8-101

08 在【轨迹视图 - 曲线编辑器】对话框中选

择【编辑】|【控制器】|【超出范围类型】命令，弹出【参数曲线超出范围类型】对话框，选择【相对重复】然后单击【确定】按钮，如图 8-102 所示。

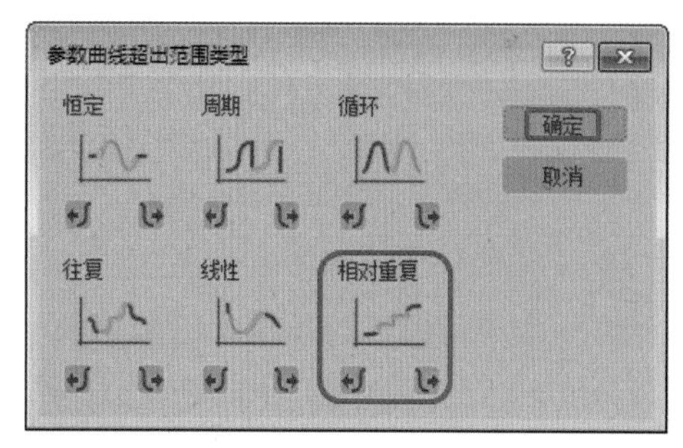

图 8-102

09 使用同样方法对【分针】对象添加【相对重复】曲线，进行渲染查看效果，如图 8-103 所示。

图 8-103

提示：在进行渲染输出时，通常渲染出来的视频文件内存较大，读者可在官网下载格式工厂，然后对视频文件进行转换。

第 09 章

水池喷泉——粒子系统、空间扭曲与后期合成

本章导读

本章将介绍粒子系统、空间扭曲和视频后期处理。粒子系统可以模拟自然界中的雨、雪、雾等，粒子系统生成的粒子随时间的变化而变化，主要用于动画制作；空间扭曲则可以创建力场使其他对象发生变形；而视频后期处理是 3ds Max 的一个强大的编辑、合成与特效处理工具，使用视频后期处理可以将包括目前的场景图像和滤镜在内的各个要素结合起来，生成一个综合结果。希望通过本章的介绍，可以使用户对以上内容有一个简单的认识，并能将其掌握。

案例精讲 水池喷泉

为了更好地完成本设计案例，现对制作要求及设计内容做如下规划，效果如图 9-1 所示。

作品名称	水池喷泉
设计创意	（1）利用【超级喷射】创建粒子系统，并为其设置水珠材质。 （2）使用【重力】空间扭曲创建重力，并将粒子链接至重力对象上。 （3）创建一个导向板，然后将粒子系统链接至导向板上，使其产生水珠反射的效果
主要元素	（1）喷泉水珠。 （2）重力。 （3）导向板
应用软件	3ds Max 2020
素材	Scenes\Cha09\ 喷泉素材 .max
场景	Scenes \Cha09\【案例精讲】水池喷泉 .max
视频	视频教学 \Cha09\【案例精讲】水池喷泉 .mp4
水池喷泉效果欣赏	图 9-1
备注	

01 打开【喷泉素材 .max】素材文件，如图 9-2 所示。

02 选择【创建】|【几何体】|【粒子系统】|【超级喷射】工具，在【顶】视图中绘制一个超级喷射粒子系统，如图 9-3 所示。

03 继续选中该对象，切换至【修改】命令面板，在【基本参数】卷展栏中将【轴偏离】与【平面偏移】下的【扩散】均设置为 180，将【图标大小】设置为 200，如图 9-4 所示。

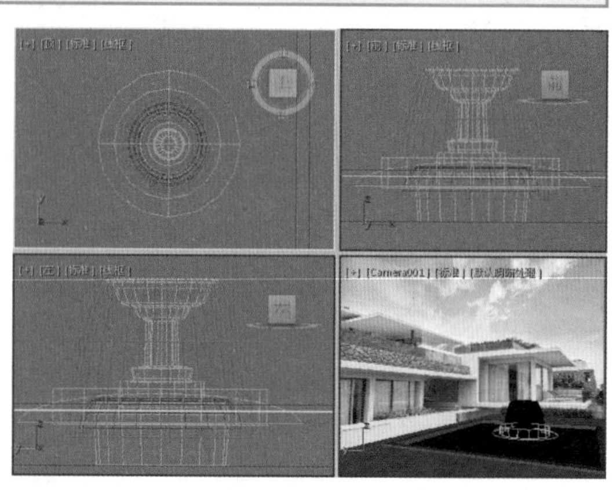

图 9-2

图 9-3

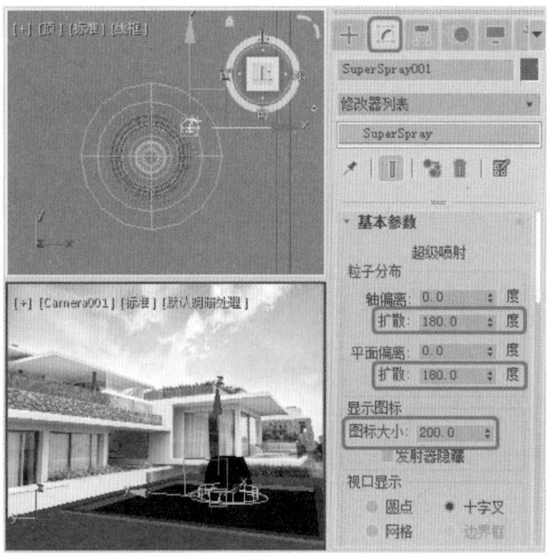

图 9-4

04 在【粒子生成】卷展栏中将粒子数量设置为35，在【粒子运动】选项组中将【速度】、【变化】分别设置为30、5，在【粒子计时】选项组中将【发射开始】、【发射停止】、【显示时限】、【寿命】、【变化】分别设置为-70、400、400、50、0，在【粒子大小】选项组中将【大小】设置为40，如图9-5所示。

05 在【粒子类型】卷展栏的【标准粒子】选项组中单击【四面体】单选按钮，在【旋转和碰撞】卷展栏【自旋速度控制】选项组中将【自旋时间】、【变化】分别设置为45、5，如图9-6所示。

图 9-5

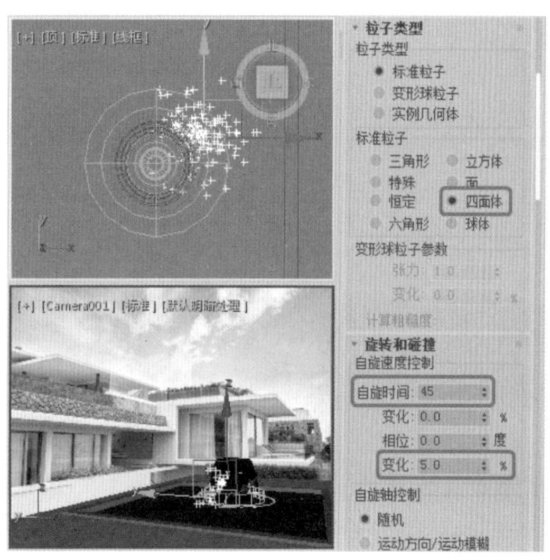

图 9-6

06 继续选中该对象，按M键，在弹出的对话框中选择一个新的材质样本球，将其命名为【水珠】，单击【环境光】与【漫反射】右侧的按钮，取消【环境光】与【漫反射】的锁定，将【环境光】的RGB值设置为151、180、167，将【漫反射】的RGB值设置为151、168、184，将【不透明度】设置为50，将【高光级别】与【光泽度】分别设置为80、45，如图9-7所示。

07 设置完成后，单击【将材质指定给选定对象】按钮，将该对话框关闭，在视图中调整超级喷射粒子系统的位置，如图9-8所示。

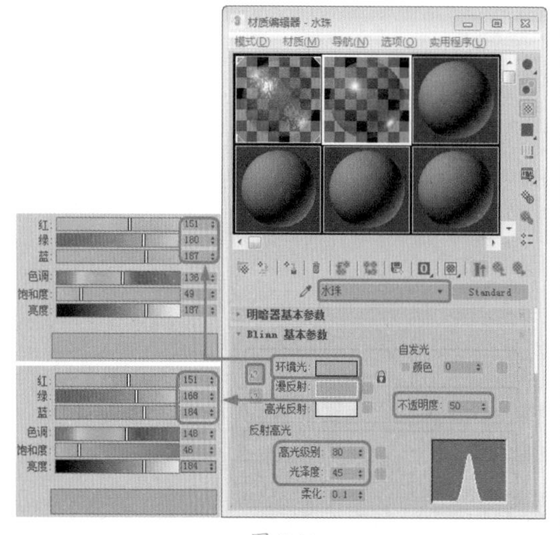

图 9-7

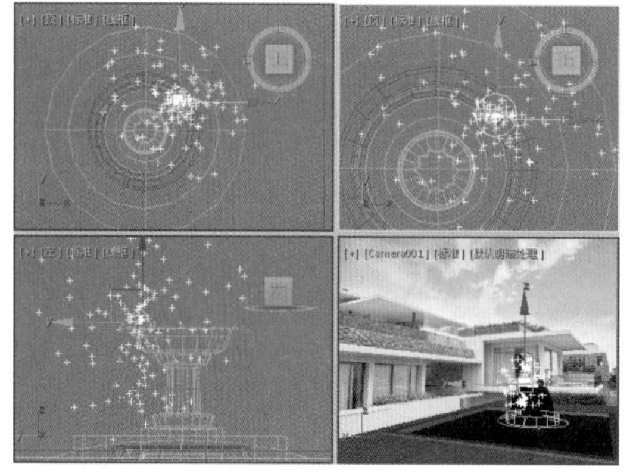

图 9-8

08 继续选中该粒子系统，在【顶】视图中按住 Shift 键沿 X 轴向左移动，在弹出的对话框中单击【复制】单选按钮，将【副本数】设置为 3，如图 9-9 所示。

图 9-9

09 设置完成后，单击【确定】按钮，在视图中调整复制后的粒子系统的位置，效果如图 9-10 所示。

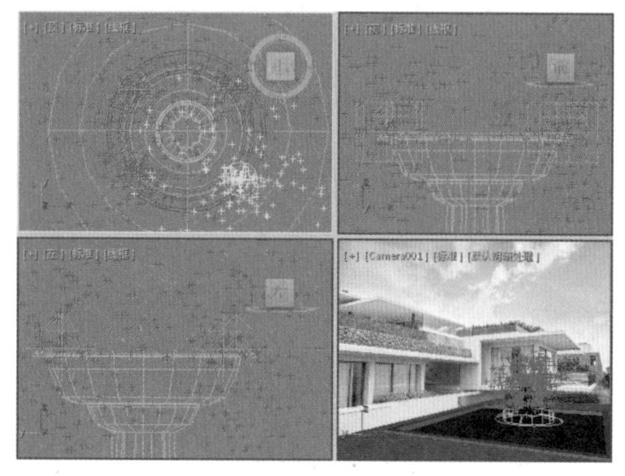

图 9-10

10 选择【创建】 |【空间扭曲】 |【力】|【重力】工具，在【顶】视图中创建一个重力，在【参数】卷展栏中将【强度】设置为 1.4，在【显示】选项组中将【图标大小】设置为 436，如图 9-11 所示。

图 9-11

11 在视图中调整重力的位置，按住 Ctrl 键选择四个超级喷射粒子系统，在工具栏中单击【绑定到空间扭曲】按钮 ，在粒子系统上单击鼠标，并按住鼠标将其拖曳至重力系统上，如图 9-12 所示。

12 选择【创建】 |【空间扭曲】 |【导向器】|【导向板】工具，在【顶】视图中创建一个导向板，在【参数】卷展栏中将【反弹】、【变化】、【混乱度】、【摩擦力】、【继承速度】

分别设置为0.52、10、34、0、1.47，将【宽度】、【长度】分别设置为7500、6500，如图9-13所示。

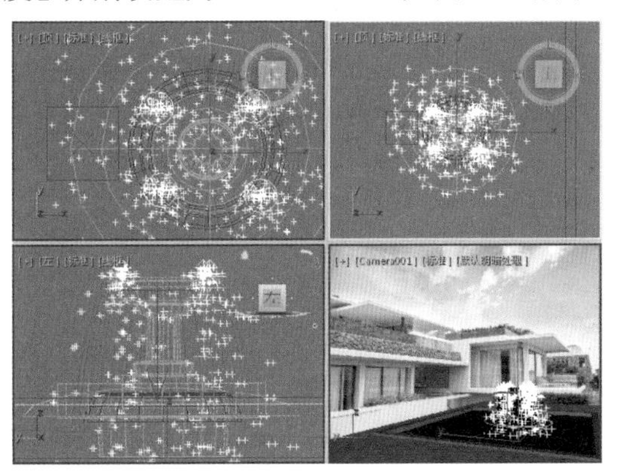

图 9-12

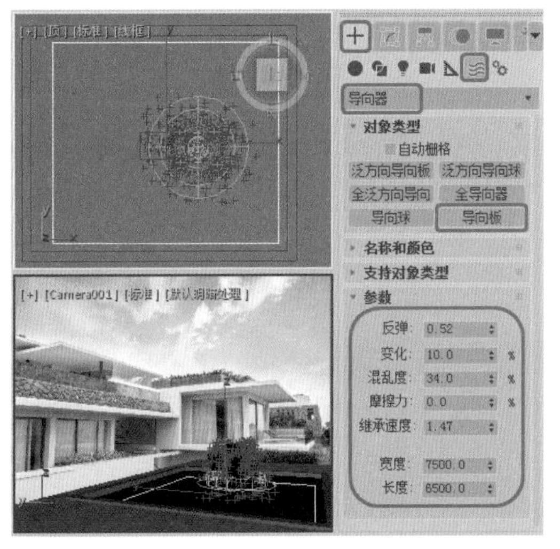

图 9-13

13 使用【选择并移动】工具在视图中调整导向板的位置，按住Ctrl键选择四个粒子系统，在工具栏中单击【绑定到空间扭曲】按钮，在粒子系统上单击鼠标，并按住鼠标将其拖曳至导向板上，如图9-14所示。

14 继续选中该四个粒子系统，右击鼠标，在弹出的快捷菜单中选择【对象属性】命令，如图9-15所示。

15 在弹出的对话框选择【常规】选项卡，在【运动模糊】选项组中单击【图像】单选按钮，将【倍增】设置为1.5，如图9-16所示。

16 设置完成后，单击【确定】按钮，根据前面所介绍的方法对场景进行渲染输出，效果如图9-17所示。

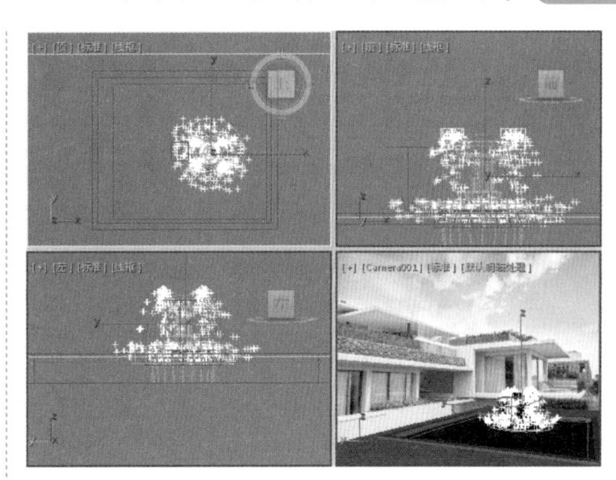

图 9-14

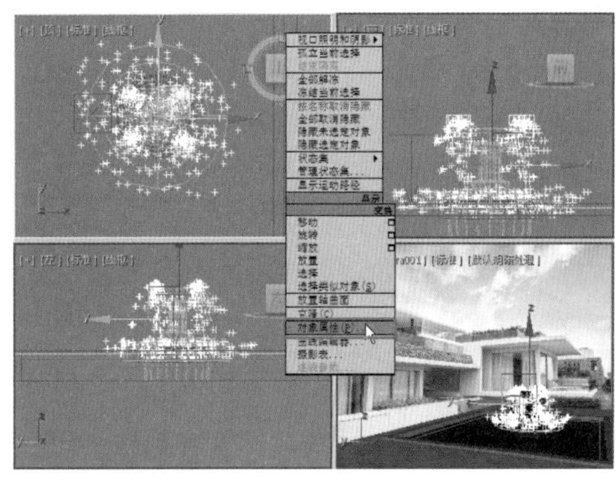

图 9-15

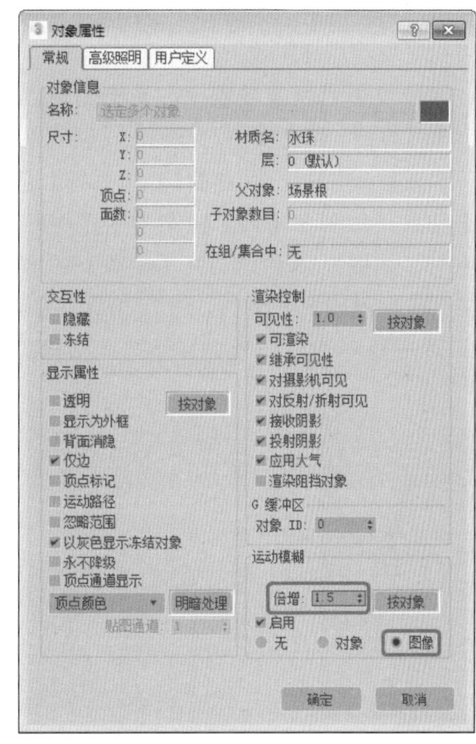

图 9-16

图 9-17

9.1 粒子系统

粒子系统是一个相对独立的造型系统，用来创建雨、雪、灰尘、泡沫、火花、气流等，它还可以将任何造型作为粒子，例如用来表现成群的蚂蚁、热带鱼、吹散的蒲公英等动画效果。

9.1.1 【喷射】粒子系统

【喷射】粒子系统发射垂直的粒子流，粒子可以是四面体尖锥，也可以是四方形面片，用来表示下雨、水管喷水、喷泉等效果，也可以表现彗星拖尾效果。

这种粒子系统参数较少，易于控制。使用起来很方便，所有数值均可制作动画效果。

选择【创建】|【几何体】|【粒子系统】|【喷射】工具，然后在【顶】视图中创建喷射粒子系统，如图 9-18 所示。其【参数】卷展栏中的各选项说明如下。

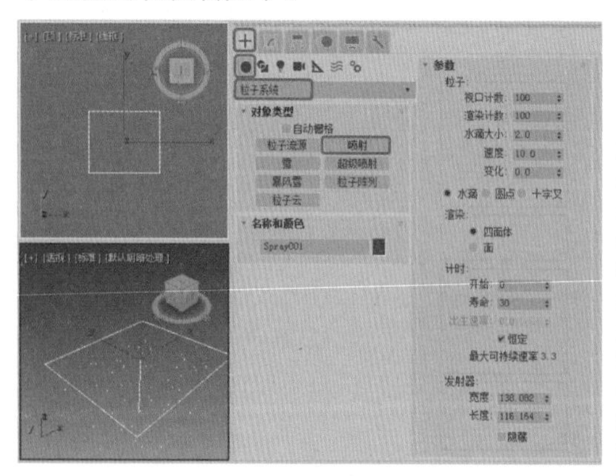

图 9-18

◎ 【粒子】选项组。

- ◆ 【视口计数】：此选项用于设置在视口中显示的最大粒子数。

> 提示：将视口显示数量设置为少于渲染计数，可以提高视口的性能。

- ◆ 【渲染计数】：用于设置在渲染时同一帧中粒子显示的最大数量，此选项与【计时】选项组中的参数组合使用。如果粒子数达到【渲染计数】所设置的值，粒子创建将暂停，直到有些粒子消亡。消亡了足够的粒子后，粒子创建将恢复，直到再次达到【渲染计数】的值。
- ◆ 【水滴大小】：用于设置渲染时每个颗粒的大小。
- ◆ 【速度】：用于设置粒子从发射器喷出时的初速度，它将保持匀速不变。只有增加了粒子空间扭曲，它才会发生变化。
- ◆ 【变化】：此选项可以影响粒子的爆发力和方向。值越大，粒子喷射得越猛烈，喷洒的范围也越大。
- ◆ 【水滴 / 圆点 / 十字叉】：用于设置粒子在视图中的显示符号。

◎ 【渲染】选项组。

- ◆ 【四面体】：以四面体（尖三棱锥）作为粒子的外形进行渲染，常用于表现水滴。
- ◆ 【面】：以正方形面片作为粒子外形进行渲染，常用于有贴图设置的粒子。

◎ 【计时】选项组。

- ◆ 【开始】：用于设置粒子从发射器喷出的时间帧数。可以设置负值参数，负值表示在 0 帧以前开始。
- ◆ 【寿命】：用于设置每个粒子从出现到消失所持续的帧数。
- ◆ 【出生速率】：用于设置每一帧新

粒子产生的数目。

- 【恒定】：勾选该复选框时，【出生速率】将不可用，所用的出生速率等于最大可持续速率。取消勾选该复选框后，【出生速率】可用。默认设置为启用。

◎ 【发射器】选项组。

- 【宽度 / 长度】：分别设置发射器的宽度和长度。在粒子数目确定的情况下，面积越大，粒子越稀疏。
- 【隐藏】：勾选该复选框可以在视口中隐藏发射器。取消勾选【隐藏】复选框后，在视口中显示发射器。发射器从不会被渲染。默认设置为禁用状态。

> 提示：要设置粒子沿着空间中某个路径的动画，可以通过使用路径跟随空间扭曲来实现。

【实战】下雨动画效果

本例将介绍如何利用【喷射】粒子系统模拟下雨动画效果，效果如图 9-19 所示。

图 9-19

素材	Scenes\Cha09\ 下雨素材 .max
场景	Scenes\Cha09\【实战】下雨动画效果 .max
视频	视频教学 \Cha09\【实战】下雨动画效果 .mp4

01 打开【下雨素材 .max】素材文件，如图 9-20 所示。

图 9-20

02 选择【创建】|【几何体】|【粒子系统】|【喷射】工具，然后在【顶】视图中创建喷射粒子系统，在【参数】卷展栏中将【视口计数】、【渲染计数】、【水滴大小】、【速度】、【变化】分别设置为 1000、10000、5、20、0.6，将【开始】、【寿命】设置为 -100、400，将【宽度】、【长度】均设置为 1500，如图 9-21 所示。

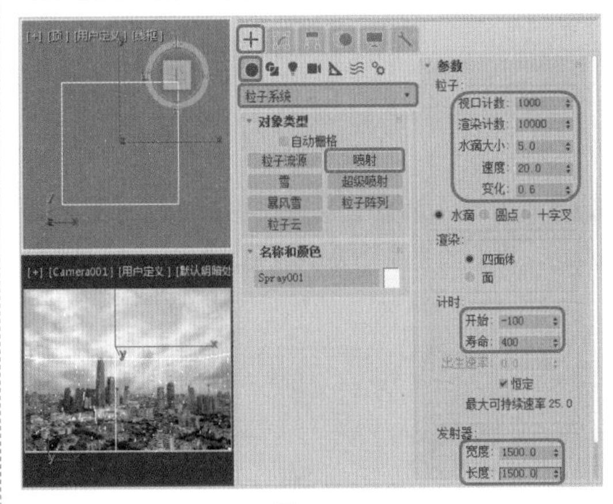

图 9-21

03 设置完成后，在视图中调整粒子系统的位置，如图 9-22 所示。

04 继续选中粒子系统，按 M 键打开【材质编辑器】对话框，选择一个新的材质样本球，将【环境光】的 RGB 值设置为 230、230、230，勾选【颜色】复选框，将 RGB 值设置为 240、240、240，将【不透明度】设置为 50，将【高光级别】、【光泽度】分别设置为 0、10，如图 9-23 所示。

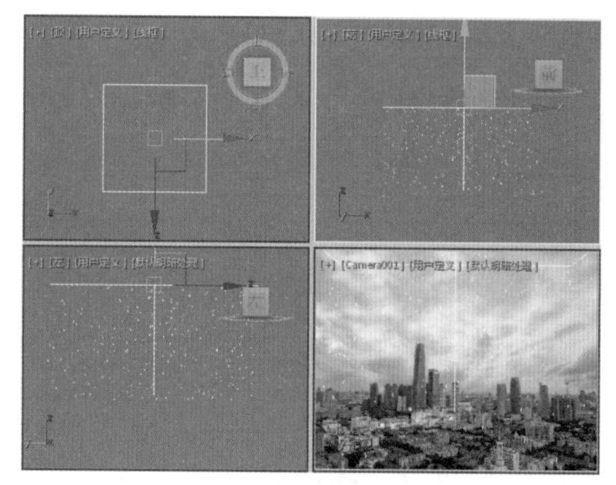

图 9-22

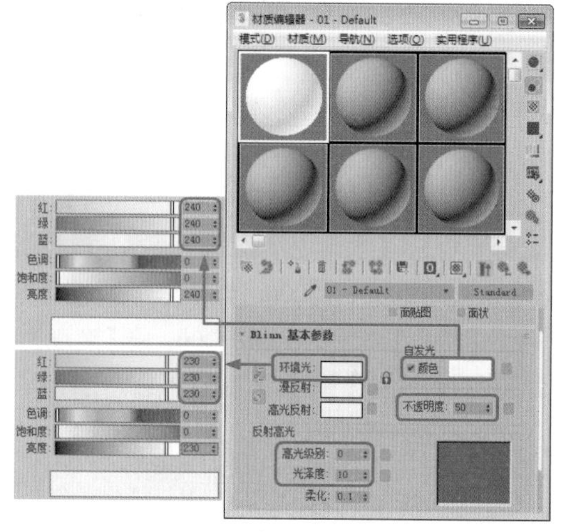

图 9-23

05 在【扩展参数】卷展栏中单击【外】单选按钮，将【数量】设置为 100，如图 9-24 所示。

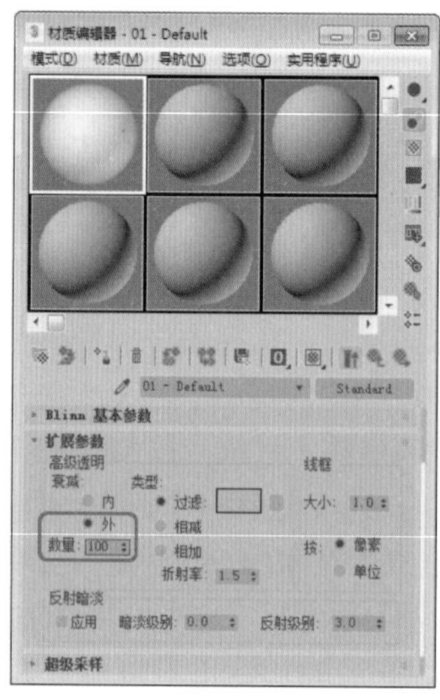

图 9-24

06 在【贴图】卷展栏中单击【不透明度】右侧的【无贴图】按钮，在弹出的对话框中选择【渐变坡度】选项，单击【确定】按钮，使用默认参数即可，如图 9-25 所示。

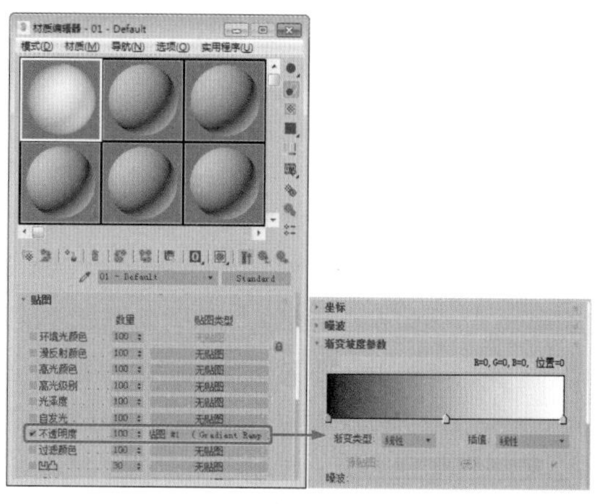

图 9-25

07 设置完成后，将材质指定给选定对象即可。

9.1.2 【雪】粒子系统

【雪】模拟降雪或投撒的纸屑。雪系统与喷射类似，但是雪系统提供了其他参数来生成翻滚的雪花，渲染选项也有所不同。

【雪】粒子系统不仅可以用来模拟下雪，还可以将多维材质指定给它，产生五彩缤纷的碎片下落效果，常用来增添节日的喜庆气氛；如果将粒子向上发射，可以表现从火中升起的火星效果。

选择【创建】|【几何体】|【粒子系统】|【雪】工具，然后在视图中创建雪粒子系统，如图 9-26 所示。

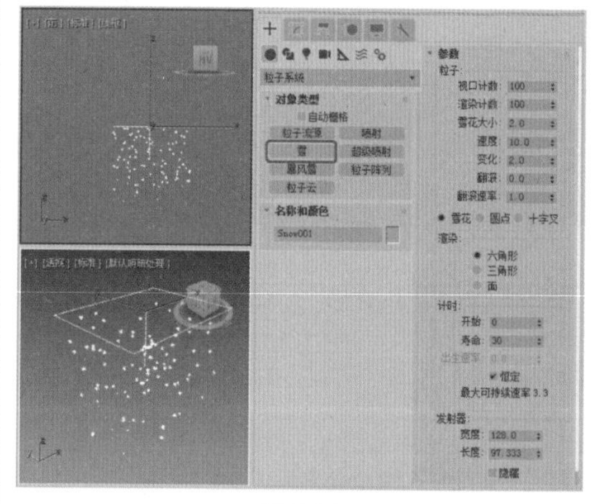

图 9-26

◎ 【粒子】选项组。

- 【视口计数】：此选项用于设置在视口中显示的最大粒子数。
- 【渲染计数】：用于设置在渲染时同一帧中粒子显示的最大数量，此选项与【计时】选项组中的参数组合使用。如果粒子数达到【渲染计数】所设置的值，粒子创建将暂停，直到有些粒子消亡。消亡了足够的粒子后，粒子创建将恢复，直到再次达到【渲染计数】的值。
- 【雪花大小】：用于设置渲染时每个颗粒的大小。
- 【速度】：用于设置粒子从发射器喷出时的初速度，它将保持匀速不变。只有增加了粒子空间扭曲，它才会发生变化。
- 【变化】：此选项可以影响粒子的爆发力和方向。【变化】的值越大，降雪的区域越广。
- 【翻滚】：用于设置雪花粒子的随机旋转量。此参数可以在 0 ～ 1 之间。设置为 0 时，雪花不旋转；设置为 1 时，雪花旋转最多。每个粒子的旋转轴随机生成。
- 【翻滚速率】：雪片旋转的速度。值越大，旋转得越快。
- 【雪花 / 圆点 / 十字叉】：设置粒子在视图中的显示符号。

◎ 【渲染】选项组。

- 【六角形】：以六角形面进行渲染，常用于表现雪花。
- 【三角形】：以三角形面进行渲染，三角形只有一个边是可以指定材质的面。
- 【面】：粒子渲染为正方形面，其宽度和长度等于雪花大小。

提示：其他参数与【喷射】粒子系统的参数基本相同，所以在此就不赘述了。

【实战】下雪动画效果

本例将介绍如何制作下雪动画效果，如图 9-27 所示。

图 9-27

素材	Scenes\Cha09\ 下雪素材 .max
场景	Scenes\Cha09\【实战】下雪动画效果 .max
视频	视频教学 \Cha09\【实战】下雪动画效果 .mp4

01 打开【下雪素材 .max】素材文件，如图 9-28 所示。

02 激活【顶】视图，选择【创建】|【几何体】|【粒子系统】|【雪】工具，在【顶】视图中创建一个雪粒子系统，并将其命名为【雪】，在【参数】选项组中将【视口计数】和【渲染计数】分别设置为 1000 和 800，将【雪花大小】和【速度】分别设置为 1.8 和 8，将【变化】设置为 2，单击【雪花】单选按钮，在【渲染】选项组中单击【面】单选按钮，如图 9-29 所示。

图 9-28

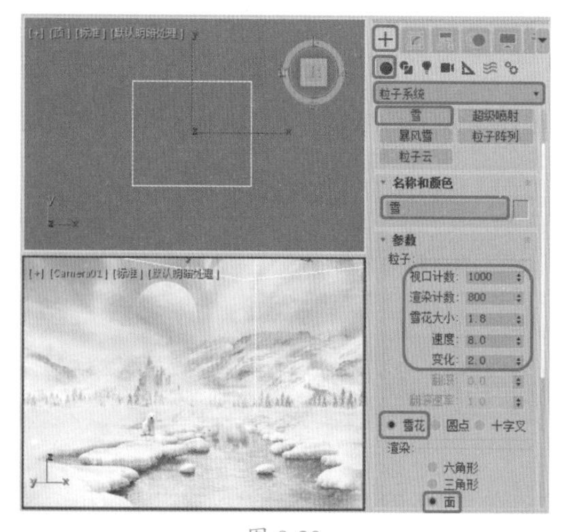

图 9-29

03 在【计时】选项组中将【开始】和【寿命】分别设置为 -100 和 100，将【发射器】选项组中的【宽度】和【长度】分别设置为 430 和 488，如图 9-30 所示。

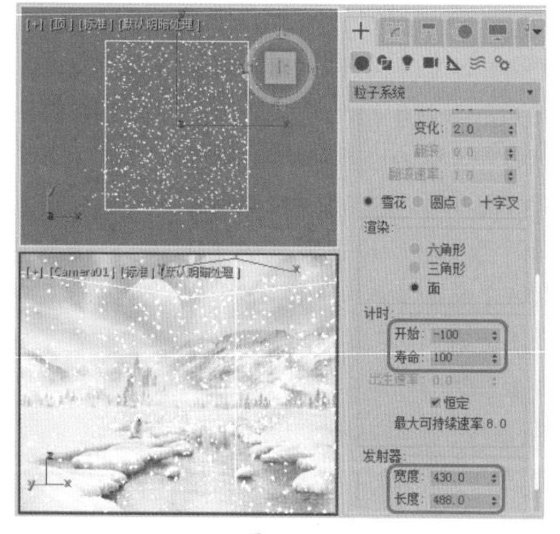

图 9-30

04 在视图中调整其位置，按 M 键打开【材质编辑器】对话框，选择一个新的材质样本球，并将其命名为【雪】，将【明暗器类型】设为 Blinn，在【Blinn 基本参数】卷展栏中选中【自发光】选项组中的【颜色】复选框，然后将该颜色的 RGB 值设置为 166、166、166，如图 9-31 所示。

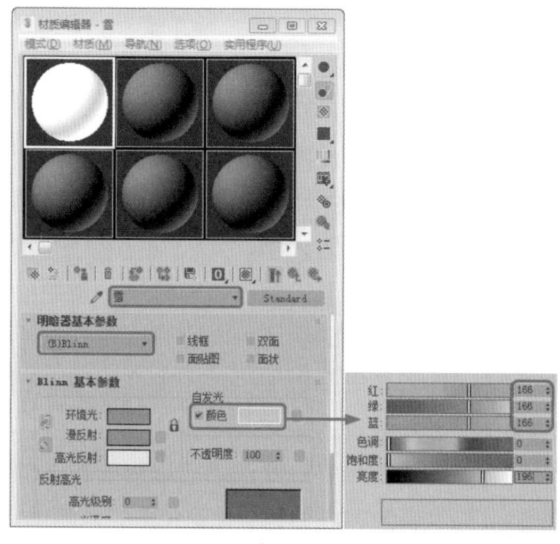

图 9-31

05 打开【贴图】卷展栏，单击【不透明度】右侧的【无贴图】按钮，在打开的【材质 / 贴图浏览器】对话框中选择【渐变坡度】选项，如图 9-32 所示。

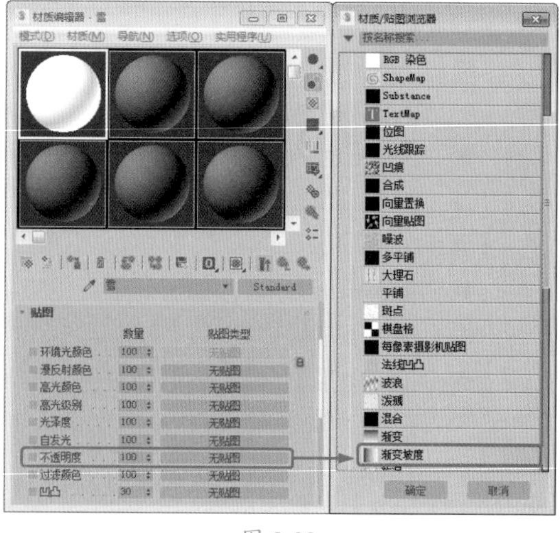

图 9-32

06 单击【确定】按钮，进入渐变坡度材质层级。在【渐变坡度参数】卷展栏中将【渐变类型】定义为【径向】，将位置 50 处的色标调整至位置 46 处，将其 RGB 值设置为 210、210、210，打开【输出】卷展栏，勾选【反转】复选框，如图 9-33 所示。

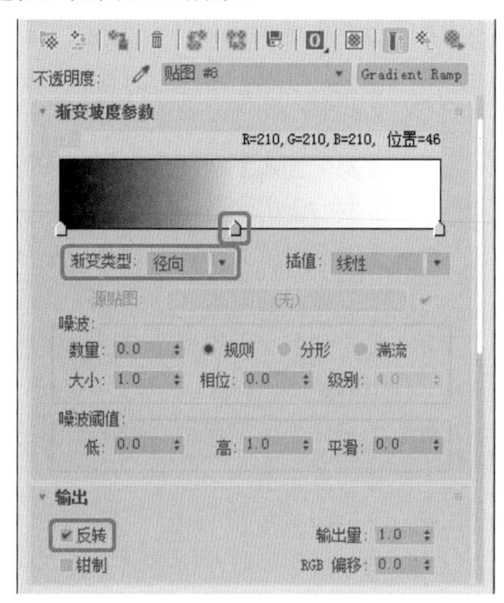

图 9-33

07 设置完成后，单击【将材质指定给选定对象】按钮，指定给场景中的雪对象。

9.1.3 【粒子阵列】粒子系统

【粒子阵列】粒子系统可将粒子分布在几何体对象上，也可用于创建复杂的对象爆炸效果。例如可以表现出喷发、爆裂等特殊效果。

1. 【基本参数】卷展栏

使用【基本参数】卷展栏中的选项可以创建和调整粒子系统的大小，并拾取分布对象。此外，还可以指定粒子相对于分布对象几何体的初始分布，以及分布对象中粒子的初始速度。在该卷展栏中也可以指定粒子在视口中的显示方式。【基本参数】卷展栏如图 9-34 所示。

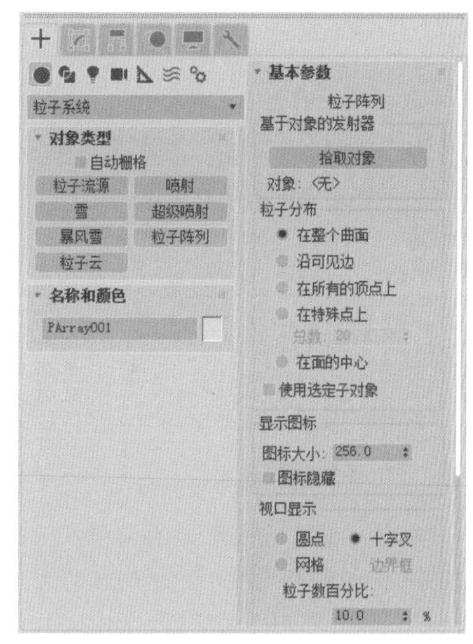

图 9-34

◎ 【基于对象的发射器】选项组。
- ◆ 【拾取对象】：单击此按钮，可以选择要作为自定义发射器使用的可渲染网格对象。
- ◆ 【对象】：显示所拾取对象的名称。

◎ 【粒子分布】选项组。
- ◆ 【在整个曲面】：在整个发射器对象表面随机发射粒子。
- ◆ 【沿可见边】：在发射器对象可见的边界上随机发射粒子。
- ◆ 【在所有的顶点上】：在发射器对象每个顶点上发射粒子。
- ◆ 【在特殊点上】：指定从发射器对象所有顶点中随机的若干个顶点上发射粒子，顶点的数目由下面的【总数】决定。
- ◆ 【总数】：可以通过该选项设置顶点数目。
- ◆ 【在面的中心】：从每个面的中心发射粒子。
- ◆ 【使用选定子对象】：使用网格对象和一定范围的面片对象作为发射器时，可以通过【编辑网格】等修改器选择自身的子对象来发射粒子。

◎ 【显示图标】选项组。

◆ 【图标大小】：设置粒子图标在视图中显示的尺寸大小。

◆ 【图标隐藏】：设置是否将粒子图标隐藏。如果使用了分布对象，最好将系统图标隐藏。

◎ 【视口显示】选项组：设置在视图中粒子以何种方式进行显示。

2. 【粒子生成】卷展栏

【粒子生成】卷展栏中的选项可以控制粒子产生的时间和速度、粒子的移动方式以及不同时间粒子的大小。【粒子生成】卷展栏如图 9-35 所示。

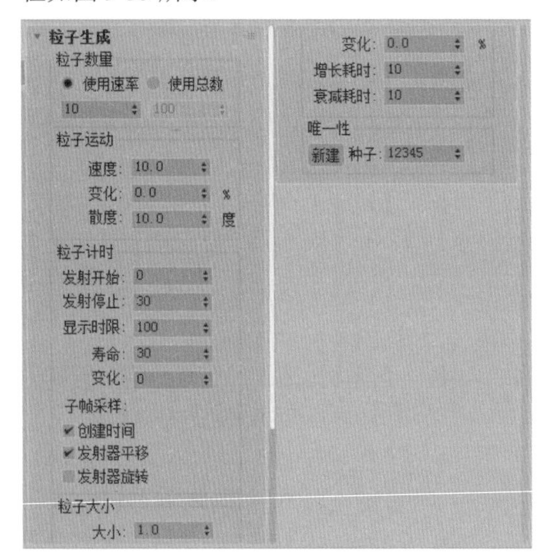

图 9-35

◎ 【粒子数量】选项组。

◆ 【使用速率】：用于设置每一帧粒子产生的数目。

◆ 【使用总数】：用于设置在整个生命系统中粒子产生的总数目。

◎ 【粒子运动】选项组。

◆ 【速度】：用于设置在生命周期内的粒子每一帧移动的距离。

◆ 【变化】：用于为每一个粒子发射的速度指定一个变化量。

◆ 【散度】：每一个粒子的发射方向相对于发射器表面法线的夹角，可以在一定范围内波动。该值越大，发射的粒子束越集中，反之则越分散。

◎ 【粒子计时】选项组。

◆ 【发射开始】：用于设置粒子从哪一帧开始出现在场景中。

◆ 【发射停止】：用于设置粒子最后被发射出的帧数。

◆ 【显示时限】：用于设置粒子在视图中显示的时长。

◆ 【寿命】：设置每个粒子诞生后的生存时间。

◆ 【变化】：设置每个粒子寿命的变化百分比值。

◆ 【子帧采样】：提供下面 3 个选项，用于避免粒子在普通帧计数下产生肿块，而不能完全打散。先进的子帧采样功能提供更高的分辨率。

» 【创建时间】：在时间上增加偏移处理，以避免时间上的肿块堆集。

» 【发射器平移】：如果发射器本身在空间中有移动变化，可以避免产生移动中的肿块堆集。

» 【发射器旋转】：如果发射器在发射时自身进行旋转，勾选该复选框可以避免肿块，并且产生平稳的螺旋效果。

◎ 【粒子大小】选项组。

◆ 【大小】：用户可以通过该参数设置粒子的大小。

◆ 【变化】：每个粒子的大小可以从标准值变化的百分比。

◆ 【增长耗时】：该参数用于设置粒子从很小增长到【大小】的值所经

历的帧数。

◆ 【衰减耗时】：该参数用于设置粒子在消亡之前缩小到其【大小】设置的 1/10 所经历的帧数。

◎ 【唯一性】选项组。

◆ 【新建】：单击该按钮后，将会随机生成新的种子值。

◆ 【种子】：可以通过该参数设置特定的种子值。

> 提示：使用【粒子阵列】创建爆炸效果的一种好方法是，将粒子类型设置为【对象碎片】，然后应用【粒子爆炸】空间扭曲。

3. 【粒子类型】卷展栏

使用【粒子类型】卷展栏上的参数可以指定所用的粒子类型，以及对粒子执行的贴图类型。【粒子类型】卷展栏如图 9-36 所示。

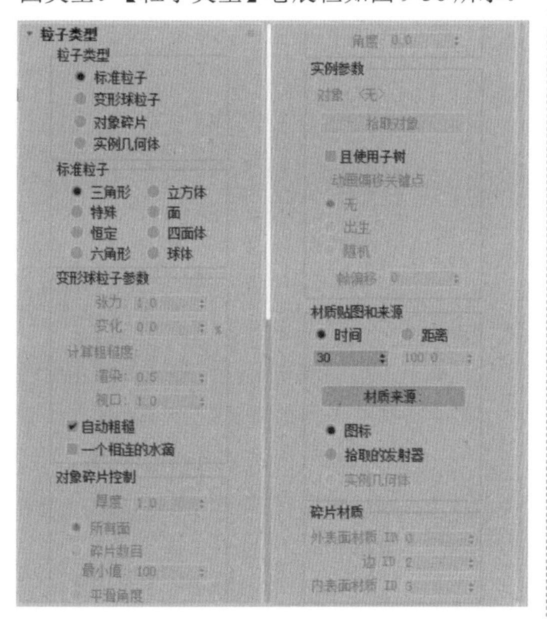

图 9-36

◎ 【粒子类型】选项组：提供 4 个粒子类型，在此项目下是 4 个粒子类型的各自分项目，只有当前选择类型的分项目才能变为有效控制，其余的以灰色显示。对每一个粒子阵列，只允许设置一种类型的粒子，但允许用户将多个粒子阵列绑定到同一个分布对象上，这样就可以产生不同类型的粒子了。

◎ 【标准粒子】选项组：用于设置粒子的显示类型。

◎ 【变形球粒子参数】选项组。

◆ 【张力】：该参数用于确定有关粒子与其他粒子混合倾向的紧密度。张力越大，聚集越难，合并也越难。

◆ 【变化】：该参数用于指定张力效果变化的百分比。

◆ 【渲染】：设置渲染场景中的变形粒子的粗糙度。如果启用了【自动粗糙】，则此选项不可用。

◆ 【视口】：设置视口显示的粗糙度。如果启用了【自动粗糙】，则此选项不可用。

◆ 【自动粗糙】：如果启用此项，会根据粒子大小自动设置渲染粗糙度，视口粗糙度会设置为渲染粗糙度的大约两倍。

◆ 【一个相连的水滴】：如果禁用该选项（默认设置），将计算所有粒子；如果启用该选项，将使用快捷算法，仅计算和显示彼此相连或邻近的粒子。

◎ 【对象碎片控制】选项组。

◆ 【厚度】：设置碎片的厚度。

◆ 【所有面】：将分布对象所有三角面分离，炸成碎片。

◆ 【碎片数目】：对象破碎成不规则的碎片。其下方的【最小值】参数用于指定将出现的碎片的最小数目。计算碎块的方法可能会使产生的碎片数多于指定的碎片数。

◆ 【平滑角度】：根据对象表面平滑度进行面的分裂，其下方的【角度】参数用于设定角度值。值越低，对象表面分裂越碎。

◎ 【实例参数】选项组。

◆ 【对象】：在拾取对象之后，将会在其右侧显示所拾取对象的名称。

◆ 【拾取对象】：单击该按钮，然后在视口中选择要作为粒子使用的对象。如果选择的对象属于层次的一部分，并且启用了【且使用子树】，则拾取的对象及其子对象会成为粒子。如果拾取了组，则组中的所有对象作为粒子使用。

◆ 【且使用子树】：如果要将拾取的对象的链接子对象包括在粒子中，则启用此选项。如果拾取的对象是组，将包括组的所有子对象。

◆ 【动画偏移关键点】：此选项可以指定粒子的动画计时。

◆ 【帧偏移】：该参数用于指定从源对象的当前计时的偏移值。

◎ 【材质贴图和来源】选项组。

◆ 【时间】：指定从粒子出生开始完成粒子的一个贴图所需的帧数。

◆ 【距离】：指定从粒子出生开始完成粒子的一个贴图所需的距离。

◆ 【材质来源】：单击该按钮更新粒子的材质。

◆ 【图标】：使用当前系统指定给粒子的图标颜色。

提示：【四面体】类型的粒子不受影响，它始终有着自身的贴图坐标。

◆ 【拾取的发射器】：粒子系统使用分布对象指定的材质。

◆ 【实例几何体】：使用粒子所拾取对象的几何体材质。

◎ 【碎片材质】选项组。

◆ 【外表面材质 ID】：指为碎片的外表面指定的面 ID 编号。

◆ 【边 ID】：为碎片的边指定的子材质 ID 编号。

◆ 【内表面材质】：为碎片的内表面指定的子材质 ID 编号。

4. 【旋转和碰撞】卷展栏

粒子经常高速移动。在这样的情况下，可能需要为粒子添加运动模糊以增强其动感。此外，现实世界的粒子通常边移动边旋转，并且互相碰撞。【旋转和碰撞】卷展栏如图 9-37 所示。

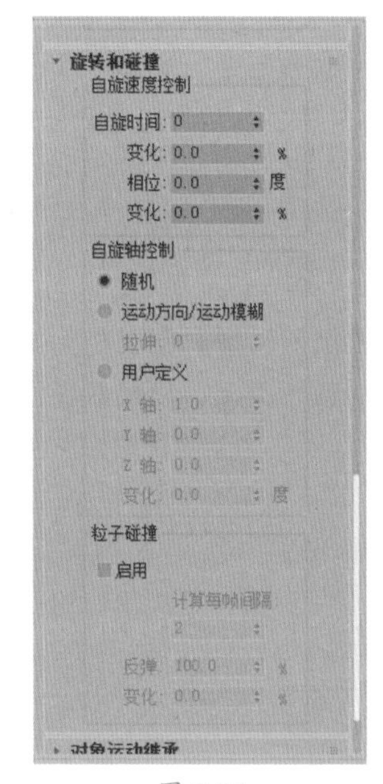

图 9-37

◎ 【自旋速度控制】选项组。

◆ 【自旋时间】：该参数选项用于控制粒子自身旋转的节拍，即一个粒子进行一次自旋需要的时间。值越高，自旋越慢。当值为 0 时，不发生自旋。

◆ 【变化】：设置自旋时间变化的百分比值。

◆ 【相位】：设置粒子诞生时的旋转角度。

◆ 【变化】：设置相位变化的百分比值。

◎ 【自旋轴控制】选项组。

◆ 【随机】：随机为每个粒子指定自旋轴向。

◆ 【运动方向 / 运动模糊】：以粒子发散的方向作为其自身的旋转轴向，这种方式会产生放射状粒子流，单击该单选按钮后，则其下方的【拉伸】参数将呈可用状态。

◆ 【拉伸】：沿粒子发散方向拉伸粒子的外形，此拉伸强度会依据粒子速度的不同而变化。

◆ 【用户自定】：通过 3 个轴向值来自行设置粒子沿各轴向进行自旋的角度。

◆ 【变化】：设置 3 个轴向自旋设定的变化百分比值。

◎ 【粒子碰撞】选项组。

◆ 【启用】：在计算粒子移动时启用粒子间碰撞。

◆ 【计算每帧间隔】：每个渲染间隔的间隔数，期间进行粒子碰撞测试。值越大，模拟越精确，但是模拟运行的速度将越慢。

◆ 【反弹】：在碰撞后迅速恢复的程度。

◆ 【变化】：用于设置粒子的随机变化百分比。

5. 【对象运动继承】卷展栏

每个粒子移动的位置和方向由粒子创建时发射器的位置和方向确定。使用【对象运动继承】卷展栏中的参数可以通过发射器的运动影响粒子的运动。如果发射器穿过场景，粒子将沿着发射器的路径散开。【对象运动继承】卷展栏如图 9-38 所示。

图 9-38

◎ 【影响】：该参数用于设置在粒子产生时，继承基于对象发射器运动的粒子所占的百分比。例如，如果将此选项设置为 100（默认设置），则所有粒子均与移动的对象一同移动；如果设置为 0，则所有粒子都不会受对象平移的影响，也不会继承对象的移动。

◎ 【倍增】：该参数选项用于修改发射器运动影响粒子运动的量。该参数可以是正数，也可以是负数。

◎ 【变化】：该参数用于设置倍增值变化的百分比。

6. 【气泡运动】卷展栏

【气泡运动】提供了在水下气泡上升时所看到的摇摆效果。通常，将粒子设置为在较窄的粒子流中上升时，会使用该效果。气泡运动与波形类似，气泡运动参数可以调整气泡【波】的振幅、周期和相位。【气泡运动】卷展栏如图 9-39 所示。

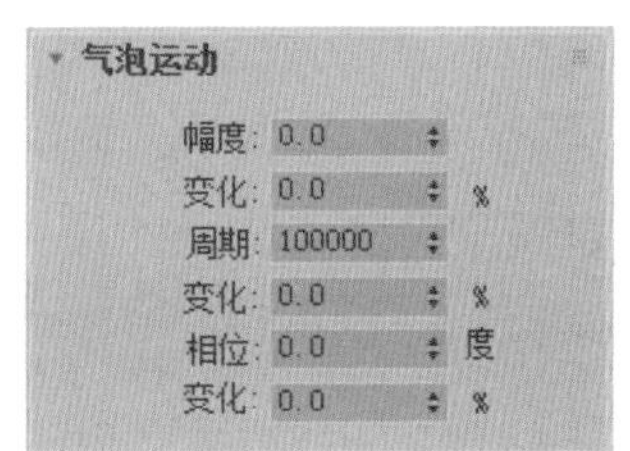

图 9-39

> 提示：气泡运动不受空间扭曲的影响，所以，可以使用空间扭曲控制粒子流的方向，而不改变局部的摇摆气泡效果。

◎ 【幅度】：该参数用于控制粒子离开的速度与距离。

> 提示：速度矢量是指速度既有大小又有方向，速度的大小在数值上等于物体在单位时间内发生的位移大小，速度的方向就是物体运动的方向。

◎ 【变化】：用于控制每个粒子所应用幅度变化的百分比。

◎ 【周期】：该参数用于控制粒子通过气泡“波”的一个完整振动的周期。建议的值为 20 到 30 个时间间隔。

> 提示：气泡运动按时间测量，而不是按速率测量，所以，如果周期值很大，运动可能需要很长时间才能完成。

◎ 【变化】：用于设置每个粒子的周期变化的百分比。

◎ 【相位】：该参数用于控制气泡图案沿着矢量的初始置换。

◎ 【变化】：该参数用于控制每个粒子的相位变化的百分比。

7. 【粒子繁殖】卷展栏

【粒子繁殖】卷展栏中的选项可以指定粒子消亡时或粒子与粒子导向器碰撞时，粒子会发生的情况。使用此卷展栏中的选项可以使粒子在碰撞或消亡时繁殖其他粒子。【粒子繁殖】卷展栏如图 9-40 所示。

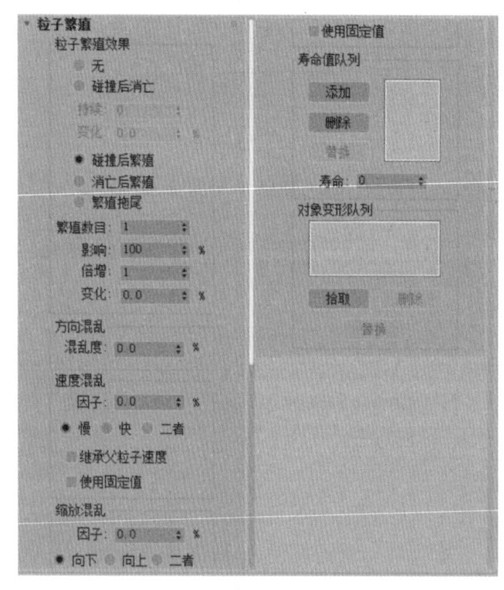

图 9-40

◎ 【粒子繁殖效果】选项组。

- ◆ 【无】：单击该单选按钮后，将不使用任何繁殖控件，粒子按照正常方式活动。
- ◆ 【碰撞后消亡】：单击该单选按钮，粒子将在碰撞到绑定的导向器（例如导向球）后消失。
- ◆ 【持续】：该参数选项用于控制粒子在碰撞后持续的寿命（帧数）。如果将此选项设置为 0（默认设置），粒子在碰撞后立即消失。
- ◆ 【变化】：当【持续】大于 0 时，每个粒子的【持续】值各不相同。使用此选项可以羽化粒子密度的逐渐衰减。
- ◆ 【碰撞后繁殖】：在与绑定的导向器碰撞时产生繁殖效果。
- ◆ 【消亡后繁殖】：在每个粒子的寿命结束时产生繁殖效果。
- ◆ 【繁殖拖尾】：在现有粒子寿命的每个帧处，从该粒子繁殖粒子。【倍增】参数用于指定每个粒子繁殖的粒子数。繁殖粒子的基本方向与父粒子的速度方向相反。【缩放混乱】、【方向混乱】和【速度混乱】因子应用于该基本方向。

> 提示：如果【倍增】大于 1，三个混乱因子中至少有一个要大于 0，才能看到其他繁殖的粒子。否则，倍数将占据该空间。

- ◆ 【繁殖数目】：除原粒子以外的繁殖数。例如，如果此选项设置为 1，并在消亡时繁殖，每个粒子超过原寿命后繁殖一次。
- ◆ 【影响】：该参数选项用于指定将繁殖的粒子的百分比。如果减小此设置，会减少产生繁殖粒子的粒子数。
- ◆ 【倍增】：用于倍增每个繁殖事件繁殖的粒子数。
- ◆ 【变化】：该参数用于逐帧指定【倍

增】值变化的百分比范围。

◎ 【方向混乱】选项组。

◆ 【混乱度】：用于指定繁殖粒子的方向可以从父粒子方向变化的量。如果设置为 0，则表明无变化。如果设置为 100，繁殖的粒子将沿着任意方向移动。如果设置为 50，繁殖的粒子可以从父粒子的路径最多偏移 90 度。

◎ 【速度混乱】选项组。

◆ 【因子】：该参数用于设置繁殖粒子的速度相对于父粒子的速度变化的百分比范围。如果值为 0，则表明无变化。

◆ 【慢】：随机应用速度因子，减慢繁殖粒子的速度。

◆ 【快】：根据速度因子随机加快粒子的速度。

◆ 【二者】：根据速度因子，有些粒子加快速度，而其他粒子减慢速度。

◆ 【继承父粒子速度】：勾选该复选框后，除了速度因子的影响外，繁殖的粒子还继承母体的速度。

◆ 【使用固定值】：将【因子】值作为设置值，而不是随机应用于每个粒子的范围。

◎ 【缩放混乱】选项组。

◆ 【因子】：为繁殖的粒子确定相对于父粒子的随机缩放百分比范围。

◆ 【向下】：根据【因子】的值随机缩小繁殖的粒子，使其小于其父粒子。

◆ 【向上】：随机放大繁殖的粒子，使其大于其父粒子。

◆ 【二者】：将繁殖的粒子缩放为大于和小于其父粒子。

◆ 【使用固定值】：勾选该复选框后，将【因子】的值作为固定值，而不是值范围。

◎ 【寿命值队列】选项组。

◆ 【列表窗口】：用于显示寿命值的列表。列表上的第一个值用于繁殖的第一代粒子，下一个值用于下一代，依此类推。如果列表中的值数少于繁殖的代数，最后一个值将重复用于所有剩余的繁殖。

◆ 【添加】：单击该按钮后，会将【寿命】文本框中的值加入列表窗口。

◆ 【删除】：单击该按钮后，将会删除列表窗口中当前选择的值。

◆ 【替换】：单击该按钮后，可以使用【寿命】文本框中的值替换队列中的值。

◆ 【寿命】：使用此选项可以设置一个值，然后单击【添加】按钮将该值加入列表窗口。

◎ 【对象变形队列】选项组。

◆ 【列表窗口】：用于显示要实例化为粒子的对象的列表。列表中的第一个对象用于第一次繁殖，第二个对象用于第二次繁殖，依此类推。如果列表中的对象数少于繁殖数，列表中的最后一个对象将用于所有剩余的繁殖。

◆ 【拾取】：单击该按钮后，在视口中选择要加入列表的对象。

◆ 【删除】：单击该按钮后，将可以删除列表窗口中当前选择的对象。

◆ 【替换】：使用其他对象替换队列中的对象。

【实战】烟雾旋转动画

本案例会介绍烟雾旋转动画的制作方法。首先创建一个圆环作为发射器，再创建一个球体作为粒子对象，然后创建粒子阵列对象并设置其参数。接着创建漩涡和导向板并将其与粒子阵列链接，最后调整圆环位置。完成后的效果如图 9-41 所示。

图 9-41

素材	Scenes\Cha09\ 烟雾素材 .max
场景	Scenes\Cha09\【实战】烟雾旋转动画 .max
视频	视频教学 \Cha09\【实战】烟雾旋转动画 .mp4

01 打开【烟雾素材 .max】素材文件，如图 9-42 所示。

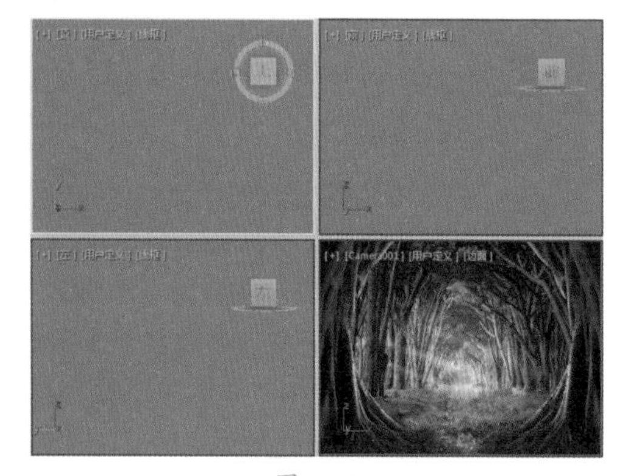
图 9-42

02 在命令面板中选择【创建】|【几何体】|【圆环】工具，在【顶】视图中创建一个圆环，将【半径 1】设置为 150，将【半径 2】设置为 1.1，如图 9-43 所示。

03 选中创建的圆环对象，按 M 键，打开【材质编辑器】对话框，选择一个材质样本球，单击 Standard 按钮，在弹出的对话框中选择【无光 / 投影】选项，如图 9-44 所示。

04 单击【确定】按钮，单击【将材质指定给选定对象】按钮，选择【创建】|【几何体】|【标准基本体】|【球体】工具，在【顶】视图中创建一个球体，在【参数】卷展栏中将【半径】设置为 6，将【分段】设置为 10，如图 9-45 所示。

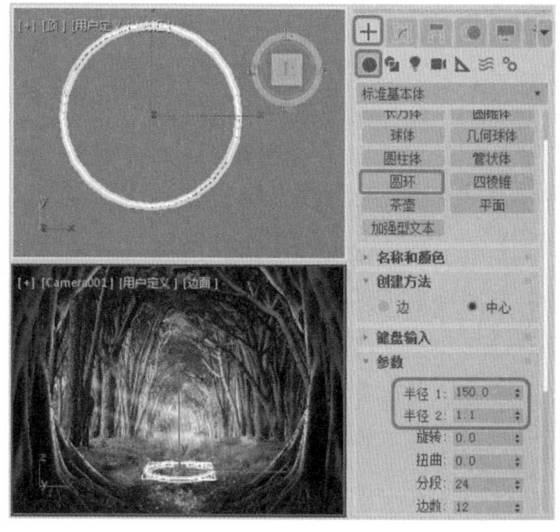

图 9-43

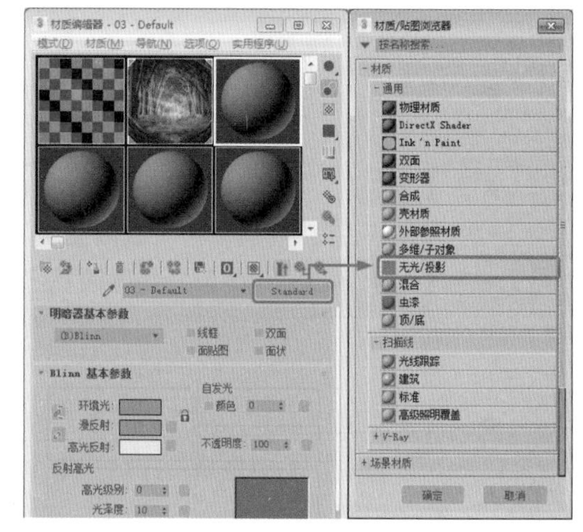

图 9-44

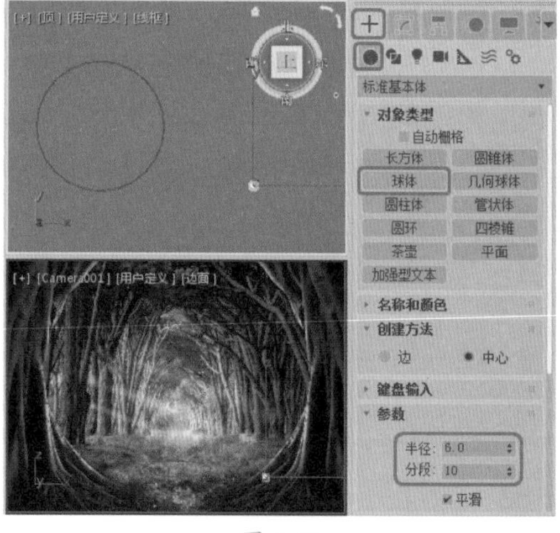

图 9-45

05 选择【创建】|【几何体】|【粒子系统】|【粒子阵列】工具，在【顶】视图中创建一个粒子阵列对象，在【基本参数】卷展栏中，单击【基于对象的发射器】选区中的【拾取对象】按钮，在场景中拾取圆环对象，将【粒子数百分比】设置为100，如图9-46所示。

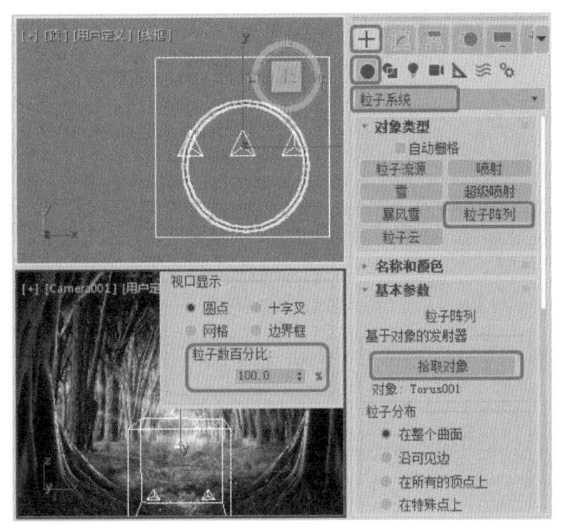

图 9-46

06 展开【粒子生成】卷展栏，在【粒子运动】选项组中将【速度】设置为0.0。在【粒子计时】选项组中将【发射停止】设置为150，将【显示时限】设置为200，将【寿命】设置为55。在【粒子大小】选项组中将【大小】设置为13。在【粒子类型】卷展栏中，选中【实例几何体】单选按钮，单击【实例参数】选区中的【拾取对象】按钮，拾取场景中的球体对象，如图9-47所示。

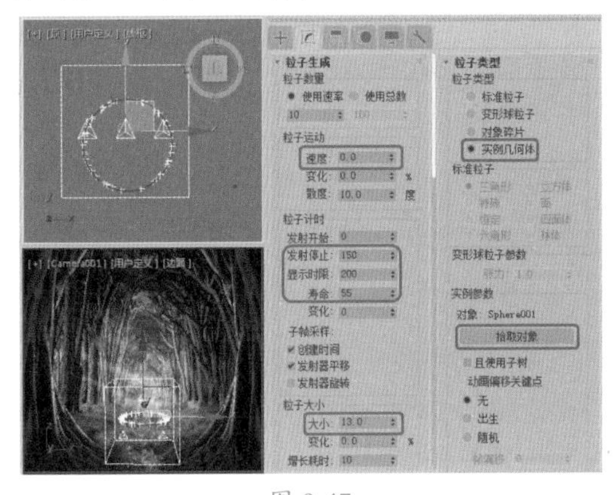

图 9-47

07 选择【创建】|【空间扭曲】|【力】|【漩涡】工具，在【顶】视图中的圆环内部创建一个漩涡对象。在【参数】卷展栏中将【计时】中的【结束时间】设置为200，在【捕获和运动】选项组中将【轴向下拉】设置为1.2，将【轨道速度】设置为1，将【径向拉力】的值设置为5，将所有【阻尼】设置为1，如图9-48所示。

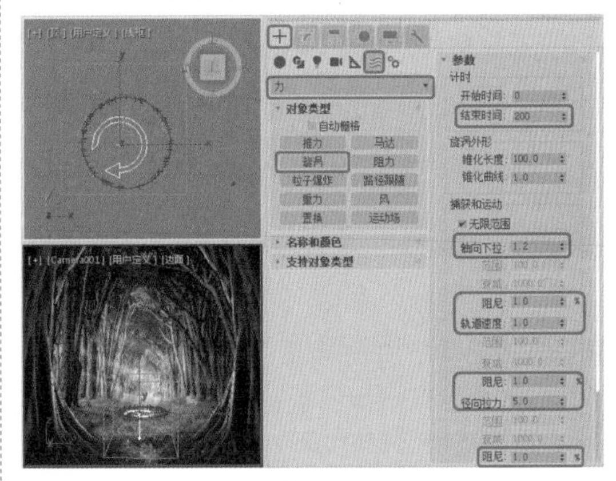

图 9-48

08 单击【绑定到空间扭曲】按钮，将粒子阵列绑定到漩涡对象上，如图9-49所示。

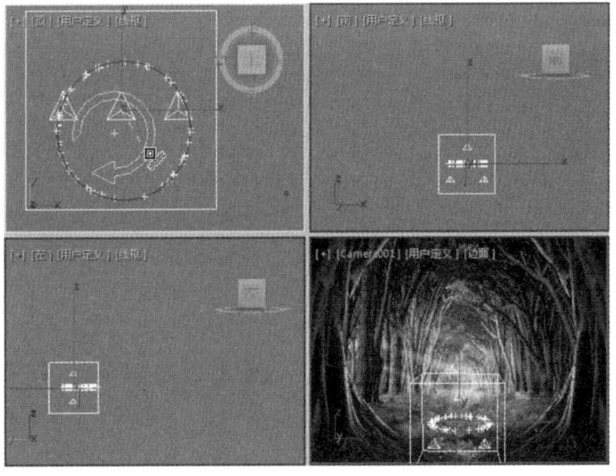

图 9-49

09 选择【创建】|【空间扭曲】|【导向器】|【导向板】工具，在【顶】视图中创建一个导向板对象。在【参数】卷展栏中将【反弹】设置为0.1，将【宽度】、【长度】分别设置为1475、900，如图9-50所示。

> 提示：【导向板】能阻挡并排斥由粒子系统产生的粒子，起着平面防护板的作用。

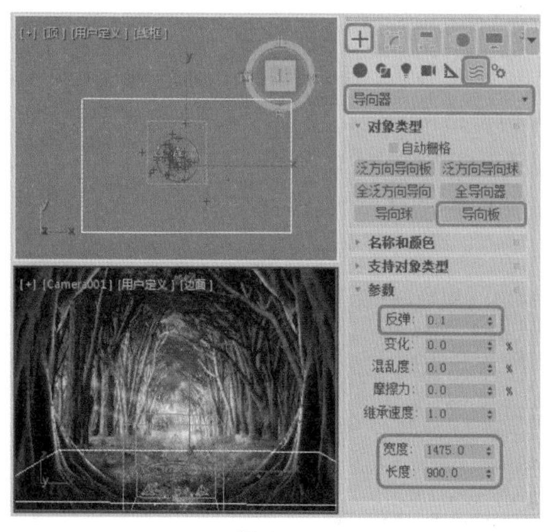

图 9-50

10 单击【绑定到空间扭曲】按钮，将粒子阵列对象绑定到导向板上，如图 9-51 所示。

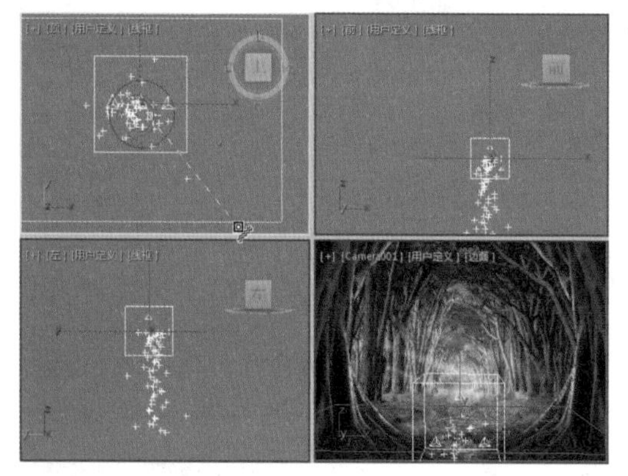

图 9-51

11 选中粒子阵列对象，打开【材质编辑器】对话框，将【烟雾】材质指定给粒子阵列对象，如图 9-52 所示。

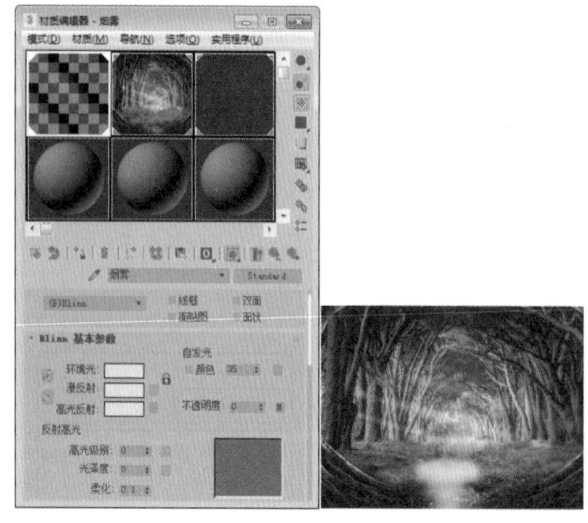

图 9-52

12 在视图中对圆环与球形对象的位置进行调整，如图 9-53 所示。

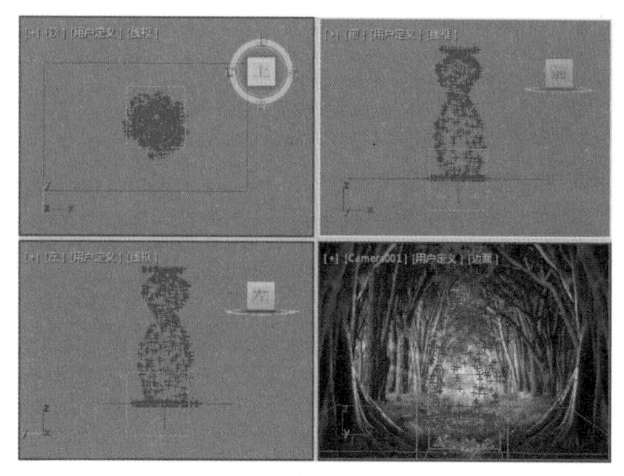

图 9-53

9.1.4 【超级喷射】粒子系统

【超级喷射】粒子系统从一个点向外发射粒子流，与【喷射】粒子系统相似，但功能更为复杂。它只能由一个出发点发射，产生线形或锥形的粒子群形态。在其他的参数控制上，与【粒子阵列】几乎相同，既可以发射标准基本体，还可以发射其他替代对象。通过参数控制，可以实现喷射、拖尾、拉长、气泡晃动、自旋等多种特殊效果，常用来制作水管喷水、喷泉、瀑布等特效。

选择【创建】|【几何体】|【粒子系统】|【超级喷射】工具，在视口中拖动以创建粒子云粒子系统，如图 9-54 所示。

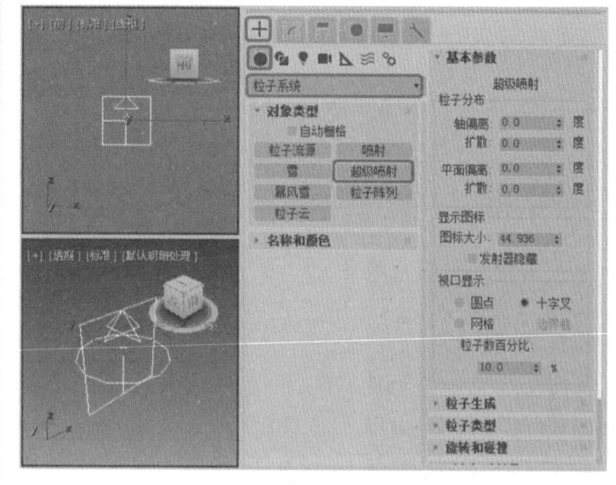

图 9-54

其【基本参数】卷展栏中的各个选项的

功能如下。

◎ 【粒子分布】选项组。

- ◆ 【轴偏离】：用于设置粒子与发射器中心Z轴的偏离角度，产生斜向的喷射效果。
- ◆ 【扩散】：用于设置在Z轴方向上粒子发射后散开的角度。
- ◆ 【平面偏离】：用于设置粒子在发射器平面上的偏离角度。
- ◆ 【扩散】：用于设置在发射器平面上粒子发射后散开的角度，产生空间的喷射。

◎ 【显示图标】选项组。

- ◆ 【图标大小】：用于设置发射器图标的大小尺寸，它对发射效果没有影响。
- ◆ 【发射器隐藏】：用于设置是否将发射器图标隐藏。发射器图标即使未隐藏，它也不会被渲染出来。

◎ 【视口显示】选项组：设置在视图中粒子以何种方式进行显示，这和最后的渲染效果无关。

【粒子生成】、【粒子类型】、【气泡运动】和【旋转和碰撞】卷展栏中的内容参见其他区粒子系统相应的卷展栏，其功能大都相似。

提示：超级喷射是喷射的一种更强大、更高级的版本，它提供了喷射的所有功能以及其他一些特性。

9.1.5 【暴风雪】粒子系统

【暴风雪】粒子系统从一个平面向外发射粒子流，与【雪】粒子系统相似，但功能更为复杂。从发射平面上产生的粒子在落下时不断旋转、翻滚，它们可以是标准基本体、变形球粒子或替身几何体。暴风雪的名称并非强调它的猛烈，而是指它的功能强大，不仅可以用于普通雪景的制作，还可以表现火花迸射、气泡上升、开水沸腾、满天飞花、烟雾升腾等特殊效果。

选择【创建】|【几何体】|【粒子系统】|【暴风雪】工具，在视口中拖动以创建暴风雪粒子系统，如图9-55所示。

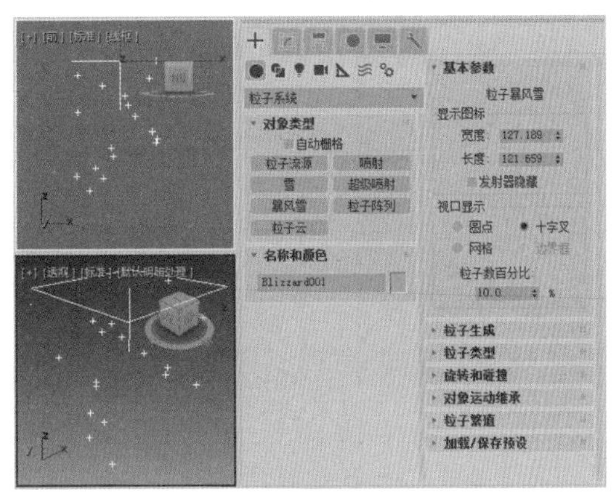

图 9-55

【基本参数】卷展栏中各选项功能如下。

◎ 【显示图标】选项组。

- ◆ 【宽度/长度】：用于设置发射器平面的长、宽值，即确定粒子发射覆盖的面积。
- ◆ 【发射器隐藏】：用于是否将发射器图标隐藏，发射器图标即使在屏幕上显示，它也不会被渲染。

◎ 【视图显示】选项组：设置在视图中粒子以何种方式进行显示，这和最后的渲染效果无关。

其他参数选项的功能参考【粒子阵列】粒子系统中的参数，在此就不再赘述了。

9.1.6 【粒子云】粒子系统

粒子云可以创建一群鸟、一个星空或一队在地面行军的士兵。【粒子云】粒子系统限制一个空间，在空间内部产生粒子效果。通常空间可以是球形、柱体或长方体，也可以是任意指定的分布对象；空间内的粒子可以是标准基本体、变形球粒子或替身几何体，常用来制作堆积的不规则群体。

选择【创建】|【几何体】|【粒子系统】|【粒子云】工具，在视口中拖动以创建粒子云粒子系统，如图 9-56 所示。

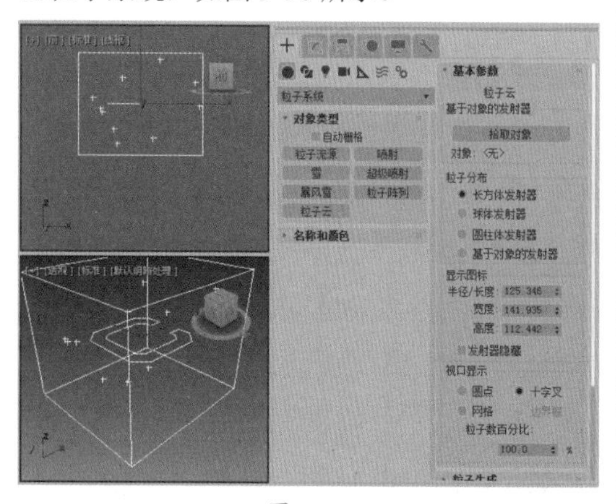

图 9-56

其【基本参数】卷展栏中的各个选项的功能如下。

◎ 【基于对象的发射器】选项组。
- ◆ 【拾取对象】：单击此按钮，然后选择要作为自定义发射器使用的可渲染网格对象。
- ◆ 【对象】：显示所拾取对象的名称。

◎ 【粒子分布】选项组。
- ◆ 【长方体发射器】：选择长方体形状的发射器。
- ◆ 【球体发射器】：选择球体形状的发射器。
- ◆ 【圆柱体发射器】：选择圆柱体形状的发射器。
- ◆ 【基于对象的发射器】：选择【基于对象的发射器】选项组中所选的对象。

◎ 【显示图标】选项组。
- ◆ 【半径 / 长度】：当使用长方体发射器时，它为长度设定；当使用球体发射器和圆柱体发射器时，它为半径设定。
- ◆ 【宽度】：设置长方体的底面宽度。
- ◆ 【高度】：设置长方体和柱体的高度。
- ◆ 【发射器隐藏】：是否将发射器标志隐藏起来。

◎ 【视口显示】选项组：设置在视图中粒子以何种方式进行显示，这和最后的渲染效果有关。

9.2 空间扭曲

空间扭曲对象是一类在场景中影响其他物体的不可渲染对象，它们能够创建力场使其他对象发生变形，可以创建涟漪、波浪、强风等效果。

9.2.1 【力】类型的空间扭曲

【力】中的空间扭曲用来影响粒子系统和动力学系统。它们全部可以和粒子一起使用，而且其中一些可以和动力学一起使用。

【力】面板中提供了 10 种不同类型的作用力，下面将对其中的 4 种进行介绍。

1. 路径跟随

指定粒子沿着一条曲线路径流动，需要一条样条线作为路径。可以用来控制粒子运动的方向，例如表现山间的小溪，可以让水流顺着曲折的山麓流下。如图 9-57 所示为粒子沿螺旋形路径运动。选择【创建】|【空间扭曲】|【力】|【路径跟随】工具，在【顶】视图中创建一个粒子路径跟随对象，如图 9-58 所示。

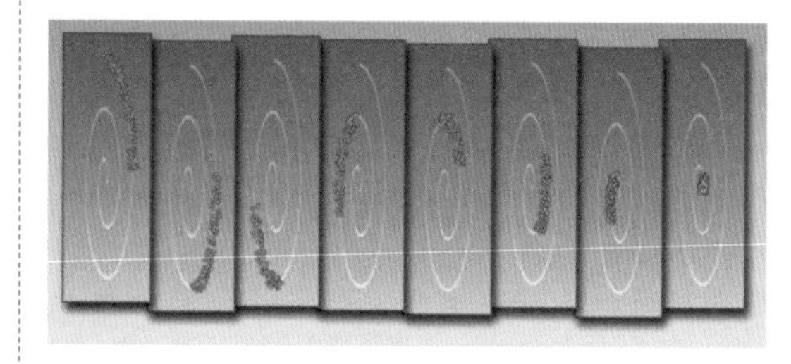

图 9-57

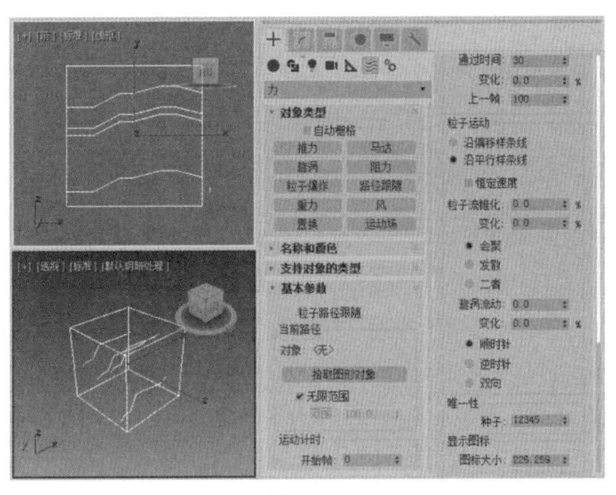

图 9-58

◎ 【当前路径】选项组。

- ◆ 【拾取图形对象】：单击该按钮，然后单击场景中的图形即可将其选为路径。可以使用任意图形对象作为路径；如果选择的是一个多样条线图形，则只会使用编号最小的样条线。
- ◆ 【无限范围】：取消勾选该复选框时，会将空间扭曲的影响范围限制为【范围】设置的值。勾选该复选框时，空间扭曲会影响场景中所有绑定的粒子，而不论它们距离路径对象有多远。
- ◆ 【范围】：指定取消勾选【无限范围】复选框时的影响范围。这是路径对象和粒子系统之间的距离。【路径跟随】空间扭曲的图标位置会被忽略。

◎ 【运动计时】选项组。

- ◆ 【开始帧】：该参数选项用于设置路径开始影响粒子的起始帧。
- ◆ 【通过时间】：该参数选项用于设置每个粒子在路径上运动的时间。
- ◆ 【变化】：该参数选项用于设置粒子在传播时间的变化百分比值。
- ◆ 【上一帧】：路径跟随释放粒子并且不再影响它们时所在的帧。

◎ 【粒子运动】选项组。

- ◆ 【沿偏移样条线】：用于设置粒子系统与曲线路径之间的偏移距离对粒子的运动产生影响。如果粒子喷射点与路径起始点重合，粒子将顺着路径流动；如果改变粒子系统与路径的距离，粒子流也会发生变化。
- ◆ 【沿平行样条线】：用于设置粒子系统与曲线路径之间的平移距离对粒子的运动不产生影响。即使粒子喷射口不在路径起始点，它也会保持路径的形态发生流动，但路径的方向会改变粒子的运动。
- ◆ 【恒定速度】：勾选该复选框，粒子将保持匀速流动。
- ◆ 【粒子流锥化】：设置粒子在流动时偏向于路径的程度，根据其下的 3 个选项将产生不同的效果。
- ◆ 【变化】：设置锥形流动的变化百分比值。
- ◆ 【会聚】：当【粒子流锥化】值大于 0 时，粒子在沿路径运动的同时会朝路径移动。
- ◆ 【发散】：粒子以分散方式偏向于路径。
- ◆ 【二者】：一部分粒子以会聚方式偏向于路径；另一部分粒子以分散方式偏向于路径。
- ◆ 【旋涡流动】：设置粒子在路径上螺旋运动的圈数。
- ◆ 【变化】：设置旋涡流动的变化百分比值。
- ◆ 【顺时针】和【逆时针】：设置粒子旋转的方向为顺时针还是逆时针。
- ◆ 【双向】：设置粒子旋转方向为双方向。

◎ 【唯一性】选项组。

- ◆ 【种子】：设置在相同设置下表现出不同的效果。

◎ 【显示图标】选项组。

◆ 【图标大小】：设置视图中图标的显示大小。

2. 重力

【重力】空间扭曲可以在粒子系统所产生的粒子上对自然重力的效果进行模拟。重力具有方向性，沿重力箭头方向运动的粒子呈加速状，逆着箭头方向运动的粒子呈减速状。在球形重力下，运动朝向图标。重力也可以作为动力学模拟中的一种效果，如图 9-59 所示。

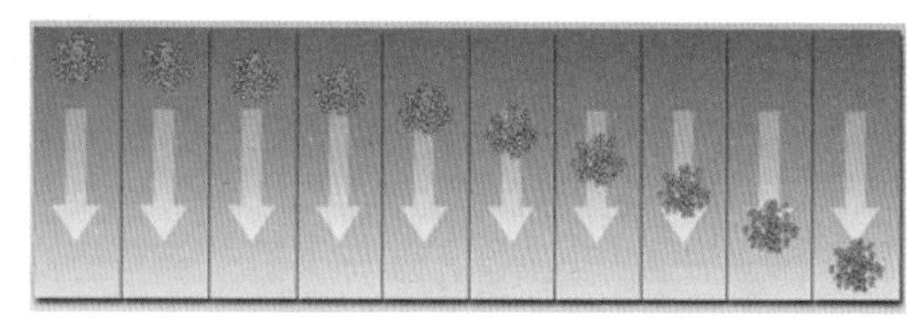

图 9-59

下面将对【重力】的【参数】卷展栏进行介绍，如图 9-60 所示。

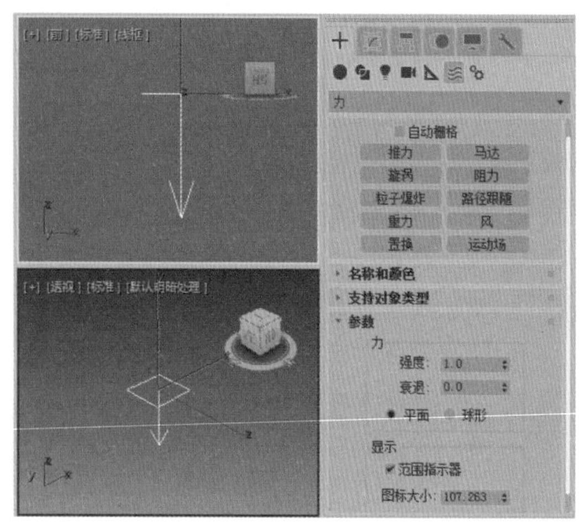

图 9-60

◎ 【力】选项组。

◆ 【强度】：该参数用于设置重力的大小。当值为 0 时，无重力影响；值为正时，粒子会沿着箭头方向偏移；值为负时，粒子会指向箭头方向。

◆ 【衰退】：该参数用于设置粒子随着距离的增加而减少，受重力的影响。

◆ 【平面】：单击该单选按钮后，重力效果将垂直于贯穿场景的重力扭曲对象所在的平面。

◆ 【球形】：单击该单选按钮后，重力效果将变为球形，粒子将被球心吸引。

◎ 【显示】选项组。

◆ 【范围指示器】：勾选该复选框时，如果衰退参数大于 0，视图中的图标会显示出重力最大值的范围。

◆ 【图标大小】：该参数选项用于设置图标在视图中的大小。

3. 风

【风】空间扭曲可以模拟风吹动粒子系统所产生的粒子效果。风力具有方向性。顺着风力箭头方向运动的粒子呈加速状，逆着箭头方向运动的粒子呈减速状，效果如图 9-61 所示。【风】空间扭曲的【参数】卷展栏如图 9-62 所示。

图 9-61

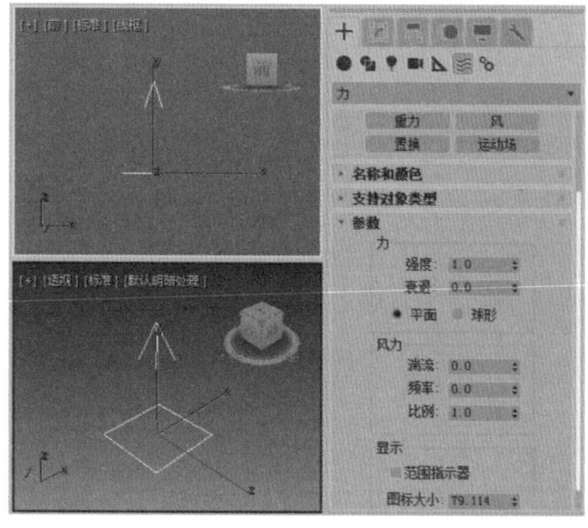

图 9-62

◎ 【力】选项组。

◆ 【强度】：该参数用于设置风力的强度大小。

◆ 【衰退】：设置【衰退】为0.0时，风力扭曲在整个世界空间内有相同的强度。增加【衰退】值会导致风力强度从风力扭曲对象的所在位置开始随距离的增加而减弱。

◆ 【平面】：设置空间扭曲对象为平面方式，箭头面为风吹的方向。

◆ 【球形】：设置空间扭曲对象为球形方式，球体中心为风源。

◎ 【风力】选项组。

◆ 【湍流】：该参数可以使粒子在被风吹动时随机改变路线。该数值越大，湍流效果越明显。

◆ 【频率】：当其设置大于0.0时，会使湍流效果随时间呈周期变化。这种微妙的效果可能无法看见，除非绑定的粒子系统生成大量粒子。

◆ 【比例】：该参数可以缩放湍流效果。当【比例】值较小时，湍流效果会更平滑、更规则。当【比例】值增加时，紊乱效果会变得更不规则、更混乱。

◎ 【显示】选项组。

◆ 【范围指示器】：勾选该复选框，如果衰退参数大于0，视图中的图标会显示出风力最大值的范围。

◆ 【图标大小】：用于设置视图中图标的大小尺寸。

4. 置换

【置换】空间扭曲以力场的形式推动和重塑对象的几何外形。置换对几何体（可变形对象）和粒子系统都会产生影响，如图9-63所示。【置换】空间扭曲的【参数】卷展栏如图9-64所示。使用【置换】空间扭曲有以下两种基本方法。

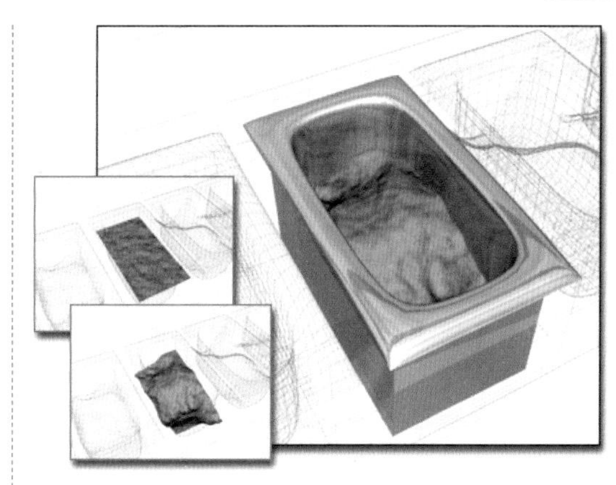

图 9-63

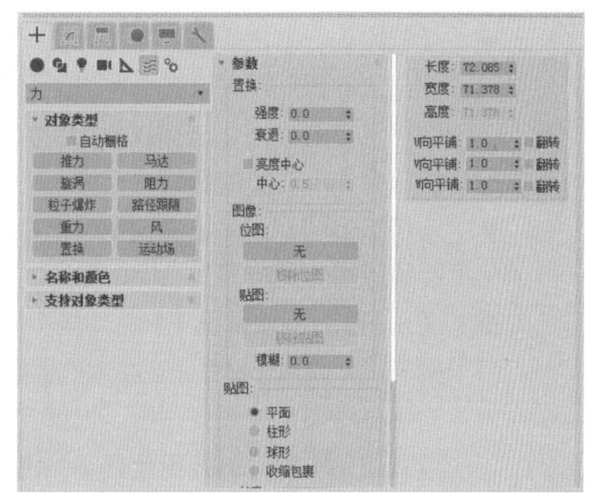

图 9-64

方法一：应用位图的灰度生成位移量。2D图像的黑色区域不会发生位移；较白的区域会往外推进，从而使几何体发生3D置换。

方法二：通过设置位移的【强度】和【衰退】值，直接应用置换。

【置换】空间扭曲的工作方式和【转换】修改器类似，只不过前者像所有空间扭曲那样，影响的是世界空间而不是对象空间。

【置换】空间扭曲的【参数】卷展栏中的参数选项功能如下。

◎ 【置换】选项组。

◆ 【强度】：当将该参数设置为0.0时，置换扭曲没有任何效果。大于0.0的值会使对象几何体或粒子按偏离【置换】空间扭曲对象所在位置的方向发生置换。小于0.0的值会使几何体扭曲置换。默认值为0.0。

- ◆ 【衰退】：默认情况下，置换扭曲在整个世界空间内有相同的强度。增加【衰退】值会导致置换强度从置换扭曲对象的所在位置开始随距离的增加而减弱。默认值为 0.0。
- ◆ 【亮度中心】：勾选此复选框可以将【中心】参数启用。
- ◆ 【中心】：用于设置置换的中心点。

◎ 【图像】选项组

- ◆ 【位图】：默认情况下为【无】。单击该按钮后，可以在选择对话框中指定位图文件。选择位图后，此按钮会显示位图的名称。
- ◆ 【移除位图】：单击该按钮后，将会移除指定的位图。
- ◆ 【贴图】：默认情况下标为【无】。单击，可以从【材质/贴图浏览器】对话框中指定位图或贴图。选择完位图或贴图后，该按钮会显示贴图的名称。
- ◆ 【移除贴图】：单击该按钮后，将会移除指定的贴图。
- ◆ 【模糊】：增加该值可以模糊或柔化位图置换的效果。

◎ 【贴图】选项组。

- ◆ 【平面】：从对象上的一个平面投影贴图，在某种程度上类似于投影幻灯片，如图 9-65 所示为平面贴图效果。

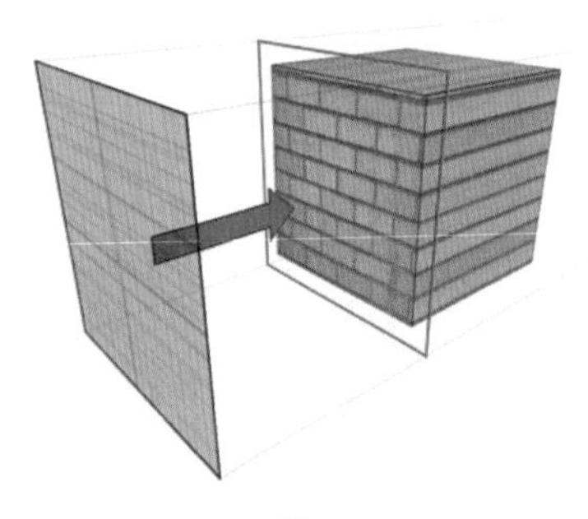

图 9-65

- ◆ 【柱形】：从圆柱体投影贴图，使用它包裹对象。柱形投影用于基本形状为圆柱形的对象，如图 9-66 所示。

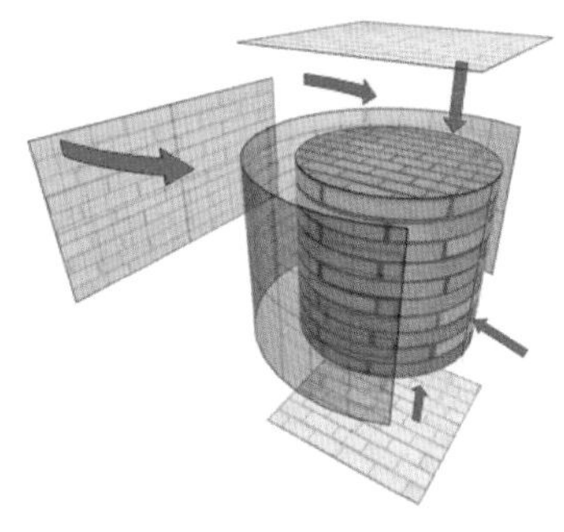

图 9-66

- ◆ 【球形】：通过从球体投影贴图来包围对象，如图 9-67 所示。球形投影用于基本形状为球形的对象。

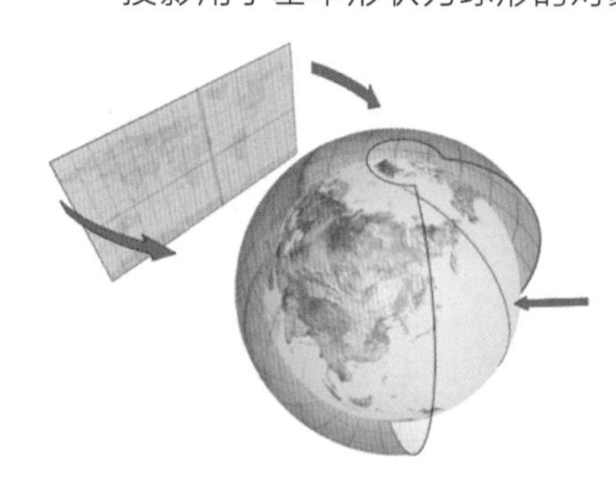

图 9-67

- ◆ 【收缩包裹】：使用球形贴图，但是它会截去贴图的各个角，然后在一个单独极点将它们全部结合在一起，仅创建一个奇点，如图 9-68 所示。收缩包裹贴图用于隐藏贴图奇点。

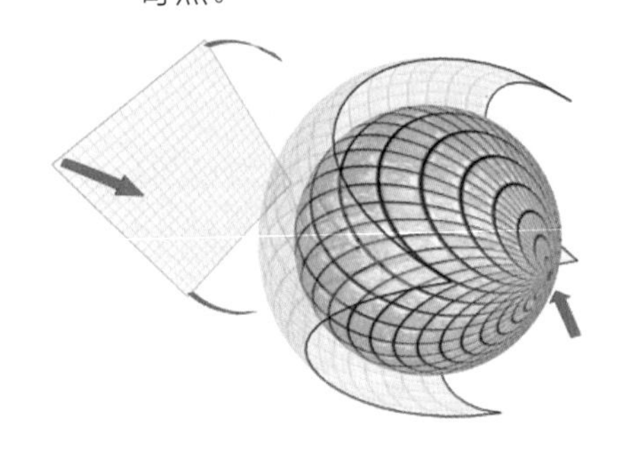

图 9-68

- 【长度 / 宽度 / 高度】：指定空间扭曲 gizmo 的边界框尺寸。
- 【U/V/W 向平铺】：用于指定位图沿指定尺寸重复的次数。
- 【翻转】：用于设置沿相应的 U、V 或 W 轴反转贴图的方向。

9.2.2 【几何 / 可变形】类型的空间扭曲

【几何 / 可变形】空间扭曲用于使几何体变形，其中包括 FFD（长方体）空间扭曲、FFD（圆柱体）空间扭曲、波浪空间扭曲、涟漪空间扭曲、置换空间扭曲、一致空间扭曲和爆炸空间扭曲。

1. 波浪

【波浪】空间扭曲可以在整个世界空间中创建线性波浪。它影响几何体和产生作用的方式与【波浪】修改器相同，它们最大的区别在于对象与波浪空间扭曲间的相对方向和位置会影响最终的扭曲效果。通常用它来影响大面积的对象，产生波浪或蠕动等特殊效果。

其【参数】卷展栏如图 9-69 所示，其中各个选项的功能如下。

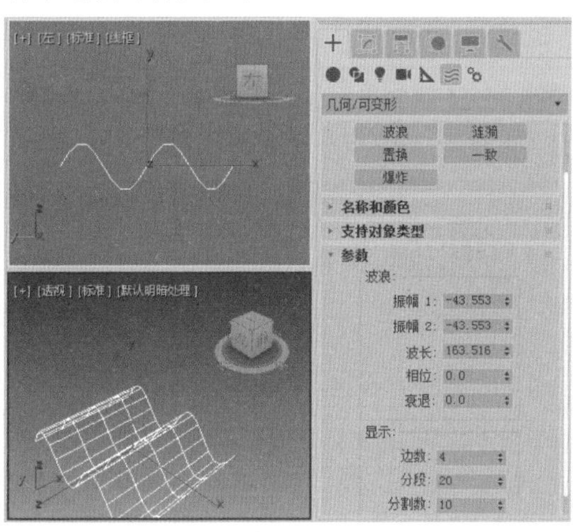

图 9-69

◎ 【波浪】选项组。

- 【振幅 1】：设置沿波浪扭曲对象的局部 X 轴的波浪振幅。
- 【振幅 2】：设置沿波浪扭曲对象的局部 Y 轴的波浪振幅。
- 【波长】：以活动单位数设置每个波浪沿其局部 Y 轴的长度。
- 【相位】：在波浪对象中央的原点开始偏移波浪的相位。整数值无效，只有小数值才有效。设置该参数的动画会使波浪看起来像是在空间中传播。
- 【衰退】：当其设置为 0 时，波浪在整个世界空间中有相同的一个或多个振幅。增加【衰退】值会导致振幅从波浪扭曲对象的所在位置开始随距离的增加而减弱，默认设置为 0。

◎ 【显示】选项组。

- 【边数】：设置波浪自身 X 轴的振动幅度。
- 【分段】：设置波浪自身 Y 轴上的片段划分数。
- 【分割数】：在不改变波浪效果的情况下，调整波浪图标的大小。

2. 涟漪

【涟漪】空间扭曲可以在整个世界空间中创建同心波纹。它影响几何体和产生作用的方式与涟漪修改器相同。如果想让涟漪影响大量对象，或想要相对于其在世界空间中的位置影响某个对象时，应该使用【涟漪】空间扭曲。涟漪效果如图 9-70 所示。

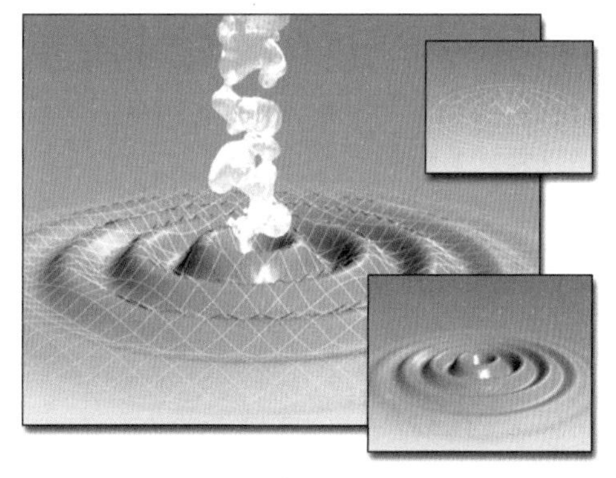

图 9-70

下面将对【参数】卷展栏进行介绍，如图 9-71 所示。

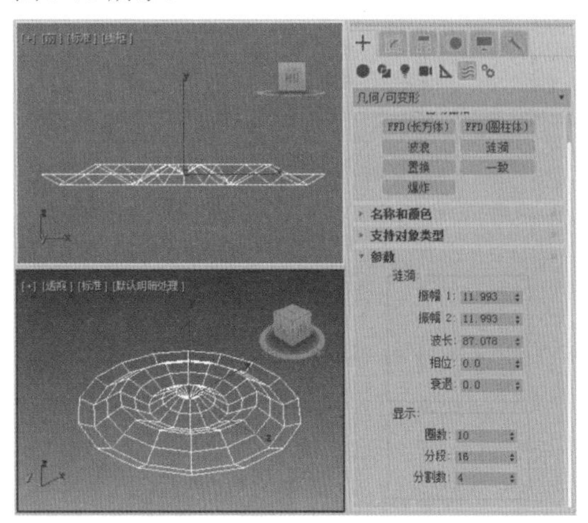

图 9-71

◎ 【涟漪】选项组。

◆ 【振幅 1】：设置沿着涟漪对象自身 X 轴向上的振动幅度。

◆ 【振幅 2】：设置沿着涟漪对象自身 Y 轴向上的振动幅度。

◆ 【波长】：设置每一个涟漪波的长度。

◆ 【相位】：设置波从涟漪中心点发出时的振幅偏移。此值的变化可以记录为动画，产生从中心向外连续波动的涟漪效果。

◆ 【衰退】：设置从涟漪中心向外衰减振动的影响，靠近中心的地区振动最强，随着距离的拉远，振动也逐渐变弱，这一点符合自然界中的涟漪现象，当水滴落入水中后，水波向四周扩散，振动衰减直至消失。

◎ 【显示】选项组。

◆ 【圈数】：设置涟漪对象圆环的圈数。

◆ 【分段】：设置涟漪对象圆周上的片段划分数。

◆ 【分割数】：设置涟漪对象显示的尺寸大小。

3. 置换

【置换】是一个具有奇特功能的工具，它可以将一个图像映射到三维对象表面，根据图像的灰度值，可以对三维对象表面产生凹凸效果，白色的部分将凸起，黑色的部分会凹陷，该功能与力中的【置换】一样，这里就不再重复。

 【实战】涟漪

本例将介绍如何制作涟漪动画效果，效果如图 9-72 所示。

图 9-72

素材	Scenes\Cha09\ 涟漪素材 .max
场景	Scenes\Cha09\【实战】涟漪 .max
视频	视频教学 \Cha09\【实战】涟漪 .mp4

01 打开【涟漪素材 .max】素材文件，如图 9-73 所示。

图 9-73

02 选择【创建】 | 【空间扭曲】 | 【几

何 / 可变形】|【涟漪】工具，在【顶】视图中单击鼠标左键并拖动，创建涟漪空间扭曲对象，如图 9-74 所示。

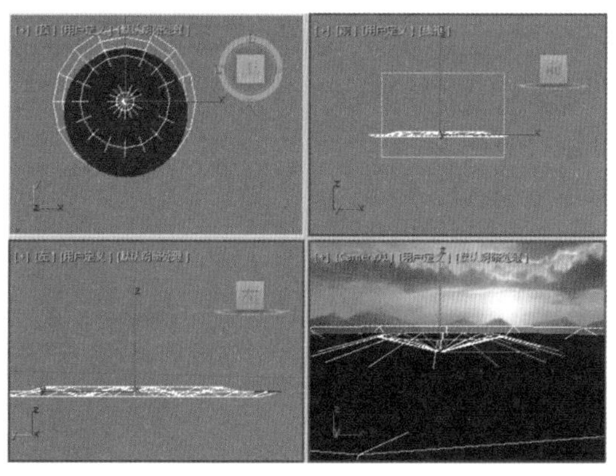

图 9-74

03 单击【修改】按钮，进入【修改】命令面板，将时间滑块拖曳至第 0 帧处，按 N 键打开自动关键点记录模式，在【参数】卷展栏中将【涟漪】选项组中的【振幅 1】、【振幅 2】、【波长】、【相位】、【衰退】设置为 10、10、135、0、0.001，将【显示】选项组中的【圈数】、【分段】和【分割数】设置为 25、20、2，如图 9-75 所示。

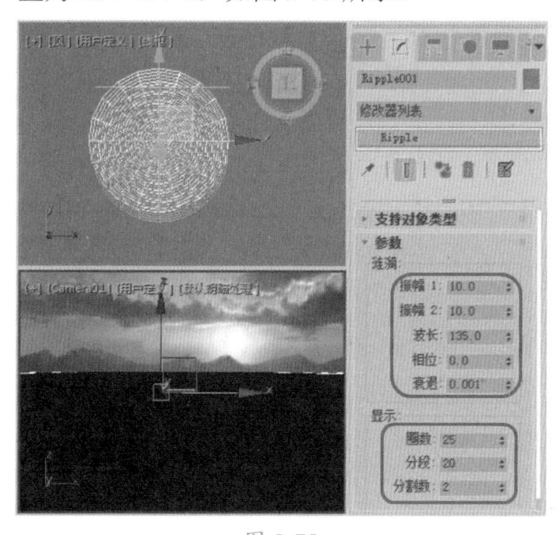

图 9-75

04 将时间滑块拖曳至第 300 帧处，在【参数】卷展栏中将【振幅 2】、【波长】、【相位】分别设置为 5、140、2，如图 9-76 所示。

05 按 N 键关闭自动关键点记录模式，在场景中选择【水面】对象，单击工具栏中的【绑定到空间扭曲】按钮，在【顶】视图中按住鼠标左键并将其拖动至创建的【涟漪】空间扭曲上，如图 9-77 所示。

图 9-76

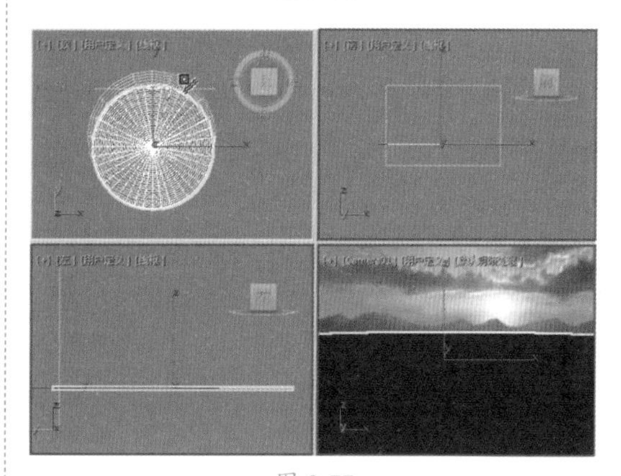

图 9-77

06 释放鼠标，即可将水面对象绑定到【涟漪】空间扭曲上，然后激活摄影机视图，按 F9 键进行渲染，完成后的效果如图 9-78 所示。

图 9-78

9.3 视频后期处理

本节将对视频后期处理进行全面介绍，希望通过对本节的学习，读者能够对视频后期处理有一个全面的认识。

9.3.1 视频后期处理简介

【视频后期处理】视频合成器是 3ds Max 中独立的一大组成部分，相当于一个视频后期处理软件，包括动态影像的非线性编辑功能以及特殊效果处理功能，类似于 After Effects 或者 Combustion 等后期合成软件的性质，但视频后期处理功能很弱。在几年前后期合成软件不太流行的时候，这个视频合成器的确起到了很大的作用，不过随着时代的发展，现在 PC 平台上的后期合成软件已经发展得非常成熟，因此 3ds Max 软件本身在 2 版本以后就没有再发展这个功能。当然这个视频合成器还是很好使用的，很多特殊效果都可以利用它来制作，只是制作效率比较低。

一个视频后期处理序列可以包含场景几何体、背景图像、效果以及用于合成这些内容的遮罩，如图 9-79 所示。

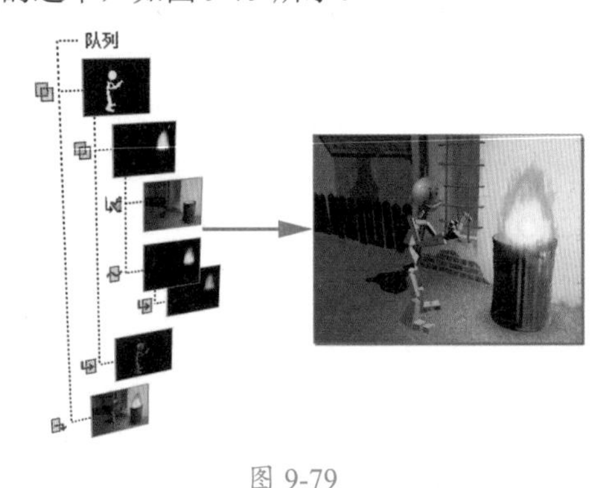

图 9-79

9.3.2 视频后期处理界面介绍

在菜单栏中选择【渲染】|【视频后期处理】命令，如图 9-80 所示，即可打开【视频后期处理】对话框，如图 9-81 所示。

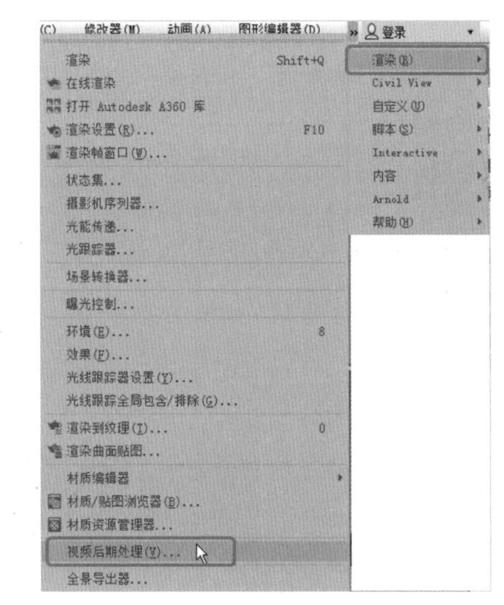

图 9-80

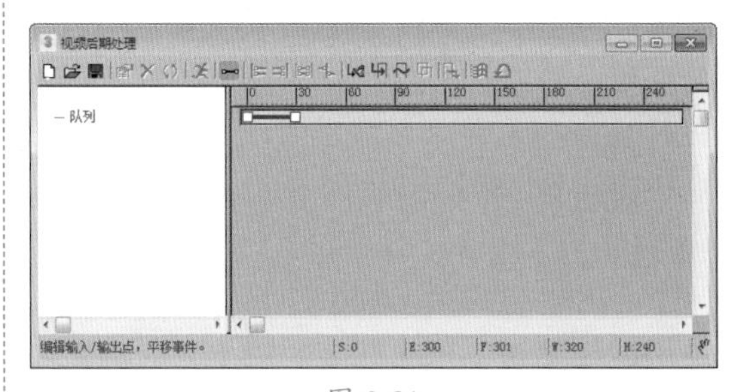

图 9-81

从外表上看，视频后期处理界面由 5 部分组成：顶端为工具栏，完成各种操作；左侧为序列窗口，用于加入和调整合成的项目序列；右侧为编辑窗口，以滑块控制当前项目所处的活动区段；在该对话框的底部提供了一些状态行和控制工具。

在视频后期处理中，可以加入多种类型的项目，包括当前场景、图像、动画、过滤器和合成器等，主要目的有两个：一是将场景、图像和动画组合连接在一起，层层覆盖以产生组合的图像效果，分段连接产生剪辑影片的作用；二是对组合和连接加入特殊处理，如对图像进行发光处理，在两个影片衔接时做淡入淡出处理等。

1. 序列窗口和编辑窗口

左侧空白区中为序列窗口，在序列窗口中以一个分支树的形式将各个项目连接在一起，项目的种类可以任意指定，它们之间也可以分层。这与材质分层、轨迹分层的概念相同。

在视频后期处理中，大部分工作是在各个项目的自身设置面板中完成的。通过序列窗口可以安排这些项目的顺序，从上至下，越往上，层级越低，下面的层级会覆盖在上面的层级之上。所以对于背景图像，应该将其放置在最上层（即最底层级）。

对于序列窗口中的项目，双击可以直接打开它的参数控制面板，进行参数设置。单击可以将它选择，配合键盘上的 Ctrl 键可以单独添加或减去选择，配合 Shift 键可以将两个选择之间的所有项目选中，这对于编辑窗口中的操作也同样适用。

右侧窗口是编辑窗口，它的内容很简单，以条柱表示当前项目作用的时间段，时间条柱可以移动或放缩，选择多个条柱后可以进行各种对齐操作。双击项目条柱也可以直接打开它的参数控制面板，进行参数设置，如图 9-82 所示。

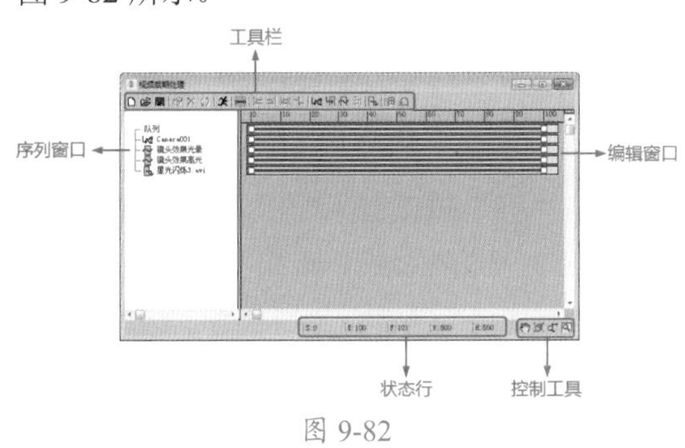

图 9-82

2. 状态行和控制工具

在视频后期处理界面底部是状态行和控制工具。

中间为状态行，S 显示当前选择项目的起始帧。E 显示当前选择项目的结束帧。F 显示当前选择项目的总帧数。W/H 显示当前序列最后输出图像的尺寸，单位为像素。

控制工具主要用于编辑窗口的显示。

◎ 【平移】：用于在事件轨迹区域水平拖动将视图从左移至右。

◎ 【最大化显示】：水平调整事件轨迹区域的大小时，使最长轨迹栏的所有帧都可见。

◎ 【缩放时间】：事件轨迹区域显示较多或较少数量的帧，可以缩放显示。时间标尺显示当前时间单位。在事件轨迹区域水平拖动可缩放时间，向右拖动可在轨迹区域显示较少帧（放大），向左拖动可在轨迹区域显示较多帧（缩小）。

◎ 【缩放区域】：通过在事件轨迹区域拖动矩形来放大定义的区域。

3. 工具栏

工具栏中包含的工具主要用于处理视频后期处理文件、管理显示在序列窗口和编辑窗口中的单个事件。

◎ 【新建序列】：单击该按钮，将会弹出一个确认提示，新建一个序列的同时会将当前所有序列设置删除。

◎ 【打开序列】：单击该按钮，弹出【打开序列】对话框，在该对话框中可以将保存的 vpx 格式文件导入。vpx 是视频后期处理保存的标准格式，这有利于序列设置的重复利用。

◎ 【保存序列】：单击该按钮，弹出【保存视频后期处理文件】对话框，将当前视频后期处理中的序列设置保存为标准的 vpx 文件，以便用于其他场景。一般情况下，不必单独保存视频后期处理文件，所有的设置会连同 3ds Max 文件一同保存。如果在序列项目中有动画设置，将会弹出一个警告框，告知不能将此动画设置保存在 vpx 文件中，如果需要完整保存的话，应当以 3ds max 文件保存，如图 9-83 所示。

◎ 【编辑当前事件】：在序列窗口中选择一个事件后，此按钮成为活动状态，点击它，可以打开当前选择项目的参数设置面板。一般我们不使用这个工具，因为无论在序列窗口还是编辑窗口中，双击项目就可以打开它的参数设置面板。

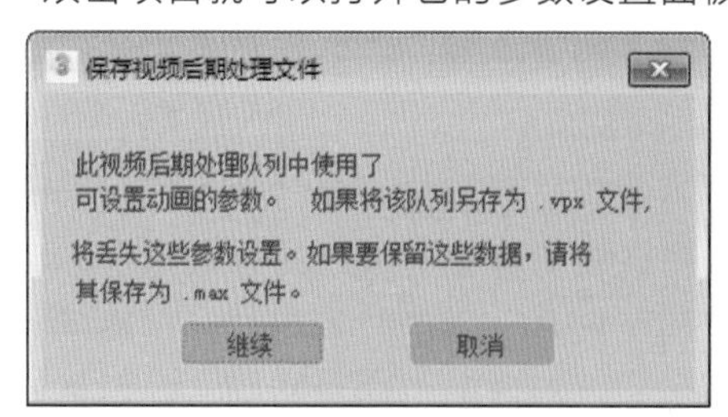

图 9-83

◎ 【删除当前事件】：可以删除不可用的启用事件和禁用事件。

◎ 【交换事件】：当两个相邻的事件一同被选择时，它变为激活状态。单击该按钮可以将两个事件的前后次序颠倒，用于事件之间相互次序的调整。

◎ 【执行序列】：对当前视频后期处理中的序列进行输出渲染，这是最后的执行操作，将弹出一个参数设置对话框，如图 9-84 所示。在该对话框中设置时间范围和输出大小，然后单击【渲染】按钮创建视频。

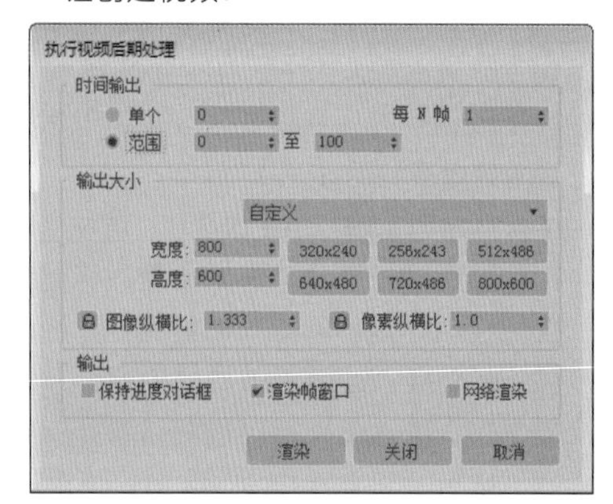

图 9-84

◆ 【时间输出】选项组。

» 【单个】：仅当前帧。只能执行单帧，前提是它在当前范围内。

» 【范围】：两个数字之间（包括这两个数）的所有帧。

» 【每 N 帧】：帧的规则采样。例如，输入 8 则每隔 8 帧执行一次。

◆ 【输出大小】选项组。

» 【类型】：用户可以在该下拉列表中选择【自定义】或电影及视频格式。对于【自定义】类型，可以设置摄影机的光圈宽度、渲染输出分辨率和图像纵横比或像素纵横比。

» 【宽度 / 高度】：以像素为单位指定图像的宽度和高度。对于【自定义】格式，可以分别单独进行设置。对于其他格式，两个微调器会锁定为指定的纵横比，因此更改一个另外一个也会更改。

» 【图像纵横比】：设置图像的纵横比。更改【图像纵横比】时，还可以更改【高度】值以保持正确的纵横比。对于标准的电影或视频格式，图像纵横比是锁定的，该文本框由显示的文字取代。

» 【像素纵横比】：设置图像像素的纵横比。对于标准的电影或视频格式，像素纵横比由格式确定，该文本框由显示的文字取代。

◆ 【输出】选项组。

» 【保持进度对话框】：视频后期处理序列完成执行后，强制【视频后期处理进度】对话框保持显示。默认情况下，它会自动关闭。如果勾选该复选框，则必须单击【关闭】按钮关闭该对话框。

» 【渲染帧窗口】：在屏幕上以窗口方式显示【视频后期处理】对话框。

» 【网络渲染】：如果勾选该复选框，在渲染时将会看到【网络作业分配】对话框。

◎ 【编辑范围栏】：这是视频后期处理中的基本编辑工具，对序列窗口和编辑窗口都有效。

◎ 【将选定项靠左对齐】：将多个选择的事件左侧对齐。

◎ 【将选定项靠右对齐】：将多个选择的事件右侧对齐。

◎ 【使选定项大小相同】：单击该按钮使所有选定的事件与当前的事件大小相同。

◎ 【关于选定项】：单击该按钮，将选定的事件首尾连接，这样，一个事件结束时，下一个事件开始。

◎ 【添加场景事件】：为当前序列加入一个场景事件，渲染的视图可以从当前屏幕使用的几种标准视图中选择。对于摄影机视图，不出现在当前屏幕上的也可以选择，这样，可以使用多架摄影机在不同角度拍摄场景，通过视频后期处理将它们按时间段组合在一起，编辑成一段连续切换镜头的影片。单击【添加场景事件】按钮，可以打开【添加场景事件】对话框，如图 9-85 所示。

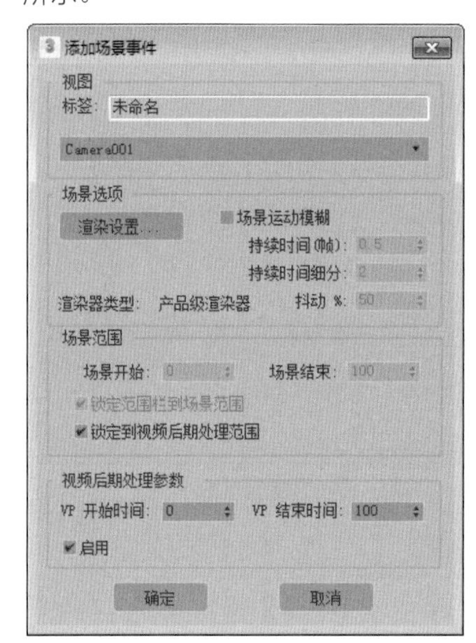

图 9-85

◆ 【视图】选项组。

» 【标签】：这里可以为当前场景事件设定一个名称，它将出现在序列窗口中，如果为【未命名】，则以当前选择的视图标识名称作为序列名称。

» 视图选择下拉列表：在这里可以选择当前场景渲染的视图，其中包括当前屏幕中存在的标准视图以及所有的摄影机视图。

◆ 【场景选项】选项组。

» 【渲染设置】：单击该按钮，将打开【渲染设置】对话框，其中所包含的内容是除【视频后期处理执行序列】对话框参数以外的其余渲染参数，这些参数与场景的渲染参数通用，彼此调节都会产生相同的影响。

» 【场景运动模糊】：为整个场景打开场景运动模糊效果。这与对象运动模糊有所区别，对象运动模糊只能为场景中的个别对象创建运动模糊。

» 【持续时间（帧）】：为运动模糊设置虚拟快门速度。当将它设置为 1 时，则为连续两帧之间的整个持续时间开启虚拟快门。当将它设置为较小数值时（例如 0.25），在【持续时间细分】字段指定的细分数将在帧的指定部分渲染。

» 【持续时间细分】：确定在【持续时间】内渲染的子帧切片的数量。默认值为 2，但是可能要有至少 5 个或者 6 个才能达到合适的效果。

» 【抖动 %】：设置重叠帧的切片模糊像素之间的抖动数量。

如果【抖动 %】设置为 0，则不会有抖动发生。

◆ 【场景范围】选项组。

» 【场景开始 / 结束】：设置要渲染的场景帧范围。

» 【锁定范围栏到场景范围】：当取消勾选【锁定到视频后期处理范围】复选框时才可用。当它可用时，将禁用【场景结束】微调器，并锁定到【视频后期处理】范围。更改【场景开始】微调器时，它会根据为该事件设置的【视频后期处理】范围自动更新【场景结束】微调器。

» 【锁定到视频后期处理范围】：将相同范围的场景帧渲染为【视频后期处理】帧。可以在【视频后期处理】对话框中设置【视频后期处理】范围。

◆ 【视频后期处理参数】选项组。

» 【VP 开始 / 结束时间】：在整个视频后期处理队列中设置选定事件的开始帧和结束帧。

» 【启用】：该复选框用于启用或禁用事件。取消勾选该复选框时，事件被禁用，当渲染队列时，【视频后期处理】会忽略该事件。必须分别禁用各个事件。

◎ 【添加图像输入事件】：将静止或移动的图像添加至场景。【图像输入】事件将图像放置到序列中，但不同于【场景】事件，该图像是一个事先保存过的文件或设备生成的图像。单击【添加图像输入事件】按钮，可以打开【添加图像输入事件】对话框，如图 9-86 所示。

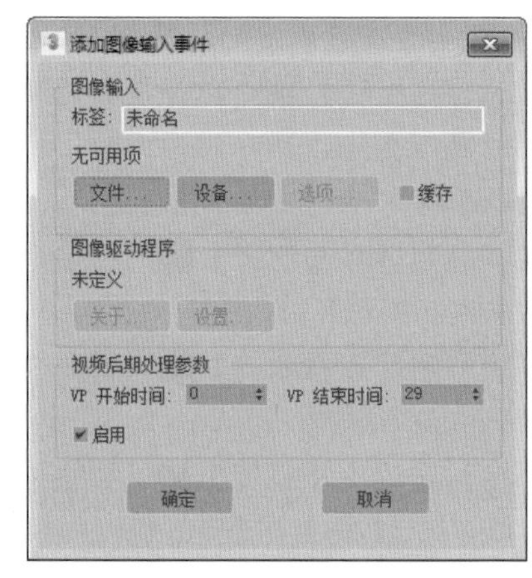

图 9-86

◆ 【图像输入】选项组。

» 【标签】：为当前事件定义一个特征名称，如果默认【未命名】，将使用输入图像的文件名称。

» 【文件】：可用于选择位图或动画图像文件。

» 【设备】：选择用于图像输出的外围设备驱动。

» 【选项】：单击该按钮，弹出【图像输入选项】对话框，如图 9-87 所示。在该对话框中可以设置输入图像的对齐方式、大小和帧范围。

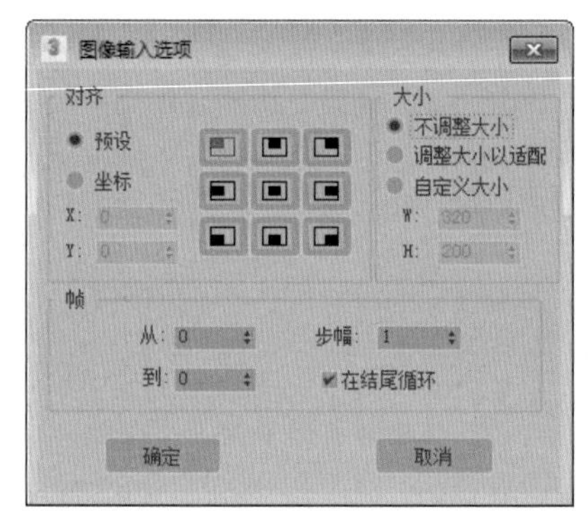

图 9-87

提示：【选项】按钮只有在添加图像文件之后才可用。

» 【缓存】：在内存中存储位图。如果要使用单个图像位图，则可以勾选该复选框。【视频后期处理】不会重新加载或缩放每个帧的图像。

◆ 【图像驱动程序】选项组。

提示：只有将选择的设备用作图像源时，这些按钮才可用。

» 【关于】：提供关于图像处理程序软件来源的信息，该软件用于将图像导入 3ds Max 环境。

» 【设置】：显示插件的设置对话框。某些插件可能不能使用该按钮。

◎ 【添加图像过滤事件】：提供图像和场景的图像处理。单击【添加图像过滤事件】按钮，打开如图 9-88 所示的【添加图像过滤事件】对话框。

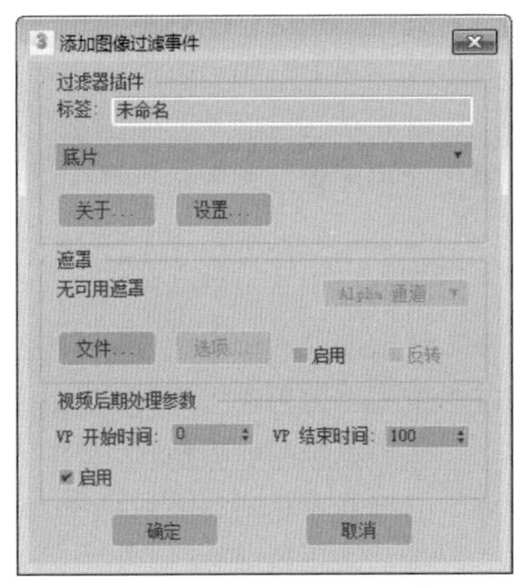

图 9-88

◆ 【过滤器插件】选项组。

» 【标签】：指定一个名称作为当前过滤事件在序列中的名称。

» 过滤器列表：在该下拉列表中列出了已安装的过滤器插件。

» 【关于】：提供插件的版本和来源信息。

» 【设置】：显示插件的设置对话框。某些插件可能不能使用该按钮。

◆ 【遮罩】选项组。

» 【通道】：如果要将位图用作遮罩文件，可以使用【Alpha 通道】、【红色、绿色或蓝色】通道、【亮度】、【Z 缓冲区】、【材质效果】或【对象 ID】。

提示：通道类型下拉列表只有在勾选【遮罩】选项组中的【启用】复选框时才可用。

» 【文件】：选择用做遮罩的文件。选定文件的名称会出现在【文件】按钮上方。

» 【选项】：单击该按钮，将会显示【图像输出选项】对话框，可以在该对话框中设置相对于视频输出帧的对齐和大小。对于已生成动画的图像，还可以将遮罩与视频输出帧序列同步。

» 【启用】：如果取消勾选该复选框，则【视频后期处理】会忽略任何其他遮罩设置。

» 【反转】：启用后，将遮罩反转。

◆ 【视频后期处理参数】选项组中的内容与【添加场景事件】对话框【视频后期处理参数】选项组中的内容相同，可参见相关的内容进行设置，这里就不再赘述了。

◎ 【添加图像层事件】：将两个事件以某种特殊方式合成在一起，这时它成为父级事件，被合成的两个事件成为子级事件。对于事件的要求，只能合成输入图像和输入场景事件，当然也可以合成图层事件，产生嵌套的层级。单击【添加图像层事件】按钮，即可打开【添加图像层事件】对话框，如图 9-89 所示。

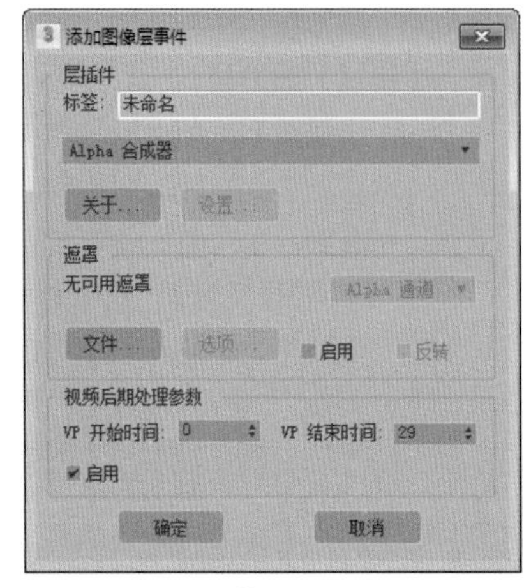

图 9-89

◎ 【添加图像输出事件】：与图像输入事件按钮用法相同，只是支持的图像格式少了一些。通常将它放置在序列的最后，可以将最后的合成结果保存为图像文件。单击【添加图像输出事件】按钮，打开【添加图像输出事件】对话框，如图 9-90 所示。

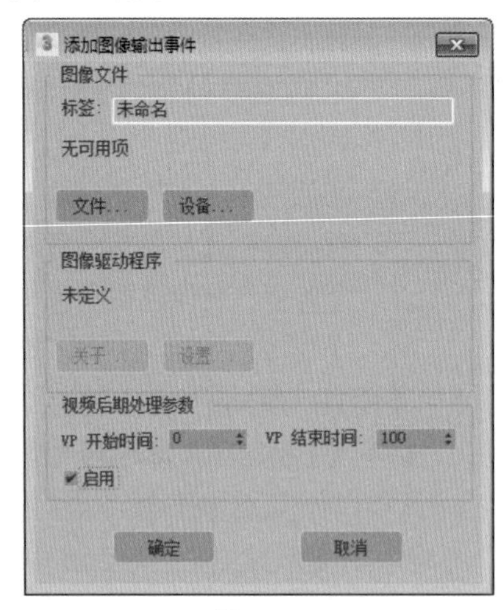

图 9-90

◎ 【添加外部事件】：使用它可以为当前事件加入一个外部处理程序，例如 Photoshop、CorelDraw 等。它的原理是在完成 3ds Max 的渲染任务后，打开外部程序，将保存在系统剪贴板中的图像粘贴为新文件。在外部程序中对它进行编辑加工，最后再复制到剪贴板中，关闭该程序后，加工后的剪贴板图像会重新应用到 3ds Max 中，继续其他的处理操作。单击【添加外部事件】按钮，将会打开【添加外部事件】对话框，如图 9-91 所示。

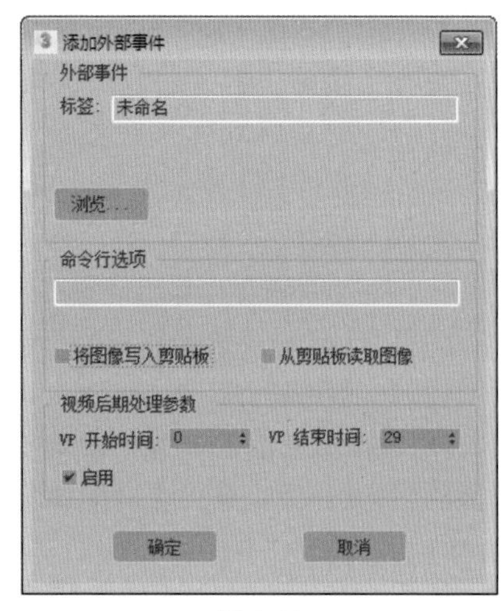

图 9-91

- 【浏览】：单击该按钮，在硬盘目录中指定要加入的程序名称。
- 【将图像写入剪贴板】：勾选该复选框，将把前面 3ds Max 完成的图像粘贴到系统剪贴板中。
- 【从剪贴板读取图像】：勾选该复选框，将外部程序关闭后，重新读入剪贴板中的图像。
- 其他命令参照前面相关的内容，这里就不再赘述了。

◎ 【添加循环事件】：对指定事件进行循环处理。它可以对所有类型的事件操作，包括它自身。加入循环事件后会产生一个层级，子事件为原事件，父事件为循环事件，表示对原事件进行循环处理。加入循环事件后，可以更改原事件的范围，但不能更改循环事件的范围，它以灰色显示出循环后的总长度，如果要对它进行调节，必须进入其循环设置对话框。单击【添加循环事件】按钮，即可打开【添加循环事件】对话框，如图 9-92 所示。

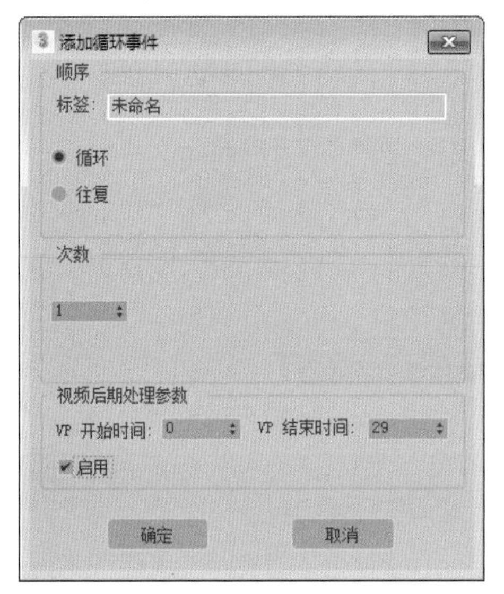

图 9-92

- ◆ 【顺序】选项组。
  - » 【标签】：为循环事件指定一个名称，它将显示在事件窗口中。
  - » 【循环】：以首尾连接的方式循环。
  - » 【往复】：重复子事件，方法是首先向前播放，然后向后播放，再向前播放，以此类推。不重复子事件的最后帧。
- ◆ 【次数】：指定除子事件首次播放以外的重复循环或往复的次数。

【实战】星光闪烁动画

本例将使用【暴风雪】粒子系统制作星星，然后在【视频后期处理】视频合成器中使用【镜头效果光晕】过滤器和【镜头效果高光】过滤器使星星产生光芒和十字闪烁效果。完成后的效果如图 9-93 所示。

图 9-93

素材	Scenes\Cha09\ 星光闪烁素材 .max
场景	Scenes\Cha09\【实战】星光闪烁动画 .max
视频	视频教学 \Cha09\【实战】星光闪烁动画 .mp4

01 打开【星光闪烁素材 .max】素材文件，选择【创建】|【几何体】|【粒子系统】|【暴风雪】工具，在【前】视图中创建一个【暴风雪】粒子系统，如图 9-94 所示。

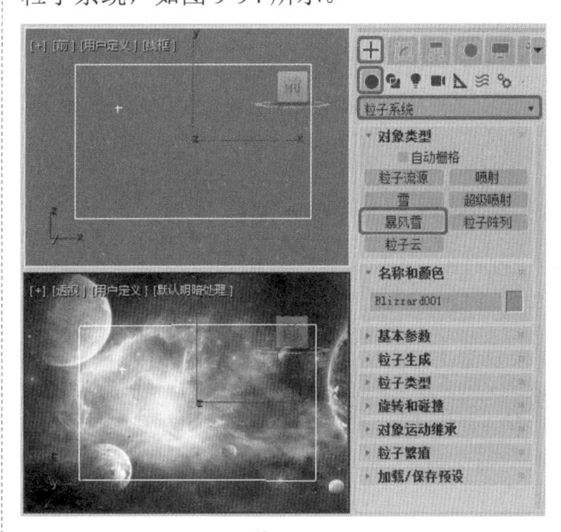

图 9-94

02 切换到【修改】命令面板，在【基本参数】卷展栏中将【显示图标】选项组中的【宽度】、【长度】分别设置为 600、500，将【粒子数百分比】设置为 50，如图 9-95 所示。

03 在【粒子生成】卷展栏中，将【使用速率】的值设置为 3；将【粒子运动】选项组中的【速度】和【变化】的值分别设置为 40、25；将

【粒子计时】选项组中的【发射开始】、【发射停止】、【显示时限】和【寿命】分别设置为-100、100、100和50；将【粒子大小】选项组中【大小】设置为1.5，如图9-96所示。

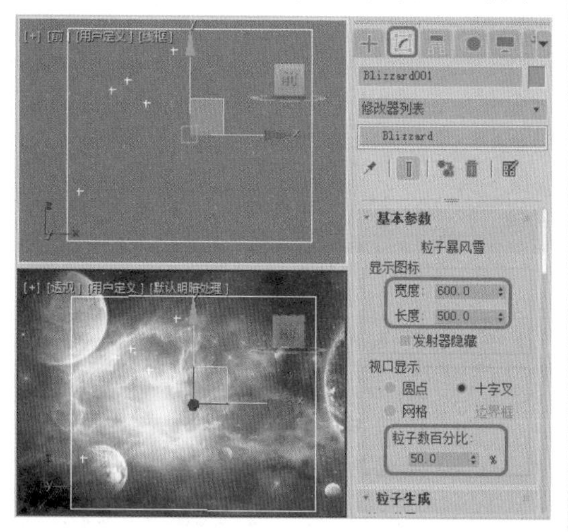

图 9-95

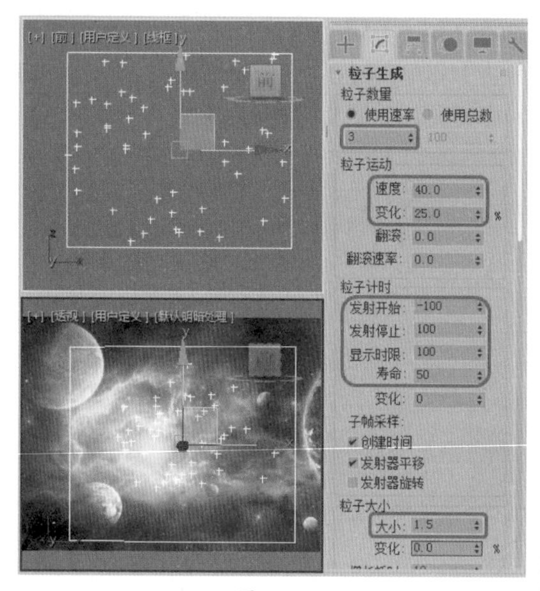

图 9-96

04 在【粒子类型】卷展栏中选中【标准粒子】选项组中的【球体】单选按钮，如图9-97所示。

05 激活【透视】视图，按C键将其转换为摄影机视图，如图9-98所示。

06 选中粒子系统，激活【顶】视图，在工具栏中右击【选择并旋转】按钮，弹出【旋转变换输入】对话框，将【绝对：世界】下的X设置为-90，按Enter键确认，然后再调整其位置，如图9-99所示。

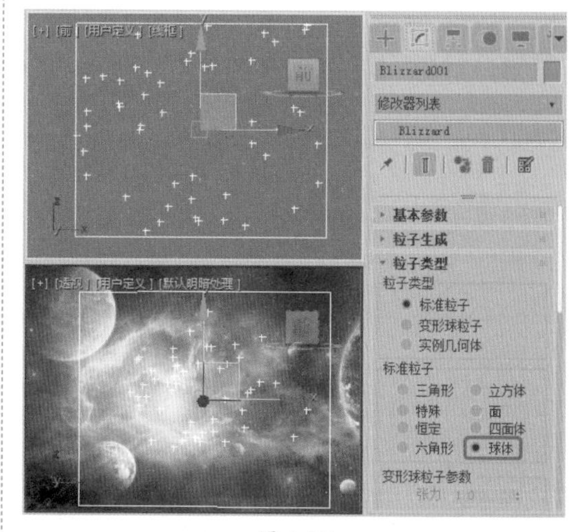

图 9-97

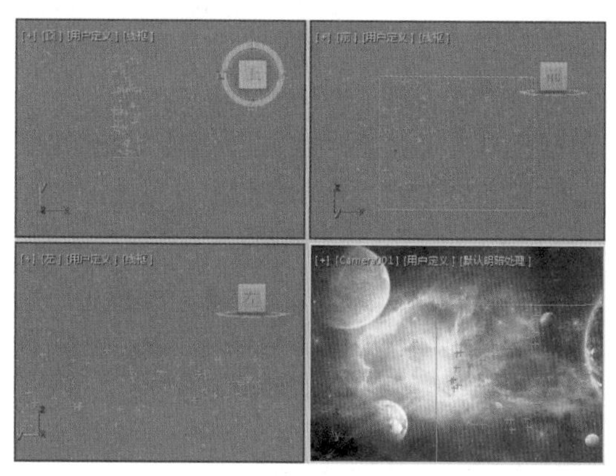

图 9-98

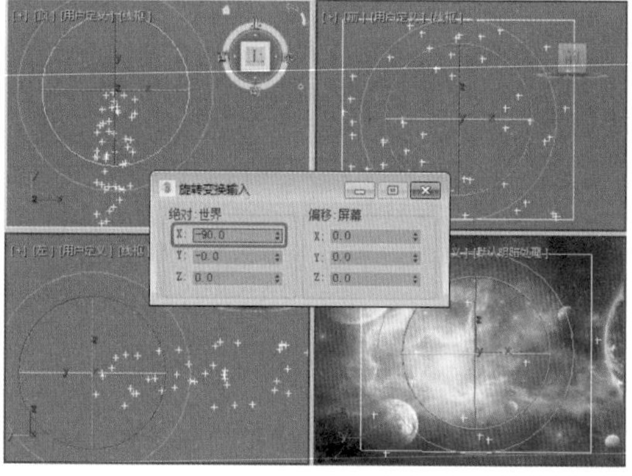

图 9-99

07 确定粒子系统处于选中状态，单击鼠标右键，在弹出的快捷菜单中选择【对象属性】命令，如图9-100所示。

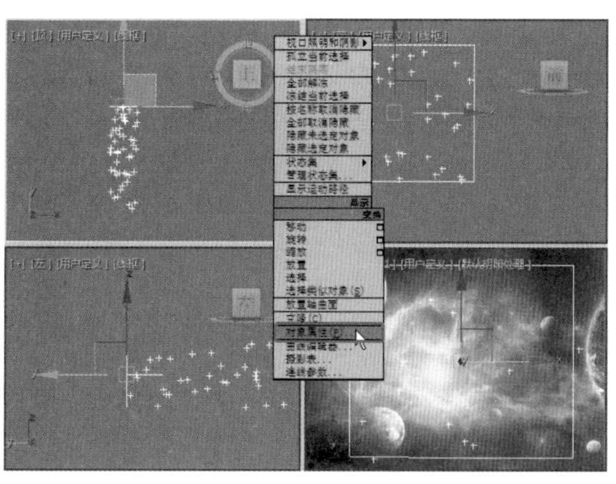

图 9-100

08 弹出【对象属性】对话框，将【对象 ID】设置为 1，如图 9-101 所示。

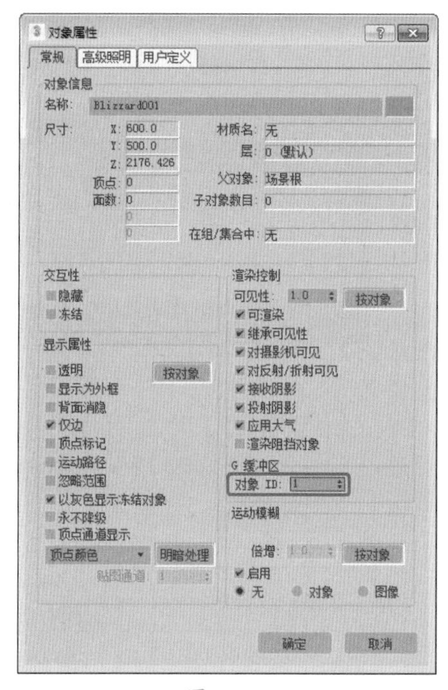

图 9-101

09 单击【确定】按钮，继续选中粒子系统，按 M 键打开【材质编辑器】对话框，选择一个新的材质样本球，单击 Standard 按钮，在弹出的对话框中选择【无光 / 投影】选项，单击【确定】按钮，将材质指定给选定的粒子系统。在菜单栏中选择【渲染】|【视频后期处理】命令，单击【添加场景事件】按钮，弹出【添加场景事件】对话框，保持默认参数设置，如图 9-102 所示。

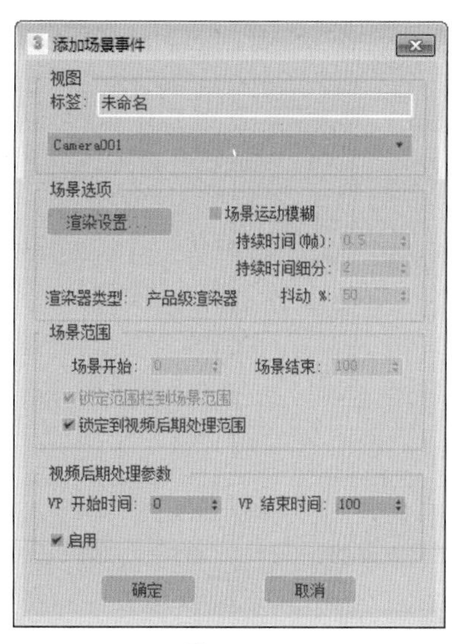

图 9-102

10 单击【确定】按钮，添加一个场景事件。单击【添加图像过滤事件】按钮，弹出【添加图像过滤事件】对话框，在该对话框中选择过滤器列表中的【镜头效果光晕】选项，如图 9-103 所示。

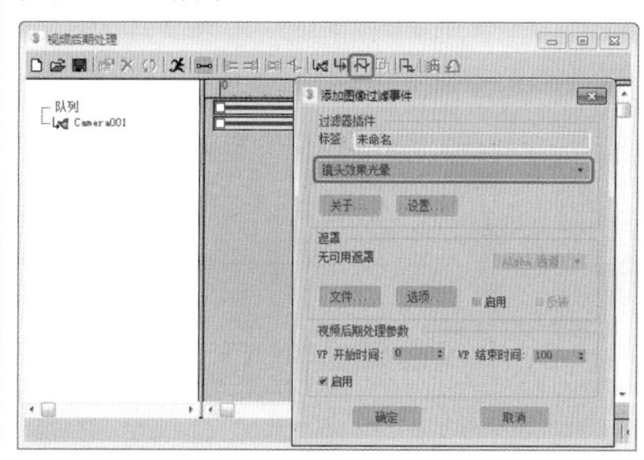

图 9-103

11 单击【确定】按钮，添加一个过滤器。再次单击【添加图像过滤事件】按钮，弹出【添加图像过滤事件】对话框，在该对话框中选择过滤器列表中的【镜头效果高光】选项，如图 9-104 所示。

12 单击【确定】按钮添加一个过滤器，双击第一个过滤事件，进入【镜头效果光晕】对话框，单击【设置】按钮，如图 9-105 所示。

13 弹出【镜头效果光晕】对话框。单击【VP 队列】和【预览】按钮，在【属性】选项卡中选择【周界 Alpha】复选框，如图 9-106 所示。

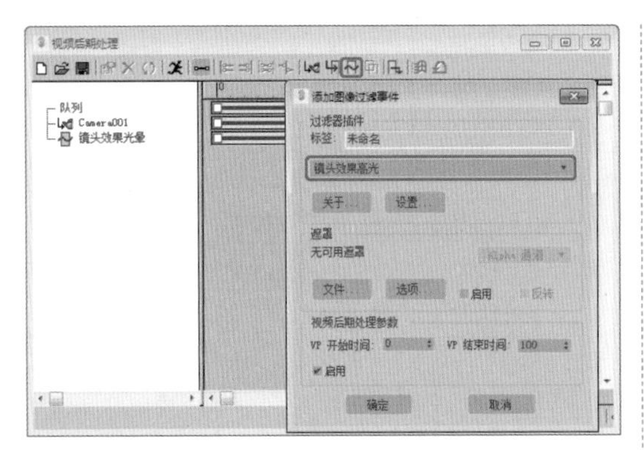

图 9-104

图 9-105

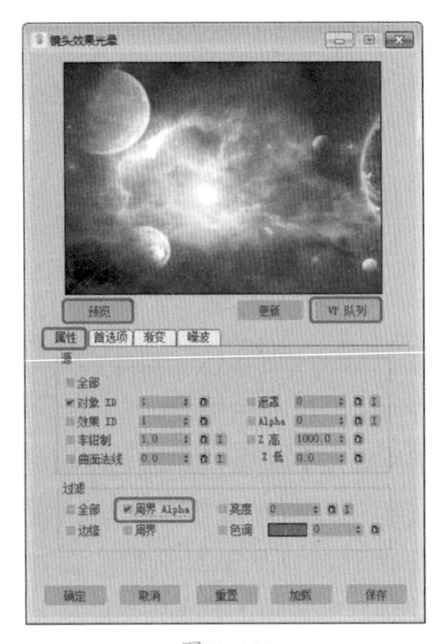

图 9-106

14 选择【首选项】选项卡，在【效果】选项组中将【大小】设置为0.8；将【强度】设置为20，如图9-107所示。

15 选择【噪波】选项卡，将【质量】设置为3，分别勾选【红】、【绿】和【蓝】复选框。在【参数】选项组中，将【大小】和【速度】分别设置为10和1，如图9-108所示。

图 9-107

图 9-108

16 单击【确定】按钮。双击第二个过滤事件，在弹出的对话框中单击【设置】按钮，弹出【镜头效果高光】对话框，单击【VP队列】和【预览】按钮。切换至【属性】选项卡，勾选【过滤】选项组中的【边缘】复选框，如图9-109所示。

17 选择【几何体】选项卡，在【效果】选项组中将【角度】和【钳位】分别设置为100和20；在【变化】选项组中取消单击【大小】按钮，如图9-110所示。

18 选择【首选项】选项卡，在【效果】选项组中将【大小】和【点数】分别设置为5

和 4；在【距离褪光】选项卡中取消单击【亮度】按钮和【大小】按钮，将【亮度】设置为 4000，勾选【锁定】复选框；在【颜色】选项组中选中【渐变】单选按钮，如图 9-111 所示。

19 单击【确定】按钮，单击【添加图像输出事件】按钮，在弹出的对话框中单击【文件】按钮，在弹出的对话框中指定保存路径与文件名称，将【文件类型】设置为【AVI 文件（*.avi）】，单击【保存】按钮，再在弹出的对话框中单击【确定】按钮，在返回的【添加图像输出事件】对话框中单击【确定】按钮，单击【执行序列】按钮，在弹出的对话框中单击【范围】单选按钮，单击【渲染】按钮渲染输出即可。

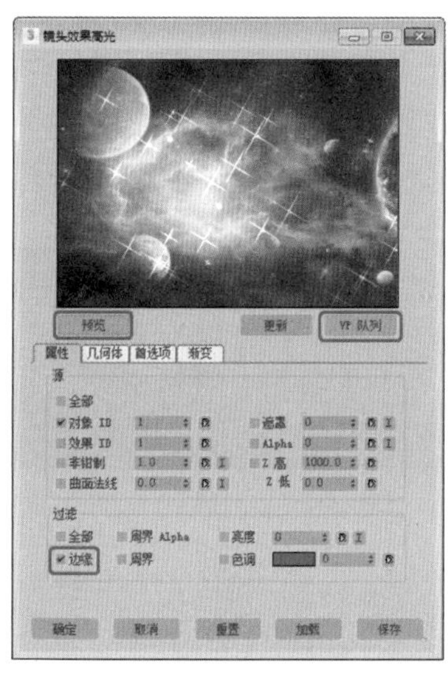

图 9-109

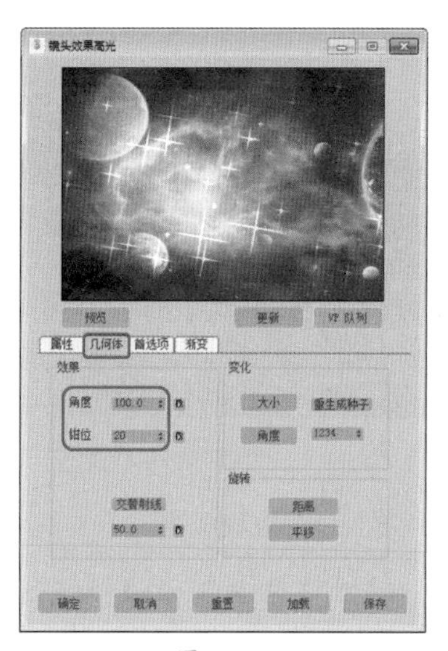

图 9-110

图 9-111

课后项目练习

太阳耀斑

下面将根据前面所介绍的知识制作太阳耀斑效果。

课后项目练习效果展示

效果如图 9-112 所示。

图 9-112

课后项目练习过程概要

（1）利用【球体 Gizmo】工具创建大气装置，并为其设置火效果。

（2）利用【泛光】工具创建灯光，添加【镜头效果光斑】事件，并拾取创建的灯光，设置镜头效果光斑参数即可。

素材	Scenes\Cha09\ 太阳耀斑素材 .max
场景：	Scenes\Cha09\ 太阳耀斑 .max
视频	视频教学 \Cha09\ 太阳耀斑 .mp4

01 打开【太阳耀斑素材 .max】素材文件，如图 9-113 所示。

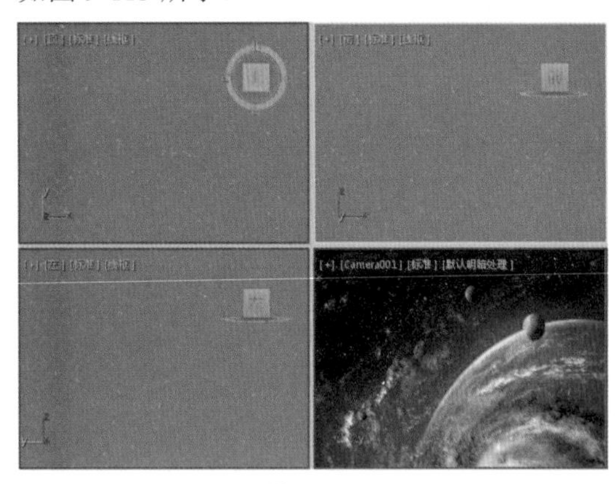

图 9-113

02 选择【创建】|【辅助对象】|【大气装置】|【球体 Gizmo】工具，在【前】视图中创建一个球体 Gizmo，在【球体 Gizmo 参数】卷展栏中将【半径】设置为 500，如图 9-114 所示。

03 创建完成后，在视图中调整球体 Gizmo 的位置，调整完成后的效果如图 9-115 所示。

04 按 8 键，在弹出的【环境和效果】对话框中选择【环境】选项卡，在【大气】卷展栏中单击【添加】按钮，在弹出的对话框中选择【火效果】选项，如图 9-116 所示。

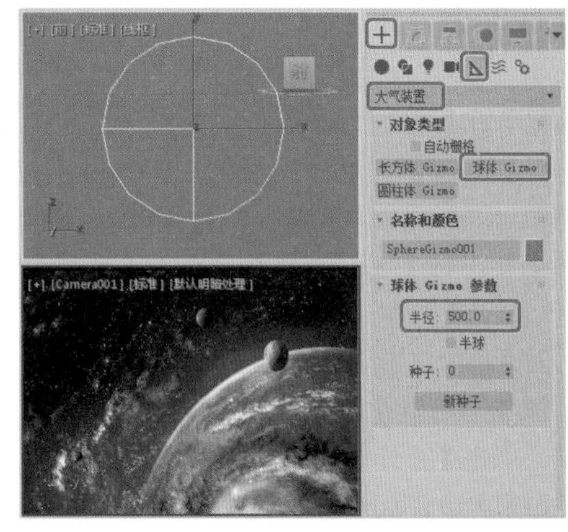

图 9-114

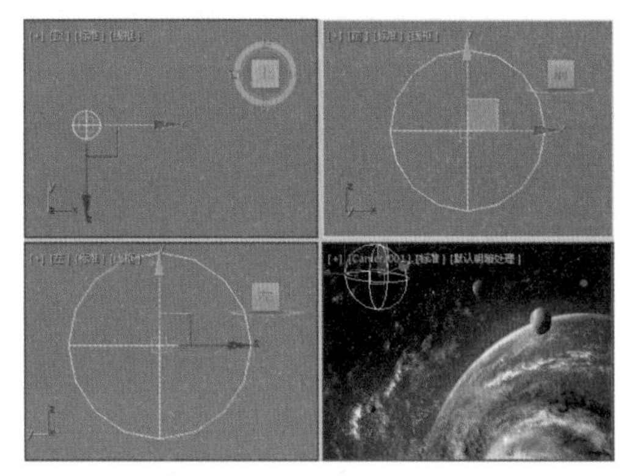

图 9-115

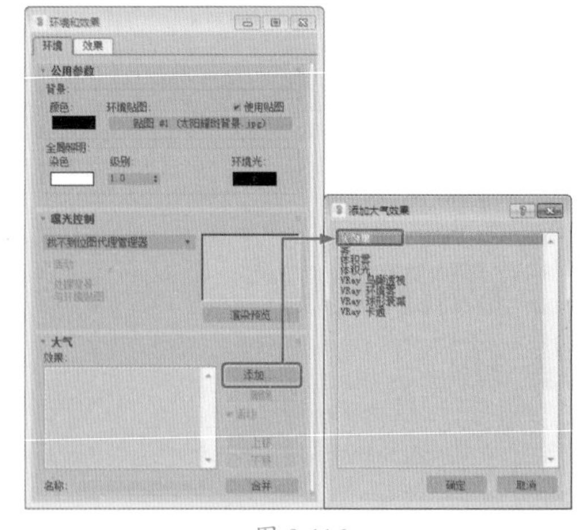

图 9-116

05 单击【确定】按钮，在【火效果参数】卷展栏中单击【拾取 Gizmo】按钮，在视图中拾取前面所创建的球体 Gizmo 对象，如图 9-117 所示。

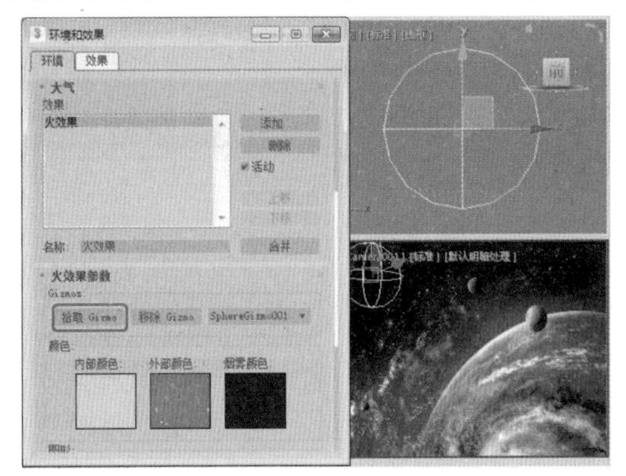

图 9-117

06 选择【创建】|【灯光】|【标准】|【泛光】工具，在【顶】视图中创建泛光灯对象，并调整其位置，效果如图 9-118 所示。

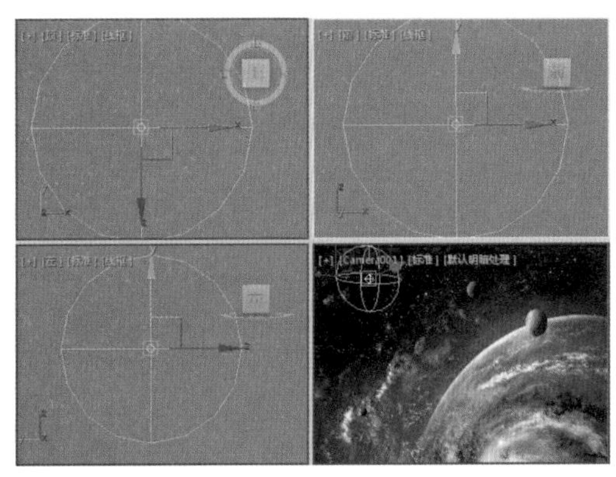

图 9-118

07 在菜单栏中选择【渲染】|【视频后期处理】命令，在弹出的对话框中单击【添加场景事件】按钮，在弹出的对话框中将视图设置为 Camera001，如图 9-119 所示。

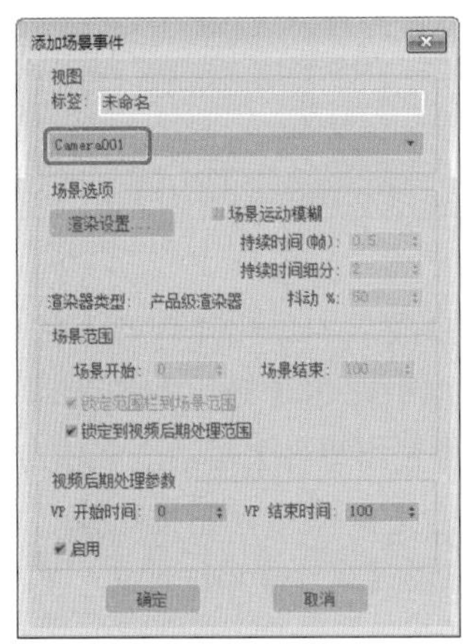

图 9-119

08 单击【确定】按钮，单击【添加图像过滤事件】按钮，在弹出的对话框中将过滤器设置为【镜头效果光斑】，如图 9-120 所示。

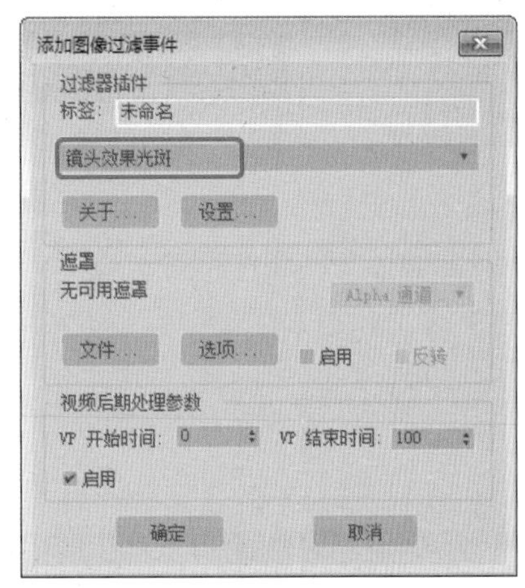

图 9-120

09 设置完成后，单击【确定】按钮。在【视频后期处理】对话框中双击该事件，在弹出的对话框中单击【设置】按钮，在弹出的对话框中单击【VP 队列】与【预览】按钮，单击【节点源】按钮，在弹出的对话框中选择 Omni001，如图 9-121 所示。

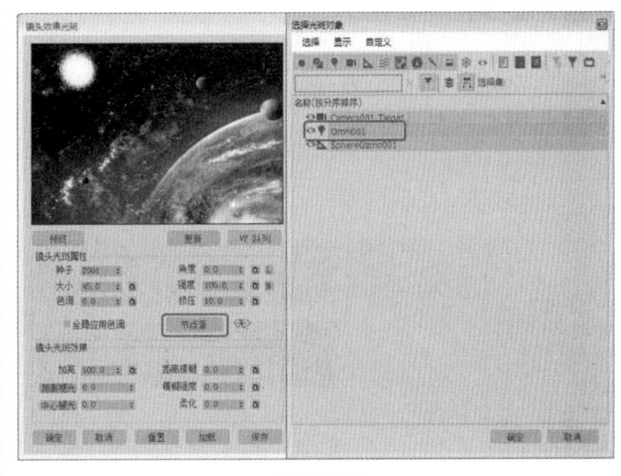

图 9-121

10 单击【确定】按钮，将【大小】设置为 40，在【首选项】选项卡中勾选所需的选项，如图 9-122 所示。

11 选择【光晕】选项卡，将【大小】设置为 260，将【径向颜色】左侧渐变滑块的 RGB 值设置为 255、255、108；确定第二个渐变滑块在 93 的位置处，并将其 RGB 值设置为 45、1、27；将最右侧的色标 RGB 值设置为 0、

0、0，如图 9-123 所示。

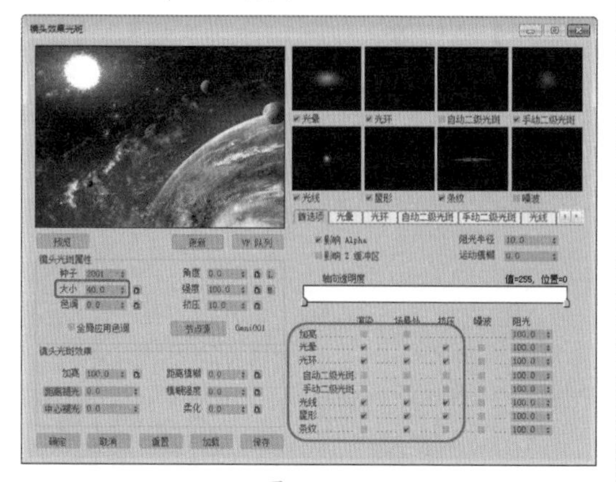

图 9-122

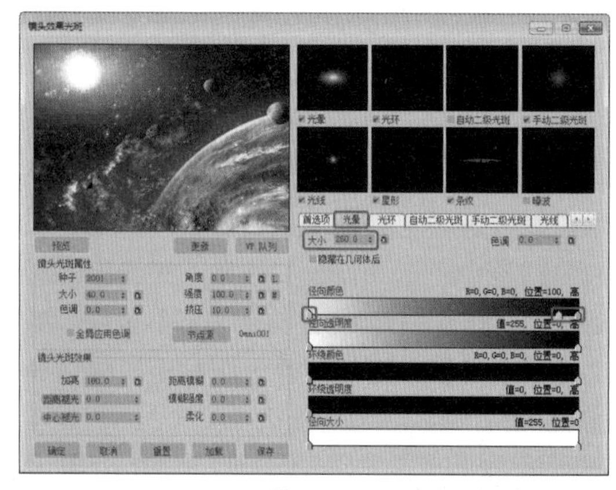

图 9-123

12 选择【光环】选项卡，将【厚度】设置为 8，如图 9-124 所示。

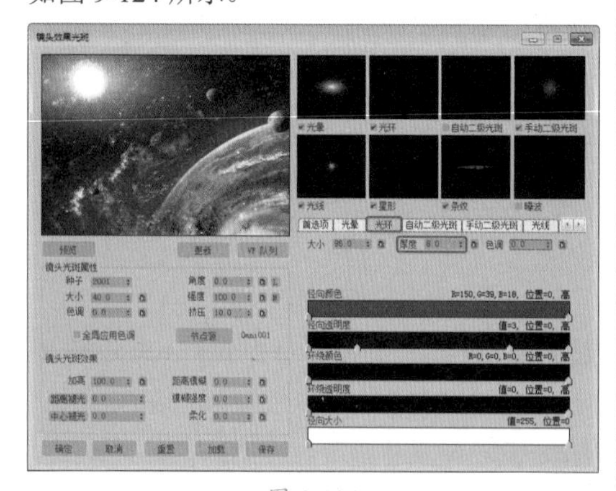

图 9-124

13 选择【光线】选项卡，将【大小】设置为 300，将【径向颜色】所有渐变滑块的 RGB 值设置为 255、255、108，如图 9-125 所示。

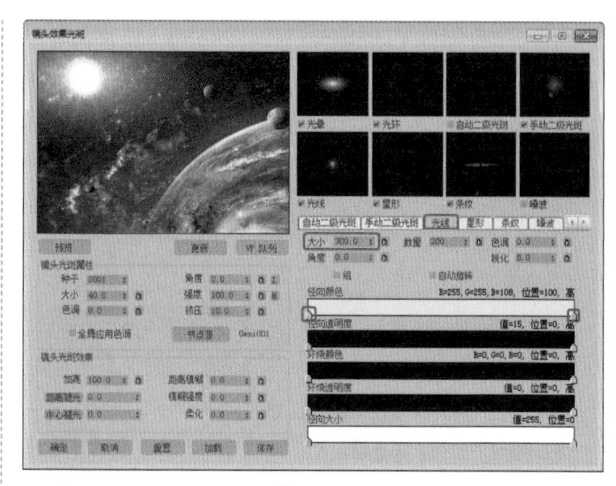

图 9-125

14 设置完成后，单击【确定】按钮，在空白位置单击，单击【添加图像输出事件】按钮，在弹出的对话框中单击【文件】按钮，在弹出的对话框中指定输出路径，将【文件名】设置为【太阳耀斑】，将【保存类型】设置为“JPEG 文件（*.jpg，*.jpe，*.jpeg）”，如图 9-126 所示。

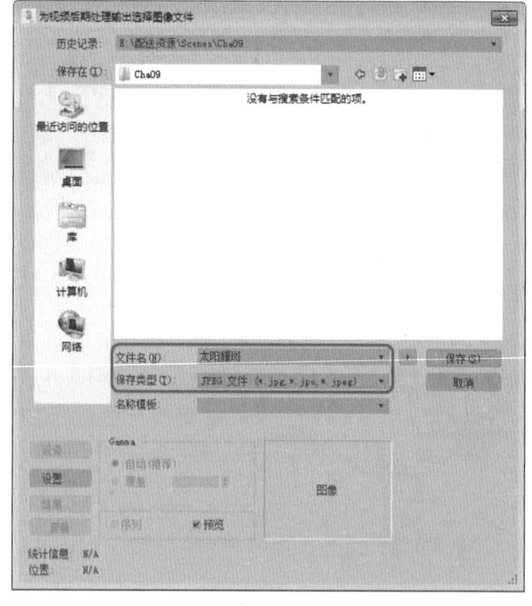

图 9-126

15 设置完成后，单击【保存】按钮，在弹出的对话框中单击【确定】按钮即可，再在【添加图像输出事件】对话框中单击【确定】按钮，单击【执行序列】按钮，在弹出的对话框中单击【单个】单选按钮，单击【渲染】按钮即可。

第 10 章

课程设计

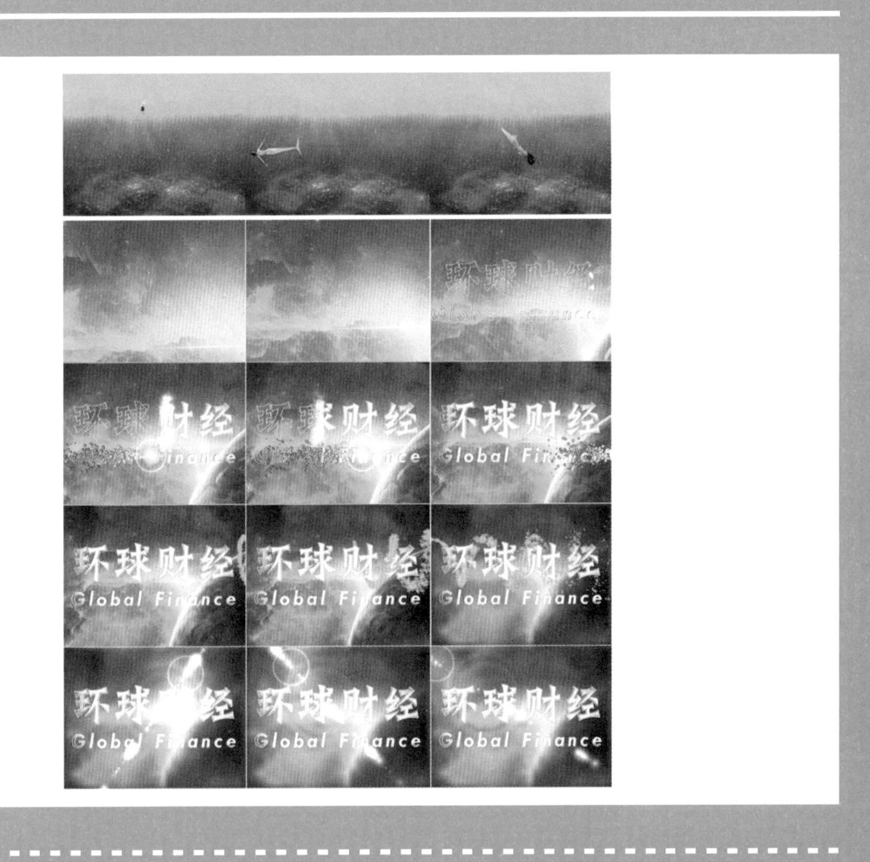

本章导读

本章将通过前面所学的知识来制作美人鱼动画以及节目片头效果，通过本章的案例可以对前面所学内容进行巩固、加深。通过练习，可以举一反三，制作出其他动画效果。

10.1 美人鱼动画设计

效果展示

操作要领

（1）打开【美人鱼 .max】素材文件，利用【线】工具在【顶】视图中绘制一条线段，将其命名为【路径】，选择【修改】命令面板，将当前选择集定义为【顶点】，然后在视图中调整顶点的位置。

（2）在视图中选择【人体】对象，在【修改器列表】中选择【路径变形（WSM）】修改器，在【参数】卷展栏中单击【拾取路径】按钮，在视图中拾取对象【路径】，单击【转到路径】按钮，在【路径变形轴】选项组中选择 Y 单选按钮。

（3）单击【自动关键点】按钮，将时间滑块拖曳至第 500 帧位置处，在【参数】卷展栏中将【百分比】设置为 100，在不同的时间段设置【路径变形】中的【旋转】参数，使美人鱼游动时进行翻转，再次单击【自动关键点】按钮，关闭动画记录模式。

（4）利用【喷射】工具创建粒子系统，并为粒子系统设置气泡材质。

（5）在视图中创建摄影机与灯光，并进行相应的调整。

（6）按 8 键打开【环境和效果】对话框，选择【效果】选项卡，为其添加【亮度和对比度】效果，在【亮度和对比度参数】卷展栏将【亮度】设置为 0.6，将【对比度】设置为 0.7，最后对场景进行渲染即可。

10.2 节目片头设计

效果展示

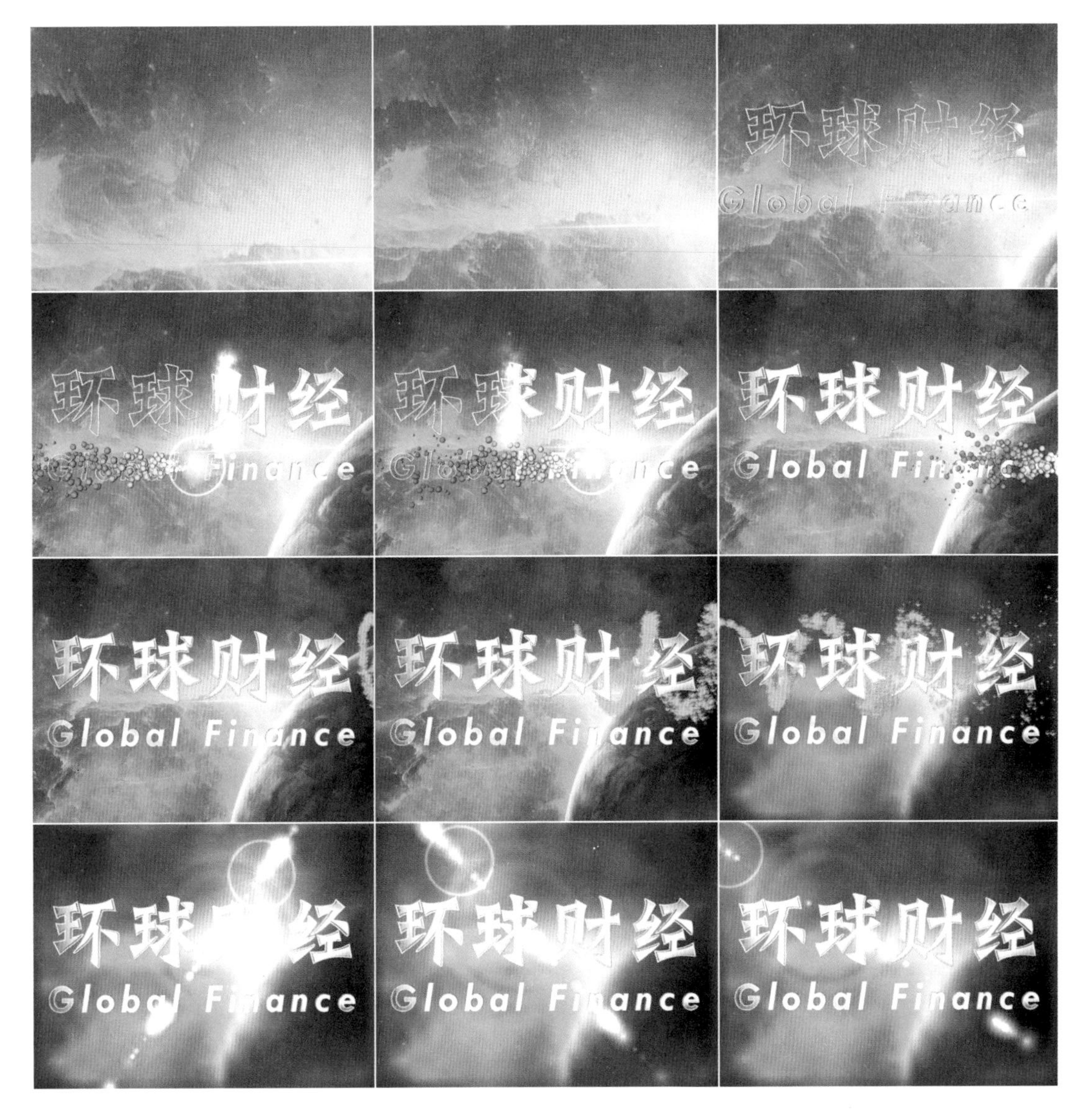

操作要领

（1）利用【文本】工具输入文字标题，并为其指定材质，通过为文字设置材质动画，制作出文字逐渐擦除动画效果。

（2）在视图中创建摄影机与灯光，并进行相应的调整。

（3）通过【自动关键点】按钮制作文字标题运动效果。

（4）利用【线】工具绘制一条直线，为其制作自右向左运动的动画效果，并为其设置相应的材质。

（5）利用【超级喷射】创建粒子系统，并设置粒子参数，为其设置材质，制作运动动画效果。

（6）利用【螺旋线】工具绘制一条螺旋线，再创建一个粒子系统，为其指定路径约束，通过设置路径约束参数，制作出粒子沿螺旋线运动的动画效果，并为粒子设置材质。

（7）通过【视频后期处理】制作出后期特效效果，最后对场景进行渲染输出即可。

附录

3ds Max 2020 常用快捷键

F1	帮助	F2	加亮所选物体的面(开关)	F3	线框显示(开关)/光滑加亮
F4	在透视图中线框显示(开关)	F5	约束到X轴	F6	约束到Y轴
F7	约束到Z轴	F8	约束到XY/YZ/ZX平面(切换)	F9	用前一次的配置进行渲染(渲染先前渲染过的那个视图)
F10	打开渲染菜单	F11	打开脚本编辑器	F12	打开移动/旋转/缩放 等精确数据输入对话框
、	刷新所有视图	1	进入物体层级1层	2	进入物体层级2层
3	进入物体层级3层	4	进入物体层级4层	Shift + 4	进入有指向性灯光视图
5	进入物体层级5层	Alt + 6	显示/隐藏主工具栏	7	计算选择的多边形面数 (开关)
8	打开环境效果编辑框	9	打开高级灯光效果编辑框	0	打开渲染纹理对话框
Alt + 0	锁住用户定义的工具栏界面	-(主键盘)	减小坐标显示	+(主键盘)	增大坐标显示
SPACE	锁定/解锁选择的	INSERT	切换次物体集的层级(同1、2、3、4、5键)	HOME	跳到时间线的第一帧
END	跳到时间线的最后一帧	PAGE UP	选择当前子物体的父物体	PAGE DOWN	选择当前父物体的子物体
Ctrl+ PAGE DOWN	选择当前父物体以下所有的子物体	A	旋转角度捕捉开关(默认为5度)	Ctrl + A	选择所有物体
Alt + A	使用对齐工具	B	切换到底视图	Ctrl + B	子物体选择(开关)
Alt + B	视图背景选项	Alt + Ctrl + B	背景图片锁定(开关)	Shift + Alt + Ctrl + B	更新背景图片
C	切换到摄影机视图	Shift + C	显示/隐藏摄影机物体	Shift + F	显示/隐藏安全框
Ctrl + C	使摄影机视图对齐到透视图	Alt + C	在Poly物体的Polygon层级中进行面剪切	D	冻结当前视图(不刷新视图)

（续表）

Ctrl + D	取消所有选择	E	旋转模式	Ctrl + E	切换缩放模式（切换等比、不等比、等体积，同 R 键）
Alt + E	挤压 Poly 物体的面	F	切换到前视图	Ctrl + F	显示渲染安全方框
Alt + F	切换选择的模式(矩形、圆形、多边形、自定义。同 Q 键)	Ctrl+Alt+F	调入缓存中所存场景	G	隐藏当前视图的辅助网格
Shift + G	显示 / 隐藏所有几何体（非辅助体)	H	显示选择物体列表菜单	Shift + H	显示 / 隐藏辅助物体
Ctrl + H	使用灯光对齐工具	Ctrl + Alt + H	把当前场景存入缓存中	I	平移视图到鼠标中心点
Shift + I	间隔放置物体	Ctrl + I	反向选择	J	显示 / 隐藏所选物体的虚拟框(在透视图、摄影机视图中)
L	切换到左视图	Shift+L	显示 / 隐藏所有灯光	Ctrl + L	在当前视图使用默认灯光（开关）
M	打开材质编辑器	Ctrl + M	光滑 Poly 物体	N	打开自动（动画）关键帧模式
Ctrl + N	新建文件	Alt + N	使用法线对齐工具	O	降级显示（移动时使用线框方式)
Ctrl + O	打开文件	P	切换到等大的透视图	Shift +P	隐藏 / 显示离子物体
Ctrl + P	平移当前视图	Alt + P	在 Border 层级下使选择的 Poly 物体封顶	Shift+Ctrl+P	百分比捕捉 (开关)
Q	选择模式（切换矩形、圆形、多边形、自定义)	Shift + Q	快速渲染	Alt + Q	隔离选择的物体
R	缩放模式（切换等比、不等比、等体积)	Ctrl + R	旋转当前视图	S	捕捉网络格（方式需自定义)
Shift + S	隐藏线段	Ctrl + S	保存文件	Alt + S	捕捉周期
T	切换到顶视图	U	改变到等大的用户视图	Ctrl + V	原地克隆所选择的物体

（续表）

W	移动模式	Shift + W	隐藏 / 显示空间扭曲物体	Ctrl + W	根据框选进行放大
Alt + W	最大化当前视图（开关）	X	显示 / 隐藏物体的坐标（gizmo）	Ctrl + X	专业模式（最大化视图）
Alt + X	半透明显示所选择的物体	Y	显示 / 隐藏工具条	Shift + Y	重做对当前视图的操作（平移、缩放、旋转）
Ctrl + Y	重做场景（物体）的操作	Z	放大各个视图中选择的物体（各视图最大化现实所选物体）	Shift + Z	还原对当前视图的操作（平移、缩放、旋转）
Ctrl + Z	还原对场景（物体）的操作	Alt + Z	对视图的拖放模式（放大镜）	Shift+Ctrl+Z	放大各个视图中所有的物体（各视图最大化显示所有物体）